불멸의
유전자

불멸의 유전자

THE GENETIC BOOK
OF THE DEAD

리처드 도킨스 지음
야나 렌조바 그림 | 이한음 옮김

일러두기
1. * 표시는 저자의 미주다. 본문 405쪽에 가면 볼 수 있다.
2. 학명은 이탤릭체로 표기했다.

불멸의 유전자

발행일
2025년 5월 30일 초판 1쇄
2025년 6월 15일 초판 2쇄

지은이 | 리처드 도킨스
그린이 | 야나 렌조바
옮긴이 | 이한음
펴낸이 | 정무영, 정상준
펴낸곳 | (주)을유문화사

창립일 | 1945년 12월 1일
주소 | 서울시 마포구 서교동 469-48
전화 | 02-733-8153
팩스 | 02-732-9154
홈페이지 | www.eulyoo.co.kr

ISBN 978-89-324-7557-8 03470

· 이 책의 전체 또는 일부를 재사용하려면 저작권자와 을유문화사의 동의를 받아야 합니다.
· 책값은 뒤표지에 있습니다. 잘못된 책은 구입하신 곳에서 바꾸어 드립니다.

마이크 컬런 Mike Cullen(1927~2001)
감사하는 마음으로

당신은 연구하다가 문제가 생기곤 했을 겁니다. 그럴 때 당신은 도움을 받으려면 어디로 가야 할지 정확히 알고 있었고, 그곳에는 그가 있었습니다. 나는 어제 일처럼 생생하게 떠오릅니다. 빨간 스웨터 차림의 마른 소년 같은 사람이었습니다. 그는 지적 에너지를 잔뜩 눌러놓은 스프링처럼 약간 구부정한 자세로, 집중할 때면 몸을 앞뒤로 흔들곤 했지요. 지성이 담긴 깊은 눈은 당신이 입을 열기 전부터 이미 무슨 말을 하려는지 이해하고 있는 듯했습니다. 설명을 돕기 위해 편지봉투 뒷면에 끼적이면서, 헝클어진 머리칼 아래로 때로 회의적이면서 장난스럽게 눈썹을 치켜올리기도 했죠. 그러다가 그는 서둘러 나가곤 했습니다. 그는 늘 어디론가 바빠 다녔지요. 비스킷 깡통의 철사 손잡이를 움켜쥐고는 사라졌지요. 하지만 다음 날 아침이면 마이크 특유의 작은 글씨로 쓴 종이 두 쪽에 당신 문제의 해답이 담겨서 도착하곤 했습니다. 방정식, 다이어그램, 주요 참고 문헌이 적혀 있을 때도 있었고, 아마 딱 맞는 고전의 인용문이나 자작 시 구절도 곁들여져 있었을 겁니다. 언제나 격려하는 내용으로요.

우리는 마이크 컬런만큼 지적인 과학자들을 알고 있을 수도 있습니다. 그리 많지는 않을지라도요. 또 우리는 그만큼 관대하게 도움을 주는 과학자들을 알고 있을 수 있습니다. 비록 극히 드물지라도요. 그러나 나는 그렇게 많은 것을 주었으며, 주는 데 그렇게 관대했던 사람은 그밖에 없었다고 선언합니다.

— 2001년 11월 위덤 칼리지 예배당에서 열린 그의 추도식에서 내가 한 추도사 중 일부

차례

1 동물 읽기 9
2 '그림'과 '조각상' 27
3 팰림프세스트의 깊은 곳에서 49
4 역공학 81
5 공통의 문제, 공통의 해결책 125
6 주제의 변주 167
7 살아 있는 기억 199
8 불멸의 유전자 243
9 우리의 체벽 너머 271
10 돌아보는 유전자 관점 293
11 뒷거울에 비치는 더 많은 모습 327

| 12 | 좋은 동료, 나쁜 동료 | 353 |
| 13 | 미래로의 공동 출구 | 383 |

주	405
감사의 말	463
저자 및 일러스트레이터 소개	465
옮긴이의 말	467
참고 문헌	469
그림 출처	485
찾아보기	489

1
동물 읽기

당신은 하나의 책, 미완성 문학 작품, 기술적 역사의 보관소다. 당신의 몸과 유전체는 오래전에 사라진 연속된 다채로운 세계들, 오래전 살았던 조상들을 에워싸고 있던 세계들에 관한 종합 기록물로서 읽을 수 있다. 다시 말해 일종의 '사자의 유전서genetic book of the dead'다. 이 진리는 모든 동물, 식물, 균류, 세균, 고세균에 적용되지만, 지루한 반복을 피하고자 나는 모든 생물을 명예 동물로 다루곤 할 것이다. 같은 맥락에서 나는 스미소니언 과학자들이 일하는 파나마의 한 정글을 함께 둘러볼 때 존 메이너드 스미스John Maynard Smith가 했던 말을 잘 기억하고 있다. "자신의 동물을 정말로 사랑하는 사람에게서 직접 들으니 정말로 기쁘군." 그가 말한 '동물'은 야자수였다.

그 동물의 관점에서 보자면, 사자의 유전서는 미래 예측기라고도 볼 수 있다. 미래가 과거와 그다지 다르지 않을 것이라는 합리적인 가정을 따를 때다. 이를 표현하는 세 번째 방식이 있는데, 유전체를 포함한 동물이 과거 환경을 체화한 모델이라는 것이다. 사실상 미래를 예측하는 데 쓰이고 다윈주의 게임, 즉 생존과 번식의 게임, 아니 더 정확히 말하면 유전자의 생존 게임에서 계속 이겨 온 모델이다. 동물의 유전체는 미래가 자신의 조상들이 성공적으로 대처했던 과거와 그리 다르지 않을 것이라는 쪽에 판돈을 건다.

나는 동물을 과거 세계, 조상들의 세계에 관한 책으로 읽을 수 있다고 말했다. 왜 현재 시제를 쓰지 않았을까? 동물을 자신이 살고 있는 환경을 기술한 책으로 읽으면 안 될까? 사실 그런 식으로 읽을 수도 있다. 그러나 (뒤에서 말할 단서들을 붙일 때) 한 동물이 지닌 생존 기구의 모든 측면은 조상들의 자연선택을 거쳐 유전자를 통해 물려받은 것이다. 따라서 동물을 읽을 때, 우리는 사실상 과거 환경을 읽고 있다. 내가 '사자死者'라는 말을 쓴 이유도 그 때문이다. 우리는 고대 세계를 재구성하는 이야기를 하고 있다. 우리 현생 동물을 빚어내는 유전자들을 대대로 대물림한, 오래전에 세상을 떠난 우리 조상들이 살던 세계들이다. 지금은 어렵겠지만, 미래의 과학자는 미지의 동물을 보았을 때 그 몸과 유전자를 그들 조상들이 살았던 환경을 상세히 기술한 책으로 읽을 수 있을 것이다.

이 책에서 나는 여태껏 알려지지 않은 동물의 몸을 접하고서 그것을 읽어 내는 일을 맡은 내 가상의 미래 과학자 Scientist Of the Future를 종종 언급할 것이다. 자주 말할 것이므로 머리글자만 따서 소프 SOF라고 짧게 줄이기로 하자. 이렇게 적으니 왠지 그리스어 소포스 sophos와 좀 비슷하게 들린다. *'현명한', '영리한'이라는 뜻을 지니고, '철학 philosophy', '정교한 sophisticated' 같은 영어 단어들의 어원이 된 단

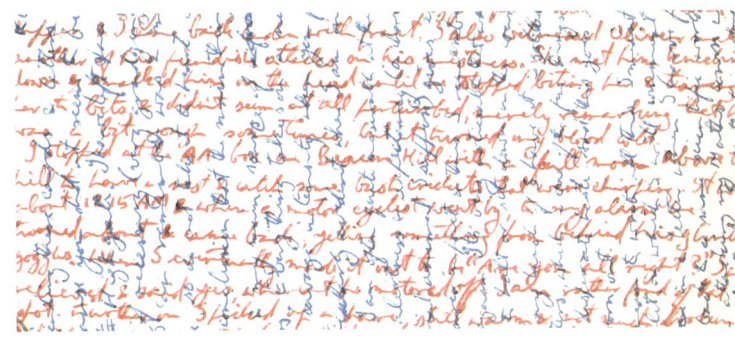

어 말이다. 어색한 대명사 구성을 피하고 예의를 차리는 차원에서, 나는 소프를 임의로 여성이라고 가정하련다. 내가 여성 저자였다면, 반대로 했을 것이다.

 이 사자의 유전서, 동물과 그 유전자로부터 읽어 낸 '판독물'이자 조상이 살던 환경들을 암호로 기술한 이 풍부한 문서는 팰림프세스트palimpsest, 즉 겹쳐 쓴 양피지일 수밖에 없다. 고대 문서들은 나중에 누군가가 다시 그 위에 다른 내용을 적곤 함으로써, 어느 정도는 겹쳐 쓴 형태가 되곤 한다. 옥스퍼드 영어 사전은 팰림프세스트를 '이전의 (지워진) 글에 나중에 다른 글을 겹쳐 쓴 원고'라고 정의한다. 친애하는 동료인 빌 해밀턴Bill Hamilton은 엽서를 팰림프세스트로 쓰는 습관이 있었다. 혼동을 줄이고자 색깔이 다른 잉크로 겹쳐 썼다. 누이인 메리 블리스Mary Bliss가 고맙게도 내게 빌려준 이 엽서를 보라.

 *멋진 색깔의 팰림프세스트일 뿐 아니라, 해밀턴은 그 세대에서 가장 특출난 다윈주의자라고 널리 여겨지므로 이 엽서는 아주 좋은 사례. *로버트 트리버스Robert Trivers는 그의 사망을 애도하면서 이

I. 동물 읽기

렇게 말했다. "그는 내가 만난 사람들 가운데 가장 미묘한 다층적인 정신의 소유자였다. 그가 하는 말은 이중, 때로는 삼중의 의미를 지닐 때가 많았는데, 우리 같은 사람들은 단음으로 말하고 생각하는 반면 그는 화음으로 생각했다." 아니, 그가 팰림프세스트였다고 해야 하지 않을까? 아무튼 간에 나는 그가 진화적 팰림프세스트라는 개념을 꽤 재밌다고 여겼을 것이라고 생각하고 싶다. 그리고 '사자의 유전서'라는 개념도.

빌의 우편엽서와 내 진화 팰림프세스트는 엄밀한 사전적 정의에는 딱 들어맞지 않는다. 더 이전의 글들이 복구 불가능하게 지워진 것은 아니기 때문이다. 사자의 유전서에서는 어느 정도 겹침이 있긴 하지만, 여전히 읽을 수 있는 부분들이 있다. *'흐릿한 유리를 통해', 즉 나중에 적힌 글들의 덤불을 뚫고 들여다봐야 한다. 사자의 유전서에는 고대 선캄브리아 바다로부터 기나긴 세월의 모든 중간 단계를 거쳐서 아주 최근에 이르기까지 모든 기간의 환경들이 기술되어 있다. 아마 현재의 원고와 고대의 원고 사이에 어느 정도의 무게 균형이 이루어질 것이다. 나는 그것이 내부 모순을 처리하는 코란의 규칙 같은 단순한 공식을 따르지는 않을 것이라고 본다. 즉, 새로운 것이 언제나 이기는 식은 아닐 것이다. 이 문제는 3장에서 다시 살펴볼 예정이다.

당신이 예측해야 하는 세계에서 성공하고 싶다면, 또는 예측하는 양 행동한다면, 그다음에는 무슨 일이 일어날까. 모든 분별 있는 예측은 과거에 토대를 두어야 하며, 많은 분별 있는 예측은 절대적인 것이라기보다는 통계적인 것이다. 때로 예측은 인지적이다. "나는

그 절벽에서 떨어진다면(차르르 꼬리를 흔드는 뱀에게 물리거나, 유혹하는 벨라도나 열매를 먹는다면), 그 결과로 앓거나 죽을 가능성이 높다고 예상한다." 우리 인간은 그런 인지적 유형의 예측에 익숙하지만, 내가 염두에 두고 있는 예측은 그쪽이 아니다. 나는 동물이 생존해서 자신의 유전자 사본을 대물림할 기회에 영향을 미칠 수 있는 무의식적이면서 통계적인 '만일 ~라면' 예측에 더 초점을 맞출 것이다.

피부의 색깔과 무늬가 모래와 돌을 닮은 모하비사막의 사막뿔도마뱀은 자신이 사막에서 태어난다는(음, 부화한다는) 예측을 유전자를 통해 구현하고 있다. 마찬가지로 이 도마뱀을 보는 동물학자는 그 피부를 도마뱀의 조상들이 살았던 사막 환경의 모래와 돌을 생생하게 기술한 문서로 읽을 수 있을 것이다. 그리고 여기서 내 핵심 메시지는 다음과 같다. 한 겹 피부만이 아니라 유전체를 포함하여 한 동물의 모든 세세한 부분들까지, 몸 구석구석, 몸의 씨실과 날실 자체, 모든 기관, 모든 세포와 생화학적 과정까지 조상 세계들을 기술한 문서로 읽을 수 있다는 것이다. '사막'은 동물의 모든 세세한 부위에까지 적힐 것이고, 더 나아가 현재의 과학이 알아낼 수 있는 차원을 넘어서 훨씬 더 많은 정보가, 조상들이 살던 시대에 관한 훨씬 더 많은 정보가 적혀 있을 것이다.

알에서 깨어날 때 이 도마뱀은 태양에 바짝 달궈진 모래와 돌의 세계에 있을 것이라는 유전적 예측을 하고 있었다. 그 유전적 예측이 어긋난다면, 예를 들어 길을 잃어서 사막에서 골프장으로 들어간다면, 지나가던 맹금류가 곧바로 낚아챌 것이다. 또는 세계 자체가 바뀌어서 그 유전적 예측이 틀렸음이 드러날 때에도 같은 운명을 맞이할 가능성이 높다. 모든 유용한 예측은 적어도 통계적인 의미에서 미래가 과거와 거의 동일하다는 것을 전제로 한다. 끊임없이 미친 듯이 변덕을 부리는 세계, 의지할 수 없이 무작위로 변하는 아수라장 같은 환경은 예측을 불가능하게 만들고 생존을 위태롭게 할 것이다. 다행히 세계는 보수적이며, 유전자는 환경이 전과 거의 동일할 것이라는 쪽에 안전하게 판돈을 걸 수 있다. 그렇지 않을 때—재앙 수준의 홍수나 화산 분출이 일어난 뒤나 소행성 충돌로 세계가 파괴되면서 공룡이 비극적으로 종말을 맞이한 사례처럼—모든 예측은 어긋나고, 걸었던 내기는 모조리 지고, 동물 집단 전체가 전멸한다. 물론 우리가 그런 대규모 재앙을 접하는 일은 드물다. 그렇게 동물계의 대규모 집단들이 한꺼번에 싹 사라지는 상황보다는 예측을 조금 잘못한 개체, 즉 자기 종의 경쟁자들보다 약간 더 어긋난 변이체만이 사라지는 상황을 훨씬 더 많이 접한다. *그것이 바로 자연선택이다.

  팰림프세스트에서 가장 나중에 적힌 글은 아주 최근에 적힌 특별한 종류의 것이다. 바로 그 동물 자신의 생애 동안 적힌 것이다. 유전자가 조상 세계를 기술한 글 위에는 그 동물이 태어난 뒤로 세세하게 수정되고 조정된 내용이 적힌다. 그 동물이 경험을 통해, 또는 질병을 겪은 뒤 면역계에 새겨진 인상적인 기억을 통해, 고도 등에 대한 생리적 순응을 통해, 더 나아가 앞으로 일어날 수 있는 상황들의 마음속 시뮬레이션을 통해 학습함으로써 쓰거나 고쳐 적은 수정 사항들이다. 이런 최근의 팰림프세스트 원고는 유전자를 통해 대물림되지 않지만(비록 적는 데 필요한 도구는 존재하지만), 그래도 과거로부터 온 정보, 미래를 예측하는 데 동원되는 정보에 해당한다. 그저 아주 최근의 과거, 그 동물의 생애 내에 한정된 과거일 뿐이다. 동물이 태어난 뒤로 적힌 팰림프세스트의 이 부분은 7장에서 다룰 것이다. 동물의 뇌가 실시간으로 일어나는 매 순간의 변화를 예측하면서 자신이 접하고 있는 변동하는 환경의 역동적인 모델을 구축한다는 더 최근에 나온 개념도 있다. 콘월 해안에서 이 대목을 쓰는 동안, 나는 리저드반도의 해안 절벽에 휘몰아치는 바람을 타고 나는 갈매기들을 바라보면서 시샘 어린 기쁨을 만끽하고 있다. 각 새의 날개, 꼬리, 심지어 머리 각도도 시시각각 변화하는 돌풍과 상승 기류에 맞추어서 민감하게 조정된다. 미래의 동물학자인 소프가 날고 있는 갈매기의 뇌에 무선 통신 기능을 갖춘 전극을 이식한다고 하자. 그녀는 갈매기의 근육 조정 양상을 담은 판독문을 입수할 수 있을 것이다. 이 판독문은 소용돌이치는 바람에 관한 실시간 해설로 번역될 것이다.

1. 동물 읽기

이것은 다음 찰나의 순간에 쓰일 수 있도록 새의 비행 표면을 민감하게 미세 조정하는 뇌의 예측 모델이라 할 수 있다.

나는 동물이 과거의 기술이자 미래의 예측인 동시에 모델이라고 말했다. 모델이란 뭘까? 등고선 지도는 한 나라의 모델이며, 우리는 그 모델을 써서 경관을 재구성하고 길을 찾아다닐 수 있다. 이 지도를 디지털화한 컴퓨터에 든 0과 1의 목록도 그렇다. 여기에는 각 지역의 인구, 작물, 주된 종교 같은 정보까지 담겨 있을 것이다. 공학자가 이해할 만한 방식으로 말하자면, 어떤 두 시스템의 행동이 근본적으로 동일한 수학에 토대를 두고 있다면 둘은 서로의 '모델'이다. 우리는 진자의 전자 모형을 구축할 수 있다. 진자와 전자 진동자의 주기성은 둘 다 동일한 방정식을 따른다. 그저 방정식의 기호들이 가리키는 것이 서로 다를 뿐이다. 수학자는 양쪽을 모두 다룰 수 있고, 관련된 방정식을 통합해서 종이에 적어서, 양쪽의 '모델'로 삼을 수 있다. 일기 예보자는 세계 날씨의 동적 컴퓨터 모델을 구축하며, 이 모델은 전략적으로 배치한 온도계, 기압계, 풍속계에 지금은 무엇보다도 인공위성에서 나오는 정보를 통해 끊임없이 갱신된다. 이 모델은 미래로 가동되면서 세계 어느 지역의 날씨든 간에 예보하도록 구축된다.

*감각 기관은 바깥 세계의 동영상을 뇌의 작은 화면에 충실하게 투영하는 것이 아니다. 뇌는 바깥 현실 세계의 가상 현실 모델을 구축하며, 이 모델은 감각 기관을 통해서 끊임없이 갱신된다. 일기 예보자가 세계 날씨의 컴퓨터 모델로 미래를 예측하는 것처럼, 모든 동물은 매 순간 자신의 세계 모델로 동일한 일을 한다. 다음 행동의 지

침을 얻기 위해서다. 모든 종은 자신의 세계 모델을 구축하며, 이 모델은 종의 생활 방식에 유용한, 즉 생존법에 관한 매우 중요한 예측을 하는 데 유용한 형태를 취한다. 이 모델은 종에 따라 크게 다를 것이 분명하다. 제비나 박쥐의 머리에 든 모델은 삼차원에 가까울 것이 틀림없다. 빠르게 움직이는 표적들이 있는 공중 세계다. 제비는 눈에서, 박쥐는 귀에서 오는 신경 자극을 통해 갱신되지만, 그 차이는 중요하지 않을 것이다. 어디에서 시작되든 간에, 신경 자극은 신경 자극일 뿐이다. 다람쥐의 뇌는 다람쥐원숭이의 뇌와 비슷한 가상 현실 모델을 가동할 것이다. 둘 다 나무줄기와 가지로 이루어진 삼차원 미로를 돌아다녀야 한다. 소의 모델은 더 단순하고 이차원에 가깝다. 개구리의 시야 모델은 우리의 것과 다르다. *개구리의 눈은 대체로 움직이는 작은 물체를 뇌에 보고하는 일에만 집중한다. 그런 보고는 대개 틀에 박힌 연쇄 사건들을 촉발한다. 물체를 향해 몸을 돌리고, 폴짝 뛰어 더 가까이 다가가고, 마지막으로 표적을 향해 혀를 내쏜다. *이 눈의 회로 배선은 개구리가 눈이 알려준 방향으로 자신의 혀를 쏜다면 먹이에 닿을 가능성이 높다는 예측을 구현한다.

콘월 사람인 내 조부는 통신 회사인 마르코니의 초창기에 새로 들어오는 젊은 기술자들에게 전파의 기본 원리를 가르치는 일을 했다. 조부는 가르칠 때 빨랫줄을 교재로 썼다. 빨랫줄을 흔들어 생기는 파형을 음파의 모델로 삼았다. 또는 전파의 모델로도. 동일한 모델이 양쪽에 다 적용되었으니까. 그리고 그것이 바로 요점이다. *모든 복잡한 파형 — 음파든 전파든 물결이든 간에 — 은 구성 성분인 단순한 사인파들로 분해할 수 있다. 이 과정을 프랑스 수학자 조제프 푸리에 Joseph Fourier의 이름을 따서 '푸리에 분석'이라고 한다. 이렇게 나온 사인파들을 다시 합쳐서 원래의 복잡한 파형으로 재구성할 수도 있다(푸리에 합성). 이 점을 설명하기 위해 조부는 빨랫줄을 회전 바퀴에 연결했다. 바퀴를 하나만 돌릴 때에는 밧줄이 뱀처럼 꿈틀거리면서 사인파에 가깝게 굽이쳤다. 연결된 두 바퀴를 함께 돌리면, 빨랫줄의 파형은 더 복잡해졌다. 이 사인파들의 합은 푸리에 원리를 초보적이지만 생생하게 보여 주었다. 조부의 구불거리는 빨랫줄은 송신기에서 수신기로 전달되는 전파의 모델이었다. 또는 귀에 닿는 음파의 모델이었다. 예를 들어, 뇌는 음악회장에서 연주되는 관현악을 배경으로 속삭이는 말이나 기침 소리 같은 복잡한 소리 패턴인 복합파를 해체할 때 푸리에 분석에 상응하는 무언가를 수행하는 듯하다. 놀랍게도 사람의 귀, 아니 사실상 사람의 뇌는 관현악 전체의 복잡한 파형으로부터 이 구간에서는 오보에 소리, 저 구간에서는 호른 소리를 골라낼 수 있다.

*요즘은 조부의 빨랫줄 대신에 컴퓨터 화면을 쓴다. 먼저 단순한 사인파가 뜨고, 파장이 다른 두 번째 사인파가 나타나고, 이어서 둘을 합쳐서 더 복잡하게 꿈틀거리는 파형을 만드는 식으로 진행된다. 오른쪽 그림은 내가 영어 단어 하나를 말할 때의 소리 파형이다. 달리 말하면, 공기 압력이 높은 진동수로 변화하는 것이다. 분석하는 법을 안다면, 이 그림(의 훨씬 확장된 이미지)에 구현된 수치 데이터로부터 내가 말한 것의 판독문을 얻을 수 있다. 실제로 해독하려면 엄청난 수학적 기교와 컴퓨터 성능이 필요할 것이다. 이 들쭉날쭉한 선이 옛날 축음기의 바늘이 닿는 홈이라고 생각하자. 공기압 변화에서 비롯

된 파동은 고막을 두드리고 이어서 신경세포의 펄스 패턴으로 전환되어 뇌로 전달된다. 뇌는 전혀 어려움 없이 실시간으로 필요한 수학적 기교를 펼쳐서 내가 말한 단어가 '자매들'임을 알아차릴 것이다.

청각을 처리하는 우리의 뇌 소프트웨어는 들리는 단어를 쉽게 알아듣지만, 우리의 시각 처리 소프트웨어는 종이나 컴퓨터 화면에 그려진 파형이나 그 파형을 그려 내는 숫자들을 보았을 때 판독을 잘 못한다. 그렇지만 어떤 식으로 표현되든 간에 이 숫자들에는 모든 정보가 담겨 있다. 그것을 해독하려면 고성능 컴퓨터의 도움을 받아서 수학적 분석을 해야 하며, 매우 어려운 계산이 될 것이다. 그러나 우리 뇌는 같은 데이터를 음파의 형태로 접하면 판독을 식은 죽 먹기처럼 해낸다. 이는 우리가 기억해야 할 우화다. 우리 목적에 대단히 중요하기 때문이다. 그래서 한 번 더 말한다. 동물의 어떤 부위는 다른 부위들보다 '읽기'를 훨씬 못한다. 모하비 사막뿔도마뱀의 등 무늬는 읽기 쉬웠다. '자매들'이라는 단어를 듣는 것에 해당한다. 이 동물의 조상들은 분명히 돌이 널린 사막에서 생존했다. 읽기 어렵다고 해서 움츠릴 필요는 없다. 간의 세포 화학이 그런 것일 텐데, 오실로스코프에서 '자매들'의 파형을 보는 것과 똑같은 방식으로 어려울 수도 있다. 그렇다고 해서 결코 내 요지가 부정되는 것은 아니다. 아무

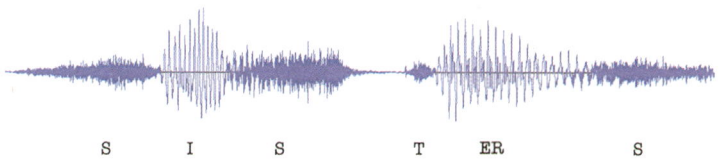

리 해독하기 어렵다고 해도 그 안에 정보가 숨어 있다는 것은 분명하다. 사자의 유전서는 선형 문자 A(기원전 18~15세기 크레타섬의 미노아인이 썼던 문자 체계 — 옮긴이)나 인더스 계곡 문자처럼 해독 불가능하다고 드러날 수도 있다. 그래도 나는 그 안에 정보가 있다고 믿는다.

오른쪽 그림의 무늬는 QR 코드다. 그 안에 숨겨진 메시지는 사람의 눈으로는 읽을 수가 없다. 그러나 당신의 스마트폰은 즉시 해독해서 내가 좋아하는 시 구절을 한 줄 보여 줄 수 있다. 사자의 유전서는 조상이 살던 세계들에 관한 메시지를 동물의 몸과 유전체에 숨긴 팰림프세스트다. QR 코드처럼 대체로 맨눈으로는 읽을 수 없지만, 첨단 컴퓨터를 비롯한 도구들을 갖춘 미래의 동물학자는 읽어 낼 것이다.

요점을 다시 말하자면, 우리가 동물을 살펴볼 때 모하비의 사막뿔도마뱀 사례처럼 조상의 환경을 체화한 기술 문서를 즉시 읽을 수 있는 사례도 있다. 우리의 청각계가 '자매들'이라는 단어를 즉시 해독할 수 있는 것과 마찬가지다.

2장에서는 조상의 환경이 거의 말 그대로 등에 칠해져 있는 동물들을 살펴본다. 그러나 대체로 우리는 판독문을 추출하려면 더 간접적이고 보다 어려운 방법에 기대야 한다. 그다음 장들에서는 그 일을 할 만한 방법들이 있을지 살펴본다. 그러나 그 기법들은 대체로 아직 제대로 개발되지 않은 상태. 유전체를 읽는 기법들은 특히 더 그렇다. 여기서 나는 수학자, 컴퓨터과학자, 분자유전학자 등 나보다 더 잘할 수 있는 이들에게 그런 방법을 개발하도록 부추기려는 의도도 어느 정도 갖고 있다.

먼저 사자의 유전서라는 말이 불러일으킬 수도 있을 다섯 가지 오해를 미리 차단할 필요가 있겠다. 첫째, 좀 실망스럽겠지만, 내가 사자의 유전서를 해독하는 과제의 상당 부분을 미래 과학으로 넘긴다는 점을 밝혀 둔다. 여기에는 내가 어떻게 할 수 있는 여지가 그리 많지 않다. 둘째로 이집트의 '사자의 서'와는 시적인 울림 외에는 거의 아무런 관계도 없다. 이집트 문서는 죽은 이가 영생할 수 있도록 돕기 위해 매장 절차를 제시한 지침서다. 동물의 유전체는 동물에게 세상을 살아갈 방법을 알려주는 지침서이며, 실질적으로 영생까지는 아니라고 해도 막연한 미래까지 이 지침서(몸이 아니라)를 전달하는 식으로 해서 후대에 알려준다.

셋째, 이 단어는 고대 DNA라는 흥미로운 주제와 관련지어서 오해를 일으킬 수도 있다. 때로 오래전에 죽은—유감스럽게도 아주 오래전까지는 아니다—생물의 DNA를 추출할 수 있는 경우도 있다. 끊겨 나간 조각에 불과할 때가 많긴 해도 그렇다. *스웨덴의 유전학자 스반테 페보Svante Pääbo는 네안데르탈인과 데니소바인의 유전체 조각 퍼즐을 끼워 맞춘 업적으로 노벨상을 받았다. 이 연구가 없었다면, 이들은 화석으로만 알려져 있었을 것이다. 데니소바인은 치아 3개와 뼛조각 5개만 발견되었다. 말이 난 김에 덧붙이자면, 페보의 연구는 사하라 이남의 아프리카인과 달리 유럽인이 현생 인류와 네안데르탈인의 이종 교배라는 희귀한 사건으로부터 나온 후손임을 보여 준다. 또 일부 현생 인류, 특히 멜라네시아인의 연원을 거슬러 올라가면 데니소바인과의 이종 교배 사건으로 이어질 수 있다. '고대 DNA'는 현재 활발하게 연구가 이루어지는 분야다. 털매머드 유전체는 거의 완전히 밝혀졌고, 이 종을 부활시키겠다고 진정으로 희망하는 이들이 있다. *도도새, 여행비둘기, 큰바다오리, 타일라신(태즈메이니아늑대)도 '부활' 가능 종의 목록에 포함될 수 있다. 안타깝게도 부활이 가능할 만큼 충분한 양의 DNA가 남아 있을 기간은 기껏해야 수천 년에 불과하다. 어쨌거나 흥미롭긴 하지만, 고대 DNA는 이 책의 범위에서 벗어난다.

넷째, 나는 현생 인류의 다양한 집단들의 DNA 서열을 비교하여 그것이 지상으로 퍼져 나간 인류의 이주 물결을 비롯한 인간 역사를 규명하는 데 어떤 기여를 했는지도 다루지 않을 것이다. 이런 유전적 연구 결과는 언어 비교 결과와 감질날 만큼 서로 겹치기도 한다. *예를 들어, 서태평양제도의 미크로네시아 섬들에서 유전자와 언어 분포 양상은 둘 다 섬 간 거리와 단어 유사성 사이에 수학 법칙에 가까운 관계가 있음을 보여 준다. 우리는 섬의 주민들이 유전자와 언어를 지닌 채 탁 트인 태평양을 현외 장치가 달린 카누를 타고 이주하는 장면을 상상할 수 있다! 그러나 그 이야기는 다른 책의 한 장을 차지할 것이다. 그 책의 제목은 '이기적 밈 The Selfish Meme'쯤이 되지 않을까?

또 사자의 유전서라는 말을 현대 과학이 DNA 서열을 고대 환경의 기술 문서로 번역할 준비가 되어 있다는 의미로 받아들이지 말기를 바란다. 어느 누구도 그렇게 할 수 없으며, 소프가 그럴 수 있을

지도 불분명하다. 이 책의 주제는 동물 자체, 동물의 몸과 행동, 즉 '표현형phenotype'을 어떻게 읽을 것인가다. 과거를 기술한 메시지가 DNA를 통해 전달된다는 것은 변함없는 진리다. 그러나 당분간 우리는 표현형을 통해서 간접적으로 그 메시지를 읽을 것이다. 인간의 유전체를 활동하는 몸으로 번역하는 가장 쉬운 방법—설령 유일한 방법은 아니라고 해도—은 여성이라는 아주 특별한 해석 장치에 입력하는 것이다.

조각상으로서의 종: 평균화하는 컴퓨터로서의 종

*대단히 박식한 동물학자이자 분류학자이며 수학자인 다시 톰프슨D'Arcy Thompson은 진부하면서 더 나아가 동어 반복적인 양 보이지만 사실상 생각을 도발하는 말을 했다. "만물은 그런 식으로 생겨났기에 그런 식으로 존재한다." 태양계는 물리 법칙의 작용으로 가스와 먼지의 구름이 회전하는 원반 형태로 되었다가 응축해서 태양을 형성하고 서로 같은 평면에서 한 방향으로 태양 주위를 도는 천체들을 형성했기에, 바로 그런 식으로 존재한다. 이 행성들이 이루는 평면과 방향은 원래의 원시 행성계 원반의 평면이었던 방향이다. 지구의 달은 45억 년 전 지구에 일어난 거대한 충돌로 다량의 물질이 궤도로 떨어져 나갔다가 중력으로 서로 뭉쳐서 공 모양이 되었기 때문에 그런 식으로 존재한다. 처음에 달은 자전 속도가 더 빨랐지만, 서서히 느려진 끝에 지금처럼 우리에게 한쪽 면만 보이는 상태에 이르렀

다. 이 현상을 '조석 고정(큰 천체 주위를 도는 달 같은 작은 천체의 공전 주기와 자전 주기가 같아지는 현상 — 옮긴이)'이라고 한다. 또 달의 표면에는 더 작은 규모의 충돌이 이어지면서 충돌구들로 얽은 모습이 되었다. 지구도 같은 식으로 얽었겠지만, 침식과 지각 운동으로 지워졌다. 한 조각 작품은 카라라 대리석 덩어리가 미켈란젤로의 애정 어린 주목을 받았기 때문에 그런 식으로 존재한다.

우리 몸은 왜 지금과 같은 식으로 존재할까? 달과 마찬가지로, 우리도 외부로부터 받은 상해의 흉터를 얼마간 간직하고 있다. 총알 자국, 칼 결투의 기념물, 외과의사가 댄 수술칼 자국, 심지어 천연두나 수두의 얽은 자국까지 있다. 그러나 이것들은 피상적이며 지엽적인 사항들이다. 몸은 대체로 발생과 성장의 과정을 통해서 그런 식으로 형성되었다. 그리고 이 과정을 지시한 것은 세포에 든 DNA였다. DNA는 어떻게 그런 식으로 형성된 것일까? 여기서 우리는 이 논증의 핵심에 다다른다. 모든 개체의 유전체는 자기 종의 유전자 풀에서 고른 하나의 표본이다. 유전자 풀은 많은 세대를 거치면서 그런 식으로 형성되었다. 무작위 표류도 어느 정도 관여했지만, 비무작위적으로 조각하는 과정이 더 중요한 역할을 했다. 여기서 조각가는 자연선택이며, 지금처럼 될 때까지 유전자 풀—그리고 그것의 외부적이고 가시적인 발현 형태인 몸—을 깎고 다듬었다.

나는 왜 개체의 유전체가 아니라 종의 유전자 풀이 조각된다고 말하고 있을까? 미켈란젤로의 대리석과 달리, 개체의 유전체는 변하지 않기 때문이다. 개체의 유전체는 조각가가 깎는 실체가 아니다. *일단 수정이 일어나면, 유전체는 접합자부터 배아 발생을 거쳐 유년기, 성년기, 노년기에 이르기까지 고정된다. *다원주의의 끌 아래에서 변하는 것은 개체의 유전체가 아니라 종의 유전자 풀이다. 그 결과로 나온 전형적인 동물 형태가 개선된 것이라는 점에서 이 변화는 조각이라고 부를 만하다. 개선이 반드시 로댕이나 프락시텔레스의 작품처럼 더 아름다운 것을 의미할 필요는 없다(더 아름다워질 때가 많긴 하지만). 개선은 오로지 생존과 번식을 더 잘하는 것을 의미한다. 어떤 개체는 살아남아서 번식을 한다. 어떤 개체는 어릴 때 죽는다. 어떤 개체는 많은 짝을 얻는다. 어떤 개체는 짝을 전혀 못 얻는다. 어떤 개체는 자식이 전혀 없다. 어떤 개체는 건강한 자식을 잔뜩 낳는다. 성적 재조합은 유전자 풀을 흔들고 뒤섞는다. 돌연변이는 새로운 유전적 변이체를 그 뒤섞이는 풀에 추가한다. 자연선택과 성선택은 세대가 지날수록 종의 평균 유전체의 모습을 건설적인 방향으로 바꾼다.

우리가 집단유전학자가 아니라면, 조각된 유전자 풀의 변동을 직접 보지는 못한다. 대신에 우리는 종의 구성원들의 평균 체형과 행동에 나타나는 변화를 관찰한다. 각 개체는 현재의 풀에서 취한 유전자 표본들의 협력 작업을 통해 만들어진다. 종의 유전자 풀은 끊임없이 변하는 대리석이며, 그 대리석에 끌, 자연선택의 섬세하고 예리하고 절묘할 만치 세심하면서 깊이 들어가는 끌이 작업을 한다.

지질학자는 산이나 골짜기를 보고 '읽으며', 먼 과거부터 최근에 이르기까지의 역사를 재구성한다. 산이나 골짜기의 자연적인 조각 작업은 화산이나 지각의 섭입과 융기에서 시작될 수도 있다. 그 뒤를 바람과 비, 강과 빙하라는 끌이 이어받는다. 생물학자는 화석 역사를 볼 때 유전자가 아니라 눈으로 볼 수 있는 것들을 본다. *바로 평균 표현형의 점진적인 변화다. 그러나 자연선택이 조각하는 대상은 종의 유전자 풀이다. 유성생식 덕분에 종은 분류 체계의 다른 범주들, 즉 속, 과, 목, 강 등과는 다른 매우 특별한 지위에 놓인다. 왜? 유전자의 성적 재조합—카드 뒤섞기—은 종 내에서만 일어나기 때문이다. '종'의 정의가 바로 그러하니까. 그리고 이는 이 절의 제목에 담긴 두 번째 비유로 이어진다. 평균화하는 컴퓨터로서의 종이다.

사자의 유전서는 다른 여느 개체보다 전혀 특별할 것이 없는 어느 조상 개체의 세계를 기술한 문서다. 유전자 풀 전체를 조각한 환경을 기술한 문서이기도 하다. 현재 우리가 살펴보는 개체는 모두 이 섞은 카드 한 벌, 즉 흔들고 뒤섞은 유전자 풀로부터 뽑은 표본이다. 그리고 모든 세대의 유전자 풀은 종 내의 모든 개체의 성공과 실패 사례들을 평균화한 통계 과정의 결과였다. 그런 의미에서 종은 평균화하는 컴퓨터이며, 유전자 풀은 거기에 쓰이는 데이터베이스다.

2
'그림'과 '조각상'

모하비사막의 사막뿔도마뱀처럼 동물이 등에 색칠된 조상 환경을 지닐 때, 우리 눈은 즉시 수월하게 조상 세계들의 판독문을 제공하며, 그들이 어떤 위험한 환경에서 살아남았는지를 알려 준다. *위장술이 뛰어난 다른 도마뱀을 보자. 배경을 이루는 나무껍질과 구별할 수 있는지? 당신은 구별할 수 있다. 이 사진을 가까이에서 환한 조명 아래 찍었기 때문이다. 당신은 이상적인 시각 조건에서 우연히 행운을 접한 포식자와 비슷하다. 이런 우연한 만남은 위장의 완성도를

마지막까지 손보는 선택압으로 작용한다. 그런데 위장의 진화는 어떻게 시작되었을까? 시야의 구석구석을 무심코 훑으면서, 또는 날이 어둑할 때 사냥을 하면서 돌아다니는 포식자는 이 도마뱀이 나무껍질을 아주 조금 닮았을 당시에 나무껍질 의태를 향한 진화 과정을 시작하도록 선택압을 가한다. 위장의 완성을 향한 중간 단계들은 중간 시각 조건들에 의존할 것이다. '멀리서나 어둑할 때나 시야의 구석에서나 주의를 기울이지 않을 때'에서 '가까이에서 밝은 상태에서 정면으로 볼 때'에 이르기까지 가용 조건들의 연속된 기울기가 있다. 현재의 도마뱀은 점점 더 정확한 무늬를 만든 덕분에 유전자 풀에서 살아남은 유전자들이 색칠한, 나무껍질의 상세하면서 매우 정확한 '그림'을 등에 지니고 있다.

　우리는 이 개구리를 보자마자 그 조상들의 환경이 회색 지의류가 풍부한 곳이었음을 '읽어 낼' 수 있다. 또는 1장에서 달리 표현한 방식에 따르면, 개구리의 유전자는 지의류에 '판돈을 건다'. 나는 '판돈

을 걷다'와 '읽다'를 글자 그대로에 가까운 의미로 쓴다. 여기에는 그 어떤 복잡한 기법도, 기구도 필요 없다. 동물학자의 눈으로도 충분하다. 그리고 여기에 적용된 다원주의적 이유는 이 그림이 동물학자 자신의 눈과 똑같은 방식으로 작동하는 포식자의 눈을 속이도록 고안되었다는 것이다. 조상 개구리들은 동물학자 또는 당신, 즉 척추동물 독자의 눈과 비슷한 포식자의 눈을 속이는 데 성공했기 때문에 살아남았다.

조상 세계의 색깔과 무늬로 바깥 표면을 색칠하는 쪽이 먹이가 아니라 포식자인 경우도 있다. 들키지 않게 먹이에게 몰래 더 잘 접근하기 위해서다. 호랑이의 유전자는 호랑이가 식물 줄기들이 수직으로 줄무늬를 이루고 햇빛과 그늘로 얼룩덜룩한 숲속 세계에 태어날 것이라는 쪽에 판돈을 건다. 눈표범의 몸을 살펴보는 동물학자는 그 조상들이 돌과 바위로 얼룩덜룩한 세계에, 아마도 산악 지역에 살았을 것이라는 쪽에 판돈을 걸 수 있다. 그리고 그 유전자는 자신의 자식도 동일한 환경에서 태어날 것이라는 쪽에 판돈을 건다.

그런데 대형 고양이류의 먹이가 되는 포유동물은 포식자들의 위장술을 간파하는 능력이 우리보다 떨어지는 듯하다. 우리 유인원과 구대륙 원숭이는 삼색형 색각이다. 즉, 망막에 빛을 감지하는 세포가 세 종류라는 뜻이다. 현대 디지털카메라도 같은 방식이다. 대다수 포유동물은 이색형이다. 사람이라면 청록 색맹이라고 할 수 있다. 따라서 그들은 호랑이나 눈표범의 무늬를 배경과 구별하기가 우리보다 더 어려울 수 있다. 자연선택은 전형적인 먹이의 이색형 색각을 속이는 방법으로써 호랑이의 줄무늬와 눈표범의 얼룩무늬를 '설계했다'.

또 우리 삼색형 눈도 꽤 잘 속인다.

말이 나온 김에, 아주 탁월하게 위장한 동물이 놀랍게도 위장술을 폭로하는 치명적인 결함을 지닐 때도 있다는 점도 말해 두자. 바로 대칭이다. 이 부엉이의 깃털은 나무껍질을 탁월하게 모방한다. 그러나 대칭 때문에 문제가 생긴다. 위장이 드러난다.

나는 틀림없이 어떤 심오한 발생학적 제약이 있어서 좌우 대칭을 깨기가 어려운 것이 아닐까 추측한다. 아니면 무엇인지 몰라도 사회적 접촉이 이루어질 때 어떤 이점을 대칭이 제공해서일까? 경쟁자에게 위협적으로 보이게 하는 것은 아닐까? 부엉이는 우리보다 훨씬 더 큰 각도까지 목을 돌릴 수 있다. 아마 그럼으로써 얼굴 대칭의 문제를 완화시키는 것은 아닐까? 이 사진은 자연선택이 한쪽 눈을 감는 습성을 선호했을 수도 있다는 추측을 불러일으킨다. 대칭성을 줄여 주니까. 그러나 그렇게까지 말하는 것은 지나친 희망 사항일 듯하다.

'그림'과 미묘하게 다른 '조각상'도 있다. 조각상은 동물의 몸 전체가 자신과 별개인 대상을 닮는 것을 말한다. 부러진 나뭇가지의 밑동처럼 생긴 개구리입쏙독새Tawny frogmouth나 포투Potoo, 잔가지처럼 조각된 자벌레, 돌이나 마른 흙덩어리처럼 생긴 메뚜기, 새똥을 흉내 내는 모충은 모두 동물 '조각상'의 사례다.

'그림'과 '조각상'의 실용적인 구분은 동물을 본래의 자연적인 배경과 떼어 놓으면 그림은 더 이상 상대를 속이지 못하는 반면, 조각

상은 여전히 속일 수 있다는 것이다. '색칠된' 가지나방을 자신이 닮은 옅은 색깔의 나무껍질에서 떼어내 다른 배경에 갖다 놓으면, 즉시 포식자의 눈에 띄어서 잡힐 것이다. 앞장의 사진에서는 산업 지대에서 검댕이 쌓여 검게 변한 나무가 배경이다. *같은 종의 검은 돌연변이 개체는 이 배경에 완벽하게 들어맞으며, 바로 앞에 있어도 금방 알아차리지 못할 수 있다. 반면에 인도에서 아닐 쿠마르 베르마Anil Kumar Verma가 찍은 이 자벌레는 어떤 배경에 갖다 놓아도 포식자가 여전히 잔가지로 착각하고 지나칠 가능성이 꽤 높다. 이는 좋은 동물 조각상이라는 표시다.

조각상은 자신의 자연적인 배경에 있는 대상을 닮지만, 그 시각적 효과는 '그림'이 하는 식으로 배경에 놓일지 여부에 의존하는 것이 아니다. 반대로 더 큰 위험에 놓일 수도 있다. 잔디밭에 홀로 있는 대벌레는 포식자가 알아차리지 못할 수도 있다. 잔디밭에 떨어진 잔가지라고 착각해서다. 반면 진짜 잔가지들에 둘러싸인 대벌레는 유별나게 눈에 띌 수도 있다. 떠다니는 해초를 닮은 나뭇잎해룡은 홀로 떠다닐 때 그 어떤 해초도 모방하지 않은 모양을 지닌 해마 사촌보다는 적어도 더 보호를 받을지도 모른다. 그런데 실제로 굽이치는 해초밭에 있을 때에는 이 조각상이 안전할까? 이 질문은 아직 미해결이다.

석패류인 람프실리스 카르디움*Lampsilis cardium*은 유생 때 어류의 아가미에 달라붙어서 피를 빨아 먹으며 자란다. 이 민물조개는 유생 때 어류의 몸속으로 들어갈 방법을 찾아야 한다. *이때 바로 '조각상'을 이용한다. 즉, 물고기를 속인다. 이 조개는 외투막 가장자리에 아주 어린 유생들이 들어 있는 육아낭을 만든다. 육아낭은 가짜 눈뿐 아니라 물고기와 매우 흡사하게 가짜로 '헤엄치는' 듯한 움직임까지 갖춤으로써 작은 물고기 한 쌍과 놀라울 만치 흡사해 보인다. 조각상

은 움직이지 않으므로, 엄밀히 따지면 '조각상'이라는 단어는 좀 안 맞지만, 개의치 말고 요점에 주목하자. 더 큰 물고기는 이 가짜 물고기에 다가와서 삼키려 한다. 그런데 실제로 삼키는 것은 조개 유생이므로 물고기에게는 아무런 도움도 안 된다.

*이란에 사는 이 고도로 위장된 뱀은 꼬리 끝에 가짜 거미가 달려 있다. 사진으로 보면 과연 정말로 속을지 긴가민가할 수도 있다. 그러나 이 뱀은 거미가 쪼르르 달려가는 모습과 놀라울 만치 흡사한 방식으로 꼬리를 움직인다. 정말로 진짜 같다. 뱀이 굴에 몸을 숨긴 채 꼬리 끝만 내밀고 있을 때면 더욱 그렇다. 새가 이 거미를 잡으려고 덮치면, 새는 뱀에게 잡히고 만다. 이런 기법이 자연선택을 통해 진화했다는 사실이 얼마나 놀라운 것인지를 다시금 되돌아볼 가치

가 있다. 그 중간 단계들은 어떤 모습이었을까? 그 진화적 연쇄는 어떻게 시작되었을까? 나는 꼬리 끝이 거미와 조금이라도 비슷해지기 전에, 그저 새가 어느 정도 혹할 만치 꿈틀거리기만 하지 않았을까 예상한다. 새는 모든 움직이는 작은 대상에 끌리기 때문이다.

'그림'과 '조각상'은 둘 다 조상 세계를, 즉 조상들이 생존한 환경을 읽기 쉽게 기술한 책이다. 자벌레는 고대 잔가지의 상세한 기술이다. 포투는 오래전에 잊힌 나뭇가지 밑동의 완벽한 모델이다. 실제로는 잊힌 것이 아니라는 점만 빼고 그렇다. 포투는 그 자체가 기억이다. 옛 시대의 잔가지는 자신의 닮은꼴을 가장무도회를 펼치는 이 애벌레의 몸에 조각했다. 시간의 모래는 거미의 표면에 집단 자화상을 그렸고, 그 결과 우리는 이 거미를 알아보기가 어렵다.

2. '그림'과 '조각상' 35

*"작년의 눈은 어디에 있지?" 자연선택은 사할린뇌조의 겨울 깃털에 눈을 동결해 놓았다.

나뭇잎꼬리도마뱀붙이Leaf-tailed gecko는 이 개체가 사는 곳이 아니라, 이 개체의 조상들이 살았던 낙엽 더미를 떠올리게 한다. 이 개체는 인류가 마다가스카르에 들어가기 오래전, 아마 인류 자체가 출현하기 오래전에 기나긴 세월에 걸쳐서 쌓인 다윈주의적 '기억'을 구현하고 있다.

여치는 조상들이 기어다닌 초록 이끼와 엽상체의 유전적 기억을 자신이 구현하고 있음을 전혀 알지 못한다. 그러나 우리는 보는 순간 그 기억을 읽을 수 있다. *이 작고 귀여운 베트남이끼개구리도 마찬가지다.

조각상이 반드시 잔가지나 돌, 낙엽, 나뭇가지 밑동 같은 무생물을 모방하는 것은 아니다. 독이 있거나 불쾌한 맛이 나는 모델을 흉내 내는 사례도 있으며, 이들은 오히려 시선을 끌어들인다. 아래 곤충은 언뜻 보면 말벌인 양 여겨져 손으로 잡기가 망설여질 수 있다. 사실은 무해한 꽃등에 종류다. 눈을 보면 알 수 있다. 파리는 말벌보다 겹눈이 더 크다. 이 특징은 아마도 나름의 이유 때문에 겹쳐 쓰기가 어려운 팰림프세스트의 어떤 깊은 층에 적혀 있을 것이다. 파리와 말벌의 가장 큰 해부학적 차이는 파리는 날개가 두 개인 반면 말벌은 네 개라는 것인데(그래서 파리목의 영어 이름은 라틴어로 쌍시목Diptera이다), 이 특징도 겹쳐 쓰기가 어려운 듯하다. 그러나 아마 이 강력한 단서도 알아차리기 어려울 것이다. 굳이 날개 수를 세느라 시간을 허비할 포식자가 어디 있겠는가?

진짜 말벌, 즉 꽃등에 의태의 모델은 숨으려고 하지 않는다. 위장의 정반대다. 선명한 띠무늬가 나 있는 배는 이렇게 외친다. "조심해! 내게 달려들지 마!" 꽃등에도 똑같이 외치고 있지만, 거짓말이다. 꽃등에는 침  이 없으며, 포식자가 용감하게 달려든다면 맛있게 먹을 수 있을 것이다. 꽃등에는 그림이 아니라 조각상이다. 이 (가짜) 경고는 배경에 의지하지 않기 때문이다. 이 책의 관점에서 보자면, 우리는 이 띠무늬를 조상들의 생태계에 노랑과 검정 띠무늬를 지닌 위험한 것들이 있었고, 포식자가 그들을 두려워했음을 알려 주는 것이라고 읽을 수 있다. 꽃등에의 띠무늬는 자연선택이 배에 칠한, 예전 말벌 띠무늬의 모조품이다. 곤충의 노랑과 검정 띠무늬는 공격하려는 상대방에게 끔찍한 결과가 빚어질 것이라는 믿을 만한 경고 신호―진짜든 가짜든 간에―다. 위쪽 딱정벌레도 아주 생생한 사례다.

다음 장을 보면 덤불 속에서 당신을 노려보는 듯한 것이 있다. 이런 것과 맞닥뜨리면, 아마 뱀이라고 여기고서 깜짝 놀라서 뒤로 물러나지 않을까?

이것은 당신을 노려보고 있지도 않으며, 뱀도 아니다. 디나스토르 다리우스*Dynastor darius*라는 나방의 번데기이며, 번데기는 노려보지 못한다. 뱀 머리를 아주 잘 흉내 내고 있으므로, 상대를 깜짝 놀래킬 것 같다. 이성적으로 다시 생각하면 위험한 뱀치고는 좀 작다는 계산이 나올 수도 있다. 그러나 거리가 있으면 뱀도 작아 보이며 어쨌든

우려될 만큼은 가까이 있는 셈이다. 게다가 소스라치게 놀란 새는 다시 생각할 겨를이 없다. 깜짝 놀라서 꽥꽥거리며 달아난다. 생각할 시간이 더 주어진다면, 사자의 유전서를 공부하는 다윈주의자는 이 애벌레의 조상 세계에 위험한 뱀들이 살았다고 읽을 것이다. 몇몇 애벌레는 꽁무니가 뱀 머리처럼 생겼을 뿐 아니라 근육을 움직여서 가짜 눈을 감았다 떴다 하는 것처럼 보이게 한다. 포식자가 뱀은 그런 식으로 눈을 깜박이지 않는다는 사실을 알 리는 없을 듯하다.

눈은 그 자체로 무섭다. 일부 나방의 날개에 눈알 무늬가 있는 이유가 바로 그 때문이다. 포식자는 갑자기 이 무늬와 맞닥뜨리면 깜짝

놀란다. 호랑이를 비롯해서 고양이과의 동물들을 두려워할 타당한 이유가 있다면, 동남아시아의 이 부엉이나방Owl moth과 갑자기 맞닥뜨렸을 때에도 깜짝 놀라 물러나지 않을까?

 호랑이나 표범의 망막 크기가 이 확대한 나방의 크기와 같아질 만한 거리—위험한 거리—가 있다. 물론 우리 눈에는 고양이과의 어떤 동물의 눈과도 그리 닮아 보이지 않는다. 그러나 다양한 종이 실제 동물과 엉성하게 닮았을 뿐인 모조품에도 반응한다는 증거가 많이 있다. 허수아비는 친숙한 사례이며, 실험 증거도 많다. *붉은부리갈매기는 막대기 끝에 매단 갈매기 머리 모형에 마치 진짜 갈매기인 양 반응한다. 상대가 깜짝 놀라서 움츠리는 것만으로도 이 나방은 충분히 목숨을 구할 수 있을 것이다.

 *나는 소 엉덩이에 눈을 그리는 것만으로도 사자가 포식을 꺼리게 만드는 효과가 있다는 것을 알고 흥미를 느꼈다.

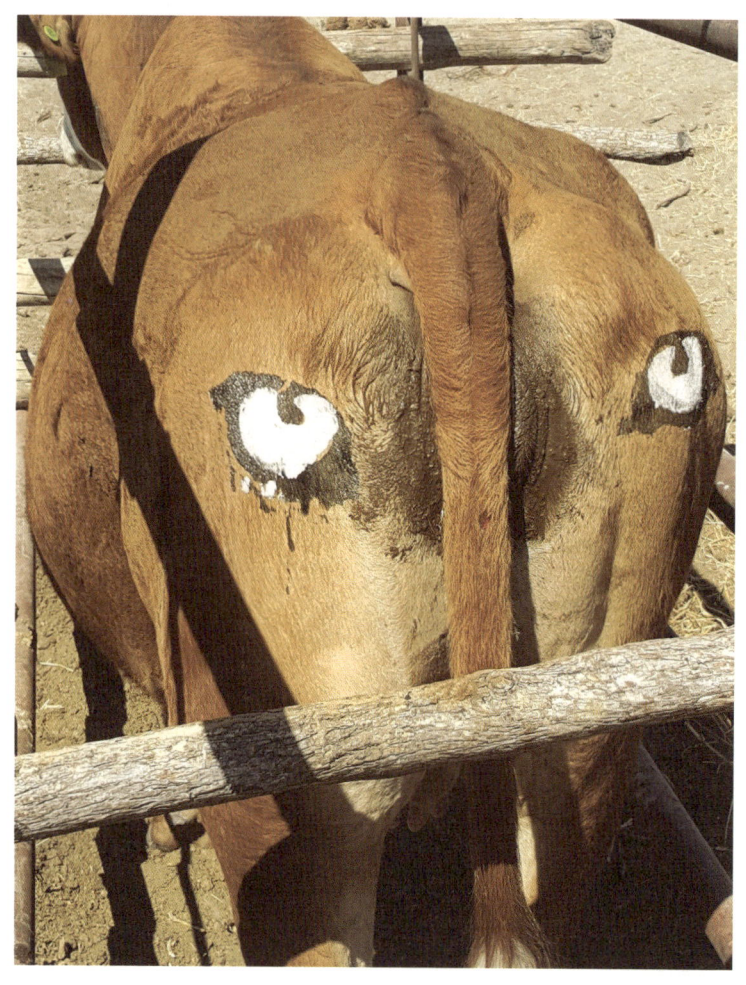

*우리는 장 드 브루노프Jean de Brunhoff의 동화에 등장하는, 코끼리들의 엉덩이에 무시무시한 눈을 그림으로써 코뿔소들과의 전쟁에서 승리한 사랑스럽고 현명한 코끼리 왕의 이름을 따서, 이를 바바 효과 Babar effect라고 부를 수도 있다.

이것은 대체 뭘까? 용? 악몽에 나올 법한 악마의 말? 사실은 오스트레일리아에 사는 분홍뒷날개나방Pink underwing의 애벌레다. 이 굉장한 눈과 이빨 무늬는 애벌레가 쉬고 있을 때에는 접힌 피부 안에 들어가 있어 보이지 않는다. 그러다가 위협을 받으면 꽁무니를 부풀려서 이 무시무시한 모습을 드러낸다. *만일 내가 포식자라면 달아나지 않고는 못 배겼으리라고 장담한다.

내가 아는 가장 무시무시한 가짜 얼굴이 뭐냐고? *왼쪽의 문어와 *오른쪽의 독수리를 놓고 오락가락한다. 이 문어의 진짜 눈은 확 띄

는 커다란 가짜 눈의 '눈썹' 부위 안쪽 끝 바로 위에 놓여 있다. 고산대머리수리Himalayan griffon vulture의 진짜 눈은 일단 부리를, 따라서 진짜 얼굴을 찾아내면 금방 알아볼 수 있다. 문어의 가짜 눈은 아마 포식자를 단념시킬 것이다. 이 수리는 아마 가짜 얼굴로 다른 수리들을 위협함으로써 몰려 있는 무리를 뚫고 사체에 다가가는 듯하다.

*일부 나방은 날개 뒤쪽에 가짜 머리가 있다. 가짜 머리는 이 곤충에게 어떤 혜택을 줄까? 지금까지 다섯 가지 가설이 제시되었는데, 편향 가설deflection hypothesis이 가장 널리 받아들여져 있다. 새에게 덜 취약한 가짜 머리를 쪼도록 함으로써 진짜 머리를 보호한다는 것이다. 나는 여섯 번째 가설을 약간 더 선호하는데, 나비가 가짜 머리 방향으로 날아갈 것이라고 포식자에게 착각을 일으킨다는 가설이다. 왜 이 가설을 더 선호하느냐고? 내가 동물이 미래를 예측함으로써 생존한다는 개념에 빠져 있기 때문일지도 모르겠다.

포식자를 속일 목적의 그림과 조각상은 어떤 사자의 유전서가 글자 그대로의 판독문, 조상 세계에서 쓰인 기술문에 가장 가까워지는 방식이다. 그리고 그중에서 내가 강조하고 싶은 측면은 이 방식이 놀랍도록 정확하게 흉내 낼 만큼 세부 사항에 주의를 기울인다는 것이다. 이 잎사귀벌레는 가짜 얼룩까지 지닌다. 자벌레는 가짜 잎눈까지 나 있다.

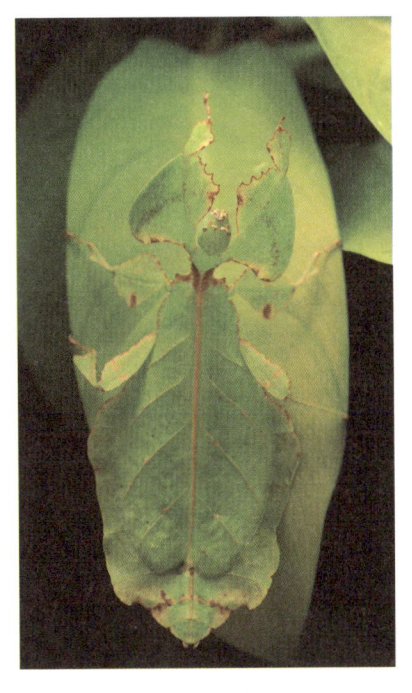

판독문의 더 불분명한, 글자 그대로라고 보기 어려운 측면들에도 똑같이 미세한 부분까지 세심하게 주의를 기울이면 안 될 이유가 있을까? 나는 전혀 찾지 못하겠다. 나는 내부 기관, 작동하는 뇌 배선, 세포 생화학 등 우리가 살펴볼 수 있는 도구를 개발할 수만 있다면 깊이 파헤칠 수 있는 더 간접적인, 즉 더욱 깊이 묻힌 문서들에서도 세밀한 부분까지 동일한 수준의 완전성이 발견되기를 기다리며 숨어 있을 것이라고 믿는다. 자연선택이 동물의 겉모습에만 특히 더 주의를 기울여야 할 이유가 있을까? 내부의 세세한 부분들, 모든 세밀한 부분들도 그에 못지않게 생존에 중요하다. 이 장의 피상적인 그림과 조각상보다 판독이 더 어렵고, 덜 명료한 원고로 쓰여 있긴 하지만, 마찬가지로 과거 세계의 기술 문서다. 그림과 조각상이 사자의 유전서의 내면 쪽들보다 읽기가 더 쉬운 이유는 멀리 찾을 필요가 없다. 바로 눈, 특히 포식자의 눈을 겨냥하고 있어서다. 그리고 이미 말했다시피, 적어도 포식자의 눈은 우리 눈과 같은 방식으로 작동한다. 사자의 유전서 모든 쪽 중에서 우리에게 가장 깊은 인상을 심어 주는 것이 위장을 비롯한 그림과 조각상의 판본들인 것도 놀랄일이 아니다.

나는 안쪽에 묻혀 있는 조상 세계의 기술문들도 겉으로 보이는 그림과 조각상만큼 세부적으로 완전성이 드러날 것이라고 믿는다. 그러지 않을 이유가 어디 있을까? 이 기술문들은 그저 덜 글자 그대로, 더 은밀하게 적혀 있고, 보다 복잡한 해독이 필요할 뿐이다. 1장에서 내가 말한 '자매들'이라는 단어를 귀가 해독한 사례처럼, 이 장의 그림과 조각상은 사자의 유전서에 실린 쪽 중에서 수월하게 읽힌다. 그러나 이진수 숫자들의 난해한 형태로 제시된 '자매들' 파형이 결국에는 분석되는 것과 마찬가지로, 동물과 그 유전자의 한 겹 피부보다 더 깊이 들어간 명백하지 않은 부분들도 결국에는 분석될 것이다. 사자의 유전서는 모든 세포 안에 깊이 묻힌 아주 세세한 부분들까지 읽힐 것이다.

바로 이것이 내 핵심 메시지이며, 한 번 더 말하기로 하자. 자연선택의 섬세한 손으로 이루어지는 조각은 자벌레나 도마뱀붙이나, 잎사귀벌레나 개구리잎쏙독새처럼 맨눈으로 알아볼 수 있는 동물의 겉모습에만 한정된 것이 아니다. 다윈주의 조각가의 날카로운 끝은 동물의 모든 홈과 틈새로 침투하면서 세포의 내부라는 미시적인 수준과 그 안에서 고속으로 돌아가는 화학물질의 바퀴에까지 닿는다. 더 깊이 묻힌 세세한 것들을 파악하는 일이 훨씬 어렵다는 점에 속지 말자. 칠해진 도마뱀이나 나방, 조형된 포투나 모충이 숨겨진 거대한 빙산의 겉으로 드러난 끝 부분이라고 가정할 이유는 충분하다. 다윈은 그 요점을 아주 유창하게 표현했다.

자연선택이 매일 매시간 전 세계에서 가장 작은 변이들까지 샅샅이 살펴보고 있다고 말할 수도 있을 것이다. 나쁜 것은 거부하고, 좋은 것들은 모두 보존하고 더하면서. 조용히 드러나지 않게 언제 어디서나 기회가 생길 때마다 생명의 유기적 및 무기적 조건들과 관련지어서 각각의 유기체를 개선하는 쪽으로 작용하면서. 우리는 시간의 손이 기나긴 세월이 지났음을 가리킬 때까지 이 서서히 진행되는 변화를 결코 보지 못하며, 긴 지질 시대를 들여다보는 우리의 시야도 너무나 불완전하기에 그저 현재 생물의 형태가 과거에 존재했던 것과 다르다는 것만 볼 수 있을 뿐이다.

3
팰림프세스트의 깊은 곳에서

나는 동물이 과거 환경의 판독문이라는 말을 매우 거리낌없이 하고 있지만, 과연 과거로 얼마나 멀리까지 올라갈 수 있을까?* 우리의 허리 통증은 겨우 600만 년 전만 해도 우리 조상들이 네발로 걸었음을 상기시킨다. 우리 포유동물의 등뼈는 수억 년 동안 수평으로 놓여 있었고, 몸은 그런 등뼈에 의존했다. 말 그대로 그 등뼈 아래로 매달려 있었다. 즉, 사람의 등뼈는 본래 수직으로 서 있으려고 '목적한' 것이 아니었기에, 등뼈가 항의하는 것도 이해가 간다. 우리의 사람 팰림프세스트에는 '네발 동물'이라고 확고한 필체로 굵게 적혀 있었고, 그 위에 두 발 동물이라는 새로운 기술문이 너무나 얕게 그리고 때로 고통스럽게 겹쳐 쓰여 있었다. 우리는 비교적 최근에 출현한 두 발 동물이다.

1장에서 말한 모하비사막의 사막뿔도마뱀이 지닌 피부는 그들의 조상 세계가 모래와 돌로 덮인 사막이라고 우리에게 주장했지만, 그 세계는 아마 최근에 존재했을 것이다. 팰림프세스트로부터 더 이전 환경들에 관해 무엇을 읽을 수 있을까? 아주 먼 길을 돌아가는 것으로 시작해 보자. 모든 척추동물이 그렇듯이, 도마뱀의 배아에도 그들의 조상이 물에서 살았다고 말하는 아가미활이 있다. 으레 그렇듯이, 우리에게는 도마뱀을 비롯해서 모든 육상 척추동물의 수생 원고가 데본기까지 올라가고 더 나아가 생명이 바다에서 시작된 시점까지 거슬러 올라감을 말해 주는 화석들이 있다. *우리의 짠맛 나는 혈장이 고생대 바다의 잔재라는 식으로 시적으로 이 요점을 표현하기도 한다. 나는 알려진 것보다 더 위대한 지적 전사인 J. B. S. 홀데인J.B.S. Haldane에게서 이 표현이 나왔다고 본다. 홀데인은 1940년 '해양 동물로서의 인간'이라는 글에서 우리 혈장의 화학적 조성이 바다와 비슷하지만 희석되어 있다고 했다. 그는 이를 고생대 바다가 지금의 바다보다 덜 짰음을 시사하는 단서라고 본다. 마지못해 받아들이는 내 견해(내가 그 착상을 좋아하기 때문에 '마지못해'다)로 보자면 그다지 강력한 단서는 아니다.

바다는 늘 강으로부터 염분을 받고 있고, 이따금씩만 마르는 석호에 쌓아 놓으므로, 시간이 흐를수록 점점 짜지며, 우리 혈장 세포는 바다의 염도가 지금보다 절반 이하였던 시기를 말해 준다.

'시기를 말해 준다'는 말은 이 책의 내용과 공명한다. 홀데인은 이렇게도 말한다.

우리는 첫 9개월을 짠 액체 안에 뜬 채로 그 액체의 보호를 받는 수생 동물로 지낸다. 우리는 짠물 동물로서 삶을 시작한다.

염도 변화에 관한 홀데인의 추론이 얼마나 설득력이 있는지를 떠나서, 한 가지 부정할 수 없는 점이 있다. 모든 생명은 바다에서 시작되었다는 것이다. 팰림프세스트의 가장 깊은 층은 물의 이야기를 들려준다. 수억 년이 흐른 뒤, 식물과 다양한 동물은 차례로 뭍으로 올라오는 모험에 나섰다. 홀데인의 상상을 따른다면, 우리는 그들이 자신의 피에 각자 바닷물을 담아서 갖고 다님으로써 그 여정이 쉬워졌다고 말할 수도 있다. 전갈, 달팽이, 지네, 노래기, 거미뿐 아니라 쥐며느리와 뭍게, 곤충(나중에 공중으로 또 한 차례 거대한 도약을 이룬다) 같은 갑각류, 오늘날까지도 수분이 있는 곳에서 결코 멀리 가지 않는 다양한 벌레가 독자적으로 이 걸음을 내디딘 동물 집단들이다. 이 모든 동물은 팰림프세스트의 더 깊은 해양 층의 위쪽에 '마른 땅'이라고 적혀 있다. *척추동물인 우리에게 특히 관심이 가는 대상은 육기어류, 즉 현재의 폐어와 실러캔스로 대변되는 어류 집단이다. 이들은 아마 처음에는 그저 다른 물웅덩이를 찾아서 바닷물 밖으로 기어 나오곤 했겠지만, 이윽고 마른 땅에 영구 거주하기에 이르렀다. 정말로 아주 마른 곳에 자리를 잡은 종류도 생겨났다. 팰림프세스트의 중간층에 있는 원고는 어릴 때에는 물속에서 살다가(올챙이를 떠올리자) 성체가 되면 뭍에서 살아가는 이야기를 들려준다.

이 이야기는 충분히 이해된다. 육지에 살기로 결심한 생물이 있었다. 태양은 해수면 못지않게 육지에도 광자를 쏟아붓는다. 광자에는 취할 수 있는 에너지가 있었다. 식물이 녹색 태양전지판을 써서 그 에너지를 이용하지 않을 이유도, 동물이 식물을 통해 이용하지 않을 이유도 없다. 유전적으로 육지 생활에 적합한 능력을 완전히 갖춘 돌연변이 개체가 갑자기 출현한다고 가정하지 말라. 그보다는 모험심이 강한 개체들이 처음으로 불편한 걸음을 내디뎠을 가능성이 더 높다. 아마 그들은 새로운 먹이 자원을 발견함으로써 보상을 얻었을 것이다. 우리는 그들이 물 밖으로 짧게 나가서 먹이를 낚아채 재빨리 돌아오는 방법을 터득하는 모습을 상상할 수도 있다. 유전적 자연선택은 이 새로운 책략을 학습하는 데 유달리 뛰어난 개체를 선호했을 것이다. 그 후손들은 그 일을 점점 더 잘하게 되었을 것이고, 그러면서 바다에서 지내는 시간도 갈수록 줄어들었을 것이다.

*학습된 행동이 유전적으로 통합되는 것을 가리키는 일반 용어는 볼드윈 효과Baldwin Effect다. 여기서 그 개념을 더 논의하지는 않겠지만, 나는 그것이 중력을 부정하고 비행을 향한 첫걸음을 내디딘 것을 비롯해 주요 혁신의 진화에 전반적으로 중요한 역할을 했다고 본다. 육기어류는 약 4억 년 전 데본기에 물을 떠났는데, 그 일이 어떻게 일어났는지를 놓고 다양한 이론이 나와 있다. 그중에 내가 좋아하는 이론은 미국 고생물학자 A. S. 로머A.S.Romer가 내놓았다. 가뭄이 반복되면 길을 잘못 든 물고기가 줄어드는 물웅덩이에 갇히곤 했을 것이다. 자연선택은 말라붙을 물웅덩이를 떠나 땅을 가로질러 다른 웅덩이로 나아갈 수 있는 개체를 선호했을 게 분명하다. 이 이론을 강하게 뒷받침하는 한 가지는 물웅덩이들 사이의 거리가 연속 범위를 보였으리라는 것이다. 이 진화적 발전의 초기에 물고기는 아주

짧은 거리에 있는 이웃 웅덩이로 기어감으로써 목숨을 구했을 수 있다. 진화가 지속되면서, 물고기는 더 멀리 떨어진 물웅덩이까지 갈 수 있었다. 모든 진화적 발전은 점진적이어야 한다. 물 밖에서 호흡하지 못하는 물고기가 땅 위를 탐사하려면 생리적 변화가 일어나야 한다. 크나큰 변화가 단번에 일어날 수는 없다. 그런 일은 지극히 있을 법하지 않다. 조금씩 단계적으로 개선이 이루어지는 기울기가 있어야 한다. 그리고 물웅덩이들 사이의 거리 기울기, 즉 가까운 것도 있고 좀 더 먼 것도 있고 훨씬 먼 것도 있는 식으로 배치된 거리 기울기는 바로 그런 개선을 이루기에 딱 맞는 조건이다. 이 점은 6장에서 빅토리아호의 시클리드 어류 집단의 놀라울 만치 빠른 진화를 살펴볼 때 다시 이야기할 것이다. 안타깝게도 로머는 데본기가 유달리 가뭄이 잦았다는 증거를 인용하면서 자신의 이론을 전개했다. *나중에 이 증거에 의문이 제기되는 바람에, 로머의 이론 자체도 평가절하되었다. 너무 지나칠 정도까지 그랬다.

  육지로의 이주가 어떤 식으로 이루어졌든 간에, 심오한 재설계가 필요해졌다. 실제로 물은 공기를 접한 땅과는 전혀 다른 환경이다. 동물이 물 밖으로 이주하는 과정은 해부 구조와 생리의 근본적인 변화를 수반했다. 팰림프세스트의 바닥층에 적힌 수생 원고 위에 포괄적인 겹쳐 쓰기가 이루어져야 했다. 더욱 놀라운 점은 나중에 많은 동물 집단이 되돌아갔다는 것이다. 즉, 그들은 육지로 올라오기 위해 힘들게 개량한 도구들을 내버리고 다시 물로 돌아갔다. 우렁이, 물거미, 물방개 등이 그런 무척추동물에 속한다. 그들이 재침입한 물은 바닷물이 아니라 민물이다. 그러나 고래(돌고래 포함), 바다소, 바다뱀, 거북을 포함한 일부 척추동물은 조상들이 그렇게 힘들게 떠났던 짠 바닷물 세계로 곧장 돌아갔다.

　물범, 바다사자, 바다코끼리와 그 친족들, 또 갈라파고스의 바다이구아나는 먹이를 찾아서 중간 정도로만 바다로 돌아간 동물들이다. 이들은 여전히 육지에서 많은 시간을 보내며, 육지에서 번식한다. 펭귄도 그렇다. 펭귄은 바다에서 유선형으로 날랜 움직임을 보이는 대신에 뭍에서는 아주 굼뜨다. 생물은 팔방미인이 될 수가 없다. 바다거북은 알을 낳기 위해 뭍으로 올라올 때면 아주 힘들게 몸을 끌면서 기어간다. *알을 낳을 때 말고는 오로지 바다에서 지낸다. 새끼 거북도 알에서 나오자마자 해변을 줄달음치듯이 바쁘게 바다로 기어간다. 뱀, 악어, 하마, 수달, 땃쥐, 텐렉, 물쥐와 비버 같은 설치류, 데스만두더지, 물주머니쥐, 오리너구리 등 때때로 민물에서 시간을 보내곤 하는 육상 척추동물도 많다. 이들은 여전히 뭍에서 많은 시간을 보내며, 물에는 주로 먹이를 찾기 위해 들어간다.

바다거북

물로 돌아간 동물들이 팰림프세스트의 위층들을 걷어 내고 조상들에게 그토록 유용했던 설계들을 재발견했다고 생각할지도 모르겠다. 고래나 듀공은 왜 아가미가 없을까? 그들의 배아는 모든 포유류의 배아처럼 아가미의 흔적까지 지니고 있는데? 그냥 낡은 원고에 쌓여 있던 먼지를 떨어내고 다시 채택하는 편이 가장 자연스러운 경로처럼 보일 것이다. 하지만 일은 그렇게 진행되지 않는다. 마치 허파를 진화시키기 위해 너무나도 고생을 했기에, 설령 물에서는 아가미가 더 좋다고 할지라도 허파를 버리는 것을 주저하는 양 여겨질 정도다. 아가미가 있다면, 호흡하러 계속 수면으로 올라올 필요가 없었을 것이다. 그러나 그들은 아가미를 복원하기보다는 충실하게 허파를 고집했다. 물로 돌아가기 위해서 호흡계 전체를 심오하게 변형시키기까지 했으면서도 그렇다.

그들은 물속에서 때로 한 시간 넘게 머물 수 있을 정도로 생리 기능이 극단적인 양상으로 변했다. 고래는 수면으로 올라오면 한번 포효하듯이 입을 쩍 벌리면서 엄청난 양의 공기를 아주 빠르게 교환한 뒤 다시 잠수한다. 팰림프세스트의 더 깊은 층에 적힌 오래된 원고를 복원할 수 없다는 것이 일반 법칙이 아닐까 하는 생각에 빠지고 싶은 유혹이 든다. 그러나 나는 이것이 일반적으로 참이어야 하는 이유를 찾지 못하겠다. 더 설득력 있는 이유가 있어야 한다. 나는 그들의 발생학적 역학이 공기 호흡을 하는 허파를 만드는 데 몰두해 왔다는 점을 생각하면, 아가미를 만드는 쪽으로 목적을 바꾸는 것이 공기 호흡 장치를 개조하기 위해 겉면에 적힌 원고를 고쳐 쓰는 것보다 훨씬 더 어려운, 보다 근본적인 발생학적 격변에 해당할 것이라고 짐작

스텔러바다소

한다.

바다뱀은 아가미가 없지만, 머리로 공급되는 유달리 풍부한 혈액을 통해 물에서 산소를 추출한다. 이들도 기존 해결책을 복원하기보다는 그 문제에 새로운 해결책을 도출했다. 일부 바다거북은 총배설강(항문인 동시에 생식기의 입구)을 통해 물에서 약간의 산소를 추출하지만, 여전히 허파로 공기를 집어넣기 위해서 수면으로 올라와야 한다.

물의 부력 지원 효과로부터 결코 벗어나지 않은 덕분에, 고래는 육상 조상들과 엄청나게(사실상 엄청나게 커지는) 다른 방향으로 자유롭게 진화했다. 대왕고래는 지금까지 산 동물들 중에서 아마 가장 클 것이다. 듀공과 바다소의 멸종한 친척인 스텔러바다소 Steller's sea cow (그림 참조)는 길이가 11미터에 무게가 10톤에 달했다. 밍크고래보다 더 컸다. 이들은 18세기에 처음 발견된 지 얼마 지나지 않아서 사냥당해 멸종했다. 고래처럼 바다소도 공기 호흡을 하며, 예전 조상들의 아가미에 상응하는 것을 재발견하는 데 실패했다. 방금 논의한 이유들 때문에, '실패했다'는 경솔한 표현일 수도 있다.

익티오사우루스는 공룡과 같은 시대에 살았던 파충류로서 유선형 몸에 지느러미와 힘센 꼬리가 달려 있었다. 돌고래의 꼬리처럼 이 꼬리는 추진력을 일으키는 주된 엔진이었다. 다만 돌고래가 꼬리를 위아래로 움직이는 반면, 익티오사우루스는 좌우로 움직였을 것이다. 고래와 돌고래의 조상은 육지에서 질주하는 포유류의 걸음걸이를 이미 완성한 상태였고, 돌고래 꼬리의 상하 운동은 그로부터 자연스럽게 유래했다. 돌고래가 물속에서 '질주하는' 반면, 익티오사우루스

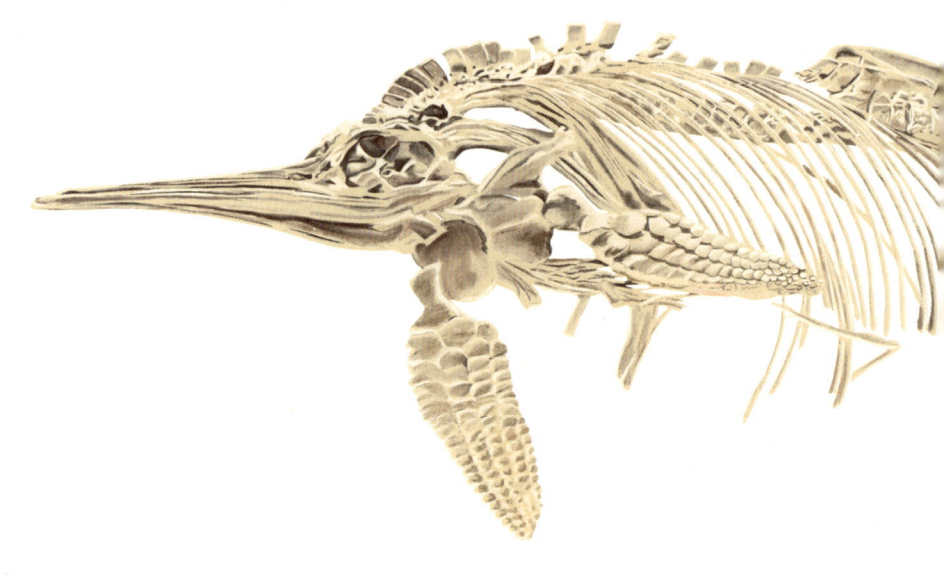

는 물고기와 더 흡사하게 헤엄쳤을 것이다. 그 차이를 제외하면 익티오사우루스는 돌고래를 닮았으며, 아마 돌고래와 아주 비슷한 삶을 살았을 것이다. 그들이 돌고래처럼 꼬리를 치면서(하지만 좌우로) 공중으로 활기차게 뛰어올랐을까? 멋진 상상이다. 그들은 눈이 컸다. 따라서 우리는 눈이 작은 돌고래와 달리 그들이 음파 탐지에 의존하지 않았을 것이라고 추측할 수 있다. 익티오사우루스는 물에서 새끼를 낳았다. 불행히도 출산 도중에 사망한 익티오사우루스 화석이 있기에 안다(위). 거북과 달리, 하지만 돌고래나 바다소와 비슷하게 익티오사우루스는 육지의 유산을 완전히 떨어냈다. 플레시오사우루스도 그랬다. 그들도 새끼를 낳았다는 증거가 있다. 한 권위자는 육상 파충류에게서 태생이 적어도 100번 이상 독립적으로 진화했다고 추

출산하는 도중에 사망한 익티오사우루스

정한다. 따라서 바다거북이 아직도 물에서 생활하다가 무거운 몸을 끙끙거리며 해변으로 올라와 힘들게 모래 구멍을 파고 알을 낳는다는 것이 놀라워 보인다. 게다가 부화한 새끼는 갈매기, 군함조, 여우, 심지어 약탈하는 게까지 몰려드는 가운데 작은 지느러미발을 파닥거리면서 바다까지 위험한 여행을 해야 한다.

  바다거북은 알을 낳을 때가 되면 뭍으로 올라와 해안 모래밭에 구멍을 판다. 아주 힘든 일이다. 그들은 물 밖에서는 딱할 만치 움직이기가 힘들기 때문이다. 물범, 바다사자, 수달 등 우리가 잠깐씩 다룰 많은 포유동물은 물에서 어느 정도 시간을 보내며, 걷기보다는 헤엄치는 쪽으로 더 잘 적응해 있다. 그래서 뭍에서는 굼뜨다. 바다거북보다 더하지는 않더라도 말이다. 이미 말했듯이 펭귄도 마찬가지다.

펭귄은 물에서는 아주 날렵하게 헤엄치지만, 육지에서는 우스꽝스러울 만치 뒤뚱거린다. 반면 갈라파고스 바다이구아나는 헤엄을 아주 잘 치지만, 육지에서도 뱀을 피해 달아날 때면 놀라울 만치 빠른 속도로 방향을 틀 수 있다. 이 모든 동물은 고래, 듀공, 플레시오사우루스, 익티오사우루스처럼 바다에서만 살아가는 동물이 되는 도중에 있는, 즉 중간 단계에 있는 존재들이 어떤 모습일지를 보여 준다.

물거북과 땅거북 ─ 고통스러운 궤적

물거북과 땅거북은 팰림프세스트 관점에서 볼 때 특히 흥미로운 동물이며, 특별 대접을 받아 마땅하다. 그러나 먼저 혼란을 불러오는 영어 용법 문제부터 해결해야겠다. 영국에서는 통상적으로 터틀turtle은 오로지 물에 사는 거북, 터터스tortoise는 땅에서만 사는 거북을 가리킨다. 그런데 미국인은 그냥 모든 거북을 터틀이라고 하며, 터터스는 그중에서 땅에 사는 거북을 가리키는 의미로 쓴다. *그래서 나는 '공통의 언어로 분리된' 두 나라의 어느 쪽에 사느냐에 따라서 독자에게 혼동을 일으키지 않을 명료한 언어를 쓰고자 한다. 거북 집단 전체를 가리킬 때에는 '킬러니언chelonian'이라는 용어를 쓰곤 할 것이다(우리말로는 그냥 거북, 물거북, 땅거북이라고 옮길 것이다 ─ 옮긴이).

뒤에서 살펴보겠지만, 땅거북은 기나긴 진화 과정에서 이중으로 되돌아가기를 한 팰림프세스트 연대기를 지닌 거의 유일한 집단이다. 그들의 어류 조상들은 우리를 포함한 모든 육상 척추동물의 조상들과 더불어 약 4억 년 전 데본기에 바다를 떠났다. 그들은 육지에서 얼마간 살다가 고래와 듀공처럼, 익티오사우루스와 플레시오사우루스처럼 물로 돌아갔다. 그들은 바다거북이 되었다. 마지막으로, 특이하게도 일부 물거북은 다시 육지로 돌아가서 오늘날 마른 땅(일부는 진정으로 아주 마른 땅)의 거북이 되었다. 나는 이를 '이중 되돌아가기'라고 말했다. 그런데 그렇다는 것을 어떻게 아는지? 땅거북의 유달리 복잡한 팰림프세스트를 어떻게 해독했을까?

우리는 분자유전학을 포함한 모든 가용 증거를 써서 현생 거북류의 가계도를 그릴 수 있다. 다음 다이어그램은 월터 조이스Walter Joyce와 자크 고티에Jacques Gauthier의 논문에 실린 것이다. 수생 집단은 파랑, 육상 집단은 주황색으로 표시했다. 나는 색칠의 자유를 발휘해서 후손 집단들의 대다수가 파랑일 때 '조상' 집단도 파랑으로 칠했다. 현재의 땅거북들은 한 가지에 속하며 수생 거북들로 이루어진 가지들 사이에 들어 있다.

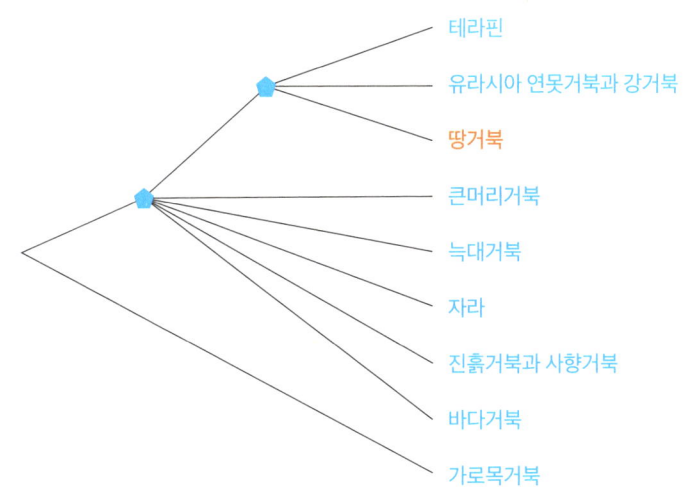

이는 대다수의 육상 파충류 및 포유류와 달리 현생 땅거북류가 어류 조상(우리의 조상이기도 한)이 바다에서 나온 뒤로 죽 육지에 살아온 것이 아님을 시사한다. 땅거북의 조상은 고래나 듀공처럼 물로 돌아갔다. 그러나 고래나 듀공과 달리 그들은 다시 육지로 올라왔다. 이것이 미국식 어법이 나름 타당함을 어쩔 수 없이 내가 인정해야 한다는 의미일까? 즉, 영국인이 터터스라고 부르는 것은 그저 물거북이 되었다가 다시 뭍으로 올라온 바다거북이 아닐까. 뭍으로 올라온 물거북 말이다. 아니, 나는 도저히 받아들이지 못하겠다. 나는 어릴 때부터 죽 그들을 터터스라고 부르도록 배웠지만, '사막 터틀' 같은 표현에는 나도 모르게 얼굴을 찡그리는 경향을 보일 것이다. 어쨌거나 사자의 유전서 관점에서 흥미로운 점은 이것이다. 역전이 일어났다는 점을 생각할 때, 땅거북은 가장 복잡한 팰림프세스트인 듯하다고 말이다. 거의 괴팍해 보일 정도의 역전이 가장 많이 적힌 사례라고.

현생 땅거북

게다가 이 놀라운 이중 되돌아가기를 현생 땅거북이 처음으로 해 낸 것이 아닌 듯하다. 트라이아스기에도 그런 사례가 있었던 것 같 다. 위대한 공룡의 시대 초기에 살았던 프로가노켈리스*Proganochelys* 와 팔라이오케르시스*Palaeochersis*라는 두 속이 그렇다. 쥐라기와 백 악기의 더 장엄하고 유명한 거대 공룡들이 살던 때보다 훨씬 이전 시 대다. 그들은 땅에 살았던 듯하다. 어떻게 알 수 있느냐고? 음, 우리의 '미래 과학자'인 소프를 다시 불러내기에 딱 좋은 상황이다. 미지의 동물 화석을 보여 주고서 그 뼈대로부터 환경을 '읽어' 달라고 부탁 하자. 화석 자체는 진정한 도전 과제. 그들이 자신의 환경에서 살 아가는 모습을—헤엄치는지, 걷는지—우리가 볼 수 없기 때문이다.

 그렇다면 소프는 프로가노켈리스와 팔라이오케르시스라는 이 수 수께끼의 화석들을 보고 뭐라고 할까? 이들의 발은 헤엄치는 지느러 미발처럼 생기지 않았다. 그런데 이 말을 더 과학적으로 할 수도 있 지 않을까? *앞서 언급한 조이스와 고티에는 오래전에 죽은 생물의

3. 팰림프세스트의 깊은 곳에서

유전서를 정량적으로 해독하고 싶어 할 사람에게 방향을 제시할 수 있는 방법을 썼다. 그들은 서식지가 알려진 현생 거북 71종을 골라서 팔뼈의 세 주요 척도인 위팔뼈, 자뼈(아래팔뼈는 두 개의 뼈로 되어 있는데 그중 하나), 손의 크기와 전체 팔 길이의 비율을 계산했다. 그 결과를 삼각 그래프 용지에 표시했다. 삼각 그래프는 유클리드 기하학에서 증명을 편리하게 해 준다. 정삼각형 안의 어느 지점에서든 간에 세 변까지 수직으로 그은 선들의 길이를 더한 값은 모두 같다. 따라서 이 그래프는 더할 때 1 같은 고정된 수가 나오는 비율 값이나, 더할 때 100이 나오는 백분율 값을 지닌 세 변수를 표시하는 데 유용한 기법이다. 아래 그림에서 여러 색깔로 표시된 점들은 71가지 종

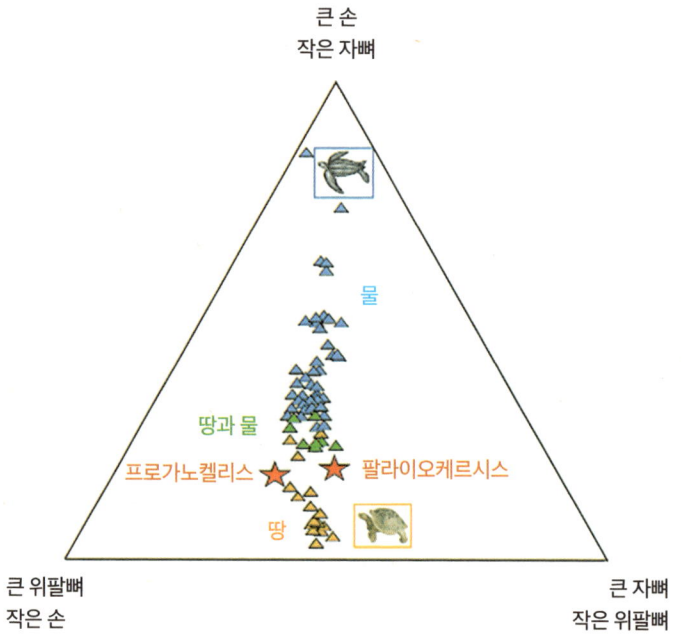

하나하나를 가리킨다. 각 점에서 커다란 삼각형의 세 변까지 그은 수직선의 길이는 세 뼈의 측정값들을 나타낸다. 그리고 물에 사는지 땅에 사는지에 따라서 종들을 다른 색깔로 나타내면, 중요한 무언가가 드러난다. 점들이 색깔별로 우아하게 분리된다. 파란 점은 물에 사는 종, 노란 점은 땅에 사는 종을 나타낸다. 초록 점은 양쪽 환경을 오가는 속들을 나타내는데, 파란 점들과 노란 점들 사이의 공간에 딱 들어가 있다.

여기서 흥미로운 질문이 하나 떠오른다. 두 고대 화석 종인 팔라이오케르시스와 프로가노켈리스는 어디에 놓일까? 두 빨간 별로 표시한 것이 이들이다. 살펴보면 의문의 여지가 거의 없다. 이 빨간 점들은 노란 점들, 즉 마른 땅에 사는 현생 땅거북 종들 사이에 있다. 이들은 육지에 사는 거북이었다. 두 별은 초록 점들과도 꽤 가까우므로, 물에서 그리 멀리까지 돌아다니지 않았을 수도 있다. 이런 유형의 분석 방법은 우리 가상의 소프가 여태껏 알려지지 않은 동물의 환경을, 따라서 그 조상들이 자연적으로 선택된 환경을 '읽을' 때 쓸 방법 가운데 하나다. 소프가 더 발전된 방법들을 지니고 있을 것이라는 점에는 의문의 여지가 없지만, 이런 연구는 방향을 제시할 수도 있다.

따라서 팔라이오케르시스와 프로가노켈리스는 어정쩡한 육지 거주자였다. 그러나 그들이 자신들(그리고 우리)의 어류 조상들이 바다에서 기어 나온 이래로 죽 땅에 머물러 있었을까? 아니면 현생 땅거북처럼 그들의 선조들도 바다거북이었을까? 이 의문을 푸는 데 도움이 될 화석이 또 있다. 오돈토켈리스 세미테스타케아*Odontochelys semitestacea*는 팔라이오케르시스와 프로가노켈리스와 마찬가지로 트라이아스기에 살았지만, 시대는 더 앞섰다. 길이는 약 50센티미터였고, 현생 거북류에게는 없는 긴 꼬리가 달려 있었다. 속명의 '오돈토'는 이 동물에게 이빨이 있다는 사실을 가리킨다. 현생 거북류는 모두 이빨이 없고, 입이 새의 부리와 비슷하다. 그리고 종명인 세미테스타케아는 껍데기가 절반만 있음을 가리킨다. 모든 거북의 배를 보호하는 단단한 껍데기인 '배딱지'는 있었지만, 둥그스름한 위쪽 껍데기인 등딱지는 없었다. 그러나 현생 거북의 등딱지를 떠받치는 갈비뼈처럼 납작한 갈비뼈를 지니고 있었다.

이 화석은 리 춘Li Chun 연구진이 중국에서 발견해서 기재했다. 그들은 오돈토켈리스나 그 친척이 모든 거북류의 조상이며, 거북의 껍데기가 '아래로부터' 진화했다고 믿는다. 그들은 조이스와 고티에의 앞다리 비율 논문을 인용하면서 오돈토켈리스가 수생동물이었다고 결론지었다. 절반의 껍데기가 왜 필요했는지 궁금해할 독자를 위해 설명하자면, 상어(이 모든 이야기보다 훨씬 더 이전부터 존재했던)는 종종 밑에서 공격하므로, 배딱지는 상어의 공격을 막는 수단이었을지 모른다. 이 해석을 받아들인다면, 거북의 껍데기도 물에서 진화했음을 시사한다. 육상 포식자에게 대항할 수단이라면 가슴판이 가장 먼저 진화했어야 한다고 예상하지 않을 것이다. 오히려 정반대여야 한다. 오돈토켈리스는 아마 헤엄치는 도마뱀에 가까웠을 것인데, 갈라파고스 바다이구아나와 비슷했지만, 배 쪽에 커다란 가슴판이 붙어 있었다.

논쟁이 벌어지고 있긴 하지만, 중국 연구진은 배딱지만 지닌 오돈토켈리스 같은 물거북이 거북류의 조상이라는 견해를 선호한다. 모

든 파충류처럼 오돈토켈리스도 육지에 사는 도마뱀처럼 생긴 조상, 아마도 파포켈리스와 비슷했을 조상에게서 나왔을 것이다. 상어가 득실거리는 물속에서 거북의 껍데기가 오돈토켈리스 방식으로 밑에서부터 진화했다는 그들의 견해가 옳다면, 육지로 올라온 팔라이오케르시스와 프로가노켈리스는 어떻게 설명할 수 있을까?

오돈토켈리스

이들이 더 후대의 물거북에서 진화한 현재 갈라파고스와 알다브라에 사는 거대한 땅거북처럼, 더 이전에 물에서 출현한 이중 되돌아가기의 육상 거북 사례처럼 보일 수 있다. 아무튼 우리가 땅거북이라고 알고 있는 집단은 복잡한 팰림프세스트라는 개념을 대변하는 대표 사례다. 이들은 물을 떠나 땅으로 올라왔다가, 물로 돌아갔다가, 이중 되돌아가기를 통해 다시 땅으로 돌아왔다. 게다가 그 일을 두 번 했을지도 모른다! 이중 되돌아가기는 프로가노켈리스 같은 종들이 먼저 해냈고, 그 뒤에 우리 현생 땅거북이 독자적으로 다시 해냈다. 아마 그중 일부는 또다시 물로 돌아갔을 것이다. 일부 민물 테라핀이 그런 삼중 역전을 했음이 드러난다고 해도 나는 놀라지 않겠지만, 그렇다는 증거는 현재 전혀 없다. 아무튼 한 차례의 이중 되돌아기조차

파포켈리스

갈라파고스땅거북

도 충분히 놀랍다.

  *이 거대한 갈라파고스땅거북이 호머처럼 조상들의 서사시를 노래할 수 있다면, 그 DNA에 적힌 『오디세이아』는 데본기 어류의 고대 전설부터 페름기 육지를 돌아다닌 도마뱀처럼 생긴 동물과 중생대에 바다로 돌아간 거북을 거쳐서, 두 번째로 다시 육지로 돌아오기까지의 이야기를 담고 있을 것이다. 그 서사시가 바로 내가 팰림프세스트라고 부르는 것이다!

가장 크게 노래하는 자가 누구인가

1장에서 팰림프세스트 장이 최근 원고와 고대 원고 사이의 상대적 균형이라는 문제로 돌아갈 것이라고 말했다. 지금이 바로 그 문제를 다룰 때다. 당신은 코란의 내부 모순에 대처하는 성서 규칙 같은 것을 떠올릴 수도 있다. 최신 구절이 더 이전의 구절을 대체한다는 식으로 말이다. 그러나 그렇게 단순하지가 않다. *사자의 유전서에서 팰림프세스트의 더 오래된 원고는 '완전함을 가로막는 제약'에 상응하는 것일 수 있다.

앞뒤가 뒤집힌 모습으로 설치되는 척추동물의 망막이나 낭비라 할 만치 우회하는 후두 신경 같은 나쁜 진화적 설계의 유명한 사례들은 이런 유형의 역사적 제약 탓일 수 있다.

"더블린으로 가는 길을 알려 주실 수 있나요?"
"음, 나라면 여기에서 출발하지는 않을 거예요."

이 농담은 진부하게 들릴 만치 익숙하지만, 우리 팰림프세스트의 우선순위 문제의 핵심을 건드린다. 제도판으로 돌아갈 수 있는 공학자와 달리, 진화는 반드시 '여기에서 출발'해야 한다. '여기'라는 출발점이 아무리 안 좋은 곳이라고 해도 어쩔 수 없다. 설계자가 제도판에서 프로펠러 엔진에서부터 설계를 시작해야 했는데, 그 뒤에 땜질하듯이 하나둘 고쳐 나가면서 이윽고 제트 엔진을 만들어야 했다면, 그 제트 엔진이 어떤 모습일지 상상해 보라. 여유롭게 빈 제도판에서 시작하는 공학자는 '광전지'가 광원 반대편을 향해 있고, 출력 '전선들'이 망막 표면을 따라 뻗어서 이윽고 맹점을 통해 빠져나가야 뇌와 이어지는 식의 눈을 결코 설계하지 않았을 것이다. 맹점은 우려될 만치 크다. 비록 우리는 뇌가 세계의 한정된 가상 현실 모델을 구축함으로써 시야에서 빠진 그 부위를 그럴듯한 대체 영상으로 교묘하게 채우기 때문에 알아차리지 못하지만. 나는 대단히 중요한 순간에 위험이 맹점 영역에 비친다면, 그런 추측이 위태로울 수 있다고 본다. 그러나 이 나쁜 설계는 발생 과정 깊숙이 묻혀 있다. 그것을 수정해서 더 이치에 맞는 최종 산물을 만들려면 신경계의 배아 발생 초기에 대변혁이 일어나야 할 것이다. 그런 일이 발생 초기에 일어날수록, 더 과격하면서 이루기 어려운 것이 된다. 그런 대변혁이 결국에는 이루어질 수 있다고 할지라도, 그 최종 개선에 이르기까지의 진화적 중간 단계들은 아마 기존 배치보다 치명적인 수준으로 열악할 것이다. 어쨌거나 기존 배치는 꽤 잘 작동하고 있으니까. 궁극적 개선으로 나아가는 긴 여행을 시작한 돌연변이 개체는 현상 유지를 통해 충분히 대처하고 있는 경쟁자들과의 경쟁에서 질 것이다. 사실 망막 개선이라는 가상의 사례에서는 아마 완전히 눈이 먼 상태가 될 것이다.

원한다면 이 뒤쪽을 향한 망막을 '나쁜 설계'라고 부를 수 있다. 그것은 역사의 유산, 잔재, 일부 덧씌워진 더 오래된 팰림프세스트 원고다. 배아 때에는 뚜렷했다가 성체 때에는 몸속에 꼬리뼈만 남아 있는 사람을 비롯한 유인원의 꼬리도 그런 사례다. 우리 온몸의 성긴 털도 팰림프세스트에 희미하게 남은 원고다. 예전에는 단열에 유용했지만, 지금은 추위나 감정에 반응해서 거의 무의미하게 소름이 돋는 특성만이 남아 있는 잔재에 불과하다.

포유류나 파충류의 되돌이 후두 신경은 후두에 연결된다. 그러나 후두로 곧장 뻗어 있는 대신에, 후두 옆을 그냥 지나쳐서 목을 통해 가슴까지 내려갔다가, 한 주요 동맥을 빙 돌아서 다시 죽 올라와서 목을 거쳐 후두에 다다른다. *이를 설계라고 생각한다면, 너저분한 설계임이 분명하다. *거대한 공룡 브라키오사우루스의 몸에서 이 신경이 이런 식으로 뻗어 있다면 길이가 약 20미터에 달했을 것이다. 기린의 몸에서도 매우 인상적이다. 나는 4번 채널에서 방영된 〈자연의 거인을 들여다보다Inside Nature's Giants〉라는 다큐멘터리를 찍을 때 한 동물원에서 안타깝게 죽은 기린을 해부하는 일을 도우면서 직접 목격한 바 있다. 그런 우회 때문에 일어날 것이 분명한 신호 전달 지연이 어떤 비효율 또는 명백한 오류를 일으킬지 누가 알겠는가. 그러나 자연선택은 터무니없이 어리석지 않다. 우리의 어류 조상들에게서는 그것이 본래 나쁜 설

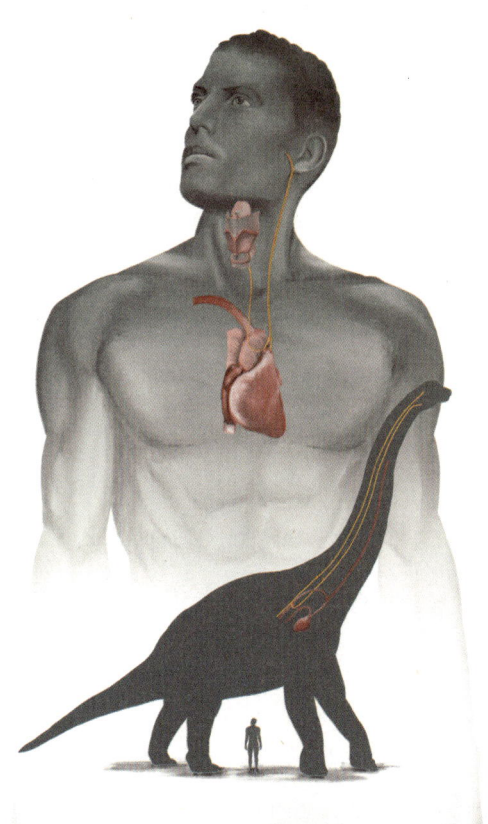

되돌이 후두 신경Recurrent laryngeal nerve

계가 아니었다. 그들에게서 그 신경은 목적한 기관으로 곧장 뻗어 있었다. 후두가 아니었다. 어류는 후두가 없으니까. 어류는 목도 없다. *그들의 육상 거주 후손들에게서 목이 길어지기 시작했을 때, 그 우회로가 매번 조금씩 늘어나는 데 들어가는 한계 비용은 발생 과정을 근본적으로 재편해서 그 신경을 '이치에 맞는' 경로로, 즉 동맥의 반대편으로 옮기는 데 드는 엄청난 비용에 비하면 미미했을 것이다. 후두 신경의 경로를 바꾸는 쪽으로 발생 과정을 혁신하는 진화 여행을 시작한 돌연변이 개체는 아마 제 기능을 하는 기존 신경을 간직한 개체들과의 경쟁에서 밀려났을 것이다. *정소와 음경을 연결하는 관의 경로 변경도 매우 비슷한 사례다. 이 관은 가장 직접적인 경로를 취하는 대신에, 콩팥과 방광을 연결하는 관을 둘러 간다. 분명히 쓸데없이 우회하고 있다. 여기서도 이 나쁜 설계는 발생 깊숙이 그리고 역사 깊숙이 묻혀 있는 제약이다.

'발생 깊숙이 그리고 역사 깊숙이 묻혀 있다'는 '팰림프세스트의 더 나중 원고 층들 아래 깊이 묻혀 있다'는 말을 달리 표현한 것이다. '나중 것이 이전 것을 이긴다'는 '코란' 식의 규칙과 달리, 우리는 그 반대로 하고 싶은 유혹을 느낄 수도 있다. '이전의 것이 나중 것을 이긴다.' 그러나 그 방법도 먹히지 않을 것이다. 우리의 최근 조상들을 걸러 낸 선택압은 아마 지금도 여전히 작용하고 있을 것이다. 비유를 책에서 목소리들의 불협화음으로 바꾼다면, 가장 젊은 목소리, 젊음의 활력이 넘치는 목소리는 타고난 이점을 지닐 수도 있다. 그러나 압도적인 이점은 아니다. 나는 사자의 유전서가 아주 오래된 것부터 아주 최근의 것까지 그리고 그 중간의 모든 것들을 포함한 원고들로 이루어져 있다는 더 조심스러운 주장으로 만족하련다. 오래된 것 대 최신 것 또는 중간 것의 상대적인 중요성을 관장하는 일반 법칙이 있다면, 앞으로의 연구를 통해 밝혀내야 할 것이다.

생물학자들은 팰림프세스트의 바닥층들에 보전되어 있는 형태적 특징들이 있음을 오래전부터 인식하고 있었다. 척추동물의 뼈대가 한 예다. 등 쪽에 척주가 놓여 있고, 머리뼈와 꼬리가 그 양쪽 끝에 있으며, 척주는 척추뼈들이 죽 이어져서 형성되고 그 속으로 몸의 주요 신경이 뻗어 있다. 그리고 척주로부터 4개의 팔다리가 뻗어 있고, 각 팔다리는 전형적인 하나의 긴 뼈(위팔뼈 또는 넙다리뼈)에 나란히 뻗은 두 뼈(노뼈/자뼈, 정강뼈/종아리뼈)가 연결되어 있다. 그리고 그 끝에 더 작은 뼈들이 모여 있고 5개의 손가락과 발가락으로 이어진다. 성체 때에는 손가락과 발가락이 줄어들거나 아예 없어질 수도

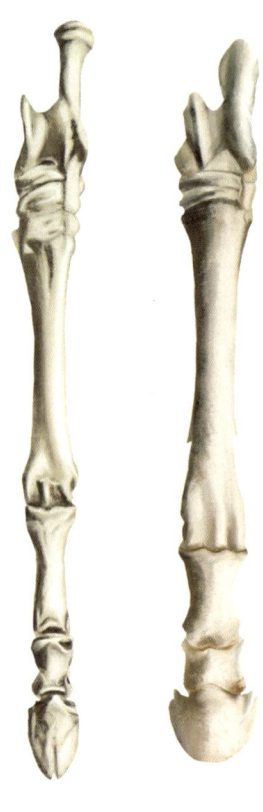

리톱테른　　　　말

있지만, 배아에서는 언제나 5개씩 있다. 말은 가운뎃발가락만 남고 나머지는 다 잃으며, 남은 발가락을 발굽이 에워싼다(우리 발톱이 두껍고 거대해진 것과 같다). *남아메리카의 멸종한 초식동물 집단인 리

톱테른Litoptern에는 토아테리움*Thoatherium*(왼쪽) 같은 종들이 있다. 이들에게서는 말(오른쪽)과 거의 똑같은 발굽이 달린 발이 진화했다. 여기서는 비교하기 쉽게 양쪽 다리를 똑같은 크기로 그렸지만, 토아테리움은 전형적인 말보다 상당히 더 작았다. 작은 영양만 했다. 그림의 말을 가장 작은 셰틀랜드 포니 품종이라고 생각하자!

*절지동물은 체제Bauplan(몸 구성 기본 계획)가 다르다. 구성단위들을 앞뒤로 이어 붙여서 몸마디로 이루어진 몸을 만든다는 점에서는 척추동물과 비슷하지만 말이다. 지렁이, 갯지렁이, 참갯지렁이 같은 환형동물도 몸마디로 이루어진 체제를 지니며, 주요 신경이 배 쪽으로 뻗어 있다는 점은 절지동물과 같다. 이 주요 신경의 위치 차이는 우리 척추동물이 뒤집힌 자세로 헤엄치는 습성을 갖게 된 환형동물로부터 진화했을 수도 있다는 도발적인 추측을 불러일으켰다. 현생 아르테미아Brine shrimp가 재발견한 습성이다. 이 추측이 옳다면, 척추동물의 '기본' 체제는 우리 생각과 달리 그다지 기본적이라고 할 수 없을지도 모른다.

아르테미아

그러나 형태학적 기본 계획이 중요하고 그렇게 위엄 있게 불린다고 해도, 동물의 계통도를 재구성하기 위해 생물학적 팰림프세스트의 아래층들을 읽을 때 형태학은 분자유전학 앞에서 기를 못 피는 신세가 되었다. 사소한 사례를 하나 들어 보자. 남아메리카의 숲에는 나무늘보 두 속이 산다. 두발가락나무늘보와 세발가락나무늘보다. 또 거대한 땅늘보도 있었는데, 그들은 약 1만~1만 2천 년 전에 멸종했다. 비교적 최근이기에 분자생물학자들은 그들의 뼈대에서 DNA를 충분히 채취할 수 있다. 나무늘보 두 종류는 해부 구조도 행동도 아주 비슷하므로, 그들이 유연관계가 가깝고, 나무에 사는 조상으로부터 아주 최근에 분화했고, 땅늘보와는 좀 더 먼 친척 간이라고 가정하는 것이 자연스러웠다. 하지만 분자유전학은 두발가락나무늘보가 세발가락나무늘보보다 무게가 4톤에 달하는 대왕땅늘보giant sloth와 더 가깝다고 말한다.

현대 분자분류학이 등장하기 오래전, 풍부한 형태학적 증거들은 돌고래가 모습도 행동도 커다란 물고기와 비슷하지만—실제로 만새기는 '돌고래 고기', 심지어 '돌고래'라고 불리기도 한다—어류가 아니라 포유류임을 보여 주었다. 그러나 돌고래와 고래가 포유류임을 과학이 오래전부터 알고 있었긴 해도, 20세기 후기에 분자유전학자들이 내놓은 폭탄선언을 받아들일 준비가 된 동물학자는 한 명도 없었다. *그들은 고래가 우제류, 즉 발굽이 짝수인 발굽 동물로부터 나왔다는 사실을 의심의 여지없이 보여 주었다. 내가 동물학을 배우던 대학생 때에는 하마와 가장 가까운 현생 친척이 돼지라고 했다. 그런데 아니었다. 고래였다. 고래는 갈라질 발굽을 갖고 있지 않다.

사실 고래의 육상 조상들도 아마 갈라진 발굽이 아니라, 오늘날의 하마처럼 발가락이 네 개 달린 넓적한 발을 지니고 있었을 것이다. 그렇긴 해도 그들이 우제류임에는 틀림 없다. 게다가 우제류의 다른 종들과 동떨어진 가장자리에 놓인 것이 아니라, 우제류 집단의 한가운데 깊숙이 놓여 있었다. 실제로 하마는 갈라진 발굽을 지닌 돼지를 비롯한 다른 동물보다 고래와 더 가까운 친척이다. *누구도 예상하지 못한 엄청난 발표였다. 유전자 서열 분석은 앞으로 또 다른 충격을 안겨 줄 수도 있다.

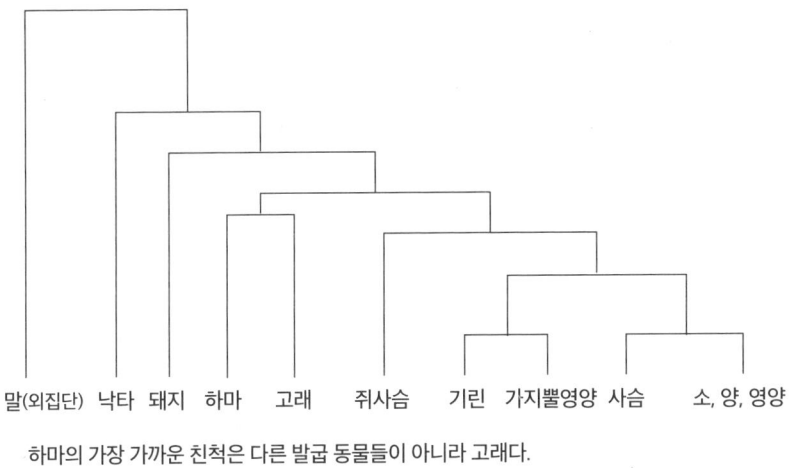

하마의 가장 가까운 친척은 다른 발굽 동물들이 아니라 고래다.

오래된 문서의 파편들이 담겨 있는 컴퓨터 디스크처럼, 동물 유전체에는 예전에는 유용한 일을 했겠지만 지금은 결코 읽히지 않는 유전자들이 널려 있다. 이것들을 위유전자pseudogene라고 한다. 딱히 좋은 명칭은 아니지만, 계속 쓰고 있다. *때로 '정크junk' 유전자라는 말도 쓰이지만, 무의미하다는 의미에서의 '정크'가 아니다. 이 유전자도 의미로 꽉 차 있으며, 번역된다면 실제 단백질이 만들어질 것이다. 그러나 이들은 번역되지 않는다. 내가 아는 가장 놀라운 사례는 사람의 후각이다. 사람의 후각은 사냥하는 사냥개, 물범을 사냥하는 북극곰, 트러플 냄새를 맡는 암퇘지, 아니 사실 대다수 포유동물의 후각에 비해 떨어진다고 악명이 높다. 우리가 과거로 돌아가서 경험할 수 있다면, 우리 조상들이 놀랄 만치 뛰어난 후각 식별 능력을 지녔다고 곧바로 인정할 것이다. 그리고 놀라운 사실은 필요한 유전자들 중 상당수를 여전히 우리가 지니고 있다는 것이다. 그저 결코 읽히지 않고, 결코 전사되지 않고, 결코 단백질을 만들지 않을 뿐이다. *위유전자로 치부되어 밀려나 있다. DNA 팰림프세스트의 그런 오래된 원고들은 그냥 남아 있기만 한 것이 아니다. *매우 명확히 읽어낼 수 있다. 그러나 분자생물학자들에게만 그렇다. 우리 세포에 본래 들어 있는 읽는 기구는 그것들을 무시한다. 우리 후각은 아직 우리 안에 숨어 있는 그 고대 유전자들을 켤 방법을 찾아낼 수만 있다면 가능할 수준에 비해 지금은 좌절을 일으킬 만치 열악하다. 돌연변이 포도주 감별사가 어떤 고상한 상상의 날개를 펼칠 수 있을지 상상해 보라. "블랙체리의 향에 막 깎은 건초용 풀 내음이 뒤따르고, 연필심의 향으로 흡족하게 마감되는" 같은 표현은 그에 비하면 단조롭기 그지없을 것이다.

유전체와 컴퓨터 디스크의 유사성은 그냥 단순히 비슷한 정도가 아니다. 내가 컴퓨터에 하드 디스크에 있는 파일을 나열하라고 하면, 편지, 논문, 책의 장, 회계 스프레드시트, 음악, 휴가 때 사진 등이 정렬되어 나타날 것이다. 그러나 내가 그 디스크에 실제로 들어 있는 형태인 가공되지 않은 데이터를 그대로 읽는다면, 뒤죽박죽 흩어진 조각들이 주마등처럼 스쳐 지나갈 뿐이다. 잘 짜인 책의 장처럼 보이는 것은 디스크 여기저기에 흩어진 단편적인 조각들로 이루어져 있다. 시스템 소프트웨어가 다음 조각을 어디에서 찾아야 할지 알기 때문에, 우리는 잘 짜여 있다고 생각한다. 그리고 한 문서를 삭제할 때, 나는 그것이 사라졌다고 마음 편하게 상상할 수도 있다. 그러나 사라진 것이 아니다. 원래 있던 자리에 여전히 있다. 그렇다면 왜 그것을 삭제하겠다고 가치 있는 컴퓨터 시간을 낭비할까? 우리가 문서를 삭제할 때 실제로 벌어지는 일은 시스템 소프트웨어가 디스크의 그 영역을 다른 문서를 덮어쓸 수 있는 곳이라고 표시한다는 것이다. 실제로 그 공간이 필요할 때 쓸 수 있도록. 그 영역을 필요로 하는 상황이 발생하지 않는다면, 덮어쓰기도 일어나지 않을 것이고 원래의 문서 또는 그 문서의 조각은 계속 남아 있을 것이다. 우리가 여전히 지니고 있지만 쓰지 않는 후각 위유전자들처럼 읽을 수는 있지만 결코 읽히지 않는 상태로 남아 있다. 그것이 바로 컴퓨터에서 문제의 소지가 있는 문서를 지우려면, 완전히 삭제할 특별한 조치를 취해야 하는 이유다. 통상적인 '삭제' 버튼은 해커를 막는 확실한 방법이 아니다.

위유전자는 과거로부터 온 명료한 메시지다. 사자의 유전서에서 중요한 부분이다. 설령 다른 단서들로부터 이미 추론하지 않았다고 해도, 소프는 유전체 여기저기 흩어져 있는 죽은 유전자들의 묘지로부터 우리 조상들이 우리가 상상할 수 있는 것보다 훨씬 더 풍성한 냄새들의 세계에 살았음을 알아차릴 것이다. DNA 묘비들은 그 자리에 남아 있을 뿐 아니라, 거기에 새겨진 글자들까지 다소 또렷하고 명확히 읽을 수 있다. 말이 난 김에 덧붙이자면, 이 분자 묘비는 창조론자를 엄청나게 당혹스럽게 만든다. 대체 창조주는 결코 쓰이지 않는 후각 유전자들을 우리 유전체에 왜 잔뜩 집어넣은 것일까?

이 장에서는 주로 팰림프세스트의 깊은 층, 더 고대 역사의 유산을 살펴보았다. 다음 네 장에서는 표면에 더 가까운 층들을 살펴볼 것이다. 이는 깊은 역사의 유산을 자연선택의 힘이 압도하는 광경을 보는 것에 해당한다. 이를 연구하는 한 가지 방법은 서로 유연관계가 없는 동물들의 수렴에 따른 유사점을 비교하는 것이다. 또 '역공학' 방법도 있다. 이제 그 이야기를 해 보자.

4
역공학

 이 책의 핵심 메시지 중 하나는 우리가 동물의 겉모습에서 보는 세세한 부분까지의 완전함이 몸속 전체에서도 나타난다는 것이다. 이 말은 분명히 애초에 완전함에 접근하는 무언가가 있다는 것을 전제로 한다. 그리고 그 완전함이 다윈주의에 토대를 두고 있다는 것도 전제한다. 이 가정은 비판을 받아 왔고 옹호를 필요로 한다. 다음 세 장은 바로 그 옹호하려는 목적을 지닌다.

 이 개념에 '적응주의adaptationism'라고 이름을 붙이고 비판하는 데 가장 앞장선 두 인물은 리처드 르원틴Richard Lewontin과 스티븐 제이 굴드Stephen Jay Gould였다. 둘 다 하버드에 재직했고, 각각 유전학과 고생물학 분야의 저명인사였다. *르원틴은 적응주의를 이렇게 정의했다. "이 진화 연구의 접근법은 생물의 형태, 생리, 행동의 모든 측면이 문제의 적응적 최적 해결책이라고 더 이상의 증명 없이 가정한다." 나는 내 자신이 많은 생물학자보다 더 적응주의자에 가까울 것이라고 본다. 그러나 나는 『확장된 표현형The Extended Phenotype』에서 한 장을 '완전화에 대한 제약'에 할애했다. 나는 제약을 6개 범주로 구분했는데, 여기서는 그중 다섯 가지만 언급하기로 하자.

1. 시차(동물이 변화하는 환경을 아직 따라잡지 못해서 시대에 뒤떨어져 있다). 인간 뼈대의 네발 동물 잔재가 한 예다.

2. 결코 교정될 리 없는 역사적 제약(되돌이 후두 신경, 앞뒤가 뒤집힌 망막).

3. 가용 유전적 변이 부족(자연선택이 날개 달린 돼지를 선호한다고 해도, 필요한 돌연변이가 결코 생기지 않는다).

4. 비용과 재료의 제약(설령 돼지가 특정 목적에 날개를 이용할 수 있고, 필요한 돌연변이가 나타난다고 해도, 날개가 돋는 데 드는 비용이 혜택을 능가한다).

5. 환경의 예측 불가능성이나 악의에 따른 실수(개똥지빠귀가 뻐꾸기 새끼를 키우는 것은 개똥지빠귀의 관점에서 보면 뻐꾸기에게 가해진 자연선택이 빚어낸 불완전함이다).

그런 제약이 허용되고 인정된다면, 나는 적응주의자라고 불려도 괜찮다고 생각한다. 그래도 많은 이들은 '생물의 형태, 생리, 행동의 측면들' 중에 너무 사소해서 자연선택이 알아차리지 못하고 지나칠 수 있다는 생각을 하게 될 수 있다. 즉, 자연선택의 레이더에 걸리지 않을 수 있지 않나? 분자유전학자들이 보는 유전자를 이야기하는 것이라면, 자연선택이 대다수의 돌연변이를 알아차리지 못한 채 지나친다는 말은 아마 사실일 것이다. 이유는 변형된 단백질로 번역되지 않으므로, 생물에 아무런 변화도 일으키지 않기 때문이다. *일본 유전학자 모투 기무라Motoo Kimura가 말한 의미에서 보자면, 말 그대로 중립적이며, 기능적 의미로 보자면 아예 돌연변이라고 할 수 없다. 명령문을 인쇄하는 서체를 타임스뉴로만에서 헬베티카로 바꾸는 것과 비슷하다. 돌연변이가 일어나기 전이나 후나 의미는 똑같다. 그러나 르윈틴은 '형태, 생리, 행동'을 콕 찍어서 말함으로써 현명하게도 그런 사례를 배제했다. 돌연변이가 어떤 동물의 형태, 생리, 행동에 영향을 미친다면, 사소한 '서체 변화'라는 의미의 중립적인 것이 아니다.

그럼에도 실제로 형태나 생리, 행동에 영향을 미침에도, 여전히 무시할 수 있는 돌연변이가 아마 많이 있을 것이라고 여전히 직관적으로 느끼는 이들도 있다. 동물의 몸에 실제로 가시적인 변화가 일어난다고 해도, 너무 사소해서 자연선택이 관심을 두지 않을 수도 있지 않을까? 내 부친은 잎의 모양, 예를 들어 참나무와 너도밤나무의 잎 모양 차이가 딱히 어떤 차이를 빚어낼 리가 없을 것이라고 나를 설득하려고 시도하곤 했다. 나는 그다지 확신하지 못하며, 바로 여기에서 르윈틴 같은 회의주의자들과 견해가 갈리는 경향을 보인다. 1964년 아서 케인Arthur Cain(옥스퍼드에서 내 지도교수였던)은 논쟁적인 논문을 발표했다. 그는 자신이 '동물의 완전함'이라고 부른 것을 옹호하는 사례를 강력하게(너무 강력하게라고 말할 이들도 있을 법하다) 주장했다. 그는 우리에게는 '사소해' 보이는 형질이 그저 우리의 무지를 반영하는 것일 수 있다고 주장했다. "동물은 그럴 필요가 있기에 그런 식으로 존재한다"는 것이 그의 좌우명이었고, 그는 그 좌우명을 이른바 사소한 형질과 정반대인 형질, 즉 척추동물이 다리가 4개이고 곤충이 6개라는 사실 같은 근본적인 형질 양쪽에 적용했다. 나는 그가 이른바 사소한 형질을 논의할 때 더 확고한 토대 위에 있었다고 본다. 다음과 같은 기억에 남는 대목을 썼을 때가 그렇다.

그러나 아마 '사소한' 형질의 가장 놀라운 기능적 해석은 맨턴Manton이 노래기의 일종인 털보노래기속Polyxenus을 연구하면서 내놓은 것일 듯하다. *그녀는 이전에 '장식'이라고 기재된 형질(그리고 이보다 더 쓸모 없는 양 들릴 수 있는 것이 뭐가 있겠는가?)이 그 동물의 삶에서 거의 말 그대로 주축을 이룬다는 것을 보여 주었다.

설령 형질이 진정으로 사소한 것에 아주 가까운 사례에서도, 자연선택은 사람의 눈보다 더 엄중하게 판단할 수 있다. 우리 눈에는 사소한 것이라고 해도 자연선택은 다윈의 말마따나 "시간의 손이 기나긴 세월의 경과를 가리킬 때" 알아볼 수도 있다. *J. B. S. 홀데인은 가상의 사례를 들어 계산해 보았다. 그는 한 새로운 돌연변이를 선호하는 선택압이 사소해 보일 만치 약하다고 가정했다. 그 돌연변이를 지닌 개체 1,000마리가 살아남을 때, 돌연변이가 없는 개체는 999마리가 생존한다고 상정했다. 그 분야에서 연구하는 과학자들이 검출하지 못할 만치 아주 약한 선택압이다. 홀데인의 가정에 따를 때, 그런 새 돌연변이가 집단의 절반으로 퍼지기까지 얼마나 오래 걸릴까? 그는 그 유전자가 우성이라면 겨우 11,739세대, 열성이라면 321,444세대가 걸릴 것이라고 계산했다. 많은 동물에게서 이 정도 세대는 지질학적 시간으로 따지면 눈 깜박할 기간이다. 이 이야기의 한 가지 요점은 어떤 변화가 아무리 사소해 보인다고 할지라도, 그 돌연변이 유전자가 차이를 빚어낼 기회가 아주 많다는 것이다. 지질학적 시간에 걸쳐서 수많은 개체의 몸에 들어감으로써다. 게다가 설령 어떤 유전자가 단 하나의 근접 효과만 일으킨다고 해도, 발생 과정이 복잡하므로 하나의 일차 효과가 여러 파급 효과를 일으킬 수도 있다. 그 결과 그 유전자는 여러 신체 부위에 서로 무관해 보이는 여러 효과를 일으키는 양 보이기도 한다. 이런 다양한 효과를 다형질성이라고 하며, 이 현상을 다형질 발현pleiotropism이라고 한다. 설령 돌연변이의 효과 중 하나를 진정으로 무시할 수 있다고 해도, 모든 다형질 발현 효과가 전부 그럴 가능성은 낮다.

완전함을 가로막는 다양한 제약을 모두 인정하긴 해도, 놀랍게 들릴지 모르겠지만 나는 르원틴이 적응주의를 공격하기 오래전에 표현했던 것이 꽤 온당한 작업가설이라고 생각한다. *"내가 모든 진화론자가 동의할 것이라고 보는 한 가지는 생물이 어떤 일을 자신의 환경에서 하는 것보다 더 잘하기가 거의 불가능하다는 것이다."

일부 생물학자는 자연선택이 최적이 아니라 그저 '충분히 좋은' 동물을 생산한다고 말하는 쪽을 선호한다. 그들은 경제학자로부터 '만족하기'라는 용어를 빌려 왔다. 그들이 즐겨 입에 담는 전문 용어다. 나는 그렇지 않다. 경쟁이 아주 극심하므로, 단순히 만족한 동물은 만족하는 수준을 넘어서는 경쟁자에게 져서 곧 밀려날 것이다. 그러나 이제 우리는 공학자로부터 '국소 최적'이라는 중요한 개념을 빌려 와야 한다. 개선을 언덕 기어오르기로 나타낸 완전함의 경관을 생각한다면, 자연선택은 가장 가까이 있는 상대적으로 낮은 언덕의 꼭대기에 동물을 가두는 경향을 보일 것이다. 건널 수 없는 골짜기가 사이에 있어서 완전함이라는 높은 산과 분리되어 있는 언덕이다. 골짜기로 내려가는 것은 더 나아지기 전에 일시적으로 나빠지는 것을 가리킨다. 물론 생물학자와 공학자는 반드시 가장 높은 봉우리는 아니라고 해도, 등산객이 국소 최적에서 벗어나서 '햇살 가득한 넓은 고지대'로 나아갈 다양한 방법이 있음을 안다. 그러나 그 주제는 이쯤에서 끝내기로 하자.

공학자는 누군가가 어떤 목적을 위해 설계한 메커니즘이 성격상 그 목적을 드러낼 것이라고 가정한다. 따라서 우리는 '역공학'을 통해서 설계자가 염두에 두었던 목적을 파악할 수 있다.

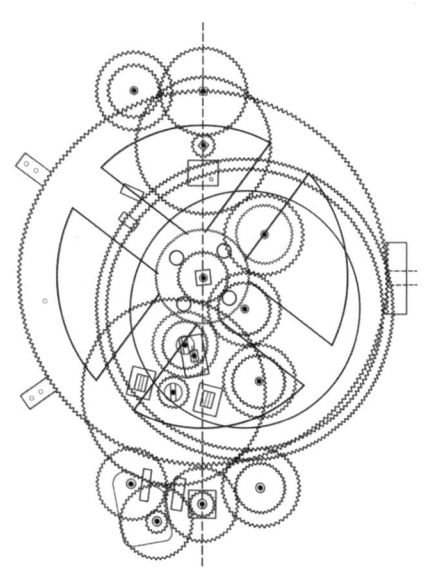

*역공학은 고고학자가 안티키테라 메커니즘Antikythera mechanism의 제작 목적을 재구성할 때 쓴 방법이다. 안티키테라 메커니즘은 기원전 80년경에 침몰한 그리스 선박에서 발견된 부서진 톱니바퀴 장치를 말한다. 연구자들은 이 복잡한 장치를 엑스선 단층 촬영 같은 현대 기술을 써서 분석했다. 이윽고 이 장치의 원래 제작 목적이 아날로그 컴퓨터의 고대판이라는 것이 역공학을 통해 드러났다. 더 뒤에 프톨레마이오스가 내놓았다고 여겨지는 주전원epicycle들의 체계에 따라서 천체들의 움직임을 모사한 장치라는 사실이 밝혀졌다.

역공학은 우리 앞에 있는 대상이 유능한 설계자가 염두에 둔 목적을 지녔고, 그 목정을 추정할 수 있다고 가정한다. 역공학자는 사려 깊은 설계자가 무엇을 염두에 두었을지 나름 가설을 세운 뒤, 그 메커니즘이 가설에 들어맞는지 검사한다. 역공학은 기계 장치뿐 아니라 동물의 몸에도 잘 먹힌다. 기계가 의식적인 공학자가 신중하게 설계한 것인 반면 동물의 몸은 무의식적인 자연선택이 설계한 것이지만, 그 점은 놀라울 만치 거의 아무런 차이도 빚어내지 않는다. 그 방면으로 특유의 식욕을 드러내는 창조론자들은 이 혼동 가능성을 으레 이용하지만. 호랑이와 그 먹이의 우아함은 설령 개선 가능성이 있다고 해도, 쉽사리 개선할 수 없을 것이다.

> 어떤 불멸의 손이나 눈이
> 네 무시무시한 대칭을 빚어낼 수 있었을까
> — 윌리엄 블레이크William Blake의 시 「호랑이The Tyger」 중에서

사실 동물은 때로 스스로에게 피해가 갈 만치 너무나 대칭적으로 설계되는 듯하다. 30쪽의 부엉이를 생각해 보라.

다윈은 『종의 기원On the Origin of Species』에 '극도로 완전하고 복잡한 기관'이라는 절을 넣었다. 나는 그런 기관이 진화적 군비 경쟁의 최종 산물이라고 본다. '군비 경쟁'이라는 단어는 제2차 세계대전 때인 1940년 동물학자 휴 코트Hugh Cott가 『동물 체색Animal Coloration』에서 사용함으로써 진화 문헌에 도입되었다. 제1차 세계대전 때 정규군 장교로 참전했기에, 그는 진화와 군비 경쟁과의 유사성을 간파하기에 딱 좋은 위치에 있었다. *1979년 존 크렙스John Krebs와 나는 왕립 협회에서 진화적 군비 경쟁 개념을 부활시키는 발표를 했다. 개별 포식자와 그 먹이가 실시간으로 경주하는 반면, 군비 경쟁은 생물의 계통들 사이에서 진화적 시간에 걸쳐 펼쳐진다. 한쪽 계통에서 개선이 일어날 때마다 반대쪽 계통에서 상쇄시키는 개선이 일어난다. 그렇게 군비 경쟁은 가열되다가 이윽고 멈춘다. 아마 군대의 군비 경쟁처럼 경제적 비용이 과도해지면서 멈추게 될 것이다.

영양은 언제나 사자보다 빨리 달릴 수 있고, 사자도 그럴 수 있지만, 젖 생산 등 다른 투자 요구를 희생시키는 대가로 다리 근육에 아주 많은 '자산'을 비생산적일 정도까지 투자함으로써만 가능하다. '투자'라는 말이 너무 의인화한 양 들린다면, 이렇게 번역하기로 하자. 달리기 속도가 빠른 개체는 건장한 다리로부터 젖으로, 자원을 더 유용한 쪽으로 돌린 약간 더 느린 개체와의 경쟁에서 질 것이다. 거꾸로 젖 생산을 과도하게 하는 개체는 젖 생산을 줄이고 아낀 에너지를 달리기 속도에 투입하는 경쟁자에게 질 것이다. 경제학자의 진부한 표현을 인용하자면, 공짜 점심 같은 것은 없다. 트레이드오프 trade off는 진화에 흔하다.

데이비드 흄David Hume의 저서에 등장하는 클레안테스Cleanthes의 말을 빌리자면, 나는 "그것들을 한 번이라도 생각해 본 사람이라면 탄복하게 될 만큼" 황홀한 인상적인 모든 생물학적 설계는 군비 경쟁의 산물이라고 본다. 빙하기나 가뭄을 비롯한 기후 변화에의 적응은 비교적 단순하기에 탄복할 만치 황홀함을 불러일으킬 가능성이 더 낮다. 기후는 당신을 해치려는 것이 아니기 때문이다. 포식자는 해친다. 먹이도 그렇다. 간접적인 의미에서, 먹이가 잡히는 것을 피하는 데 더 성공할수록, 포식자가 굶어 죽을 가능성이 보다 높아지기 때문이다. 기후는 생물 진화에 반응하여 위협적으로 변하지 않는다. 그러나 포식자와 먹이는 그렇다. 기생생물과 숙주도 그렇다. 2장에서 접한 의태 위장이라는 위업이나 10장에서 만날 뻐꾸기의 사악한 계략처럼, 진화를 클레안테스가 말한 수준까지 밀어붙이는 것은 군비 경쟁의 단계적 확대다.

이제 언뜻 볼 때 부정적인 인상을 주는 점을 하나 살펴보자. 밖에서 보는 동물은 아름답게 설계된 양 보이지만, 몸을 갈라 열자마자 우리가 언뜻 접하는 인상은 전혀 다르다. 포유동물의 해부를 처음 접하는 사람은 난장판이라고 생각할지도 모른다. 창자, 혈관, 창자 사이막, 신경이 사방에 널려 있는 것처럼 보인다. 밖에서 보이는 표범이나 영양의 기운 넘치는 우아함과 정반대다. 이 자체만 보면, 2장의 결론과 모순되는 듯이 비칠 수 있다. 2장의 요지는 바깥층에서 전형적으로 보이는 완전함이 틀림없이 내부의 구석구석까지도 침투해 있다는 것이었다. 우리의 심장을 목적에 산뜻하면서 단순하게 들어 맞는 듯한 마을의 우물 펌프와 비교해 보라. 물론 심장에는 펌프가 두 개 들어 있다. 하나는 피를 허파로 보내고, 다른 하나는 온몸으로 뿜어 낸다. 그러나 더 간결하면서 우아한 펌프를 설계할 수도 있지 않았을까 하는 생각을 품는다고 해서 누가 뭐라고 하겠는가.

양쪽 눈은 서로 반대쪽에 있는 뇌로 정보를 보낸다. 몸 왼쪽의 근육은 뇌의 오른쪽이 제어하며, 오른쪽 근육은 뇌 왼쪽이 통제한다. 이유가 뭘까? 나는 우리가 팰림프세스트의 깊은 층에 오래전에 묻힌 고대의 원고를 다시 대하고 있다고 본다. 그런 깊은 제약들이 있는 상태에서, 자연선택은 더 깊은 층이 가하는 불가피한 불완전함을 가능

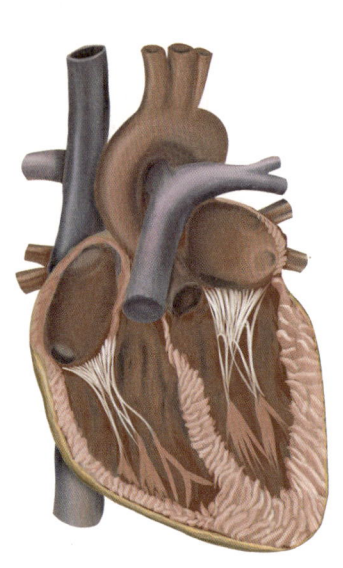
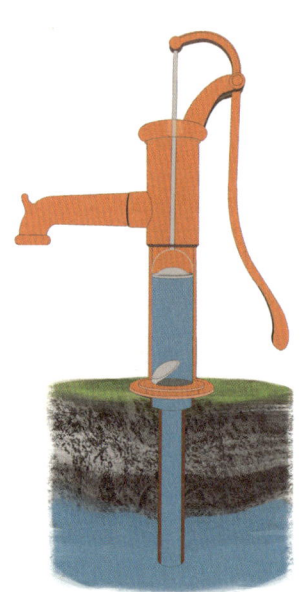

두 개의 펌프

한 한 개선하기 위해서 위쪽 층의 원고들을 바쁘게 수정한다. 척추동물의 망막에 보이는 뒤집힌 배선은 사후 개선을 통해 잘 보완된다. *"그렇게 뒤틀린 채 시작하면 그 어떤 멋진 것도 나올 수 없다"라고 생각할지 모르겠다. 위대한 독일 과학자 헤르만 폰 헬름홀츠Hermann von Helmholtz는 어느 공학자가 자기에게 눈을 만들어 주었다면 되돌려 보냈을 것이라고 말했다고 한다. 그러나 영화 제작자들의 말마따나 '후보정'을 거치면, 척추동물의 눈은 꽤 괜찮은 광학 장비가 될 수 있다.

동물은 왜 눈에 보이는 바깥은 분명히 아주 잘 설계되어 있는데 내부는 덜 그렇게 보이는 걸까? 그 단서가 '눈에 보이는'이라는 단어에 있을까? 2장의 위장 사례나 공작의 부채 같은 터무니없는 수준의 장식을 볼 때 (인간의) 눈은 동물의 겉모습에 감탄하며, (공작 암컷이나 포식자의) 눈은 겉모습을 자연선택하고 있다. 양쪽 사례 모두 비슷한 척추동물의 눈이 있다. 겉모습이 내부의 세세한 부위들보다 더 완벽하게 '설계된' 양 보이는 것은 놀랄 일이 아니다. 내부의 세세한 부위들도 어느 모로 보나 자연선택의 대상이지만, 눈으로 선택되지 않았기에 명백히 그런 식으로 보이지 않는다.

이 설명은 질주하는 치타의 유선형 몸이나 먹이인 톰슨가젤의 마찬가지로 우아한 몸에는 적용되지 않는다. 이런 아름다움은 눈의 즐거움이 아니라 속도라는 목숨을 구할 요구 조건을 충족시키기 위해 진화한 것이다. 우리가 우아함이라고 지각하는 모습은 아마 물리학 법칙이 빚어냈을 것이다. 빠른 제트기의 항공역학적 우아함과 마찬가지로 말이다. 미학과 기능은 동일한 세련된 우아함으로 수렴한다.

나도 몸의 내부가 당혹스러울 만치 복잡하다는 것을 안다. 더 나아가 난장판이라고 치부하는 이단적인 생각까지 하게 될 수도 있다. 그러나 내부 해부 구조 쪽으로는 나는 잘 모르는 아마추어일 뿐이다. 내가 자문을 구한 외과의사(달리 누구에게 자문을 구하겠는가?)는 자신의 훈련된 눈에는 몸속 해부 구조가 모든 것이 적절한 자리에 알맞은 모습으로 산뜻하게 놓여 있는 우아한 아름다움을 보여 준다고 확신에 찬 어조로 장담한다. 그리고 나는 여기서 핵심에 놓이는 것이 '훈련된 눈'이라는 단어가 아닐까 생각한다. 1장에서 나는 '자매들'이라는 말을 수월하게 판독하는 귀와 오실로스코프의 파형 말고는 아무것도 볼 수 없는 눈의 무능함을 대비시켰다. 내 눈은 겉모습의 우아함을 본다. 그러다가 동물의 몸을 갈라 열었을 때, 내 아마추어 눈은 난장판만을 떠올린다. 훈련된 외과의사는 겉뿐 아니라 속에서도 세련되게 설계된 완벽함을 본다. 적어도 어느 정도는 '자매들'의 이야기가 다시 펼쳐진다. 하지만 그것만이 아니다. 여기에는 발생도 관여한다.

회의론자는 팔의 정맥이 그 신경의 위나 아래로 지나가는지 여부가 과연 정말로 중요하느냐고 소리 높여 의구심을 드러낸다. 마법 지팡이를 휘둘러서 양쪽의 관계를 바꾸면 개인이 고통받지 않게 되거나 나아가 삶이 더 나아질 수 있다는 의미에서라면, 아마 중요하지는 않을 것이다. 그러나 나는 다른 의미에서는 중요하다고 생각한다. 후두 신경의 수수께끼를 풀었다는 의미에서다. 모든 신경, 혈관, 인대, 뼈는 개체의 발생 과정 때문에 바로 그런 식으로 배치되었다. 일단 최종 배선이 이루어지면, 정확히 어느 것이 다른 것의 위나 아래

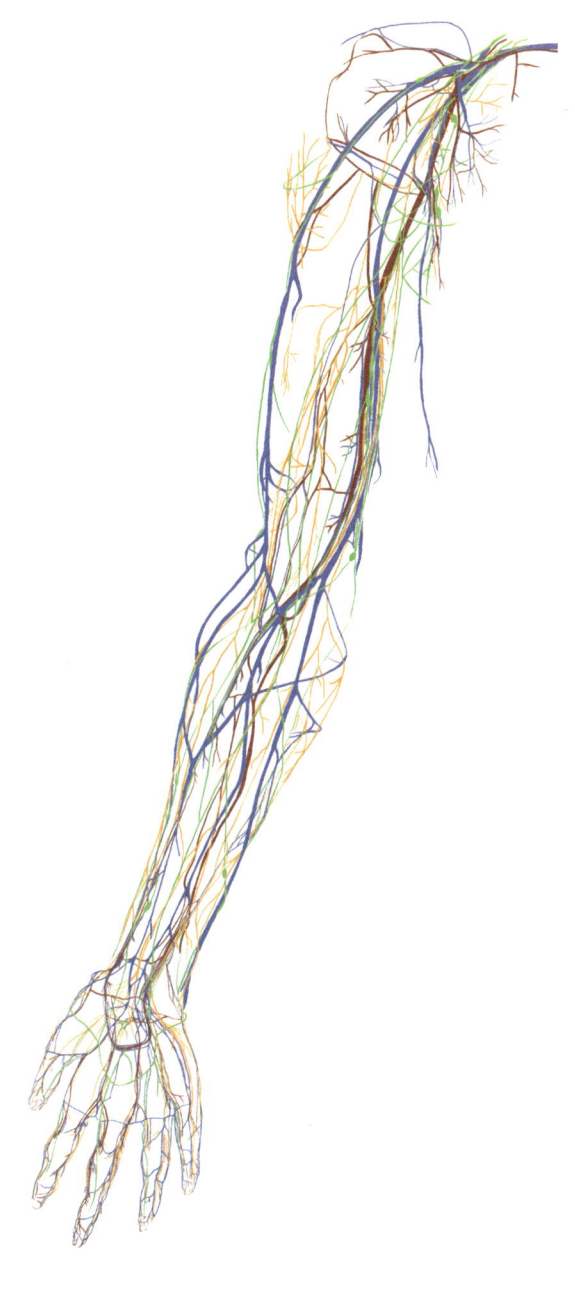

정맥, 신경, 동맥, 림프계. 팔의 복잡성

로 지나가는지 여부가 효율적인 작동에 차이를 낳을 수도 있고 그렇지 않을 수도 있다. 그러나 나는 어떤 변화를 일으키는 데 필요한 발생학적 대변동이 다른 고려 사항들을 압도할 만치 큰 문제들, 즉 비용 부담을 가져올 것이라고 추측한다. 그 발생학적 대변동이 발생 과정 초기에 일어나는 것일수록 더욱 그렇다. 배아의 조직이 접히고 주름지고 하는 복잡한 종이접기 과정은 각 단계가 다음 단계를 촉발하는 식으로 엄격한 순서에 따라 이루어진다. 이 순서를 바꿀 때, 예를 들어 한 혈관의 배치를 수정하는 데 필요한 변화를 일으키기 위해서 바꿀 때 그 뒤로 잇달아 변화들이 일어나서 재앙이 닥칠지 누가 알겠는가.

게다가 아마 다윈주의적 힘은 내부의 세세한 부위가 아니라 겉모습을 더 예리하게 평가하도록 인간의 지각에 작용해 왔을 것이다. 아무튼 나는 2장의 결론으로 자신 있게 돌아간다. 매우 섬세하게 다듬으면서 눈에 보이는 겉모습을 완성하는 일을 능숙하게 해내는 자연선택의 끌이 내부에까지 솜씨를 발휘하지 않고 피부에서 갑자기 멈춘다고 가정하는 것은 지극히 불합리하다. 설령 우리 눈에는 덜 명백해 보인다고 해도, 살아 있는 몸의 내부에까지 동일한 완전함의 기준이 침투할 것이 분명하다. 그 명백하지 않은 것을 해부해서 이해하기 쉽게 만드는 것은 미래의 동물학 역공학자가 할 일일 것이며, 내가 그들에게 호소하는 것이기도 하다.

역공학은 체계적인 과학적 연구 과제로 수행될 때, 1장에서 논의한 의미에서의 수학 모델도 포함할 때 이상적이라 할 수 있을 것이다. 하지만 적어도 현재로서는 직관적으로 와닿는 주장을 내세울 때가 더 흔하다. 해당 대상이 암실 앞쪽에 렌즈가 달려 있고, 암실 뒤쪽 빛에 민감한 단위들이 격자처럼 배열된 곳에 선명한 상을 맺도록 되어 있다면, 카메라가 발명된 이후 시대를 살고 있는 사람은 누구나 그것이 어떤 목적으로 진화한 것인지 즉시 알아차릴 수 있다. 그러나 수학적 분석을 포함하는 역공학의 복잡한 기법이 중요해지고, 그것을 필요로 할 세부적인 부분들도 많이 있을 것이다. 물론 이 장에서 우리가 다루는 역공학은 눈과 카메라의 사례처럼 대개 직관적이고 상식적인 것들이다.

역공학은 종간 비교를 통해 보완할 수 있다. 소프는 지금까지 알려지지 않은 동물을 마주친다면, 순수한 역공학("이러저러한 일을 하도록 공학자가 설계한 장치는 아마 이런 식으로 보일 것이다")과 알려진 종과의 비교("이 기관은 우리가 이미 알고 있는 이런저런 종의 기관과 비슷해 보이므로 아마 같은 목적에 쓰일 것이다")를 통해 그 동물을 읽을 수 있을 것이다.

역공학의 또 다른 간접 판본은 직접 볼 수 없는 동물의 이런저런 측면들을 추론하는 데 쓸 수 있다. 오로지 화석으로만 만나는 동물이 그렇다. 현재 공룡의 심장이 어떠했는지 알려 줄 화석 증거는 전혀 없다. *그러나 브론토사우루스와 더욱 큰 사우로포세이돈 같은 일부 용각류가 유달리 긴 목을 지녔음을 보여 주는 화석들이 있다. 영화 〈쥐라기 공원〉의 컴퓨터 그래픽을 담당한 이들은 그런 공룡이 높은 나무의 잎을 뜯어 먹는 웅장한 모습을 멋지게 그려 냈다. 기린처럼 말이다. 기린보다 더 높이 목을 뻗었을 뿐이다. 이제 공학자가 개입해서 나무 꼭대기의 잎을 뜯어 먹을 때 높이 올라간 그 공룡의 뇌까지 혈액을 밀어 올리기 위해서는 심장이 얼마나 높은 압력을 생성했어야 하는지를 단순한 물리학 법칙을 동원해서 계산한다. 우리가 설령 빨대 안에 완벽한 진공을 생성할 수 있을 만치 힘차게 물을 빨아올린다고 해도, 빨대를 통해서는 물을 10.3미터 이상 빨아올릴 수가 없다. 사우로포세이돈의 머리는 아마 그 정도 거리만큼 심장보다 높이 있었을 것이고, 그 점은 심장이 머리까지 피를 밀어 올리기 위해서 생성해야 했을 압력이 얼마인지 추정할 수 있게 해 준다. 설령 용각류의 심장 화석을 본 적이 없다고 해도, 공학자는 그 심장이 유달리 높은 압력을 생성했을 것이 틀림없다고 추론한다. 높은 나무 꼭대기의 잎을 뜯어 먹었든 그렇지 않았든 간에.

나는 그렇게 높이 솟은 머리에까지 피를 뿜어 올리기가 어렵다는 점이 이런 거대 공룡이 뇌 기능의 일부를 골반에 있는 두 번째 '뇌'에 위탁하게 하는 데 어느 정도 기여하지 않았을까 하는 생각을 도저히 떨칠 수가 없다. 또 이를 기회로 삼아 그 주제를 다룬 버트 레스턴 테일러Bert Leston Taylor의 재치 있고 유쾌한 시를 인용하지 않고서는 못 배기겠다.

장엄한 공룡을 보라,
선사시대 전설에서 유명한,
힘과 강대함뿐 아니라
지적 능력으로도.
이런 화석에서 알아볼 수 있을 텐데,
이 동물은 뇌가 두 개였다.

하나는 머리에 있었고(통상적인 위치)

다른 하나는 척추 바닥에 있었다,

따라서 공룡은 선험적으로

또 후험적으로 추론할 수 있었다.

어떤 문제든 그를 조금도 성가시게 하지 않았다

그는 머리와 꼬리 양쪽으로 해결했다.

그러니 얼마나 현명했던가, 너무나도 현명하고 장엄했다,

각 생각은 그저 척주 하나를 채울 뿐이었다.

한 뇌는 압력이 강하다고 느끼면,

몇 개의 생각을 척주를 통해 내려보냈다.

앞쪽 정신이 뭔가를 빠뜨리면

뒤쪽 정신이 구했다.

그리고 오류에 빠진다면,

사후 생각으로 바로잡았다.

그는 말하기 전에 두 번 생각했기에

철회할 판단이 전혀 없었다.

따라서 그는 꽉 막히는 일 없이

모든 질문의 양쪽을 생각할 수 있었다.

오, 이 동물 모델을 보라,

적어도 천만 년 전에 사라진.

골반 '뇌'는 심장과 거의 같은 높이에, 따라서 머리보다 훨씬 낮은 곳에 있었을 것이다.

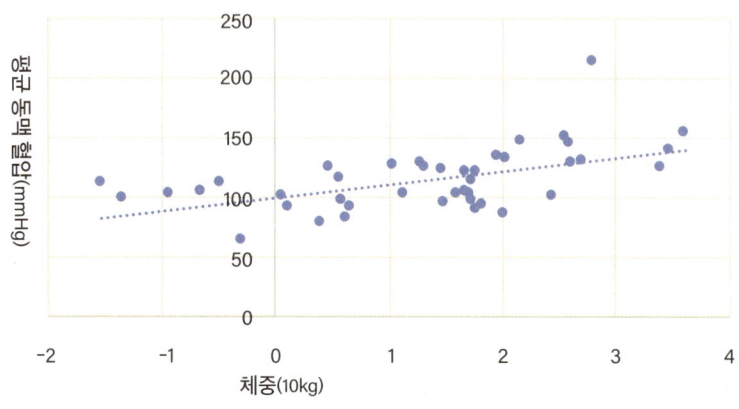

포유동물 42종의 혈압 대 체중(로그)

안타깝게도 우리에게는 이런 착상들을 검증할 용각류가 없으며, 차선책을 갖고 살펴보아야 한다. 바로 기린이다. 비록 거대한 공룡과 같은 체급은 아니지만, 기린의 머리는 비정상적으로 높은 혈압이 필요할 만치 꽤 높이 있다. 포유류의 통상적인 범위에서 벗어난다. 다음 그래프는 그 예상이 옳음을 뒷받침한다.

*나는 생쥐에서 코끼리에 이르기까지 다양한 포유동물의 체중 로그값과 동맥 평균 혈압을 그래프에 표시했다. 체중은 로그값으로 나타내는 것이 가장 낫다. 그렇게 하지 않으면 생쥐와 코끼리 및 그 사이에 놓인 동물들의 체중을 한 지면에 나타내기가 힘들어질 것이다. 점선은 데이터에 가장 잘 들어맞는 직선이다. 점선의 기울기는 위로 향해 있다. 큰 동물일수록 혈압이 더 높은 경향을 보인다는 뜻이다. 대부분의 종은 직선에 꽤 가까이 놓여 있는데, 그들의 혈압이 그 체중에서 나타나는 전형적인 값에 가깝다는 뜻이다. 그런데 크게 어긋

나는 동물이 하나 있는데 바로 기린이다. 기린은 이 직선보다 훨씬 높은 곳에 있다. 즉, 그 체중을 지닌 동물에게 '나타나야 할' 수준보다 혈압이 훨씬 높다. *놀랍게도 다른 증거들은 기린의 심장이 유달리 큰 것이 아니라고 말한다. 대형 초식동물의 체강에는 창자도 들어가야 하므로, 진화적으로 심장이 더 커지는 것을 막은 듯하다. 기린은 다른 방법을 써서 유달리 높은 혈압을 달성한다. 심장 근육세포의 밀도를 더 높임으로써다. 이 개선에는 아마 나름의 비용 부담이 따를 것이다. 브론토사우루스의 심장을 본 적이 없어도, 우리는 그들이 파충류판 그래프에서 직선보다 훨씬 높은 곳에 자리할 것이라고 예측할 수 있다.

여태껏 알려지지 않은 동물의 이빨도 많은 것을 말해 주는데, 이빨은 먹이를 짓이길 수 있을 만치 단단해야 하므로 다른 부위들보다 더 오래 화석으로 남기 때문에 우리에게는 다행스럽다. 몇몇 중요한 멸종 동물은 이빨로만 알려져 있다. 이 장의 나머지 지면에서는 이빨을 비롯한 생물학적 먹이 처리 장치들을 사례로 삼을 것이다. 다음 장에 그려진 고대 머리뼈를 보라. 가장 먼저 눈에 띄는 것은 무시무시한 송곳니다. 당신은 역공학을 통해서 이 송곳니가 경쟁자와 싸우거나 먹이를 찔러 죽이고, 물고 다니는 데 유용했을 것이라고 추측할지 모른다. 증거를 더 얻기 위해 자세히 살펴본다면, 턱 뒤쪽에 나 있는 어금니도 눈에 띌 것이다. 어금니는 우리나 말의 것처럼 위아래 표면이 맞닿아서 짓이기는 형태가 아니라, 턱을 다물 때 가위처럼 서로 지나치면서 자르는 형태다. *빻기가 아니라 자르기 용도로 설계된 듯하다. 이는 '육식동물'임을 의미한다. 명백하다. 그러나 이렇게

4. 역공학   99

검치류

  명백한 이유는 우리가 직관적으로 역공학을 꽤 잘하고, 사자와 호랑이처럼 비교할 현생 대형 육식동물이 있기 때문이다. 덕분에 아무런 피해도 없이 추론을 더 명확히 할 수 있다.

   동물은 아마 자신이 고기로 이루어져 있으므로, 고기를 소화하기가 비교적 더 쉬우며, 육식동물은 그에 걸맞게 창자 길이도 짧은 경향이 있다. 소프는 미지의 동물을 접했을 때, 그 동물의 창자가 아주 길다면 '초식동물'이라고 짐작할 것이다. 이 점은 뒤에서 다시 다룰 것이다. 게다가 고기는 소화할 때 이빨로 전처리를 할 필요가 거의 없다. 큰 덩어리를 잘라 내 통째로 삼키는 것으로도 충분하다. 식물은 달아나지 않으므로 동물보다 잡히기 쉽지만, 나름 보완책을 강구한다. 동물이 먹을 때 처리하기 더 어렵게 만든다. 식물 세포는 동물 세포와 다르다. *셀룰로스와 규산염으로 보강한 두꺼운 세포벽이 있다. 이런 이유들 때문에 초식동물은 먹이를 잘게 부수어서 창자로 보내야 한다. 창자에서는 화학적으로 분해되어 더욱 잘게 쪼개진다. 초식동물의 이빨은 신의 맷돌(신의 심판이 오래 걸릴 수도 있지만 철저히 이루어진다는 영어 속담에 비유한 말 — 옮긴이)처럼 천천히 아주 잘게 가는 맷돌이다. 육식동물의 이빨은 맷돌처럼 생기지 않았고 잘게 갈아 대지 않는다. 섬유 조직을 뚫고 들어가면서 잘라 낸다.

이제 머리뼈 위쪽의 안쪽 이빨을 보면, 처음에 단검 같은 송곳니를 보고 내린 진단이 옳았음이 확인되며, 우리의 무시무시한 표본이 육식동물의 한 조상 이야기를 들려주고 있다고 설득력 있는 역공학을 펼칠 수 있다. 머리뼈의 다른 부위로 눈을 돌리면, 아래턱의 관절이 먹이를 가는 데 필요한 좌우 운동이 아니라 가위질하는 데 적합한 위아래 운동만 가능하게 되어 있음을 알게 된다. 위아래는 온건하게 표현한 것이다. 쩍 벌린 입은 가공할 크기를 보여 준다. 이미 짐작했겠지만, 이것은 칼이빨호랑이sabretooth tiger의 머리뼈다. 물론 얼마든지 칼이빨고양이나 칼이빨사자라고도 부를 수 있다. 스밀로돈 *Smilodon*이라는 이 큰 고양이류는 딱히 어떤 현생 큰 고양이류와 더 가까운 관계에 있지 않다. 스밀로돈이 살던 시대에 아메리카에는 진정한 사자도 살았다. 지금은 멸종했지만, 이 사자는 스밀로돈이나 아프리카 사자보다도 더 컸다.

스밀로돈은 이 가공할 송곳니를 어떻게 썼을까? 현생 식육류 중에서 고양잇과Felidae는 갯과Canidae보다 송곳니가 더 길다. '송곳니canine'의 영어 단어가 개를 가리키지만 말이다. *고양이의 송곳니가 더 긴 것을 설득력 있게 설명하는 이론이 하나 있다. 개는 주로 추적

구름표범

사냥꾼이다. 먹이가 지칠 때까지 계속 뒤쫓아 달린다. 마침내 따라 잡힐 때쯤, 먹이는 지쳐서 달아날 기력도 없다. 죽이는 것은 쉽다. 그냥 먹기 시작하면 된다! 반면에 고양이는 대체로 살그머니 접근하거나 매복하는 사냥꾼이다. 이들이 처음 덮치는 순간에 먹이는 아직 생생하며 달아날 힘이 충분히 있다. 그래서 빠르게 찔러서 죽이거나 달아나지 못하게 꽉 움켜잡는 것이 바람직하며, 꿰뚫는 긴 송곳니는 양쪽 필요성을 다 충족시키는 해결책이다. 현생 고양이 중에서 구름표범은 스밀로돈의 칼이빨에 가장 가까운 이빨을 자랑한다. 구름표범은 대부분의 시간을 나무 위에서 보내며, 지나가는 먹이를 위에서 덮친다. *길고 날카로운 단검 같은 이빨은 '쫓기면서 헐떡이지 않은 채' 기운을 온전히 간직하고 있는 먹이를 위에서 갑자기 덮쳐서 굴복시키는 데 특히 적합하다.

플리오히푸스 Pliohippus

스밀로돈 머리뼈의 다른 부위들을 살펴보면, 눈구멍이 앞을 향해 있음을 알 수 있다. 먹이를 덮칠 때에는 유용하지만 뒤에서 슬그머니 다가오는 위험을 알아차리는 쪽으로는 떨어지는 양안시를 지녔음을 시사한다. 검치류는 뒤를 감시할 필요가 전혀 없었다. 잠재적인 살해자를 알아차린 덕분에 조상이 된 동물들의 후손인 초식동물은 대개 포식자가 어느 방향에서 오든지 알아차릴 수 있도록 양옆으로 달린 망보는 눈으로 거의 360도를 볼 수 있다.

이제 위의 머리뼈를 살펴보자. 분명히 전혀 다르다. 눈은 양옆을 보고 있다. 마치 앞에 있는 것에는 그다지 개의치 않은 채 위험이 있는지 사방을 훑는 듯하다. 따라서 포식을 두려워할 필요가 있는 동물일 것이다. 앞니는 풀을 끊는 데 적합해 보인다. 가장 눈에 띄는 점은 어금니다. 날카로운 자르개가 아니라 넓적한 분쇄기이며, 턱을 다물 때 정확히 맞물리도록 위아래에 똑같은 개수로 나 있다. 관절의 전체 모양은 식물을 아주 작은 조각으로 갈아 내는 데 적합하며, 이 점도 이 동물의 유전자가 풀이나 다른 어떤 식물 먹이가 있는 세계에서 살아남았다는 생각을 확인해 준다. 그리고 스밀로돈의 것과 달리 아래턱이 위아래뿐 아니라 좌우로도 움직이면서 갈아 대는 작용을 잘 한다. 플라이오세에 살았던 멸종한 말인 플리오히푸스의 이 화석은 아마 스밀로돈을 끔찍이도 두려워했을 것이다.

육식동물인 검치류와 초식동물인 말의 머리뼈는 뚜렷하면서 확연히 대조를 이룬다. 티아라주덴스*Tiarajudens*라는 동물도 있었다. 우리가 포유류형 파충류라고 불렀던 동물 중 하나다(지금은 초기 포유류라고 부르곤 한다). 포유류형 파충류는 위대한 공룡의 시대 이전인 약 2억 8천만 년 전에 번성했다. 이 동물은 스밀로돈과 아주 흡사한, 인상적인 칼이빨 송곳니가 나 있었다. 이 점은 이 무시무시한 고양이와 비슷하게 육식했음을 시사한다. 그러나 어금니를 보면, 유연관계에 있는 다른 동물들과 마찬가지로 이 동물이 사실은 초식동물이었음을 나타낸다. 따라서 한 가지가 들어맞지 않는다. 갈아 대는 어금니를 지닌 동물이 왜 스밀로돈의 송곳니 같은 것도 지닐까? 아마 티아라주덴스는 포식자에 맞설 방어용 단검을 갖춘 초식동물이었을지도 모른다. 아니면 현생 바다코끼리처럼 자기 종의 경쟁자들과 맞서기 위해 썼을 수도 있다. 코끼리도 거대한 엄니를 그렇게 쓴다(바다코끼리는 송곳니가 커진 것인 반면, 코끼리는 앞니가 커진 것이다)

바다코끼리는 엄니(위턱 송곳니)를 지렛대 삼아서 물 밖으로 몸을 끌어올리고, 이 엄니로 얼음 구멍을 판다. 아무튼 티아라주덴스는 어

바다코끼리

느 한 가지만, 이 사례에서는 송곳니만 바라보면서 전개하는 성급한 역공학을 조심하라는 경고 역할을 한다.

땃쥐와 작은 박쥐 같은 포유동물은 곤충을 먹는다. 돌고래는 어류가 주식이다. 학술적으로는 육식동물이긴 하지만, 이런 식단에 필요한 이빨은 다르다. 식충 동물의 이빨은 분쇄기도 자르개도 아니라, 찌르개다. 곤충의 겉뼈대를 꿰뚫는 데 알맞게 끝이 뾰족한 경향이 있다. 소프의 미지의 표본이 고슴도치의 이빨처럼 꿰뚫는 이빨을 지닌다면, 소프는 그 표본의 조상이 곤충을 비롯한 절지동물을 먹으며 살았다고 추측할 것이다. 그리고 그 추측은 옳지만, 그들은 지렁이도 좋아한다. 개미와 흰개미는 특수한 사례다.

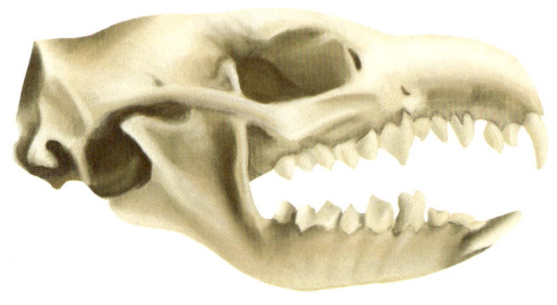

고슴도치

 이제 어류를 섭식하는 동물에게서 전형적으로 나타나는 이빨과 턱을 보자. 아래는 돌고래와 가비알의 머리뼈다. 포유동물과 악어인 이 두 어류 섭식자는 서로 독자적으로 거의 동일한 치열과 턱 모양을 갖추는 쪽으로 진화했다.

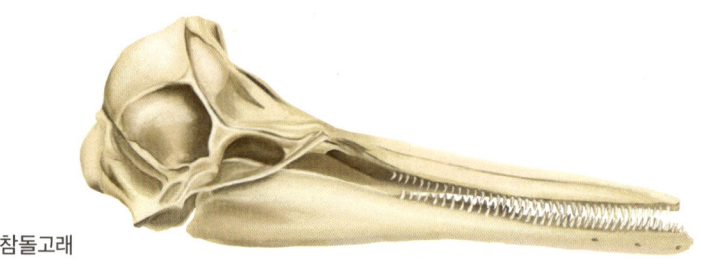

참돌고래

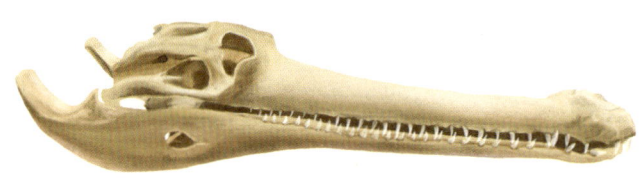

가비알

익티오사우루스

이는 수렴 진화(5장의 주제다)의 한 예다. 이 수렴 닮음의 역공학적 설명은 무엇일까? 이를테면 사자와 달리, 어류 섭식자는 대개 먹이보다 훨씬 크다. 먹이를 갈거나 자르거나 찌를 필요가 없다. *이들의 먹이는 통째로 삼킬 수 있을 만치 작다. 턱에는 미끄럽고 부드러운 어류를 꽉 붙들고 빠져나가지 못하게 할 작고 뾰족한 이빨들이 줄줄이 길게 늘어서 있다. 그리고 가늘고 긴 턱은 방해하는 방식으로 먹이를 밀어낼 수도 있는 갑작스러운 물 배출 없이 물고기를 덥석 잡을 수 있게 해 준다.

위에 있는 것과 같은 화석을 우연히 마주칠 만큼 운이 좋다면, 당신은 앞 단락의 교훈을 적용할 수 있다. 어류 섭식자 말이다. 이 화석은 우리가 3장에서 만난 바 있는 익티오사우루스다. 공룡과 같은 시대를 산 친척으로서, 공룡이 전멸한 시기보다 조금 앞서 멸종한 커다란 집단의 일원이었다. 역공학과 돌고래와 가비알 사진의 비교는 양쪽 다 우리에게 큰 소리로 명확하게 말한다. 익티오사우루스의 조상들이 물고기를 먹었다고.

범고래와 향유고래는 대형 돌고래라고 생각할 수 있다. 이들도 자신보다 더 작은 먹이를 먹으며, 돌고래와 비슷하게 이빨이 줄줄이 죽 늘어서 있지만, 훨씬 더 크다. 향유고래는 아래턱에만 이빨이 나 있다(위턱에도 아주 이따금 날 때가 있는데, 흔적기관이라고 볼 수도 있다). 범고래는 양쪽 턱에 다 이빨이 있다. 다른 모든 대형 고래들, 이른바 수염고래류는 여과 섭식자로서, 크릴(갑각류)을 걸러 먹는다. 그들은 이빨이 아예 없다(비록 배아 때에는 이빨이 있고 결코 쓰는 일은 없지만). 이들의 거대한 고래수염은 발굽, 손톱, 코뿔소의 뿔처럼 케라틴으로 되어 있다. 역공학자는 수염고래를 전혀 거리낌 없이 저인망 어선이라고 진단할 것이다. 사실 저인망 어선보다 낫다. 엄청나게 모여 있는 크릴 떼를 겨냥해서 대량의 바닷물과 함께 삼킨 뒤, 고래수염 사이로 물을 뿜어내면서 크릴을 걸러 먹기 때문이다.

개미와 흰개미는 수가 엄청나게 많다. 개미집의 가공할 방어 체계를 뚫고 들어갈 수 있는 전문가는 고슴도치 같은 평범한 식충 동물에게는 불가능한 엄청난 양의 먹이를 먹어 치울 수 있다. 그리고 그들의 치열은 그 일에 딱 맞게 분화해 있다. 그런데 이 목적에 비추어 보면, 흰개미는 명예 개미다. 주로 개미와 흰개미를 먹는 포유동물은 영어로는 모두 개미핥기anteater라고 한다. 영어로 '개미핥기'라고 불리는 남아메리카 포유류는 세 종류가 있다. 큰개미핥기, 작은개미핥기, 애기개미핥기다.

큰개미핥기의 학명인 미르메코파가*Myrmecophaga*는 그리스어로 말 그대로 '개미핥기'라는 뜻이다. *당신은 개미를 먹는 쪽으로 분화한 포유동물들이 더 있으므로 '개미핥기'가 한 분류군을 지칭하기에는 그다지 좋은 명칭이 아니라고 이미 결론을 내렸을 것이다.

큰개미핥기Giant Anteate

　남아메리카의 개미핥기들은 개미를 섭식하는 습성을 극단까지 밀어붙인다. 그중 두 종류인 작은개미핥기와 큰개미핥기의 머리뼈 그림이 다음 장에 실려 있다. 주둥이가 극도로 길어지고 이빨이 아예 없다는 점에 주목하자. 큰개미핥기의 머리뼈는 아예 머리뼈인지 알아보기조차 어렵다. 모든 개미 섭식자는 정도는 덜하지만 비슷한 특징을 지닌다. 천산갑도 이빨이 없고 주둥이가 꽤 길쭉하다. 아르마딜로는 주둥이가 더 길고 꽤 작은 이빨이 나 있다. 아프리카의 땅돼지는 어금니가 있지만, 긴 주둥이의 대부분에 걸쳐 이빨이 전혀 없다. 오스트레일리아의 유대류 개미 섭식자인 주머니개미핥기도 머리가 길고 뾰족하다. 이빨이 있긴 하지만, 유아기 때를 제외하고 먹는 데 쓰지 않는다. 성체는 둥지를 움켜쥐고 부술 때에만 이빨을 쓰는 듯하다.

작은개미핥기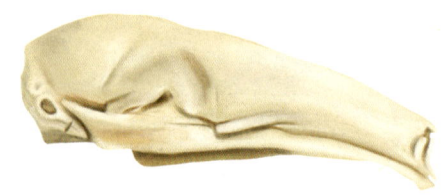

큰개미핥기

천산갑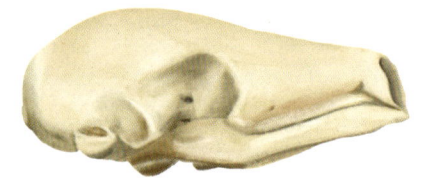

아르마딜로

가시두더지

오스트레일리아와 뉴기니의 가시두더지는 앞서 말한 모든 동물과 가장 거리가 먼 종류이지만 그래도 포유동물이다. 오리너구리처럼 알을 낳는 포유류로서, 고대 초대륙 곤드와나에 살던 '포유류형 파충류'의 잔재다. 그러나 깊은 팰림프세스트 특징들을 공유하는 오리너구리와 달리, 가시두더지는 영어 이름이 시사하듯이 개미와 흰개미를 먹는다. 그리고 좀 기이해 보이는 머리뼈에는 실제로 길고 가느다란 주둥이가 달려 있고 이빨은 없다. 그러나 너무 흥분하지 말자. 좀 더 주둥이가 긴 친척인 긴코가시두더지속 *Zaglossus*이 있다. 긴코가시두더지는 거의 오로지 지렁이만 먹는다. 물론 우리는 '긴 주둥이'가 반드시 개미 섭식자를 뜻한다는 결론에 너무 성급하게 빠져들지 않도록 조심해야 한다. 팰림프세스트에 '긴 주둥이'라고 적을 수 있는 습성이 개미 섭식만이 아니다.

소프가 어떤 동물을 개미 섭식자로 진단하는 데 쓸 만한 것이 또 뭐가 있을까? 앞서 살펴본 길쭉한 머리뼈를 지닌 남아메리카의 큰개미핥기는 아주 긴 끈적거리는 혀가 있다. 무시무시한 발톱으로 개미나 흰개미의 집을 부순 뒤, 이 혀를 60센티미터까지 안으로 쑤셔 넣을 수 있다. *이 혀에 엄청나게 많은 곤충이 달라붙으면 입안으로 당겨 넣어서 훑은 뒤, 다시 내민다. 혀가 아주 긴 데도 큰개미핥기는 1초에 두 번 이상 아주 빠르게 날름거릴 수 있다. 큰개미핥기에 비하면 한참 못 미치지만, 땅돼지와 땅늑대도 수렴 진화를 통해서 놀라울 만치 길고 끈적거리는 혀를 얻었다. 땅늑대는 하이에나과에서 유일하게 흰개미를 먹는 쪽으로 분화했다. 천산갑도 수렴 진화를 통해 길고 끈적거리는 혀를 얻었다. 큰천산갑 Giant Pangolin은 혀 길이가 40센티미터에 달하기도 하며, 우리와 달리 혀가 목뿔뼈가 아니라 골반 근처에 붙어 있다. 천산갑은 혀를 개미집의 통로를 따라 좌우로 노련하게 구부리면서 깊숙이 쑤셔 넣어 지하 통로를 샅샅이 탐사한다. 작은개미핥기도 길고 끈끈한 혀가 있지만, 이들은 큰개미핥기와 독자적으로 진화한 것이 아니다. 마찬가지로 개미 섭식자인 공통 조상에게서 긴 혀를 물려받은 것이 확실하다. 알을 낳는 가시두더지도 길고 끈적거리는 혀를 지니며, 이 혀는 진정으로 수렴 진화한 것이다. 주머니개미핥기처럼 이들도 유대류 개미 섭식자다.

또 개미를 먹는 포유동물들은 대사율과 낮은 체온처럼 생리적으로도 수렴 진화한 유사성을 보인다. 우리의 소프는 이 점도 눈여겨볼 것이다. 그러나 낮은 대사율이 전적으로 개미 섭식 습성을 나타내는 것은 아니다. 나무늘보도 이름에 걸맞게 대사율이 낮다. 나무늘보의 유대류판에 해당한다고 볼 수 있는 코알라도 그렇다. 둘 다 나무 위에 살면서 상대적으로 영양가가 낮은 잎을 먹으며, 느릿느릿 움직인다. 무기력하다고 말할 수 있을 정도다. 그러나 수렴이 영양 섭취 통로의 양쪽 끝까지 진행된 것은 아니다. 코알라는 하루에 100번 넘게 배설하는 반면, 나무늘보는 반대편 극단으로 최고 기록을 유지한다. 이들은 약 일주일에 한 번 배설한다. 배설하려면 귀찮게 나무 위에서 기어 내려와야 하기 때문인 듯하다.

내 역공학 추측 중에는 잘못된 것도 있을 수 있다. 동물의 이빨을 적절히 읽으면 이야기를 들려줄 것이라는 요지를 설명하기 위해 임시로 든 사례들일 뿐이다. 고대의 초원이나 잎이 무성한 숲의 이야기를 들을 수 있는 사례도 많다. 또는 이빨이 스밀로돈이나 구름표범의 것과 비슷하다면, 매복과 은밀하게 다가가기의 이야기를 들려줄 것이다. 우리가 읽을 수만 있다면, 모든 이빨은 더 깊이 보다 구체적이고 상세한 이야기를 들려줄 수 있을 것이다. 이빨은 에나멜로 덮인 고대 역사의 기록 보관소다.

이빨은 소화라는 컨베이어 벨트에 놓인 첫 번째 먹이 가공 장치다. 이빨에 이어서 창자도 육식동물과 초식동물의 차이를 드러낸다. 식물은 같은 무게의 고기보다 영양가가 낮으므로, 소는 많은 풀을 계속해서 뜯어 먹을 필요가 있다. 먹이는 계속 굽이치며 흐르는 개울처럼 몸속을 통과하며, 소는 하루에 약 40~50킬로그램을 배설한다. 식물체는 소 자신의 몸과 너무나 다르기에, 초식동물은 식물을 소화할 때 화학물질 전문가의 도움을 받아야 한다. 세균, 고세균(예전에는 함께

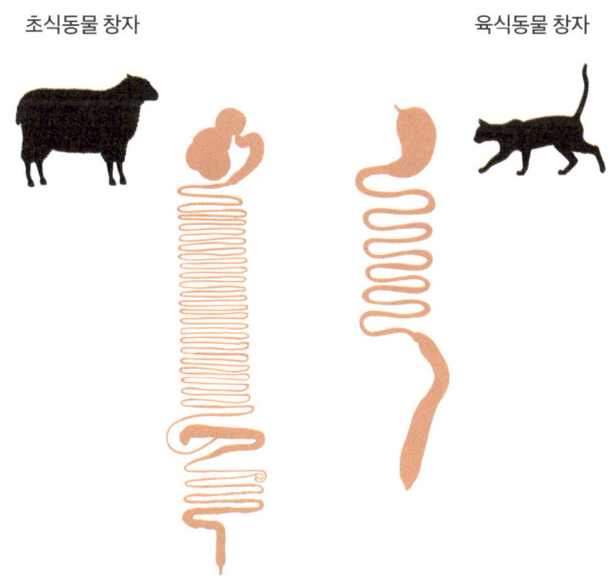

초식동물 창자　　　　　　육식동물 창자

세균이라고 분류했지만, 사실은 세균과 아주 거리가 멀다), 균류, (예전부터 죽 쓰던 표현을 따르자면) 원생동물 등이 이 화학자들에 속하며, 그중에는 동물이 출현하기 약 10억 년 전부터 이미 자신의 실력을 갈고닦던 종류도 있다. 소와 영양 같은 되새김동물은 말이나 토끼와는 다른 방식으로 소화하는데 장의 끝부분에서 모두 미생물의 도움을 받는다. 앞서 말했듯이, 초식동물은 육식동물보다 창자가 더 길며, 끝이 막힌 통로와 발효실, 특히 공생 미생물이 살아가도록 마련된 공간들이 있어서 창자가 복잡하다. 되새김동물은 삼켰던 먹이를 다시 입으로 게워 내어 되새김질도 하기 때문에 소화 과정이 간단하지 않다.

남아메리카의 호아친은 오로지 잎만 먹는다. 잎만 먹는 유일한 새다. 그리고 다음 장에서 살펴볼 텐데 수렴 진화를 통해서, 호아친은 되새김동물처럼 잎을 소화하는 데 필요한 화학적 전문 기술을 발휘하는 세균들이 사는 작은 방들이 창자에 여럿 설치되어 있다. 말이 난 김에 덧붙이자면, 호아친이 쥐라기의 '중간' 화석인 시조새처럼 날개 앞쪽에 고대의 발톱을 간직하고 있는 유일한 새라는 속설이 널리 퍼져 있다. 호아친 새끼가 이런 원시적인 발톱을 지닌 것은 맞지만, 데이비드 헤이그David Haig가 내게 지적했듯이, 다른 여러 새도 새끼 때에는 이런 발톱이 있다. 더 나아가 그는 이 속설 밑이 생물학자와 창조론자 양쪽에서 다 인기가 있다고 했다. 한쪽은 시조새가 '진화적 중간 단계'이기를 원하고 다른 쪽은 그렇지 않기를 원한다. 어떤 동물도 그 자체로 원시적인 상태로 존재하지 않으며, 진화적 중간 단계 역할을 하기 위해 존재하는 것도 아니다. 발톱은 새끼에게 유용하다. 나무에서 떨어졌을 때 붙잡고 기어오르는 데 쓴다.

틱타알릭

같은 맥락인데, 동물은 '진화의 다음 단계로 나아가기' 위해서 존재하는 것이 아니다. 데본기 화석인 틱타알릭은 어류와 육상 척추동물의 전이 형태라고 널리 알려져 있다. 그럴 수도 있겠지만, 전이 형태라는 것은 삶을 살아가는 방식이 아니다. 틱타알릭은 호흡하고 먹고 번식하면서 삶을 살아간 동물이었다. 그렇기에 우리는 이 동물에게 역공학을 전개할 때, 더 나은 무언가를 향해 나아가는 중간 단계가 아니라, 그 자체로 봐야 한다.

우리 및 가까운 친척들의 이와 턱, 창자는 어떨까? 오래전에 사라진 조상들의 식단에 관해 어떤 이야기를 들려줄까? 우리 호모 사피엔스 계통을 파란트로푸스(오스트랄로피테쿠스) 로부스투스와 파란트로푸스 보이세이 같은 멸종한 선행 인류와 비교하면 시간이 흐르면서 우리 사피엔스 계통에서 턱과 이가 모두 줄어드는 추세가 뚜렷했음이 드러난다. 이 두 강건한 선행 인류의 가슴우리에는 채식주의자의 커다란 창자가 들어갈 수 있었을 것이다. 그들이 우리보다 육식을 덜했다는 것은 명백하다. 그들은 식물을 가는 데 쓰는 커다란 이와 튼튼한 턱이 있었고, 따라서 턱 근육도 발달했다. 근육 자체는 화석으로 남지 않았지만, 뼈에서 근육이 붙는 지점은 단단히 결합되도록 고릴라의 머리처럼 화살촉 모양으로 수직으로 튀어나와 있을 때가 많은데, 그런 부위들은 그들이 대대로 질긴 식물을 먹었음을 유창하게 이야기한다. 우리의 턱 근육은 머리 양쪽으로 좀 낮은 곳에 붙어 있고, 붙는 곳에 뼈 돌기도 없다.

*영장류학자 리처드 랭엄Richard Wrangham은 요리의 발명이 인류의 독특함과 성공의 열쇠였다는 흥미로운 가설을 내놓았다. 그는 우리 식단에서 요리한 음식의 비율이 상당한 수준을 차지하지 않는다면, 우리의 줄어든 턱, 이, 창자가 육식동물의 식단에도 초식동물의 식단에도 잘 맞지 않는다고 설득력 있는 주장을 펼친다. 요리 덕분에 우리는 더 빨리 보다 효율적으로 음식에서 에너지를 추출할 수 있다. 랭엄은 인류의 뇌가 대폭 커지는 쪽으로 진화한 것도 요리 덕분이라고 본다. 뇌는 우리 몸에서 월등한 차이로 가장 많은 에너지를 소비하는 기관이다. 그가 옳다면, 이는 문화적 변화(불 길들이기)가 어떻게 진화적 결과(턱과 이의 위축)를 낳을 수 있는지를 보여 주는 탁월한 사례다.

조류는 이빨도 없고 턱뼈도 없다. 놀랍게 들릴지 모르겠지만, 체중을 줄이기 위해서 가벼운 각질의 부리로 대체한 것일 수도 있다. 비행하는 동물에게 체중은 중요하다. 영어의 '턱mandible'은 부리의 위아래 부위인 윗부리upper mandible와 아랫부리lower mandible를 가리킬 때에도 쓰인다. 부리는 찢을 수 있지만 씹을 수는 없다. 조류는 모래주머니가 씹는 역할을 대신한다. 모래주머니는 창자에 속한 근육으로 된 방인데, 단단한 위돌이 들어 있다. 위돌은 새가 삼킨 먹이를 잘게 부수는 데 도움을 주는 돌이나 모래를 가리킨다. 타조는 지름이 10센티미터에 달하는 꽤 커다란 돌도 삼키는데, 날지 못하기 때문에 체중을 그다지 걱정할 필요가 없다. 뉴질랜드의 자이언트모아 같은 새들의 화석 주변에는 더욱 큰 돌도 함께 발견되는데, 표면이 반질반질하기에 위돌이라고 본다. 모래주머니에서 부딪치며 갈리면서 반질반질해진 것이다.

조류의 부리는 아주 다양하며, 저마다 다른 방식으로 먹이를 확보한다는 이야기를 유창하게 들려준다. 부리의 다양성은 기술자의 연장통에 든 니퍼 세트와 비교되곤 한다. 뾰족한 부리는 씨나 애벌레 같은 작은 먹이를 섬세하게 콕 집는 데 쓰인다. 앵무새의 부리는 튼튼한 견과나 커다란 씨를 으깨는 도구이며, 구부러져 있으면서 끝이 뾰족한 윗부리는 일종의 손처럼 쓰인다. 새장에 있는 앵무새는 마치 손으로 매달린 채 몸을 끌어올리는 양 부리로 창살을 물고서 기어오르곤 한다. 야생에서는 같은 방법으로 나무를 기어오른다. 벌새의 부리는 꿀을 빨아들이는 긴 관 모양이다. 독수리의 튼튼한 굽은 부리는 사체에서 살점을 찢어 낸다. 딱따구리의 부리는 강력 유압 드릴처럼 나무를 리듬 있게 두드리면서 구멍을 뚫어 애벌레를 찾는다. 이들은 두드릴 때의 충격을 줄이기 위해 머리뼈가 특수하게 보강되어 있다. 홍학은 부리를 거꾸로 물에 담가서 작은 갑각류를 걸러 먹는다. 이 방식은 고래가 고래수염으로 크릴을 걸러 먹는 방식과 가장 가깝다고 할 수 있다. 검은머리물떼새는 길고 뾰족한 부리를 홍합 같은 패류의 껍데기 사이로 쑤셔 넣는다. 마도요는 개펄을 뒤져서 갯지렁이와 패류를 찾아 먹는다. 노랑부리저어새는 발로 개펄을 휘저어서 숨

1. 금강앵무
2. 솔잣새
3. 노랑부리저어새
4. 독수리
5. 집게제비갈매기
6. 벌새

어 있던 작은 동물들이 튀어나오도록 하면서 넓적한 부리를 좌우로 휘저으면서 잡는다. 집게제비갈매기의 부리는 더욱 분화해 있다. 윗부리보다 아랫부리가 더 길다. 이 새는 수면 가까이 날면서 입을 벌려서 아랫부리의 끝을 수면 아래로 담근 채 훑는다. 물고기가 닿으면 재빨리 부리를 탁 닫아서 물고기를 가둔다. 펠리컨은 부리 아래쪽에 늘어나는 피부 주머니가 있으며, 이 주머니에 물고기를 담아 잡는다.

둥지에서 부모에게 먹이를 받아먹는 어린 새의 부리는 그저 입을 쩍 벌리기만 하는 용도다. 이들의 부리는 기괴할 만치 넓고 가장자리가 선명한 색깔을 띤다. 자매들보다 더 부모의 시선을 끌어서 먹이를 많이 받아먹도록 고안된 일종의 광고판이다. 같은 종의 성체와 새끼의 부리가 엄청난 차이를 보이는 것은 양쪽에게 필요한 것이 전혀 다를 수 있음을 상기시킨다. 이는 나비의 애벌레와 성체, 올챙이와 개구리 등 새끼가 성체와 완전히 다른 생태적 지위를 차지하는 많은 사례에서 뚜렷이 찾아볼 수 있는 원리다.

솔잣새의 윗부리와 아랫부리는 기이하게 엇갈린 모습이다. 솔방울의 비늘을 비틀어 벌리는 데 유용하다. 곤충을 먹는 새는 씨를 먹는 새와 부리 모양이 다르다. 그리고 먹는 씨의 크기에 따라서도 부리 모양이 다르다. 역공학의 관점에서 보면 이 차이는 지극히 타당하다. *그런 차이의 진화는 갈라파고스제도 중 한 작은 섬에서 피터Peter와 로즈메리 그랜트Rosemary Grant 연구진이 지금까지도 수행하고 있는 탁월한 '다윈 핀치' 연구의 주제다.

갈라파고스는 하와이제도 못지않게 다윈 진화를 잘 보여 주는 태평양의 섬이다. 양쪽 다 화산 열도로 이루어져 있고, 지질학적 기준

갈라파고스핀치

큰땅핀치

중간땅핀치

작은나무핀치

솔새핀치

으로 보면 아주 젊다. 하와이의 생물상은 인간과 인간이 초래한 다른 침입 종들을 통해 더 오염되었다는 점이 다르다. *하와이 꿀빨기새들(오른쪽)의 진화적 분기는 갈라파고스 핀치들(왼쪽)보다 더욱 다양한 부리를 낳았음을 보여 준다. 꿀빨기새는 18종이 생존해 있으며(그보다 2배 더 많은 종이 멸종했다), 모두 아마 갈라파고스핀치와 모습이 그리 다르지 않았을 아시아의 한 참새류 종으로부터 진화했다. *그렇게 짧은 기간에 걸쳐 진화했음에도 부리 모양이 놀라울 만치 다양하다.

일부는 씨를 먹는 조상의 습성을 간직했고, 여전히 핀치처럼 짧고 굵은 억센 부리를 간직하고 있다. 반면에 신대륙 벌새보다 아프리카의 태양새와 더 비슷하게 꿀을 빨기에 알맞게 부리가 변한 종들도 있다. 또 곤충을 찾는 데 알맞은 아래로 굽은 긴 부리를 지닌 종들도 있다. 그중에서 이른바 '이이위I'iwi'(아래 오른쪽)는 날카롭고 억세며 뚫는 용도에 적합한 아랫부리를 지닌다. 이 부리로 나무껍질을 두드려댄다. 두드릴 때 방해되지 않도록 윗부리는 길고 굽어 있으며, 갈라진 틈새에서 곤충을 찾아내는 역할을 한다. 마우이앵무부리꿀빨기새Maui parrotbill는 강한 부리로 잔가지를 부수고 나무껍질을 뜯어내면서 곤충을 찾는다.

왜가리의 부리는 물고기를 잡는 긴 창이다. 정확하게 휙 물속으로 찔러넣어서 물고기를 잡는다. 검은해오라기African black heron는 날개를 펼쳐서 눈앞에 그늘을 드리운다. 그렇지 않으면 잔물결이 이는 수면에서 반사되는 빛 때문에 시야가 방해받을 것이다. 이 종이 검은 날개로 몸을 감싸는 모습은 빅토리아시대를 배경으로 한 멜로드라마에 등장하는 검은 망토를 두른 악당을 우스꽝스럽게 흉내 내는 양 비친다. 위에서 찔러서 물고기를 잡고자 할 때 생기는 또 다른 문제는 수면에서의 굴절이다. 노가 휘어진 양 착시를 일으킨다. 해오라기와 물총새가 겨냥할 때 이런 굴절을 감안한다는 증거가 얼마간 있다. 동남아시아의 물총고기도 역전된 상황에서 같은 문제에 직면한다. 이들은 물속에 숨은 채 수면 위 나뭇가지에 앉아 있

하와이꿀빨기새

레이산핀치

카카와히에(멸종)

아키아폴라우

이이위

물총고기

는 곤충을 겨냥했다가 갑자기 물줄기를 뿜어내어 곤충을 맞추어 떨어뜨린다. 이 자체로도 놀랍지만, 더욱 놀라운 점은 이들이 해오라기와 마찬가지로 굴절을 감안하는 듯하다는 사실이다. 방향은 반대이지만.

따라서 역공학은 우리가 동물의 몸을 읽을 수 있는 한 가지 방법이다. 또 다른 방법은 유연관계가 있거나 없는 다른 동물들과 비교하는 것이다. 우리는 이 장에서 어느 정도 이 방법을 썼다. 유연관계가 없는 동물들의 유전서가 그들의 환경과 생활 방식에 관해 동일한 이야기를 할 때, 우리는 그것을 수렴이라고 부른다. 수렴 닮음은 놀라운 양상을 띨 수도 있다. 다음 장에서 살펴보기로 하자.

5
공통의 문제, 공통의 해결책

이 책의 주된 논지는 모든 동물이 조상 세계의 기술 문서라는 것이다. 이 주장은 자연선택이 가장 세세한 부분들까지 깊이 유전자 풀을 조각하는 엄청나게 강력한 힘이라는 숨겨진 가정에 토대를 둔다. 2장에서 살펴보았듯이, 자연선택의 힘을 말해 주는 가장 설득력 있는 증거는 위장의 완벽함이다. 동물이 자신의 (조상의) 환경이나 그 환경에 있는 어떤 대상을 세세한 수준까지 완벽하게 닮은 모습을 띠는 것을 말한다. 마찬가지로 인상적인 점은 한 동물이 유연관계가 없는 다른 동물을 세세한 부분까지 닮는다는 것이다. 양쪽이 같은 생활 방식으로 수렴되었기 때문이다.*매트 리들리Matt Ridley는 『혁신에 대한 모든 것How Innovation Works』에서 인류의 가장 위대한 혁신 중에는 각기 다른 나라의 창안자들이 서로가 한 일을 모른 채 독자적으로 중복해서 해낸 사례가 많다는 것을 보여 준다. 자연선택을 통한 진화도 마찬가지다. 이 장에서는 자연선택의 힘을 설득력 있게 들려주는 증인으로서의 수렴 진화를 살펴보기로 하자.

아래 동물은 겉모습은 개처럼 보이지만, 개가 아니다. 유연관계가 없는 유대류인 태즈메이니아늑대*Thylacinus*(줄무늬 때문인지 태즈메이니아호랑이라고도 한다)다. 태즈메이니아 정부는 1888년 이들의 머리에 현상금을 내걺으로써, 자연에 맞선 악질적인 범죄를 저질렀다(지금 돌이켜봄으로써 알 수 있는 사실이지만). 야생에서 목격된 마지막 개체는 1930년 윌프 배티Wilf Batty라는 사람이 쏜 총에 죽었다. 그는 그 동물이 멸종 직전이었음을 틀림없이 알고 있었을 것이다. 비록 자신이 잡은 동물이 마지막 개체였다는 사실은 몰랐겠지만. 물론 1930년에는 사람들이 그런 일에 신경을 쓰지 않았을 것이다. 이는 내가 변화하는 도덕적 시대정신이라고 부르는 것의 가슴 아픈 사례

태즈메이니아늑대(타일라신)

다. *벤저민이라는 생포된 개체는 1936년에 호바트 동물원에서 숨을 거두었다. 태즈메이니아늑대는 수렴의 가장 잘 알려진 사례에 속한다. 생활 방식이 개와 똑같았기에 모습도 개와 비슷했다. 특히 머리뼈가 개와 비슷하기에, 동물학 시험에 까다로운 문제로 으레 출제되곤 한다. 사실 너무나 자주 나오는 바람에 내가 옥스퍼드에 다닐 때에는 자동적으로 태즈메이니아늑대라고 답할 것이라고 여기고서 출제진이 진짜 개의 머리뼈를 내놓는 이중 속임수를 썼다.

당신이 이 동물을 코뿔소로 착각하는 일은 결코 없을 것이다. 그러나 장수풍뎅이rhinoceros beetle 두 마리가 싸우는 모습을 지켜본 뒤 코뿔소rhinoceros 두 마리가 싸우는 모습을 본다면, 수렴 닮음이 몸 크기의 여러 차수를 뛰어넘을 수 있다는 사실을 깨달을 것이다. 크든 작든 싸움은 싸움이며, 몸집에 상관없이 뿔은 편리한 무기다. *꽤 인상적인 장식을 지닌 사슴벌레stag beetle와 사슴stag도 마찬가지다. 사슴은 그렇지 못하지만 사슴벌레는 '가지 뿔'로 경쟁자를 허공 높이 들어 올릴 수 있다.

장수풍뎅이

5. 공통의 문제, 공통의 해결책　127

파카   쥐사슴

   왼쪽은 파카paca다. 남아메리카와 중앙아메리카의 우림에 사는 설치류다. 오른쪽은 쥐사슴mouse deer 또는 애기사슴chevrotain이라고 하는 구대륙 숲에 사는 우제류다. 이들은 생활 방식이 비슷하기에, 서로 수렴한 모습을 보인다. 아프리카에서 작은 발굽 동물이 채운 생태적 지위를 남아메리카에서는 커다란 설치류가 차지하고 있다.

   아르마딜로는 남아메리카의 포유류로서, 포식자에 맞서기 위해 갑옷을 두르고 있다. 위험에 처하면 이들은 몸을 공처럼 만다. 아래 그림은 세띠아르마딜로인데, 특히 치밀하게 우아한 모습으로 몸을

만다.『옥스퍼드 영어 사전』에는 이들의 특징을 잘 보여 주는 놀라운 인용문이 실려 있다. "아르마딜로는 예전에 약재로 쓰였는데, 몸을 만 상태 그대로 알약처럼 삼켰다." 너무 심한 과장이 아니냐고? 사실 1859년의 이 인용문에 나온 '아르마딜로'는 포유류가 아니라 수렴 진화한 갑각류인 공벌레를 가리킨다. 공벌레의 속명인 아르마딜리디움Armadillidium은 '작은 아르마딜로'라는 뜻이다. 아르마딜로는 스페인어로 아르마도armado, 즉 '무장한' 것의 축소판을 가리킨다. 따라서 아르마딜리디움은 축소판의 축소판, 즉 이중 축소판이다. 이름의 공통성조차도 수렴 진화의 힘을 이야기한다. '알약 벌레'라는 별칭에 딱 들어맞게, 몸을 만 형태의 공벌레는 실제로 통째로 삼킬 수 있다. 정말로 약효가 있는지 여부는 말하고 싶지 않다. 포유류인 아르마딜로와 갑각류인 아르마딜리디움은 비록 몸집은 전혀 다르지만 똑같이 몸을 공처럼 말아서 자신을 보호하는 습성을 독자적으로 채택함으로써 수렴 진화했다.

라틴어는 영어 같은 언어로는 세 단어로 말해야 하는 것을 한 단어로 압축하는 바람직한 특성이 있다. 더 나아가 글로메로glómĕro라는 이 상황에 딱 들어맞는 동사도 있다. '나는 몸을 공처럼 만다'라는 뜻이다(뭉치다conglomerate와 덩어리지다agglomerate 같은 영어 단어도 여기서 나왔다). 그리고 글로메리스Glomeris는 몸을 공처럼 마는 또 다른 동물의 학명이며, 게다가 그 동물은 영어로 '알약pill'이라고 불린다. 갑각류가 아니라 노래기인 '공노래기pill millipede'다. 구슬노래기목Glomerida에 속한다. 이 정도로도 부족하다는 양, 노래기 중 두 목은 서로 독자적으로 몸을 알약으로 마는 습성을 지니는 쪽으로 수렴 진화했다. 구슬노래기목뿐 아니라 스파이로테리움목Sphaerotheriida(그리스어로 '공 짐승'이라는 뜻)의 종들은 글로메리스와 그리고 사실상 아르마딜리디움과 똑같아 보인다. 좀 더 크다는 점만 다를 뿐이다.

공벌레와 공노래기는 내 마음에 드는 수렴 진화의 사례일 법한 것

공벌레

공노래기

을—한 강력한 분야에서—제공한다. 이들은 기어갈 때나, 공처럼 몸을 말고 있을 때면 거의 구분이 안 된다. 그러나 한쪽은 새우 및 게의 친척인 갑각류인 반면, 다른 한쪽은 지네의 친척인 다족류다. 양쪽을 구별하려면, 이들을 뒤집어야 한다. 갑각류는 몸마디마다 다리가 한 쌍이며, 총 7쌍이 있다. 노래기는 다리가 몸마디마다 두 쌍이며, 전체적으로 훨씬 더 많다. 이 전혀 다른 두 '공' 동물은 팰림프세스트의 표면층이 극도로 똑같아 보인다. 같은 생활 방식을 지니며 같은 유형의 장소에서 살기 때문이다. 서로 거리가 아주 먼 조상들로부터 시작해서 그들은 진화 시간에 걸쳐서 아주 비슷한 종착점들에 수렴했다.

팰림프세스트의 깊은 층들은 한쪽은 명백히 등각류, 다른 한쪽은

심해 거대 등각류

다족류임을 보여 준다. 등각류는 갑각류의 중요한 한 집단이며, 해저에서 놀라울 만치 크게 자라는 종류도 있다. 그들은 다음 장에서 갑각류를 상세히 다룰 때 다시 언급할 것이다.

탁월한 경제성을 보여 주는 언어가 라틴어만은 아니다. 말레이어 명사 펭굴링pengguling은 '돌돌 마는 자'라는 뜻이며, 이 단어로부터 팽골린pangolin, 즉 천산갑이 나왔다. 천산갑은 앞장에서 만난 바 있다. 언뜻 보면 천산갑은 움직이는 커다란 전나무 구과로 착각할 수도 있다. 천산갑은 다른 포유동물들과 유연관계가 그리 가깝지 않지만, 유린목Pholidota이라는 자체 목을 이루고 있다. 이 이름은 '비늘로 덮여 있다'는 뜻의 그리스어에서 나왔으며, 천산갑은 영어로 '비늘개미핥기Scaly Anteater'라고도 불린다. 이 비늘은 발굽과 손톱처럼 케라틴으로 되어 있다. 아르마딜로의 뼈 갑옷판만큼 단단하지는 않다.

그러나 몸을 마는 쪽으로 보자면, 아마 천산갑이 아르마딜로, 공벌레, 공노래기보다 더 뛰어날 것이다. *인도네시아 시베루트섬의 한 생물학자는 천산갑이 자신을 피해 가파른 비탈 꼭대기까지 달려갔다가 몸을 공처럼 말더니 초속 약 3미터의 속도로 비탈을 굴러 내려왔다고 했다. 달릴 수 있는 속도보다 2배 빨랐다. 그 생물학자는 천산갑이 언덕을 굴러 내려온 것을 포식에 대한 정상적인 반응이라고 해석했다. 나는 그저 우연히 벌어진 일이 아닐까 하는 생각도 든다.

몸 말기가 보호 효과가 있다는 점에는 의문의 여지가 없는 듯하다. 사자가 천산갑의 방어 수단을 뚫으려고 헛수고하는 모습도 종종 목격된다. 부러울 만치 태평스러운 모습의 천산갑을 보고 있자면, 왜 다른 먹이 동물들도 정신없이 달아나는 대신에 같은 전략을 채택하지 않았을까 하는 궁금증이 인다. 거북이나 아르마딜로의 전략 말이다. 나는 갑옷이 만드는 데 비용이 많이 든다고 보지만, 근육이 잘 발달한 빠르게 달리는 긴 다리도 마찬가지다. 게다가 이는 참일 수 있을지라도, 좋은 논증이 아니다. 한 예로, 모든 영양이 속도를 버리고 갑옷판을 갖추고 몸을 마는 습성을 채택한다면, 군비 경쟁의 상대방인 사자도 대응 전략을 내놓을 것이기 때문이다. 초보적이면서 아직 미흡한 갑옷을 그럭저럭 갖춘 초기의 영양들이 몸에 그런 부담을 지

천산갑 앞에서 무력한 사자

니지 않은 채 먼지 구름 속으로 사라지는 다른 영양들보다 경쟁에 불리했으리라는 것이 더 나은 논증일 듯하다.

너무나 친숙해서 굳이 상세히 설명할 필요가 없는 수렴 진화의 가장 잘 알려진 사례를 두 가지 꼽자면 비행과 눈이다. 에너지를 써서 원하는 만큼 공중에 떠 있는 것은 물리 법칙으로 가능하며, 날개는 독자적으로 다섯 차례 발명되어 수렴 진화했다. 곤충, 익룡, 새, 박쥐…… 그리고 인간의 기술을 통해서다.

*눈은 수십 차례 독자적으로 진화했으며, 기본 설계는 아홉 가지가 출현했다. 카메라, 척추동물 눈, 두족류 눈의 수렴 유사성은 거의 전설이 되었다. 여기서는 가장 많은 것을 시사하는 차이점, 즉 척추동물의 망막은 앞뒤가 뒤집힌 반면 연체동물의 망막은 그렇지 않다는 차이점이 팰림프세스트의 깊은 층에 적힌 차이라는 말만 하고 넘어가련다. 이는 발생학적으로 근본적인 차이가 있다는 말을 달리 표현한 것이다. 척추동물의 눈은 대체로 뇌의 일부가 불룩해지면서 발달하는 반면, 두족류의 눈은 바깥에서 함입되면서 발달한다. 이 차이는 팰림프세스트의 가장 오래된 층들 사이에 깊숙이 놓여 있다.

수렴 진화의 덜 친숙한 사례인 겹눈도 몇 차례 독자적으로 진화했다. 일부 두껍질조개류도 일종의 겹눈을 지니며, 대롱을 짓고 그 안에 사는 일부 환형동물도 그렇다. 이들의 눈뿐 아니라 갑각류, 곤충, 삼엽충 등 여러 절지동물의 더 고도로 발달한 겹눈은 수렴한 양상을 보여 준다. 카메라 눈은 수정체가 하나이며, 이 수정체는 망막에 뒤집힌 상을 맺는다. 겹눈의 상—상이라고 부를 수 있다면—은 뒤집혀 있지 않다. 커다란 반구 두 개로 이루어져 있는 잠자리의 겹눈을 생각해 보라. 각 반구는 서로 다른 방향으로 바깥쪽으로 방사상으로 뻗어 있는 관들의 집합이다. 어느 관에 표적이 비치든 간에, 먹이를 잡으려면 잠자리는 그쪽으로 날아가야 한다.

'칠면조독수리'는 남북아메리카 전역에서 흔히 볼 수 있다. 독수리처럼 보이고, 독수리처럼 행동하고, 독수리처럼 전형적인 새들보다 더 뛰어난 후각으로 사체를 찾아 먹으면서 독수리의 삶을 산다. 하지만 독수리가 아니다. 진짜 독수리와 별개로 독수리다움을 갖추는 쪽으로 수렴한 동물이다. 하지만 잠깐, 구대륙 독수리가 신대륙 칠면조 독수리보다 더 '진짜'라고 누가 말하는가? 미국인은 선후 관계를 다르게 생각할 수도 있다. 수렴 진화와 그것이 오도시키는 놀라운 능력을 열광적으로 인정하는 차원에서 그냥 양쪽 다 독수리라고 부르기로 하자.

우리는 어느 쪽이 '진짜' 호저인지를 놓고서도 거의 동일한 주장을 펼칠 수 있을 것이다. 구대륙과 신대륙 호저는 양쪽 다 설치류다. 그러나 설치류라는 아주 큰 목 내에서 양쪽은 유연관계가 그리 가까운 편이 아니며, 서로 독자적으로 가시라는 방어 수단을 갖추는 쪽으로 진화했다. 여기 두 그림은 개가 신대륙 호저에게 당한 모습과 표범이 구대륙 호저에게 똑같은 꼴을 당하기 직전의 모습을 보여 준다.

속설과 달리, 어떤 호저도 바늘을 화살

신대륙 호저에게 당한 개

구대륙 호저에게 다가가는 표범

처럼 쏘지 않는다. 하지만 바늘을 빨리 분리하는 체계를 갖추고 있기에, 별생각 없이 호저를 괴롭히기 위해 다가오는 포식자는 얼굴에 온통 가시가 박히게 될 것이다. *신대륙 호저의 가시에는 역방향의 미늘까지 달려 있어서 잘 빠지지 않아 더욱 고통스럽다. *구대륙 호저의 수렴 진화는 이 세세한 부분까지 이루어지지 않았지만, 훨씬 더 작은 규모인 벌침(일종의 미국산 스팅어미사일)의 미늘은 같은 식으로 수렴 진화했다.

호저의 가시와 달리 벌의 침은 두 가닥으로 되어 있다. 미늘이 달린 두 가닥이 맞물린 채 위아래로 서로 비벼지면서 그 사이로 독액이 흘러나온다. 양쪽 가닥이 교대로 움직이면서 희생자의 살을 톱질하듯이 가르면서 깊이 파고든다. 신대륙 호저의 가시처럼 벌침의 양쪽 가닥에도 역방향의 미늘이 톱니처럼 달려 있다. 벌침은 알을 낳는 관인 산란관이 변형된 것이다. 호저의 가시는 털이 변형된 것이다.

산란관에 톱니가 나 있는 곤충이 벌만은 아니다. 침을 쏘지 않는 매미도 이런 톱니가 있으며, 벌처럼 양쪽 가닥을 교대로 톱질하면서 산란관을 나무(예를 들어) 깊숙이 찔러 넣어 알을 낳는다.

벌의 침은 산란관에서 유래했으므로 암컷에게만 있으며, 독액을 주입하는 피하 주사기다. 피부 속으로 독액을 주입하는 주사기는 내가 파악한 바로는 11개 동물 집단에서 수렴 진화했다(일부 집단 내에서는 두 번 이상 독자적으로 진화했을 것이다). 곤충, 전갈, 뱀, 도마뱀, 거미, 지네, 노랑가오리, 쏨뱅이, 청자고둥, 오리너구리 수컷의 뒷다리 발톱에서다. *해파리의 침을 쏘는 세포, 즉 '자세포'는 밧줄 끝에 달린 독액을 주입하는 축소판 작살이다. 식물 중에서는 쐐기풀이 축소판 피하 주사기를 갖고 있다.

고슴도치의 짧은 가시도 호저의 긴 가시처럼 변형된 털이다. 이런 가시 역시 적어도 세 차례 독자적으로 출현했다. 마다가스카르의 텐렉(고슴도치붙이)도 그런 가시가 있다. 텐렉은 고슴도치와 같은 목에 속하지는 않지만, 고슴도치와 놀라울 만치 비슷해 보인다. 이들은 아프로테리아상목Afrotheria에 속하며 코끼리, 땅돼지, 듀공의 친척이다. 세 번째 수렴은 오스트레일리아와 뉴기니의 가시두더지에게서 일어났다. 알을 낳는 이들은 포유동물이기는 하지만, 고슴도치나 텐렉과 가장 거리가 멀다. 이들의 몸을 덮고 있는 가시도 털이 변형된 것이다.

우리는 호저의 가시가 설치류 내에서 독자적으로 출현한 수렴 진화의 좋은 사례임을 살펴보았다. 이른바 날다람쥐도 설치류의 두 과에서 독자적으로 두 번 출현했다. 다람쥣과와 이른바 비늘꼬리청서 과에서다. 우리는 설치류 내에서 양쪽 집단에 가장 가까운 친척들이 활공자가 아니기 때문에 이들의 활공 습성이 독자적으로 진화했음을 안다. 신대륙 호저와 구대륙 호저가 같은 설치류 목 내에서 수렴 진화한 것과 동일한 방식이다.

활공 능력이 많은 척추동물에게서 수렴 진화한 것도 놀랄 일은 아니다. 아래 그림에 방금 말한 두 설치류를 포함한 네 포유동물이 실려 있다. 동남아시아 숲의 콜루고Colugo는 날여우원숭이라고도 하지만, 여우원숭이가 아니며(진짜 여우원숭이는 모두 마다가스카르에 사는데, 물론 콜루고가 여우원숭이가 아닌 이유가 사는 지역 때문은 아니다) 그림의 다른 동물들보다 더 능숙하게 활공하긴 하지만 실제로 비행하는 것은 아니다. 슈가글라이더는 날다람쥐와 모습이 매우 흡사하지

1. 날여우원숭이
2. 날다람쥐
3. 슈가글라이더
4. 비늘꼬리청서

(실제 크기는 서로 다름)

만, 사실은 오스트랄라시아의 유대류로서, 주머니하늘다람쥐의 일종이다. 슈가글라이더와 날다람쥐는 생김새가 놀라울 만치 비슷하지만, 우리는 팰림프세스트의 더 깊은 층 때문에 한쪽이 유대류이고 다른 한쪽은 설치류임을 안다. 예를 들어, 주머니하늘다람쥐 암컷은 주머니가 있고, 다람쥐는 태반이 있다.

오스트레일리아 유대류 동물상은 수렴 진화의 많은 사례를 제공하며, 아마 이미 언급한 멸종한 태즈메이니아늑대가 가장 유명할 것이다. 맞은편의 그림은 오스트레일리아 유대류와 다른 세계의 상응하는 태반 포유류 동물들을 비교한 것이다. 개미핥기와 '생쥐'도 있다. 오스트레일리아의 유대류 '두더지'는 유라시아의 두더지뿐 아니라 남아프리카의 '황금두더지'와도 닮았다. *아시아의 두더지쥐도 설치류 중에서 두더지와 매우 비슷하게 생겼다.

이 모든 '두더지'는 저마다 독자적으로 동일하게 굴을 파는 생활 방식을 채택했으며, 모두 손이 힘센 삽으로 변형되어 있는 등 모습이 아주 비슷하다. 이 수렴이 너무나 설득력 있기에 황금두더지는 예전에 두더지라고 분류되었다가 나중에 코끼리, 땅돼지, 바다소와 함께 아프로테리아Afrotheria라는 전혀 다른 (아프리카) 포유류 가지에 속한다는 것이 드러났다. 반면에 유라시아의 두더지는 로라시아테리아 상목Laurasiatheria에 속하며, 고슴도치, 말, 개, 박쥐, 고래의 친척이다. 설치류인 두더지쥐는 장님쥐의 친척이다. 장님쥐는 오로지 땅속에서만 지내며 두더쥐처럼 생겼지만, 설치류라는 말에서 짐작할 수 있듯이 손이 아니라 이빨로 굴을 판다. 이 네 '두더지'의 계통수는 매우 놀라운 유연관계를 보여 준다.

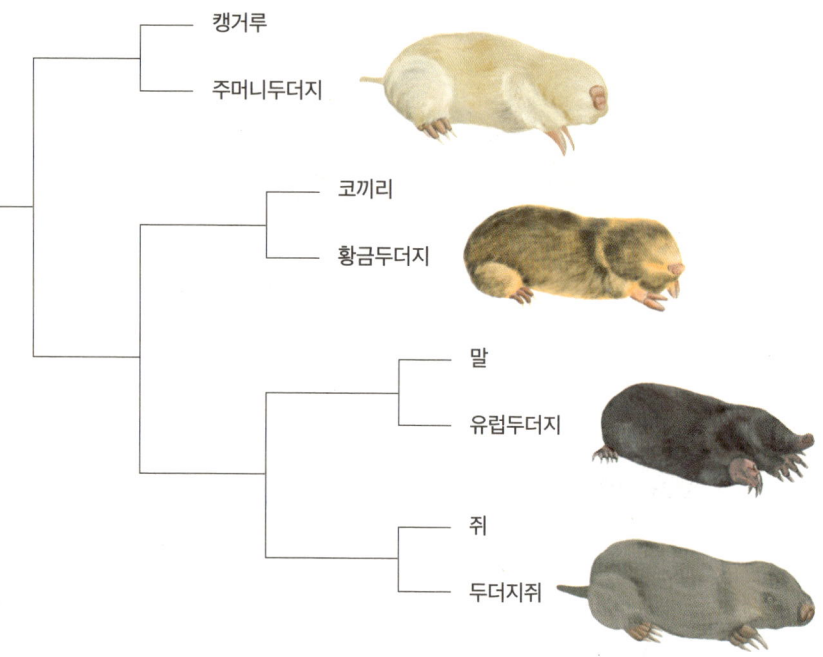

서로 독자적으로 진화한 '두더지들'

    오스트레일리아 유대류와 다양한 태반 포유류의 수렴 사례들은 매우 인상적이지만, 우리는 예외 사례들을 간과해서는 안 된다. 캥거루는 아프리카의 영양과 생활 방식이 비슷하지만, 모습은 그다지 비슷하지 않다. 쉽게 수렴되었을 수도 있겠지만, 그렇지 않았다. 그들은 서로 발산했다. 주된 이유는 빨리 움직이기 위해서 일찍이 서로 다른 걸음걸이에 집중했기 때문이다. 나는 어느 쪽 조상이든 간에 캥거루의 뜀뛰는 걸음걸이나 영양의 질주하는 걸음걸이를 채택할 수 있었던 시기도 존재했을 것이라고 본다. 양쪽 걸음걸이 모두 빠르고 효율적이다. 적어도 여러 세대에 걸쳐서 진화적으로 완벽하게 다듬

뜀토끼

어진 뒤에는 그렇다. 그러나 어떤 진화 계통이 뜀뛰기나 질주하기 같은 경로를 일단 따라가기 시작하면, 바꾸기가 쉽지 않다. 진화에서는 정말로 '몰입'이 일어난다. 어떤 포유류 계통이 뜀뛰기 걸음걸이 경로로 어느 정도 나아갔다면, 질주하기를 시도하는 모든 돌연변이 개체는 경쟁에서 밀려났을 텐데, 아마 앞다리가 이미 너무 짧아졌기 때문일 것이다. 거꾸로 질주하기에 어느 정도 몰입한 계통이라면, 뜀뛰기를 시도하는 돌연변이 개체는 꼴사납게 실패할 것이다. 태반 포유류가 캥거루 경로로 나아갈 수 없다고 말하는 규칙 따위는 전혀 없다. 실제로 그 경로로 나아간 조상이 대성공을 거둔 설치류가 있다. 나이로비대학교에서 동물학을 가르치는 동료는 어느 날 강의를 하다가 아프리카에는 캥거루가 전혀 없다고 말했다. 그러자 한 학생이 작은 캥거루를 본 적이 있다고 열띤 어조로 반박했다. 학생이 본 것은 뜀토끼였을 것이다. 앞다리가 짧고 균형을 맞추는 커다란 꼬리까지 갖춤으로써 왈라비와 모습도 비슷하고 뛰는 행동도 비슷한 설치류다.

중생대 바다에서 익티오사우루스가 헤엄치는 모습을 볼 수 있다면, 아마 저절로 돌고래가 떠올랐을 것이다. 수렴 진화의 고전적인 사례다. 그런 한편으로 타임머신은 플레시오사우루스도 보여 줄지 모른다. 돌고래나 익티오사우루스와 전혀 닮지 않았을 뿐 아니라, 당신이 지금까지 본 그 어떤 동물과도 닮지 않았다. 익티오사우루스와 플레시오사우루스는 둘 다 바다로 돌아간 육상 파충류의 후손이다. 그러나 양쪽은 효율적인 헤엄 '걸음걸이'로 나아가기 위해 서로 다른 경로를 걷기 시작해서 이윽고 거기에 '몰입하기'에 이르렀다. 익티오사우루스는 어류 조상의 좌우로 꼬리를 치는 고대 습성을 재발견했다. 아마 갈라파고스 바다이구아나의 뱀 같은 물결 운동과 비슷한 단계를 거쳤을 것이다. 반면에 플레시오사우루스는 바다거북처럼 다리를 써서 헤엄쳤고, 네 다리가 모두 거대한 지느러미발로 변했다. 일단 각자의 경로에 몰입하자, 익티오사우루스와 플레시오사우루스 둘 다 각자의 진화 경로에 점점 더 전념하게 되었다. 그리고 전혀 다른 모습이 되었다.

수렴 진화한 동물이 반드시 현생 동물인 것은 아니다. 에오세 때 북아메리카에는 두더지처럼 생긴 에포이코테리움과 Epoicotheriid라는 지하 생활 동물 집단이 있었다. 이들은 두더지처럼 손으로 굴을 팠는데, 현생 굴 파는 동물들과 유연관계가 가까울 뿐 아니라 천산갑이 속한 유린목에 속했다. 나는 공룡 '두더지'가 없다면 놀랄 테지만, 아직 그런 공룡이 있는지 알지 못한다고 고백해야겠다. 굴을 파는 오릭토드로메우스 Oryctodromeus 같은 작은 공룡이 있긴 했지만, 그들을 두더지에 수렴했다고 말할 수 있을지는 모르겠다.

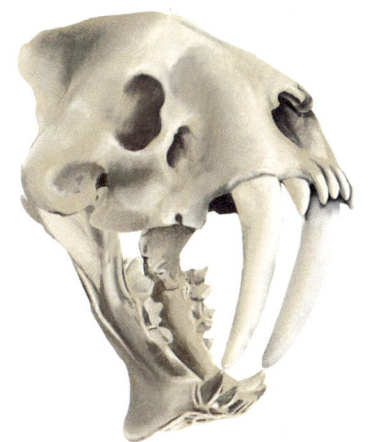

'가짜' 검치류-님라부스

또 이른바 '가짜 검치류'도 있었다. 우리는 칼 이빨을 지닌 '호랑이'인 스밀로돈을 이미 만난 바 있다. 이 크고 강하고 명백히 무시무시한 고양이는 겨우 약 1만 년 전 인류가 아메리카를 발견한 플라이스토세 말에 아메리카 거대 동물상의 대부분이 사라질 때 함께 멸종했다.

그보다 덜 알려진 점이 있는데, 식육목에서 그런 무시무시한 송곳니가 진화한 종이 스밀로돈만이 아니라는 사실이다. 3천만 년 전 올리고세에 님라부스과Nimravid 집단이 살았다. 님라부스는 고양이류가 아니라 식육목의 더 오래된 집단이었고, 독자적으로 스밀로돈의 것과 같은 찌르는 송곳니를 갖추는 쪽으로 진화했다. 님라부스는 때로 가짜 검치류라고도 한다. 가짜라고? 초기 말인 메소히푸스 *Mesohippus*를 비롯해서 그 거대한 칼 이빨에 당하는 겁에 질린 희생자들에게

유대 검치류-틸라코스밀루스

그렇게 말해 보기를. 그 희생자들에게 '가짜' 검치류는 살아 숨쉬고 으르렁거리고 덮치고 아마 짙은 냄새를 풍겼을 육식동물이었다. 즉, 결코 가짜가 아니었을 것이다. '가짜 검치류'의 또 다른 멸종한 집단인 바르보우펠리스과Barbourofelid는 님라부스와 스밀로돈의 중간 시대인 마이오세에 살았으며, 수렴을 통해 동일한 생태적 지위에 다다랐다.

식육목에서 지질시대의 서로 다른 시기에 독자적으로 세 검치류 집단이 진화했다는 점을 생각할 때, 유대 검치류가 전혀 없었다고 한다면 아마 좀 실망했을지도 모르겠다. 물론 당연하다는 양 남아메리카에서 그런 동물이 출현했다. 유대류인 틸라코스밀루스Thylacosmilus는 식육목의 스밀로돈을 비롯한 수렴 진화한 검치류에 맞먹을 만치 무시무시한 모습이다. 조금 작았을 뿐이다.

카메라와 척추동물 또는 문어 눈의 사례에서 보았듯이, 동물과 인간의 기술 사이의 수렴은 특히 인상적일 수 있다. *박쥐가 나름의 '반향 정위'를 써서 밤에 사냥을 한다는 것이 처음 발견되었을 때, 처음에는 터무니없는 사기라고 여겼다. 지금은 널리 받아들여져 있고, 잠수함은 '음파 탐지기'라는 이름으로 수렴을 이루었다. 잠수함도 나름의 음파 메아리를 써서 표적을 찾는다. 박쥐는 크게 두 집단으로 나뉜다. 작은 박쥐들로 이루어진 작은박쥐아목Microchiroptera과 큰 박쥐들이 속한 큰박쥐아목Megachiroptera('과일박쥐'와 '큰박쥐')이다. 작은 박쥐류는 귀로 '본다'. 빨리 날아가는 곤충을 사냥할 수 있을 만치 뛰어난, 매우 정교한 반향 정위 능력을 지닌다. 뇌는 박쥐 자신이 내는 새된 소리의 메아리를 듣고 고도로 정교한 실시간 분석을 통해 곤충 먹이를 포함한 세계의 상세한 모형을 구축한다. 박쥐는 한가로이 날 때면 그냥 일정한 속도로 틱틱거린다. 그러나 회피 행동을 취할 가능성이 높은 나방을 향해 접근할 때면, 기관총을 쏘는 것처럼 빠르게 따따따따 소리를 낸다. 각 펄스는 박쥐에게 갱신된 세계의 모습을 제공하므로, 기관총을 반복해서 쏨으로써 박쥐는 이리저리 빠르게 움직이는 나방에 대처할 수 있다. 음높이가 높을수록, 정의상 파장은 짧아진다. 짧은 파장만이 해상도가 높은 영상을 구성할 수 있다. 이는 초음파를 뜻한다. 초음파는 너무 높아서 우리에게 들리지 않는 파장이다. 젊은 사람은 박쥐 소리 주파수 범위 가운데 낮은 쪽을 들을 수 있다. 나는 클릭음과 새된 소리의 중간 어딘가에 해당하는 듯한 소리를 들었던 어릴 때의 일을 떠올리면서 향수에 젖곤 한다. 우리는 박쥐 탐지기라는 장치를 써서 초음파를 가청 주파수 소리로 바꿀 수 있다.

이보다 덜 알려진 사실이 있는데, 돌고래를 비롯한 이빨고래류(향유고래, 범고래)도 초음파를 써서 같은 일을 한다는 것이다. 그리고 이들의 방식도 박쥐에 못지않게 정교하다. 더 초보적인 형태의 반향 정위는 땃쥐류에게서도 진화했고, 동굴에 둥지를 트는 조류에게서도 적어도 두 차례 독자적으로 진화했다. 남아메리카의 기름쏙독새와 아시아의 동굴칼새(제비집 요리로 유명한)다. 조류는 초음파를 쓰지 않는다. 이들의 소리는 아주 낮아서 우리가 충분히 들을 수 있다. 큰박쥐류 중에서도 덜 정밀한 형태의 반향 정위를 쓰는 종들이 있긴 하지만, 그들은 목소리가 아니라 날개로 클릭음을 낸다. 이들도 반향 정위의 또 다른 수렴 진화로 보일 것이 틀림없다. *큰박쥐아목의 한 속은 작은박쥐아목처럼 목소리로 반향 정위를 하지만 좀 엉성한 편이다. *흥미롭게도 분자 증거는 작은박쥐아목의 한 집단인 관박쥐과 Rhinolophid가 다른 작은박쥐류보다 큰박쥐류와 더 가깝다고 말한다. 이는 관박쥐가 더 나은 음파 탐지기를 갖춤으로써 작은박쥐아목 쪽으로 수렴 진화했음을 시사하는 듯하다. 아니면 큰박쥐류의 대다수가 그 능력을 잃은 것일 수도 있다.

작은박쥐류와 이빨고래류는 독자적인 범주를 이룬다. 그들의 음파 탐지기는 '귀로 본다'는 말이 거의 과장이 아닐 정도로 고성능이다. 초음파를 이용한 반향 정위는 시각에 비견될 만한 세계의 상세한 영상을 제공한다. 박쥐가 부딪치지 않으면서 전선들 사이를 빠르게 날아가는 능력을 지닌다는 것을 실험을 통해 검증했기에 안다. 나는 더 나아가 박쥐가 '색깔로 듣는다'는 추측도 내놓은 바 있다(안타깝게도 아마 검증할 수 없겠지만). 나는 그 추측이 설득력이 있다고 고집하련다. 우리가 지각하는 색조는 뇌에서 내부적으로 생성되는 꼬리표이기 때문이다. 특정한 빛의 파장에 임의로 붙이는 꼬리표다. 박쥐의 조상들이 눈을 포기하고 빛을 메아리로 대체했을 때, 색조의 내부 꼬리표는 아무것도 하지 않은 채 그냥 남아 있었을 것이다. 그것을 성질이 저마다 다른 메아리의 꼬리표로 전용하는 것이야말로 가장 자연스럽지 않을까? 이것을 일부 사람들이 '공감각'이라고 말하는 것의 초기 활용 사례라고 부를 수도 있지 않을까?

　*현대 철학에서 가장 많이 인용된 논문 중 하나에서 토머스 네이글Thomas Nagel은 교훈을 주려는 양 이렇게 물었다. "박쥐가 된다는 것은 어떤 느낌일까?" 그의 요지 중 하나는 우리가 알 수 없다는 것이다. 나는 아마 우리가 되는 것이나 제비 같은 다른 시각적 동물이 되는 것과 그리 다르지 않을 것이라고 본다. 1장의 요지를 따르자면, 제비와 박쥐 모두 자기 세계의 내부 가상 현실 모델을 구축한다. 제비가 빛을 이용하고 박쥐가 메아리를 이용함으로써 매 순간 모델을 갱신한다는 사실은 내부 모델 자체의 특성과 목적보다 덜 중요하다. 이는 양쪽 사례에서 비슷할 가능성이 높다. 비슷한 목적에 쓰이기 때문이다. 실시간으로 장애물들을 피해 날면서 빠르게 움직이는 먹이를 찾아내는 것이다. 제비와 박쥐는 아주 비슷한 내부 모델, 움직이는 곤충 표적들이 퍼져 있는 삼차원 모델이 필요하다. 양쪽 다 공중에서 곤충을 낚아채는 뛰어난 사냥꾼이며, 낮에는 제비가 사냥하고 밤에는 박쥐가 그 자리를 넘겨받는다. 내 추측이 옳다면, 박쥐가 '귀로 본다'고 해도 모델의 대상들에 색깔을 이용해서 꼬리표를 붙이는 것까지도 유사할지 모른다. 말이 난 김에 덧붙이자면, 제비의 각 눈

에는 중심오목이 2개이며, 하나는 멀리 보는 데, 다른 하나는 가까이 보는 데 쓰는 듯하다. 중심오목은 가장 선명하게 보이는 부위로서, 우리 눈에는 한 곳이며, 독서 등에 이 영역을 쓴다. 제비는 이중 초점 안경 대신에 이중 초점 망막을 지닌다.

제임스 웹 우주 망원경은 빨강, 파랑, 초록으로 빛나는 구름인 멀리 있는 성운의 놀라운 이미지를 보여 준다. 색깔은 복사선의 파장을 나타내는 데 쓰인다. 그러나 이런 사진들에 쓰인 색깔은 가짜다. 색깔을 써서 다양한 파장을 나타내지만, 그 파장들은 사실 스펙트럼 중 우리 눈에 보이지 않는 적외선 영역에 있다. 그리고 내 요지는 다양한 파장의 가시광선을 표현하는 뇌의 규약이 그저 임의적이라는 것이다. 제임스 웹 우주 망원경에서 얻은 것 같은 가짜 채색 이미지들이 마음에 안 든다고 느낄 수도 있다. "하지만 그것이 실제로 보이는 모습일까? 망원경이 진실을 말하고 있을까, 아니면 가짜 색깔로 우리를 속이고 있을까?" 답은 우리가 언제 무엇을 보든 간에 늘 '속고 있다'는 것이다. 가짜 색깔 이야기가 나왔으니 말인데, 장미든 해넘이든 연인의 얼굴이든 간에 당신이 보는 모든 것은 뇌 자신의 '가짜' 색깔로 칠해지는 것이다. 생생한 색조나 파스텔 색조는 다양한 파장의 빛에 뇌가 꼬리표를 붙여서 만든 인위적인 고안물이다. 진실은 전자기 복사선의 실제 파장에 있다. 지각된 색조는 제임스 웹 우주 망원경 사진에 가짜 색깔을 입힌 것이든, 뇌가 망막에 닿는 빛 파장에 붙이기 위해서 생성하는 꼬리표든 간에 허구다. 박쥐가 '색깔을 듣는다'는 내 추측은 내면에서 지각된 색조가 임의의 꼬리표라는 동일한 개념을 활용하고 있다.

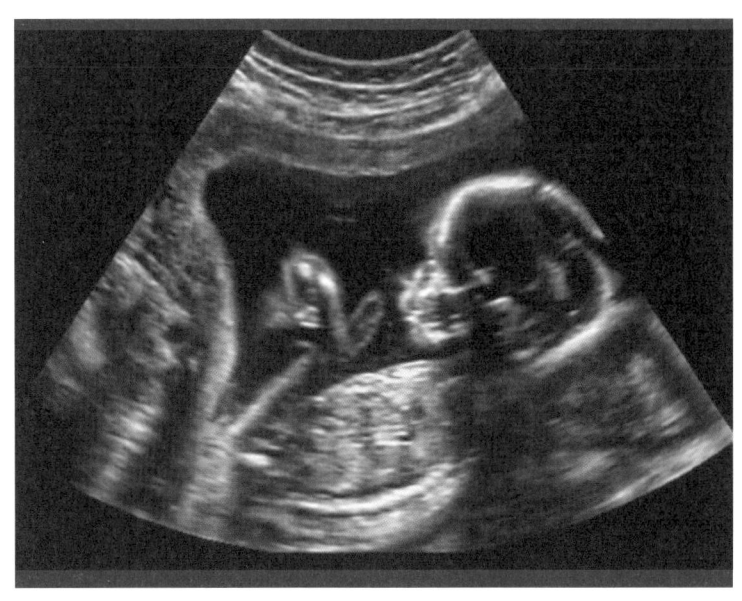

 의사는 초음파를 써서 임신부의 체벽을 뚫고 발달하는 태아의 움직이는 동영상을 '본다'. 컴퓨터는 초음파 메아리를 종합해서 우리 눈이 이해할 수 있는 영상을 만든다. *돌고래가 주변에서 헤엄치는 임신부에게 특별한 주의를 기울인다는 일화적인 증거들이 있다. 의사가 초음파 장비로 하는 일을 그들이 귀로 하고 있다는 주장도 그럴듯하게 들린다. 정말로 그렇다면, 돌고래는 암컷 돌고래의 몸속도 '보고' 누가 임신했는지를 검출할 수 있을 것이다. 수컷이 이 능력을 짝을 고르는 데 쓸 수도 있지 않을까? 이미 임신한 암컷에게 정자를 주입한다면 아무 소용도 없을 테니까.

 박쥐와 돌고래는 서로 독자적으로 메아리 분석 능력을 발전시켰다. 포유류의 계통수를 보면 양쪽 다 반향 정위 능력이 없는 친척들에 둘러싸여 있다. 강한 수렴이자, 자연선택의 힘을 강력하게 보여주는 또 하나의 사례다. 이제 특히 사자의 유전서와 관련된 중요한 점을 하나 살펴보자. 프레스틴prestin이라는 단백질이 있다. 포유류의 청각과 밀접한 관련이 있는 단백질로서, 속귀에 들어 있는 달팽이 모양의 기관인 달팽이관에서 발현된다. 모든 단백질이 그렇듯이, 프레스틴의 아미노산 서열은 DNA가 정한다. 또 대개 그렇듯이, DNA 서열은 종에 따라 다르다. 그런데 여기서 흥미로운 점이 하나 나타난다. 유전체 전체를 기준으로 계통수를 구성하면, 당신이 예상하는 대로 고래와 박쥐는 멀리 떨어져 있다. 그들의 조상은 공룡 시대 이래로 서로 독자적으로 진화해 왔다. *그러나 프레스틴 유전자 이외의 모든 유전자를 무시한다면, 즉 오로지 프레스틴 서열만으로 계통수를 구성한다면 놀라운 결과가 나온다. 돌고래와 작은박쥐가 하나로 뭉친다. 그러나 작은박쥐는 반향 정위 능력이 없는 큰박쥐와 뭉치지 않으며, 큰박쥐류는 서로 더 유연관계가 아주 가깝다고 나온다. 그리고 돌고래는 유연관계가 있긴 하지만 반향 정위 능력이 없는 수염고래류와 뭉치지 않는다. 따라서 이는 소프가 모르는 동물의 프레스틴 유전자를 읽고서 그 동물(더 정확히 말하자면 그 동물의 조상들)이 초음파 탐지기가 유용했을 환경에서 살고 사냥했다고 추론할 수 있음을 시사한다. 밤이나 컴컴한 동굴, 이라와디강이나 아마존강처럼 물이 탁해서 눈이 소용없는 곳에서다. 나는 반향 정위 능력이 있는 두 조류 종도 박쥐와 비슷한 프레스틴이 있는지 알고 싶다.

나는 박쥐와 돌고래의 프레스틴 유전자가 특히 유사하다는 이 발견이 사자의 유전서에 관한 미래 연구 분야 전체에 적용될 패턴이라고 본다. *포유류의 비행 표면도 그런 사례다. 박쥐는 제대로 날며, 주머니하늘다람쥐는 피부막을 펼쳐서 활공한다. 박쥐와 주머니하늘다람쥐는 독특한 유전자 복합체를 공통으로 지니고 있다. 피부막을 만드는 데 관여하는 유전자들이다. 이 장에서 만난 이른바 날여우원숭이와 독자적으로 활공 습성을 진화시킨 두 설치류 집단 등 다른 활공하는 포유동물들도 같은 유전자를 지닐지 알아보는 일도 흥미로울 것이다.

육지에서 물로 돌아간 동물들을 같은 방식으로 살펴보는 것도 흥미로울 듯하다. 고래는 듀공과 바다소와 더불어 가장 극단적인 사례일 뿐이다. 물로 회귀한 이들이 비수생 포유류에게는 없는 공통적인 유전자를 지닐까? 또 어떤 특징들을 공통적으로 지닐까? 많은 수생 포유류와 조류는 발에 물갈퀴가 있다. 우리 가상의 소프에게 물갈퀴 발을 지닌 미지의 동물을 보여 준다면, 그녀는 그 발이 "최근 조상의 환경은 물"이라고 말한다고 안심하고 '읽을' 수 있다. 명백한 것이니까. 하지만 사자의 유전서에서 물의 덜 명백한 단서들도 체계적으로 찾아낼 수 있을까? 수생 생물임을 말해 주는 확실한 특징들이 얼마나 있을까? 음파 탐지기의 프레스틴, 박쥐와 슈가글라이더의 피부막 유전자처럼 어떤 공통적인 유전자들이 있을까? *수생동물의 생리와 유전체 깊숙한 곳에는 아마 많은 공통된 특징들이 묻혀 있을 것이다. 우리는 이제야 그것들을 찾기 시작했다. 육상동물이 물로 돌아갔을 때 비활성화한 유전자들을 살펴봄으로써 일종의 부정적인 단서도 얻을 수 있다. 사람의 후각 유전자 중 상당수가 비활성 상태가 된 것처럼, 고래 유전체에도 비활성 상태의 유전자들이 있으며, 그런 비활성화는 깊이 잠수할 때 유익하다고 해석되어 왔다.

우리는 다음과 같은 식으로 일을 진행할 수 있다. 먼저 의학에서 전장 유전체 연관 분석GWAS, genome-wide association study이라는 기법을 가져와야 한다. GWAS의 기본 개념은 인간 유전체 계획의 책임자였던 프랜시스 콜린스Francis Collins가 명쾌하면서 이해하기 쉽게 설명한 바 있다.

*전장 유전체 연관 분석을 하려면 해당 질병을 지닌 많은 사람, 그 병이 없는 많은 사람, 그리고 다른 조건들이 잘 들어맞는 사람들을 찾아야 해요. 그런 뒤 유전체 전체를 훑으면서…… 일관되게 차이가 나타나는 지점을 찾아요. 성공한다면—여기서 많은 거짓 양성이 나타날 수 있기 때문에 통계를 살펴볼 때 정말로 꼼꼼히 주의를 기울여야 해요—어떤 유전자를 찾아야 할지 미리 추측하는 일에 시간을 쏟을 필요 없이 그 질병 위험에 관여하는 것이 틀림없는 유전체 지점을 정확히 찾아낼 수 있어요.

여기서 '병'을 '물에 사는'으로, '사람들'을 '종들'로 바꾼다면, 내가 제시하는 바로 그 방법이 된다. 이를 '종간 GWAS(Interspecific GWAS)', 즉 IGWAS라고 하자.

우선 수생이라고 알려진 많은 포유동물을 모은다. 그다음 각각을 육지에 사는 친척 포유동물과 짝짓는다. 더 메마른 환경에 살면서 보다 가까운 친척일수록 낫다. 다음처럼 짝지은 목록에서 시작하여 더 늘릴 수 있다.

물밭쥐	들쥐
물뒤쥐	땃쥐
데스만	두더지
오리너구리	가시두더지
물텐렉	텐렉
수달	오소리
물개	늑대
물주머니쥐	주머니쥐
북극곰	갈색곰

이제 IGWAS를 해서 모든 동물의 유전체를 살펴보고 왼쪽 열의 동물들에게 공통되고 오른쪽 열의 동물들에게는 없는 유전자들을 찾자. 이 모든 동물들의 유전체 서열이 해독되고, 그 일을 할 수학 기법이 마련될 때까지, IGWAS의 비유전체 판본은 다음과 같이 진행될 것이다. 이 모든 동물의 특징을 측정한다. 모든 뼈를 측정한다. 심장, 뇌, 콩팥, 허파 등의 무게를 잰다. 이 무게들을 체중의 비로 나타낸다(그다지 흥미로울 것 같지 않은 절대 크기를 보정하기 위해서다). 같은 맥락에서 뼈의 측정값들도 3장에서 거북을 뼈 길이를 팔 전체 길이의 비로 나타냈던 것처럼, 어떤 비율로 나타내야 한다.

체온, 혈압, 특정한 화학물질의 혈액 농도 등 생각할 수 있는 모든 것을 측정한다. 센티미터나 그램처럼 연속성을 띠는 값으로 측정되지 않는 것들도 있다. '예, 아니오', '있음, 없음', '참, 거짓' 같은 식이다.

모든 측정값을 컴퓨터에 입력한다. 이제부터 흥미로워진다. 우리는 수생 포유동물과 육상 포유동물의 차이를 최대화하고 싶다. 우리는 어느 측정값이 그들을 식별하는지, 즉 떼어 놓는지를 알아내고 싶다. 동시에 우리는 서로 유연관계가 얼마나 멀든 간에, 모든 수생 포유동물을 통합하는 특징도 파악하고 싶다. 발가락 사이의 물갈퀴는 아마 좋은 식별자 역할을 하겠지만, 우리는 덜 뚜렷한 식별자, 생화학적 식별자, 궁극적으로 유전자 식별자를 찾아내고 싶다. 유전체 비교 쪽으로는 의학용으로 개발된 GWAS 방법을 쓰면 될 것이다. 3장에서 물거북과 땅거북의 팔을 삼각 그래프로 나타낸 것과 같은 그래프 방법도 가능할 것이다. 또 다른 방법은 유전적 수렴을 색깔별로 칠하면서 계통수를 그리는 것이다.

IGWAS를 다듬어서 종들을 생태 차원에서 배치할 수도 있다. 예를 들어, 고래와 듀공에서 시작해서 반대편 극단에 있는 낙타, 사막여우, 오릭스, 군디에 이르기까지 수생성이라는 차원을 따라 포유동물들을 죽 늘어놓을 수도 있다. 물범, 수달, 물주머니쥐, 물밭쥐는 중간에 놓인다. 또는 목생성이라는 차원을 택할 수도 있다. 우리는 다람쥐가 목생성 차원에서 상당히 멀리까지 나아간 쥐라고 결론을 내릴지도 모른다. 두더지, 황금두더지, 주머니두더지는 지생성 차원에서 한쪽 극단에 놓일 것이다. 조류는 날지 못하는 갈라파고스가마우지와 에뮤에서 앨버트로스와 더욱 극단에 놓인 날면서 교미까지 하는 칼새에 이르기까지 하나의 차원에서 배열할 수 있지 않을까? 그런 '차원'을 파악하고 나면, 한 극단에서 다른 극단으로 나아갈 때 유전자 빈도의 변화 추세를 살펴볼 수 있을 것이다. 물론 걱정될 만치 복잡할 것이라고 예상할 수 있다. 차원은 다른 차원들과 상호작용할 것이고, 우리는 이 다차원 공간을 비행하려면 수학적 날개를 지닌 전문가들을 불러야 할 것이다. 나는 『리처드 도킨스의 진화론 강의 Climbing Mount Improbable』에서, 특히 '모든 껍데기의 박물관'이라는 장에서 수학보다는 컴퓨터 시뮬레이션을 써서 삼차원에 국한해서, 안타깝게도 아마추어 수준에서 모험을 한 바 있다.

피츠버그에 있는 카네기멜론대학교의 한 연구진은 내가 IGWAS라고 부르는 것(그들은 그렇게 부르지 않는다)의 모범 사례를 수행했다.* 그들이 연구한 것은 수생성이 아니라 포유류의 털 없음이었다. 대다수의 포유동물은 털이 있으며, 모두 털이 있는 조상의 후손이지만, 포유류 계통수를 죽 훑으면 서로 가깝지 않은 포유동물들에게서 이따금 털 없음이 출현하곤 한다는 점을 알아차릴 수 있다. 다음 장에 나오는 다이어그램은 유전체를 조사한 62종 중 일부를 나타낸 것이다.

고래, 바다소, 돼지, 바다코끼리, 벌거숭이두더지쥐, 사람은 모두 털을 거의 완전히 잃었다(다이어그램에서 노란색 이름). 그리고 이 점이 중요한데, 많은 사례에서는 독자적으로 그런 진화가 일어났다. 이들이 털로 뒤덮인 가까운 친척들 사이에서 출현했다는 것을 보면 알 수 있다. 반향 정위 능력을 지닌 박쥐와 고래가 또 다른 공통점이 있다고 한 말을 기억할 것이다. 바로 프레스틴 유전자다. 벌거벗은 종들의 유전체들에도 털 없음의 유전자가 공통적으로 존재할까? 답은 글자 그대로 아니오다. 하지만 글자 그대로라는 점에서만 그렇다. 진실은 마찬가지로 흥미롭다. 우리를 비롯한 벌거벗은 종들은 여전히

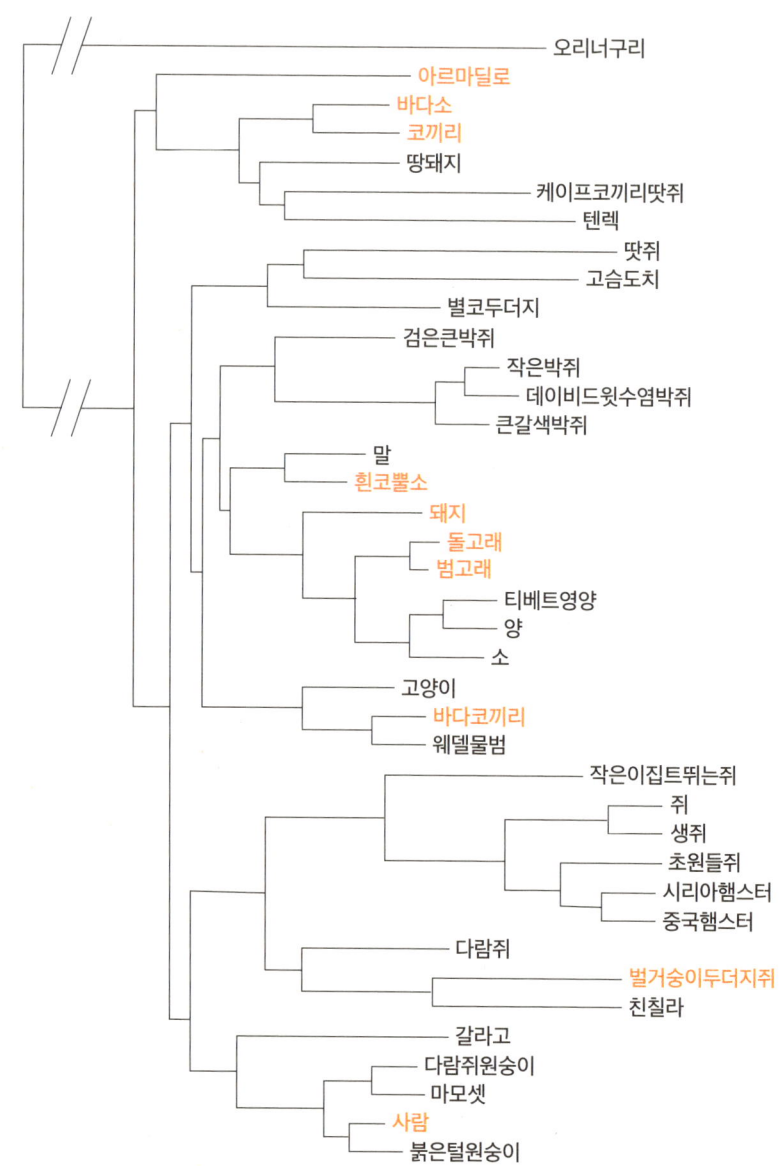

포유류에서 나타나는 산발적인 털 없음 양상

털을 만드는 조상 유전자들을 간직하고 있음이 드러났다. 그러나 그 유전자들은 기능을 잃었다. 그리고 기능을 잃은 방식은 다양하다. 수렴한 것은 기능을 잃었다는 점이지만, 구체적으로 들어가면 공통점이 없다. 말이 난 김에 덧붙이자면, 여기서도 창조론자는 곤경에 처한다. 지적 설계자가 벌거벗은 동물을 만들기를 바랐다면, 왜 털을 만드는 유전자를 갖추어 놓은 뒤에 못 쓰게 만든 것일까? 3장에서 인간의 후각이라는 비슷한 사례를 언급한 바 있다. 우리 포유류 조상들의 후각 유전자들은 여전히 우리 안에 있지만, 꺼진 상태다.

내가 좋아하는 수렴 진화 사례 중 하나는 약한 전기를 내는 어류다. 남아메리카의 김노투스과Gymnotid와 아프리카의 김나르쿠스과 Gymnarchid 두 집단은 서로 독자적으로 전기장을 생성하는 방법을 발견함으로써 수렴 진화했다. 이들은 몸의 양 옆쪽으로 감각 기관들이 죽 늘어서 있으며, 이 기관은 주변 환경에 있는 대상이 전기장에 일으키는 왜곡을 감지할 수 있다. 우리는 전혀 지각할 수 없는 감각이다. 이 두 어류 집단은 앞이 보이지 않는 탁한 물에서 이 감각을 이용한다. 한 가지 문제가 있긴 하다. 어류의 전형적인 물결치듯 움직이는 운동은 몸통을 따라서 측정한 전기장을 분석할 때 심한 지장을 초래한다. 따라서 이런 어류는 몸을 굳힌 자세를 유지해야 한다. 그런데 몸을 굳히면, 어떻게 헤엄을 칠까? 몸통을 따라 끝까지 뻗어 있는 하나의 수직 지느러미를 써서다. 전기 감지기들이 줄줄이 늘어서 있는 몸통 자체는 굳은 채 움직이지 않고, 대신 하나의 수직 지느러미가 물고기 특유의 구불구불한 움직임을 수행한다. 하지만 양쪽 집단 사이에는 뚜렷한 차이가 하나 있다. 남아메리카 집단에서는 수직 지느러미가 배 쪽을 따라 나 있는 반면, 아프리카 집단에서는 등 쪽을 따라 나 있다. 두 집단 모두 구불구불한 파동을 거꾸로 일으킬 수도 있다. 즉, 이들은 앞으로 뿐 아니라 뒤로도 능숙하게 헤엄친다.

오리너구리의 '오리 부리'와 주걱철갑상어의 앞쪽으로 삐죽 튀어나온 크고 납작한 '노'에는 전기 감지기가 가득 들어 있으며, 이 역시 독자적으로 수렴 진화한 것이다. 여기서 이들이 감지하는 전기장은 먹이의 근육에서 우발적으로 생성되는 것이다. *오래전에 멸종한 삼엽충 중에도 주걱철갑상어처럼 거대한 노 같은 부속지를 지닌 종류가 있었다. 그 노에는 감각 기관처럼 보이는 것이 다닥다닥 붙어 있었는데, 아마 마찬가지로 수렴 진화가 이루어졌음을 의미하는 듯이 보인다.

흰죽지꼬마물떼새의 알과 새끼는 위장 말고는 방어 수단이 없이 그냥 땅에 놓여 있다. 여우가 다가온다. 부모도 워낙 작아서 마땅한 저항 수단이 없다. 그래서 이들은 놀라운 행동을 한다. 둥지에서 떨어진 곳에서 스스로 먹이로 제공되려는 것처럼 포식자를 꾀려고 시도한다. 둥지에 있는 알이나 새끼보다 더 큼지막한 먹이다. 부모 새는 날개가 부러진 척하면서 절뚝거리며 둥지에서 멀어진다. 손쉬운 먹잇감인 척한다. 날개를 쭉 펼친 채 땅에서 애처롭게 파닥거리며, 때로는 한쪽 날개를 삐딱하게 높이 들어 올린 채로 움직이곤 한다. 새가 자신이 무슨 일을 하는지 또는 왜 그렇게 하는지를 안다고 가정할 필요는 전혀 없다. 우리에게 필요한 최소한의 가정은 자연선택이 유전적으로 시선을 분산시키는 과시 행동을 수행하도록 배선된 뇌를 지닌 조상들을 선호했고, 그런 행동이 세대를 거치면서 완성되었다는 것이다. 그런데 수렴 진화를 다루는 이 장에서 왜 그 이야기를 하느냐고? 부러진 날개를 과시하는 행동이 다양한 조류 과에서 여러 차례 독자적으로 출현했기 때문이다. 아래의 다이어그램은 조류의 계통수로서, 이 지면에 넣기 위해 원형으로 그렸다. 부러진 날개를 과시하는 행동을 보이는 새는 빨간색, 그렇지 않은 새는 파란색으로 표시했다. 우리는 이런 습성이 계통수 전체에서 산발적으로 나타나는 것을 볼 수 있으며, 이는 수렴 진화의 멋진 사례다.

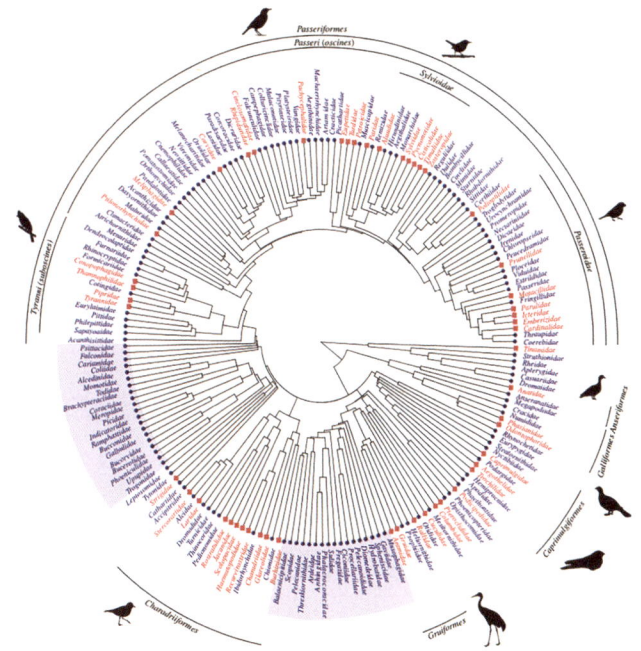

부러진 날개 과시 행동
이 놀라운 '부러진 날개 과시 행동'은 다양한 조류 집단(빨간색)에서 반복해서 출현한다. 자연선택의 힘을 증언하는 탁월한 사례다.

마지막으로 우리를 다음 장으로 이끌 수렴 진화의 사례를 살펴보자. 36개 어류 과에 속한 200여 종은 '청소부' 일을 한다. 이들은 더 큰 '고객' 물고기의 몸에서 표면에 붙은 기생생물과 손상된 비늘을 제거한다. 각 청소부 물고기는 나름의 청소 작업장이 있으며, 산호초의 같은 '이발소'를 계속 찾는 충실한 고객도 있다. 이 장소 충실성은 배타적으로 상호 혜택을 보는 데 매우 중요하다. 청소부는 특정한 고객 어류의 기생생물과 손상된 비늘을 먹고, 고객은 이 혜택을 제공하는 청소부를 먹지 않는다. 장소 충실성이 없다면, 따라서 고객이 반복해서 오지 않는다면, 고객에게는 청소부를 먹지 않으려 할 동기 부여가 전혀 일어나지 않을 것이다. 물론 청소를 받은 뒤에 고객이 청소부를 놔둔다면 그 고객의 경쟁자들까지 포함해서 어류 전체에 혜택이 돌아갈 것이다. 그러나 자연선택은 일반 혜택에는 신경을 안 쓴다. 정반대다. 자연선택은 경쟁자들을 희생시켜서 개체와 그 가까운 친족들의 혜택에만 신경을 쓴다. 따라서 특정한 청소부와 특정한 고객 사이의 충실한 연대가 대단히 중요하며, 이는 장소 충실성을 통해서 이루어진다. 일부 청소부는 고객의 입속까지 들어가서 이빨까지 청소한다. 그리고 살아남아서 고객이 다음에 들렀을 때 다시 서비스한다. 청소부 물고기는 독특한 춤을 춤으로써 자기 일을 광고하고 안전성을 확보하며, 몸의 줄무늬도 여기에 도움을 준다. 이 줄무늬는 이발소에서 볼 수 있는 독특한 줄무늬 입간판의 어류판이라 할 수 있다. 일종의 안전 통행증이다.

이 장의 주제에 비춰 볼 때 흥미로운 점은 청소부 습성이 어류에서 독자적으로 여러 차례 출현해서 수렴 진화했을 뿐 아니라, 새우 집단에서도 여러 차례 진화했다는 것이다. 여기서도 고객 물고기는 계약을 지키고 청소부 새우를 먹지 않는다. 청소부 물고기를 존중하는 것과 똑같다. 청소부 새우도 비슷한 줄무늬를, 즉 '이발소 입간판'을 지닐 때가 많다. 모든 '이발소 입간판'이 비슷해 보이는 것은 모두에게 혜택을 제공한다.

바다에서 헤엄칠 때면 곰치의 날카로운 이빨을 피하라는 조언을 받을 것이다. 그러나 여기서 새우는 그 이빨에 낀 찌꺼기를 청소하고 있다. 여기서 붉은 줄무늬, 즉 '이발소 입간판'은 곰치에게 이렇게 말한다. "나를 먹지 마. 네 특별 청소부야. 너와 나는 호혜적 관계에 있어. 내가 다시 필요할 거야." 새우는 이 무시무시한 턱에 믿고 들어갈 때 두려움을 느낄까? '신뢰'에 해당하는 신호가 뇌신경절에서 오갈까? 나는 좀 미심쩍다고 보지만, 모두가 동의하는 것은 아니다. 당신은 어떻게 생각하는지?

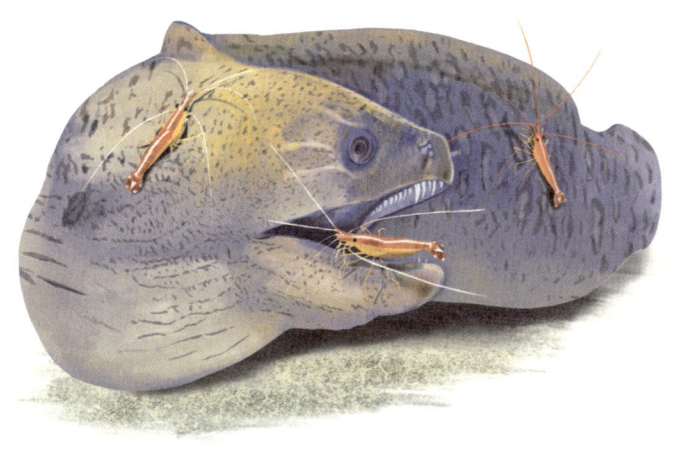

곰치와 청소부 새우

이 습성은 어류와 새우류에서 독자적으로—수렴하는 쪽으로—진화했을 뿐 아니라 어류 내에서 여러 차례 진화했듯이, 새우류 내에서도 여러 차례 수렴 진화했다. *심지어 징거미새우과Palaemonidae라는 한 과 내에서도 청소부 습성이 적어도 다섯 차례 독자적으로 진화했고, 16개 종이 그 일을 하고 있다. 다섯 차례 독자적으로 진화했음을 알아낸 방법은 이렇다. 게다가 이 방법은 진화의 사례들이 서로 독자적인 것인지를 어떻게 알아내는지를 알려 줄 모델 역할을 한다. 분자유전학의 서열 분석의 도움을 받아서 구성한 징거미새우과의 계통수를 보자. 여기에는 68종의 새우가 속한다. 어류 청소부 일을 하는 종들은 작은 물고기로 표시했다. 징거미새우 청소부들은 16종이 있는데, 이중 상당수는 독자적으로 그 습성을 진화시켰다고 말할 수 없다. 예를 들어, 우로카르델라속*Urocardella*의 3종은 모두 청소부이지만, 계통수는 독립적으로 진화한 것이 아님을 보여 준다. 즉, 공통 조상에게서 이 습성을 물려받은 듯하다.

안키클로메네스속*Ancyclomenes*의 6종은 청소부이지만, 우리는 이들도 공통 조상에게서 그 습성을 물려받았으며, *A. aqabai*, *A. kuboi*, *A. luteomaculatus*, *A. venustus*는 그 습성을 잃었다고 보수적으로 가정해야 한다. 이 보수적인 접근법을 써서, 우리는 징거미새우과에서 청소 습성이 5속에서 독자적으로 진화했지만, 이 5속의 모든 종이 그 습성을 지닌 것은 아니라고 결론을 내린다. 그리고 이야기는 징거미새우과에서 끝나지 않는다. 이 다이어그램에 나와 있지 않은 다른 두 새우 과인 꼬마새우과Hippolytidae(위의 곰치 그림에 실린 새우도 여기에 속한다)와 청소새우과Stenopodidae에서도 많은 종이 청소부 일을 한다.

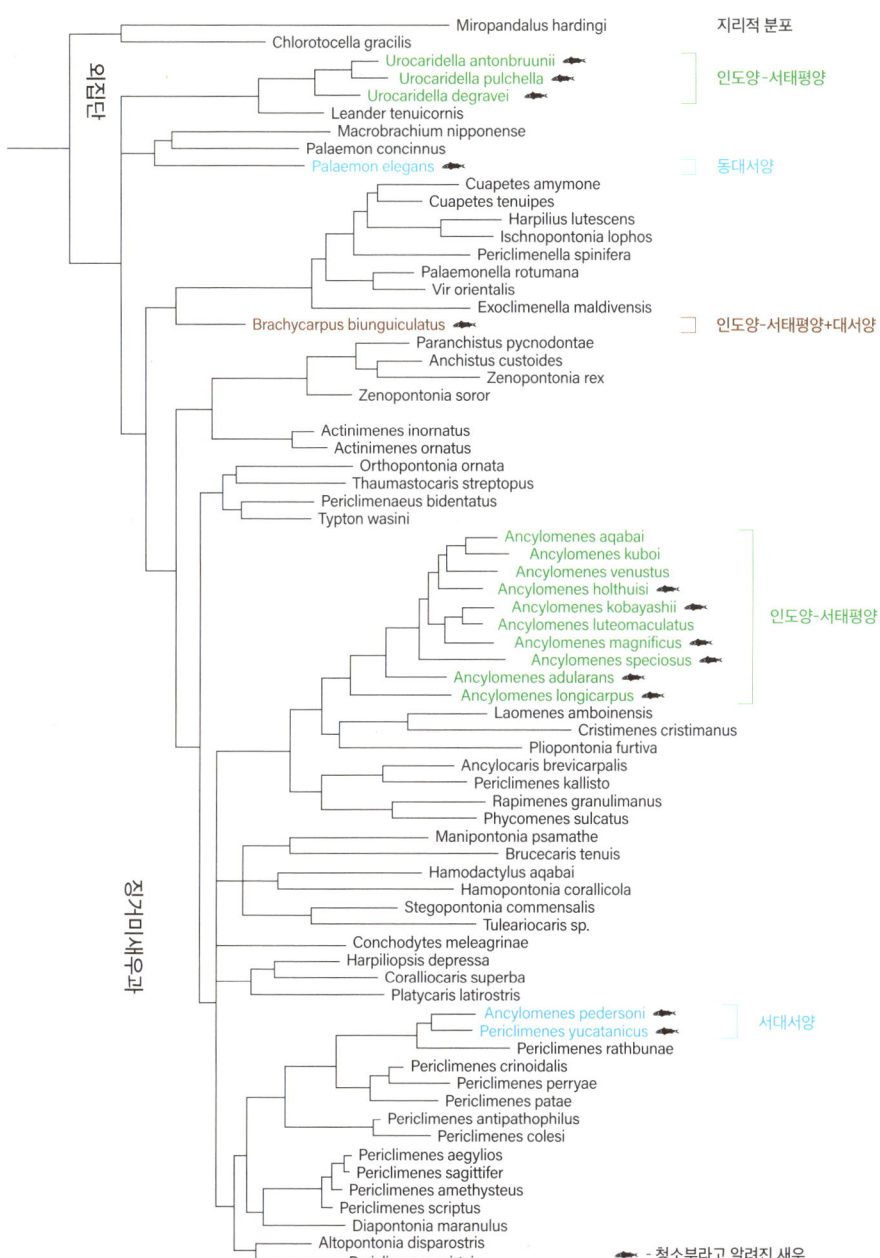

청소부들의 독자적 진화

*케임브리지의 고생물학자인 사이먼 콘웨이 모리스Simon Conway Morris는 그 누구보다도 수렴 진화를 가장 활기차게 철저히 연구한 사람이다. 재치가 돋보이는 저서 『생명의 해결책Life's Solution』에서 그는 수렴 진화를 흔히 놀랍다거나 경이롭다거나 기이하다는 식으로 표현하곤 하지만, 그럴 필요가 전혀 없다고 지적한다. 아주 놀랍기는커녕, 우리가 자연선택에서 예상하는 것이 바로 그것이라고 말한다. 그럼에도 수렴 진화는 자연선택의 힘과 그 산물의 웅장함을 과소평가하는 현학자 같은 이들에게 혼란을 일으키는 일을 잘한다. 『생명의 해결책』에는 110쪽에 걸쳐서 빽빽하게 채운 미주와 참고 문헌뿐 아니라, 세 가지 찾아보기도 실려 있다. 일반 찾아보기와 인명 찾아보기, 또 아마 유일할 것이 틀림없는 '수렴 찾아보기'다. 5쪽에 걸쳐서 두 열로 약 2천 가지 수렴 사례가 실려 있다. 물론 모든 사례가 공벌레, 두더지, 활공자, 검치류, 청소놀래기처럼 인상적인 것은 아니지만, 그렇다고 해도······.

수렴 진화가 대단히 놀라운 수준일 수 있으므로, 당신은 우리가 그 닮음이 정말로 수렴된 것인지 어떻게 아느냐고 궁금해할 수도 있다. 그 수렴은 자연선택의 힘, 사자의 유전서라는 개념 전체의 밑바탕에 놓인 엄청나면서 미묘한 힘이다. 공벌레와 공노래기라는 똑 닮은 두 동물이 한쪽은 갑각류이고 다른 한쪽은 거리가 먼 다족류임을 어떻게 알까? 실상을 드러내는 단서들이 많이 있다. 팰림프세스트의 깊은 층은 결코 완전히 겹쳐 쓰이지 않는다. 역사의 그림문자는 새 문자 사이로 계속 모습을 드러낸다. 그리고 설령 다른 모든 방법이 실패한다고 해도, 분자유전학이 알려 주는 사실은 부정할 수가 없다.

서로 별개의 역사를 지닌 동물들의 수렴은 팰림프세스트에 층층이 적는 자연선택의 힘이 발현된 한 사례다. 그 반대도 그렇다. 즉, 공통의 역사적 기원에서부터 일어나는 진화적 발산도 그런 사례다. 자연선택은 기본 설계를 조형하고 비틀곤 하면서 때로 기이할 만치 다양한 양상을 띠는 기능적으로 중요한 모습들을 빚어낸다. 그 이야기는 다음 장에서 하기로 하자.

6
주제의 변주

3장에서 살펴보았듯이, 분자 비교 연구는 고래가 발가락이 짝수인 발굽 동물, 즉 우제류 속 깊숙이 자리한다는 것을 확실히 보여 준다. 나는 '깊숙이 자리한다'를 매우 구체적이면서 놀라운 것을 가리키는 의미로 쓴다. 중요하니 한 번 더 말해 두자. 우리는 고래와 우제류가 공통 조상에서 나왔다는 것보다 훨씬 더 많은 이야기를 하는 중이다. 그리 놀랄 일은 아니다. '깊숙이'는 일부 우제류(하마류)가 훨씬 더 비슷하게 생긴 다른 우제류들이 아니라 고래와 더 최근 공통 조상을 지닌다는 의미다. 이 사실이 알려진 것은 20년이 넘었지만, 내게는 지금까지도 거의 거짓말처럼 느껴질 만치 놀라운 발견이다. 팰림프세스트의 표면층 아래에 그토록 강력한 내용이 적혀 있었다니. 물론 그렇다고 해서 고래의 조상이 하마라거나 하마를 닮았다는 의미는 아니다. 그러나 고래는 하마의 가장 가까운 현생 친척이다.

고래의 사자의 유전서에 새로 적힌 내용이 얼마나 특별하기에 팰림프세스트의 아주 깊숙이 묻혀 있을 것이 틀림없는, 초원에서 풀을 뜯고 질주하는 발을 지녔던 더 이전 세계의 흔적들을 거의 다 깡그리 지울 수 있었을까? 고래는 어떻게 다른 우제류와 그렇게 완전히 분기했을까? 우제류 유산에서 어떻게 그렇게 포괄적으로 탈출할 수 있었을까?

답은 아마 '탈출하다'라는 단어에 놓여 있을 것이다. 소, 돼지, 영양, 양, 사슴, 기린, 낙타는 혹독하게 중력의 통제를 받는다. 하마도 육지에서 상당한 시간을 보내며, 실제로 그 볼품없는 덩치를 무시무시한 속도로 가속할 수 있다. 육지에 살던 고래의 우제류 조상들은 중력에 굴복해야 했다. 육상 포유류는 이동하려면 무게를 지탱할 수 있을 만치 다리가 굵어야 한다. 대왕고래처럼 큰 육상동물은 스톤헨지의 선돌 절반에 해당하는 다리가 필요할 것이고, 심장과 허파가 자체 무게로 짓눌려 질식할 것이므로 생존하기가 어려울 것이다. 그러나 바다에서 고래는 중력의 독재를 떨쳐 냈다. 포유류 몸의 밀도는 물의 밀도와 거의 같다. 중력은 결코 사라지지 않지만, 부력이 상쇄시킨다. 우제류 조상이 물로 들어갔을 때, 고래는 다리로 지탱할 필요가 없어졌고, 화석 증거는 중간 단계들을 탁월하게 보여 준다.

고래가 물범이나 거북과 달리, 하지만 듀공과 바다소처럼 번식을 위해 육지로 돌아가는 일을 포기한 것은 주요 이정표에 해당한다. 부력에 완전히 몸을 떠맡김으로써, 중력에서 최종적으로 해방된 순간이다. 고래는 엄청난 크기로, 말 그대로 지탱할 수 없는 크기로 자랄 자유를 얻었다. 고래는 우제류를 육지에서 완전히 떼어 내 중력으로부터 해방시킬 때, 어떤 일이 일어날지를 보여 준다. 엄청난 해방 이

후에 다른 온갖 변형이 뒤따랐으며, 고래는 고대 팰림프세스트를 충분히 많이 지웠다. 앞다리는 지느러미발이 되었고, 뒷다리는 몸속으로 사라지고 쪼그라들어서 작은 잔해만 남았고, 콧구멍은 머리 위쪽으로 옮겨졌고, 수평으로 뻗은 두 거대한 꼬리—뼈가 아니라 치밀한 섬유 조직으로 뻣뻣해진 돌출부—는 좌우로 나란히 늘어서서 추진기관을 이룬다. 생리와 생화학적인 많은 심오한 변화 덕분에 깊은 잠수와 엄청나게 긴 시간 동안 숨을 참는 것이 가능해졌다. 고래는 (추정된) 초식동물 식단에서 주로 어류, 오징어, 또 수염고래의 사례에서는 대량의 크릴을 먹는 쪽으로 전환했다.

어류도 부력 덕분에 육지에서는 중력이 금지했을 기이한 모양을 채택하는 것이 가능해졌다(171~172쪽 그림 참조). 경골어류(연골 대신에 굳뼈를 지닌)는 몸 깊숙한 곳에 있는 부레라는 절묘한 장치 덕분에 부력이 완벽하다. *부레에 든 기체의 양을 조절함으로써, 어류는 비중을 조절하여 언제든 원하는 깊이에서 완벽한 평형 상태를 이룰 수 있다.

나는 가정의 어항이 방을 아주 편안하게 해 주는 비품인 이유가 무엇인지 생각한다. 물고기가 언제나 평형을 이루면서 물속을 자유롭게 떠다니듯이, 우리도 자유롭게 떠다니는 삶을 살아가는 꿈을 꾸곤 한다. 그리고 바로 그 정역학적 평형 덕분에 물고기는 그렇게 온갖 기발한 모습을 취할 자유도 얻는다. 나뭇잎해룡은 흔들리는 엽상체들 사이를 떠다니며, 해룡의 잎이 어떤 바닷말 종을 흉내 내고 있는지를 거의 알아볼 수 있을 것처럼도 느껴진다. 그 부위가 어류의 일부인지를 식별하려면 자세히 들여다봐야 한다. 해마 자체가 송어와 고등어 같은 더 친숙한 사촌들의 '표준 어류' 설계의 일그러진 캐리커처인데, 거기에서 더 변형된 모습이다.

대다수의 포식 어류는 적극적으로 먹이를 찾아다니며, 이런 행동은 잡은 먹이에서 얻는 에너지 중 상당 비율을 소비한다. 반면에 아귀는 해저에 가만히 앉아서 미끼로 먹이를 꾀는 전략을 채택함으로써 에너지를 절약한다. 이런 아귀는 수백 종이 있다. 아귀 자체는 위장술이 탁월하다. 아귀는 머리 위로 낚싯대(지느러미 가시가 변형된 것)를 뻗고 있다. 끝에는 미끼가 달려 있으며, 아귀는 이 미끼를 유혹하듯이 흔들어 댄다. 먹이가 아무런 의심 없이 미끼를 향해 다가오면, 아귀는 커다란 입을 쩍 벌려서 삼킨다. 아귀 종마다 선호하는 미끼가 다르다. 지렁이를 닮은 미끼를 쓰는 아귀는 지렁이가 꿈틀거리는 양 보이듯이 낚싯대를 흔든다. 깊은 심해에 사는 아귀는 낚싯대 끝에 발광세균이 들어 있다. 이 빛을 내는 미끼는 다른 심해 물고기들과 새우 같은 무척추동물 먹이에게 매우 유혹적이다. 늑대거북도 가만히 앉아서 입을 쩍 벌린 채 혀를 지렁이처럼 꿈틀거려서 의심하지 않고 다가오는 물고기를 잡는 쪽으로 수렴 진화했다.

해마와 아귀는 경골어류 적응 방산의 극단적인 사례다. 또 이들은 나름의 방식으로 독특한 성생활을 한다. 아귀의 성생활은 기이하기 그지없다. 앞 절에서 말한 내용은 모두 아귀 암컷에게만 적용된다. 수컷은 '꼬마'다. 암컷보다 수백 배 더 작다. 암컷은 화학물질을 분비해서 꼬마 수컷을 꾄다. 수컷은 턱을 써서 암컷의 몸으로 파고든다. 그런 뒤 자기 몸의 앞부분을 소화시켜서 없애고, 암컷의 몸에 묻힌 상태가 된다. 뒷부분만 약간 암컷의 몸 밖으로 튀어나온 형태가 되는

쏠배감펭 / 풀잎해룡 / 청새치 / 나뭇잎해룡 / 주벅대치 / 개복치

데, 암컷이 필요로 할 때 정자를 채취하는 생식샘이나 다름없다. 마치 암컷이 암수한몸인 것 같은 모습이 된다. 암컷의 '정소'가 피부에 박힌 꼬마 수컷이라는 형태로 외부에서 침입한 것이기에, 암컷 자신과 다른 유전형을 지녔을 뿐이다.

많은 어류 종은 태생어다. 즉, 포유류처럼 암컷이 임신을 해서 알이 아니라 새끼를 낳는다. 해마는 수컷이 배주머니에 새끼를 임신했다가 출산한다는 점에서 특이하다. 그렇다면 과연 이들을 수컷이라고 정의할 수 있는지 의문이 들 것이다. 동물계와 식물계 전체에서

부력 덕분에 중력의 제약에서 풀려난 어류는
놀라울 만치 다양한 모습으로 진화할 수 있었다.

수컷은 더 적은 수의 더 큰 난자가 아니라 더 작은 배우자인 정자를 다량 생산하는 개체라고 쉽게 정의된다.

적응 방산은 하나의 기원으로부터 진화적으로 갈라져 나가는 것을 의미한다. 이용이 가능한 새로운 영역이 갑자기 출현할 때 특히 극적인 방식으로 일어난다. 6,600만 년 전 천재지변으로 모든 생물 종의 76퍼센트가 전멸했을 때, 포유류의 앞에는 공룡이 비운 무대에서 무대 의상을 입고 대역으로 활동할 수 있는 계기가 활짝 열렸다.

그 뒤로 이루어진 포유류의 적응 방산은 엄청났다. 아마 땅속 안전한 벙커에서 겨울잠을 자고 있었던 덕분에 그 폐허에서 살아남았을 굴 파는 작은 동물들로부터 엄청나게 다양한 크기와 습성을 지닌 후손들이 놀라울 만치 단기간에 출현했다.

더 작은 규모로 보다 짧은 기간에 일어나는 사례를 보자면, 화산섬을 들 수 있다. 화산섬은 해저에서 화산이 분출하면서 갑작스럽게(지질학적 시간을 기준으로 할 때) 솟아날 수 있다. 동식물에게는 헐벗고 아무도 없는, 탐사할 새로운 영역이 갑작스럽게 출현한 셈이다. 서서히(인간의 생애를 기준으로 할 때) 화산암이 부서지고 토양이 생기기 시작한다. 씨가 바람에 날려 오거나 새들이 들어와서 배설물이라는 양분까지 덤으로 받는다. 검은 용암 사막이었던 섬이 초록으로 물들기 시작한다. 날개 달린 곤충들도 날아오고, 가느다란 거미줄에 매달려 떠다니던 작은 거미들도 실려 온다. 바람에 밀려서 경로를 벗어난 철새도 들어와서 기운을 차리고 정착해서 번식한다. 후손들이 진화한다. 꺾이고 부러진 맹그로브들이 본토로부터 흘러오고, 태풍에 뿌리 뽑힌 나무도 이따금 들어온다. 이런 별난 뗏목에 무임 승객이 타고 있을 때도 있다. 이구아나가 한 예다. 이런 우연한 일들이 하나둘 일어나면서 섬에는 생물들이 늘어난다. 그리고 이렇게 정착한 생물들의 후손은 지질학적 기준으로 볼 때 빠르게 진화해서 다양한 생태적 지위를 채운다. 여러 섬으로 이루어진 제도에서는 다양화가 특히 풍부하게 일어난다. 본토와 제도 사이보다 섬 사이에서 생물들이 표류하여 건너가는 일이 더 흔하기 때문이다. 갈라파고스와 하와이는 교과서적인 사례다.

진화할 새로운 영역을 열 수 있는 방법이 화산만은 아니다. 새로운 호수도 그럴 수 있다. 열대에서 가장 큰 호수이자 아메리카의 오대호 중 가장 큰 것보다도 더 큰 빅토리아호는 극도로 젊다. 생성 연대는 10만 년 전부터 탄소 연대 측정법을 써서 나온 12,400년 전까지 여러 추정값이 나와 있다. 이 불일치는 쉽게 설명할 수 있다. 이 호수 분지는 약 10만 년 전에 형성되었지만, 그 뒤로 호수가 완전히 말라붙었다가 다시 채워지는 일이 몇 차례 되풀이되었다는 지질학적 증거가 있기 때문이다. 12,400년 전이라는 연대는 가장 최근에 다시 채워진 시기를 나타내며, 따라서 대체로 지리적인 차원에서의 현재 호수의 나이를 가리킨다. 이제 놀라운 사실이 나온다.

*빅토리아호의 시클리드Cichlid 어류는 약 400종이며, 모두 이 호수가 존속한 짧은 기간에 강을 통해 유입된 두 창시자 계통에서 유래했을 가능성이 높다. 아프리카의 다른 두 거대한 호수에서도 더 일찍 같은 일이 일어났다. 수심이 훨씬 더 깊은 탕가니카호와 말라위호다. 이 세 호수에는 각각 독특하지만 비슷한 양상으로 적응 방산을 이룬 시클리트들이 산다.

님보크로미스 리빙스토니

람프롤로구스 레마이리

이 평행 진화의 좀 섬뜩한 사례도 있다. 말라위호(내가 어릴 때 양동이와 삽을 들고 모래성을 쌓으며 휴가를 보내던 곳)에는 님보크로미스 리빙스토니*Nimbochromis livingstonii*라는 포식성 어류가 있다. 이 물고기는 호수 바닥에 엎드려서 죽은 척한다. 심지어 온몸에 흑백 얼룩무늬가 있어서 썩고 있는 양 보인다. 여기에 속아서 작은 물고기가 대담하게 뜯어 먹으려 다가가면, '사체'가 갑자기 벌떡 달려들어서 물고기를 잡아먹는다. *이 사냥 기술은 동물계에서 독특하다고 여겨졌다. 그러다가 아프리카 지구대에 있는 탕가니카호에서도 똑같은 기술을 쓰는 종이 발견되었다. 다른 시클리드 종인 람프롤로구스 레마이리 *Lamprologus lemairii*도 독자적으로 똑같이 죽은 척하는 기술을 갖추는 쪽으로 수렴 진화했다. 그리고 똑같이 죽음과 부패를 시사하는 얼룩덜룩한 모습이다. 양쪽 호수에서 독자적으로 적응 방산이 일어난 결과, 동일하게 좀 섬뜩한 방식으로 먹이를 얻는 종들이 출현했다. 이 두 비슷한 호수에서 이렇게 평행하게 서로 독자적으로 발견한 생활 방식이 수십 가지나 된다.

*내 오랜 친구이자 고인이 된 조지 발로George Barlow는 아프리카의 이 거대한 세 호수를 시클리드 공장이라고 확 와 닿게 표현했다. 그의 책 『시클리드 어류*The Cichlid Fishes*』는 읽는 재미가 있다. 시클리드는 진화 전반과 특히 적응 방산에 관해 아주 많은 것을 알려 준다. 이 세 호수 각각에는 저마다 독자적으로 진화한 수백 종의 시클리드가 산다. 세 호수 모두 시클리드의 폭발적인 진화라는 동일한 이야기를 들려주고 있지만, 각 호수의 역사는 저마다 독자적으로 펼쳐졌다. 세 곳 모두 극소수의 창시자 집단에서 진화가 시작되었다. 각각에서 대

규모의 방산이라는 평행한 진화 과정이 진행되면서 아주 다양한 '직업', 즉 생활 방식이 출현했다. 세 호수 모두에서 서로 독자적으로 똑같이 아주 다양한 직업들을 찾아내기에 이르렀다.

가장 오래된 호수가 가장 종이 많을 것이라고 생각할지 모르겠다. 어쨌거나 진화할 시간이 가장 길었을 테니까. 그러나 아니다. 약 600만 년 된 탕가니카호가 가장 오래된 것인데, 겨우(!) 300종이 산다. 생긴 지 고작 10만 년에 불과한 아기인 빅토리아호에는 약 400종이 산다. 그 중간인 100~200만 년 전에 생겼다고 추정되는 말라위호에는 가장 많은 약 500종이 살며, 1,000종이 넘을 것이라고 추정하는 이들도 있다. 게다가 방산의 크기는 창시자 종의 수와 상관이 없어 보인다. 빅토리아호와 말라위호의 엄청난 방산은 사실상 하플로크로미스족Haplochromine이라는 단 하나의 시클리드 계통에서 유래했다. 상대적으로 오래된 탕가니카호에 사는 약 300종은 열두 가지 창시자 계통에서 나온 듯하며, 그중에 하플로크로미스족은 하나뿐이다.

이 모든 것이 시사하는 바는 어린 빅토리아호의 극적인 종 폭발이 세 호수 전체의 모델이라는 것이다. 세 호수 모두에서 겨우 수만 년 사이에 수백 종이 생겨났다. 폭발로 시작한 뒤, 최종 종수가 호수의 나이나 창시자 종의 수와 상관관계가 없을 만치 안정되거나 더 나아가 줄어들어서 안정되는 전형적인 양상이 나타났을 것이다. 빅토리아호의 시클리드는 진화가 얼마나 빨리 진행될 수 있는지를 보여 준다. 그런 폭발적인 방산 속도가 동물 전반의 전형적인 양상이라고 볼 수는 없다. 상한이라고 생각하자.

자세히 살펴보면, 빅토리아호의 사례도 처음 접했을 때만큼 놀라워 보이지 않는다. 이 호수는 약 12,400년 전에야 현재의 모습을 갖추었지만, 앞서 말했듯이 10만 년 전에도 똑같은 얕은 분지에 물이 채워져 있었다. 그 사이에 호수는 몇 차례 거의 말라붙었다가 다시 채워지는 일을 되풀이했고, 12,400년 전에 마지막으로 다시 채워졌다. 말라위호는 이런 수위의 오르내림이 얼마나 극적인 양상을 띨 수 있는지를 보여 준다. 14~19세기에 수위는 지금보다 100미터 이상 낮았다. 그러나 빅토리아호와 달리, 말라위호는 완전히 말라붙는 일이 아예 없었다. 아프리카 지구대에 있는 이 호수는 빅토리아호보다 거의 10배 더 깊다. 얕은 빅토리아호에서는 호수가 마르는 일이 벌어질 때마다 수위가 낮아지면서 여기저기에 작은 호수와 연못이 남았을 것이다. 물이 다시 들어차면 그곳들은 다시 연결되었을 것이다. 남은 작은 호수와 연못에 갇힌 어류는 일시적으로 고립된 상태에서 서로 독자적으로 진화할 수 있었다. 연못 사이에 유전자 흐름이 전혀 없는 상태에서다. 그러다가 물이 다시 들어차면 하나가 되었지만, 그때쯤에는 유전적으로 서로 멀어지는 쪽으로 표류가 일어남으로써, 서로 다른 연못에 있던 개체들끼리 이종 교배가 불가능할 만치 갈라졌을 것이다. 이 말이 옳다면, 번갈아 일어난 마르기/채우기 과정은 종 분화(기존 종이 갈라져서 신종이 진화하는 과정을 가리키는 학술 용어)의 이상적인 조건을 제공했다. 그리고 이는 진화 관점에서는 빅토리아호의 진짜 나이가 12,400년이 아니라 10만 년이라고 볼 수 있다는 의미다. 그래도 여전히 젊긴 하지만.

약 10만 년의 시간이 있었다고 할 때, 하나의 창시자 종에서 시작해서 400종이 출현하려면 이론상 종 분화 사건 사이의 간격이 어떠해야 할까? 10만 년이 충분히 길까? 수학자라면 이런 식으로 추론할 것이다. 안전하게 보수적인 가정을 죽 유지한 채로 대략적인 계산을 하면 이렇다. 갈라지는 양상에 따라서 가능한 종 분화의 속도를 정하는 두 극단, 두 한계가 있다. 가장 다산하는 양상(있을 법하지 않게 극단적인)은 모든 종이 둘로 나뉘고, 그 각각의 종이 다시 둘로 갈라지는 것이다. 이 양상에서는 종수가 기하급수적으로 증가한다. 400종이 출현하려면 종 분화 주기를 겨우 8~9회 거치기만 하면 된다(2^9는 512). 종 분화 사이의 간격이 11,000년이면 된다. 최소 산출 양상(마찬가지로 불가능할 만치 극단적인)은 창시자 종이 '계속 남아서' 새 종을 잇달아 계속 내놓는 것이다. 여기서는 종 분화 사건이 훨씬 더 많이 일어나야 한다. 말 그대로 약 400번 일어나야 총 종수가 400종에 다다른다. 그리고 종 분화 사건은 250년마다 일어나야 한다. 이 양쪽 극단 사이의 현실적인 수준은 어떻게 추정할까? 단순히 평균을 내면(산술 평균) 종 분화 간격이 5천~6천 년 사이라고 나온다. 충분히 긴 시간이다. 그러나 우리 수학자는 더 신중한 태도를 취해서 기하 평균(두 수를 곱한 뒤 제곱근을 취한 것)을 추천할 수도 있다. 기하 평균을 추천하는 이유 중 하나는 이따금 찾아오는 아주 나쁜 해가 끼치는 더 강력한 영향을 포착하기 때문이다. 이 더 보수적인 추정에 따르면 종 분화 간격은 약 1,600년이어야 한다. 두 추정값 사이의 어딘가라고 보는 편이 설득력 있겠지만, 신중한 태도를 취해서 1,600년이라고 하자. 시클리드는 대개 2년이 안 되어 성적으로 성숙하므로, 다시 보수적으로 추정해서 한 세대를 2년이라고 하자. 그러면 10만 년

안에 400종이 생겨나려면, 약 800세대마다 종 분화 사건이 일어나야 한다. 800세대면 충분히 많은 진화적 변화가 일어날 수 있다.

800세대가 많은 시간임을 어떻게 알까? 마찬가지로 수학자는 직관을 돕기 위해 대략적인 계산을 해 볼 수 있다. 나는 미국 식물학자 레드야드 스테빈스Ledyard Stebbins가 한 계산을 좋아한다. 자연선택이 생쥐만 한 동물을 더 커지도록 내몬다고 상상하자. 스테빈스도 보수적인 관점을 취해서 선택압을 아주 약하게 설정했는데, 생쥐를 포획해서 측정하는 일을 하는 그 분야의 과학자들조차 검출할 수 없을 만치 약하다고 가정했다. 다시 말해, 더 큰 몸집을 선호하는 자연선택이 존재하긴 하지만 너무 약하고 미묘해서 연구자들이 검출할 수 없는 수준이라고 상상했다. 이 검출할 수 없는 수준의 약한 선택압이 일관되게 유지된다면, 생쥐가 코끼리만 한 크기로 진화하는 데 얼마나 걸릴까? 스테빈스가 계산한 답은 약 2만 세대였다. 지질학적 기준으로 보면 눈 깜박할 사이이다. 우리의 800세대보다 훨씬 더 많다는 것은 맞지만, 우리는 생쥐가 코끼리로 변하는 식의 장엄한 무언가를 말하고 있는 것이 아니다. 우리는 시클리드가 다른 종과 이종 교배가 불가능해질 만치 충분히 바뀌는 이야기만 하고 있을 뿐이다. 게다가 우리처럼 스테빈스도 보수적으로 가정했다. 앞서 이야기했듯이 그도 선택압이 측정할 수 없을 만치 약하다고 설정했다. *선택압은 실제로 야생에서 측정되어 왔다. 예를 들어, 나비를 대상으로다. 선택압은 쉽게 검출할 수 있을 뿐 아니라, 스테빈스가 가정한 선택압의 문턱값보다 몇 차수 더 강력하다. 나는 시클리드 진화에서 10만 년은 상당히 긴 시간이라고, 조상 종이 400가지가 넘는 종으로 쉽게 분화하기에 충분한 기간이라고 결론짓는다. 다행스럽다. 실제로 그 일이 일어났으니까!

공교롭게도 스테빈스의 계산은 지질학적 시간이 우리가 보는 많은 진화적 변화를 일으키기에는 부족하다고 보는 회의주의자들에게 도움을 주는 해독제이기도 하다. 생쥐에서 코끼리로의 변화를 일으키는 2만 세대는 너무 짧아서 지질학자들의 연대 측정법으로는 대개 측정할 수 없을 것이다. 다시 말해, 너무 약해서 야외 유전학자도 검출할 수 없는 선택압이 지질학자에게는 순식간으로 보일 수 있을 만치 빠른 큰 진화적 변화를 일으킬 수 있다.

갑각류도 훨씬 더 고대의 공통 조상으로부터 놀라운 진화 방산을 이룬, 주로 수생동물로 이루어진 큰 집단이다. 이 사례에서는 공통의 해부 구조가 놀라울 만치 다양하게 변형된다. 딱딱한 뼈대는 관절로 연결된 부위에서만 움직임이 가능하며, 척추동물은 뼈, 갑각류와 절지동물은 단단하게 감싸고 있는 관과 덮개가 바로 뼈대를 이룬다. 이런 뼈와 관은 딱딱하고 관절로 연결되어 있기에, 개수가 유한하며 각각에 이름을 붙일 수 있고 다른 종에게서도 같은 것이 있는지 알아볼 수 있다. 모든 포유동물이 이름을 말할 수 있는 거의 동일한 뼈 집합으로 이루어져 있다는 사실(사람은 206개) 덕분에, 각 뼈가 변형된 모습을 보고서 어떤 식으로 진화가 이루어졌는지를 쉽게 알아볼 수 있다. 자뼈, 넙다리뼈, 빗장뼈 등. 갑각류의 뼈대도 마찬가지다. 게다가 뼈와 달리 겉으로 보인다는 이점도 있다.

스코틀랜드의 위대한 동물학자 다시 톰프슨D'Arcy Thompson은 게 6종의 몸을 보호하는 겉뼈대 중에서 큰 부분을 차지하는 등딱지를

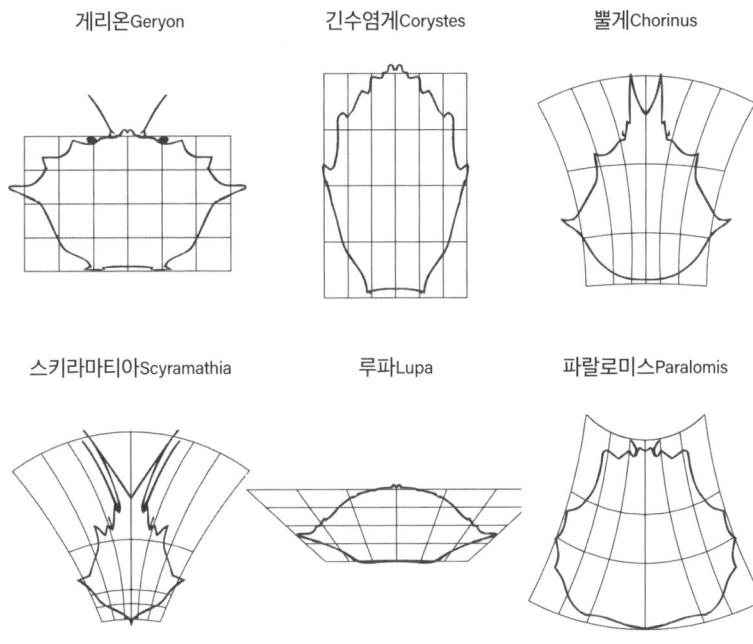

비교했다.

그는 이 6종 중 하나인 게리온(맨 왼쪽)을 임의로 골라서 직사각형 격자를 겹쳐 그렸다. 그런 뒤 수학 법칙을 적용해서 격자를 단순히 변형하는 방법을 써서 다른 5종의 형태를 근사적으로 나타냈다. 고무판에 한 게의 모양을 그린 뒤, 고무판을 수학적으로 지정한 방향으로 늘이거나 누름으로써 다른 5종의 모양을 모사한다고 생각하면 된다. 이런 변형은 진화적 변화가 아니다. 이 6종은 모두 지금도 살고 있다. 즉, 어느 종도 다른 종의 조상이 아니며, 오래전에 사라진 공통조상의 후손들이다. 그러나 이 방법은 배아 발생 때의 변화(성장률 기울기 변화 같은)로 겉뼈대의 각 부위의 상대적인 성장 속도가 달라짐으로써 갑각류의 다양한 형태가 얼마나 쉽게 생겨날 수 있는지를 잘 보여 준다. 다시 톰프슨은 사람과 다른 유인원의 머리뼈를 포함해서 많은 뼈대를 대상으로 같은 연구를 했다.

물론 몸은 고무판에 상응하는 무언가에 그려서 잡아 늘이는 것이 아니다. 각 몸은 수정란에서 새롭게 발생한다. 그러나 발생하는 배아의 부위별 성장률의 변화는 고무판을 늘여서 변형시키는 것처럼 보이는 결과를 낳을 수 있다. *줄리언 헉슬리Julian Huxley는 다시 톰프슨의 방법을 발생하는 배아의 각 부위의 상대 성장에 적용했다. 그런 발생학적 변화는 유전적 통제를 받으며, 유전자 빈도의 진화적 변화는 마찬가지로 고무판 늘이기처럼 보이는 진화적 다양성을 빚어낸다. 물론 등딱지만이 아니다. 갑각류의 몸(그리고 덜 뚜렷할 때가 많지만 모든 동물의 몸)을 이루는 모든 요소에서 같은 유형의 진화적 변형이 나타난다. 우리는 강조된 정도의 차이가 있을 뿐, 각 표본에 같은 부위들이 있음을 알아볼 수 있다. 강조된 정도의 차이는 배아 각 부위의 성장률 차이를 통해 이루어진다.

갑각류는 수가 아주 많다. 오스트레일리아 생태학자 로버트 메이Robert May는 특유의 재치 있는 어투로 이렇게 말했다. "일차 근사First approximation, 一次近似를 할 때, 모든 종은 곤충이다." 그러나 개체수를 따지면 세계에는 곤충보다 요각류(갑각류 물벼룩)가 더 많다는 계산 결과가 있다. 다음 그림은 다윈을 옹호하는 데 앞장선 독일 동물학자 에른스트 헤켈Ernst Haeckel이 그린 것인데, 요각류의 해부학적 다양성을 환상적으로 보여 준다.

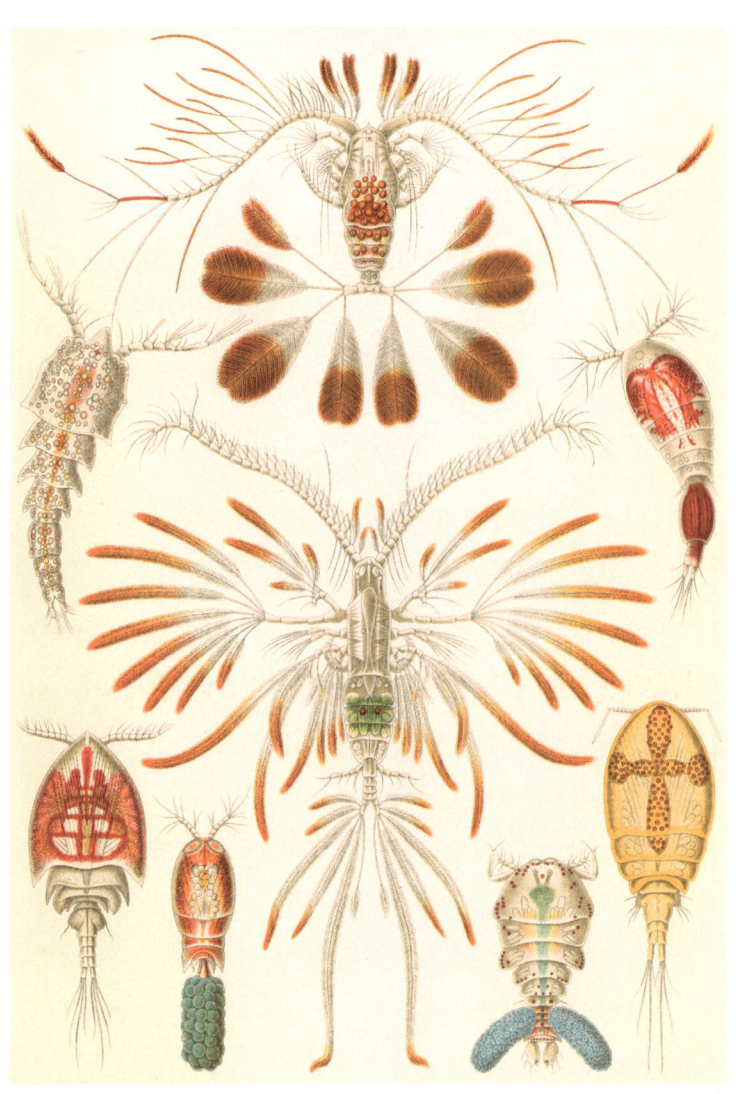

에른스트 헤켈의 『자연의 예술적 형상 Art Forms in Nature』에 실린 경이로운 요각류들

갯가재

　위 그림은 대표적인 갑각류 성체인 갯가재다. 갯가재(구각목)는 전형적인 체제에다가 화려한 색깔까지 갖춘 집단이다. 그래서 사례로 골랐다. 그러나 한 가지 놀라운 측면에서 전혀 전형적이지 않은 가공할 종들도 포함하고 있다. 이들은 말 그대로 강타를 날린다. 곤봉 같은 집게발의 강한 주먹질은 자연에서 연체동물의 껍데기를 부수고, 사육 상태에서는 소구경 탄환만큼 빠른 속도로 어항의 유리를 산산이 부술 수 있다. *이때 방출되는 에너지가 워낙 커서 물이 국부적으로 끓어오르고 발광 현상까지 나타난다. 갯가재와 맞닥뜨리고 싶지 않다는 기분이 들겠지만, 아무튼 이는 갑각류 기본 체제가 얼마나 다양하게 변형될 수 있는지를 보여 주는 놀라운 사례다.

　*갯가재를 (말 그대로) 멋진 '딱총새우'(딱총새우과)와 혼동하지 말기를. 딱총새우도 갑각류의 다양성을 탁월하게 잘 보여 주는 사례다. *이들은 한쪽 집게발이 좀 더 크다. 이 커다란 집게발의 발가락들을

엄청난 힘으로 탁 부딪쳐서 충격파를 일으킨다. 극도로 높은 압력의 격렬한 펄스가 일어난 뒤, 극도로 낮은 압력이 뒤따른다. 이 충격파를 맞은 먹이는 기절하거나 죽는다. 이 소음은 바다에서 가장 큰 소리에 속하며, 커다란 고래가 내지르는 웅웅거리고 꽥꽥대는 소리와 맞먹는다. 근육은 움직임이 너무 느려서 딱총새우가 집게발을 부딪치거나 갯가재가 곤봉을 내지르는(또는 벼룩이 뛰어오르는) 고속 운동을 일으키기 어렵다. 그래서 이들은 탄성 물질, 즉 일종의 스프링에 에너지를 저장했다가 갑자기 방출하는 방법을 쓴다. 투석기나 활을 쏘는 원리와 같다.

갑각류는 압도적인 다양성을 보여 준다. 그러나 그 다양성은 제약된 것이다. 내가 이 장에서 갑각류를 고른 이유이기도 한데, 요점을 다시 말하자면 모든 종에서 같은 부위임을 쉽게 알아볼 수 있어서다. 그들은 하나의 목이라는 범주에 속해 있지만, 모양과 크기가 엄청나게 다양하다. 갑각류 기본 체제를 볼 때 처음으로 눈에 들어오는 것은 몸마디로 이루어져 있다는 점이다. 몸마디들은 차량을 줄줄이 매달고 달리는 화물열차처럼 앞뒤로 배열되어 있다. 지네와 노래기는 대부분의 몸마디가 동일하기 때문에 훨씬 더 열차처럼 보인다. 갯가재나 바닷가재는 몇몇 측면에서는(바퀴, 보기차, 연결 고리 등) 동일한 차량이 연결되어 있지만, 서로 다른 측면들도 있는(소 운반 차량, 우유 운반 탱크, 목재 운반 차량 등) 열차와 같다.

갑각류는 진화 시간에 걸쳐 차량을 바꿈으로써 놀라운 다양성을 이루었지만, 열차의 기본 구조는 계속 유지되었다. 다양하긴 하지만, 갯가재의 몸마디는 여전히 여느 갑각류와 동일한 패턴에 따라 구성된 열차임을 알아볼 수 있다. 각 몸마디에 끝이 갈라진 부속지가 한 쌍씩 달려 있다. 게나 바닷가재의 집게발은 이 갈라짐의 두드러진 사례다. 동물의 앞에서 뒤로 옮겨 가면서 살펴보면, 쌍쌍이 달린 부속지는 더듬이, 구기의 여러 부위, 집게발, 네 쌍의 다리로 바뀐다. 더 뒤로 나아가면, 바닷가재나 갯가재의 배를 이루는 몸마디들에는 각각 아래쪽 양옆에 관절로 연결된 작은 헤엄다리가 달려 있다. 헤엄다리는 끝이 작은 노 모양일 때가 많다. 바닷가재나 더 나아가 게에게서 가슴과 머리의 몸마디들은 딱지라는 공통의 덮개 아래 숨겨져 있다. 그러나 부속지를 보면 몸마디로 이루어져 있음이 드러난다. 앞쪽의 네 쌍의 걷는 다리, 더듬이, 커다란 집게발과 구기가 그렇다. 배의 뒤쪽 끝, 열차의 승무원 칸에는 꼬리다리라는 납작한 부속지가 한 쌍 있다. 처음 오스트레일리아에 갔을 때, 나는 식당에서 베이 버그 bay bug라고 부르는 것을 보고 흥미를 느꼈다. 뒤쪽 끝뿐 아니라 앞쪽 끝에도 꼬리다리처럼 보이는 것이 달려 있었다. 〈닥터 두리틀Doctor Dolittle〉에 나오는 푸시미펄류Pushmi-Pullyu의 갑각류판이다. 양쪽 끝에 머리 대신에 꼬리가 있다는 점이 다르지만. 이제 살펴보겠지만, 이는 딱히 놀랄 일이 아니다.

 예전에는 절지동물과 척추동물의 몸마디 체제가 서로 독자적으로 진화했다고 보았다. 지금은 아니며, 따라서 흥미로운 이야기가 펼쳐진다. 환형동물처럼 몸마디로 이루어진 다른 동물들에게도 적용되는 이야기다. *몸마디들이 열차처럼 앞뒤로 죽 이어져 있는 것처럼, 몸마디를 제어하는 유전자들도 염색체에서 순차적으로 배열되어 있다. 이 혁신적인 발견은 내가 학생 때 배운 동물학을 향한 태도 전체를 뒤덮었고, 나는 그 사실이 경이롭다. 열차 비유를 이어 가자면, 염색체에는 몸의 몸마디 차량들로 이루어진 열차에 나란히 대응하는 유전자 차량들의 열차가 있다.

더듬이가 나야 할 자리에 다리가 자랄 수 있는 돌연변이 초파리가 있다는 것은 이미 100여 년 전부터 알려져 있었다. 이 돌연변이에 안테나페디아*antennapedia*('더듬이다리'라는 뜻)라고 이름이 붙은 것은 당연하며, 이 돌연변이는 유전된다. 초파리에게는 다른 극적인 돌연변이들도 나타난다. 파리류는 날개가 2개라서 쌍시류라고도 하는데, 바이소락스*bithorax*는 정상적인 곤충처럼 날개가 4개인 돌연변이다. 이런 큰 돌연변이는 모두 '염색체 열차'에 순차적으로 배열된 유전자들에 일어난 변화로 설명된다. 그레이트배리어리프의 어느 식당에서 베이 버그를 처음 보자마자, 나는 베이 버그가 그 동물의 앞쪽 끝에도 꼬리다리가 중복되면서 안테나페디아와 비슷한 돌연변이를 통해 진화한 것이 아닐까 하는 궁금증이 일었다.

이런 유형의 효과는 니팜 파텔Nipam Patel 연구진이 산뜻하게 보여 주었다. 이들은 단각목의 해조숨이옆새우라는 해양 갑각류를 연구했다. *나는 우리 농장에서 부모님이 우리가 헤엄치며 놀 수영장을 팔 때, 농장을 흐르는 찬 개울에 사는 작은 단각류 수백 종에 푹 빠졌던 일이 기억난다. 우리가 해변에서 종종 마주치곤 하던 폴짝폴짝 뛰어오르던 '도약옆새우' 떼도 친숙한 사례다. 앞 장에서 우리는 '공벌레'의 납작한 형태인 등각류를 만난 바 있다. 단각류는 다르다. 단각류는 몸의 위아래가 아니라 좌우가 눌려서 납작한 모습이다. 그리고 해조숨이옆새우를 비롯한 많은 종은 몸의 부속지들이 똑같은 형

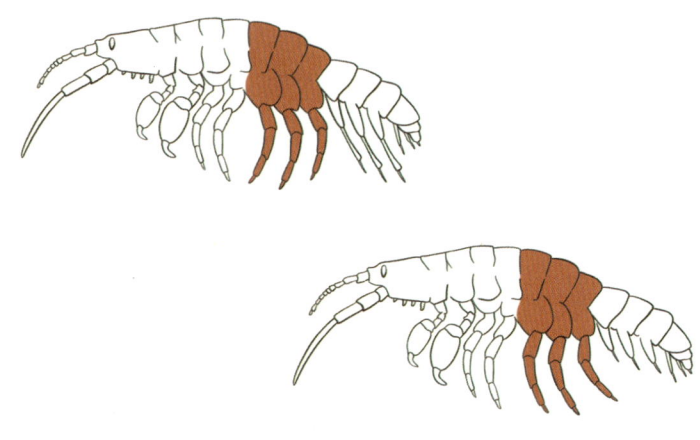

태가 아니다. 몇몇 다리는 '잘못된' 방향으로 뻗어 있는 듯하다. '차량' 중 세 대는 앞뒤를 뒤집어 연결한 모습이다(위의 왼쪽 그림의 빨간색 부위). 파텔 연구진은 열차의 차량을 제어하는 유전자들을 창의적으로 조작함으로써 이 세 몸마디를 뒤집어서 다리가 모두 같은 방향으로 향하도록 차량을 뒤집어 연결할 수 있었다(오른쪽 그림). 거꾸로 붙은 세 몸마디를 그 앞쪽에 놓인 세 몸마디를 복제한 것으로 대체한 결과였다. *파텔 연구진은 다른 몸마디들도 조작하여 마찬가지로 흥미로운 결과를 얻었다. 다만, 매우 창의적의고 흥미롭긴 하지만 그런 연구는 이 책의 범위에서 벗어난다.

우리 척추동물도 몸마디로 이루어져 있지만, 방식이 다르다. 이런 몸마디 체제는 어류에서 잘 드러나지만, 우리의 갈비뼈와 척주에서도 뚜렷이 알아볼 수 있다. 뱀은 이를 극단까지 밀고 나간다. 바깥의 다리 대신에 몸속에 갈비뼈가 줄줄이 늘어서 있는 지네 같다. 현재 우리는 어떤 발생학적 기구가 몸마디를 증식시키는지 안다. 놀랍게도, 사실상 좀 경이롭게도, 척추동물과 절지동물에게서 꽤 비슷하다는 것이 드러났다. 그래서 우리는 뱀의 종마다 척추뼈가 약 100개에서 400개가 넘는 수준까지 어떻게 근본적으로 다른 개수를 갖는 쪽으로 진화했는지를 안다. 비교하자면 우리는 33개다. 갈비뼈가 돋아 있든 아니든 간에 모든 척추뼈는 이웃한 '열차의 차량'과 비슷한 방식으로 연결되어 있으며, 모두 그 안으로 지나가는 혈관과 척수를 이루는 감각 및 운동 신경을 지니고 있다. 앞서 말했듯이, 최근 동물학의 가장 혁신적인 발견 중 하나는 팰림프세스트의 깊은 층에 적힌 절지동물과 척추동물의 몸마디 체제를 형성하는 발생학적 기구가 놀라울 만치 비슷하다는 것이다. 여기서 다시금 진정으로 아름다운 사실은 양쪽 집단에서 유전자들이 각자가 영향을 미치는 몸마디들과 동일한 순서로 염색체에 배열되어 있다는 것이다.

비록 갑각류가 모두 팰림프세스트의 깊숙한 곳에 적힌 몸마디 계획을 당당하게 따르긴 하지만, '차량'이 너무나도 다양한 모습을 띠기에 열차라는 비유는 좀 한계에 다다를 수 있다. 때로는 몸마디들이 합쳐져서 하나의 몸을 이루기도 한다. 게가 그렇다. 바닷가재 앞쪽의 가공할 집게발부터, 갯가재의 때리는 곤봉, 배 밑쪽으로 배열된 헤엄다리에 이르기까지 몸마디에서 뻗어 나온 부속지들이 아주 장관을 이루기도 한다. 갑각류는 1밀리미터도 안 되는 '물벼룩'부터 다리를 쭉 폈을 때 폭이 3미터까지 달하는 일본의 키다리게에 이르기까지 크기가 다양하다. 마주치면 섬뜩할지도 모르겠지만, 이 게는 사람에게 해를 끼치지 않는다. 그만 한 크기의 바닷가재의 집게발이나 갯가재의 곤봉과 악수를 한다고 상상해 보라!

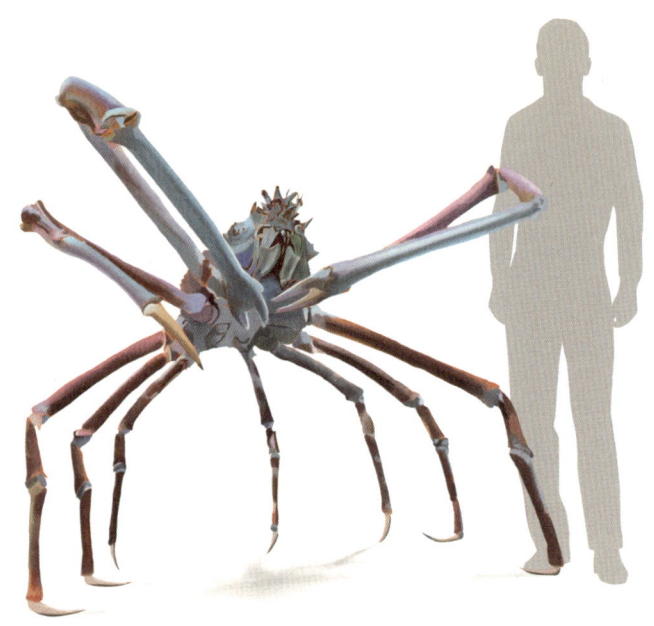

키다리게

　게는 바닷가재의 꼬리(즉 배)를 일부 잘라낸 뒤 몸통 밑으로 말아 넣었다고 생각할 수 있다. 따라서 그 꼬리를 보려면 게를 뒤집어야 한다. 게의 배는 유인원/사람의 꼬리뼈와 약간 비슷하다. 둘 다 조상의 꼬리가 압축된 몇 개의 몸마디로 이루어져 있다. 소라게는 엄밀히 말하면 게가 아니라, 갑각류 내에서 독자적인 집단(집게류)에 속한다. 진짜 게와 달리 이들의 배는 압축되어 몸 밑으로 말아 넣은 형태가 아니라, 자신이 사는 버려진 연체동물의 껍데기에 딱 들어맞도록 한쪽으로 말려 있고 딱딱하지 않다. 이들이 껍데기를 고르고 좋아하는 껍데기를 놓고 경쟁하는 과정은 그 자체로 흥미롭다. 그러나 여기서 다룰 이야기는 아니다. 이 장에서는 갑각류의 경이로운 다양성을 보여 주는 사례로 썼다.

갑각류의 유생 역시 적어도 성체에 맞먹는 수준의 경이로운 다양성을 보여 준다. 그럼에도 열차의 기본 설계를 뚜렷이 알아볼 수 있다. 갑각류 성체의 사례보다 더욱 극적인 점은 마치 자연선택이 다양한 몸마디를 밀거나 당기거나 주무르거나 일그러뜨리고 대담하게 버리기도 한 듯하다는 것이다. 다양한 갑각류 종은 자유 생활을 하면서 성체와 전혀 다른 삶을 살아가기도 하는 등 나름의 명칭이 붙어 있는 몇 가지 유생 단계를 거친다. 나비의 애벌레가 성체와 전혀 다른 삶을 사는 것과 같다. 조에아zoea는 그런 유생형 중 하나다. 게, 바닷가재, 가재, 새우, 베이 버그 등이 성체가 되기 전의 마지막 단계다. 갑각류 중에서 십각류가 그렇다.

다음 장에 실려 있는 다양한 조에아 그림들은 갑각류 기본 체제가 점토 조형을 하는 양 진화 과정에서 얼마나 쉽사리 늘이고 구부릴 수 있는지를 잘 보여 준다. 이 절묘한 작은 동물들로부터 내가 알아차릴 수 있는 것은 모두 동일한 부위들로 이루어져 있고 그저 각 부위의 상대적인 크기와 모양이 다를 뿐이라는 것이다. 모두 서로의 변형된 판본처럼 보인다. 이것이 바로 진화적 다양화가 하는 일이며, 갑각류는 여느 동물 집단 못지않게 그 점을 잘 보여 준다. 우리는 모든 종에서 상응하는 부위들을 짝 맞출 수 있으며, 같은 부위들이 진화 시간에 걸쳐서 어떻게 다양한 방식으로 당겨지거나 늘어나거나 비틀리거나 부풀거나 쪼그라들었는지를 명확히 볼 수 있다. 정말 경이롭다고 당신도 분명히 동의할 것이다.

갑각류 유생들. 똑같은 부위들이 서로 다른 방향으로 당겨지고 밀린 모습

조에아는 자신이 될 성체와 좀 비슷해 보일 수도 있다. 그러나 성체와 전혀 다른 세계에서, 대개 플랑크톤의 세계에서 생존해야 하며, 그들의 몸은 온갖 있을 법하지 않은 모습으로 변형될 만치 융통성이 있다. 팰림프세스트의 표면층에 적힌 방식으로다. 긴 가시를 지닌 종류도 많다. 아마 삼키기 어렵게 만들기 위해서일 것이다. 그림의 윗줄 가운데에 있는 플랑크톤성 조에아의 인상적인 가시는 나중에 될 전형적인 게 성체의 모습 어디에서도 찾아볼 수 없다. 사실 이 유생의 성체는 눈에 잘 띄지 않는다. 으레 등에 성게를 지고 다니기 때문이다. 아마 성게의 가시로 자신을 보호하기 위해서일 것이다. 이 유생이 쉽게 알아볼 수 있는 몸마디들로 이루어진 길고 뾰족한 배를 지닌다는 점도 주목하자. 모든 게처럼 이 게의 성체도 배가 길지도 눈에 띄지도 않으며, 가슴 아래에 숨겨져 있다.

대다수 갑각류의 한살이에는 조에아보다 더 이전인 노플리우스 nauplius 유생 단계도 있다. 성체와 어느 정도 비슷한 조에아와 달리, 노플리우스 유생은 독특한 모습이다. 일부 갑각류는 사이프리드 cyprid 유생 단계도 거친다. 조개물벼룩 Cypris 이라는 동물의 성체와 비슷한 모습이라서 아마 이런 명칭이 붙은 듯하다. 조개물벼룩 성체는 유형 성숙 현상의 한 사례일 것이다. 꽤 흔한 진화 방식이다. 다음 장의 그림은 조갑아강 Facetotecta 이라는 다소 모호한 갑각류에 속한 사이프리드 유생이다.

이 유생은 머리판과 끝이 갈라진 전형적인 갑각류 부속지가 달린 배 몸마디가 갑각류임을 명확히 알려 준다. 이 유생이 처음 발견된 1899년부터 2008년까지 조갑류 성체가 어떻게 생겼는지 아무도 몰랐다. 그리고 지금도 야생에서는 관찰된 적이 없다. 2008년 한 연구진이 실험실에서 유생을 성체의 전구체로 변모시키는 데 성공했다. 호르몬 투여를 통해 해냈다. 그 논문의 부제목은 '100년 된 수수께끼의 해답을 향하여'였다. 성체는 몸마디도 부속지도 전혀 보이지 않

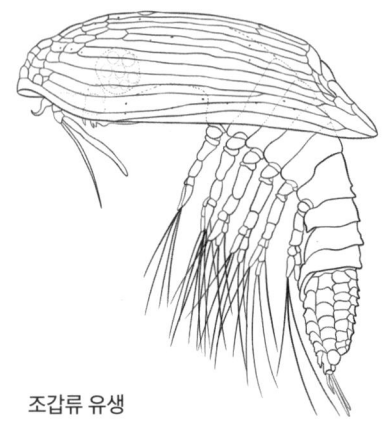

조갑류 유생

는, 겉뼈대가 없이 부드러운 민달팽이나 지렁이처럼 생긴 모습임이 드러났다. *아마 기생생물인 듯하다. 그러나 어느 생물에 기생하는지는 아무도 모른다. 성체를 보면 갑각류임을 알아차리지 못할 것이다. 이 실험은 줄리언 헉슬리가 1920년 아홀로틀Axolotl을 대상으로 한 비슷한 실험을 떠올리게 한다. 아홀로틀은 척추동물인 양서류에 속한다. 모습은 올챙이처럼 생겼다. 사실 올챙이다. 하지만 성적으로 성숙한 올챙이로서, 번식을 한다. 예전에 도롱뇽으로 성숙했을 유생이 그 자체로 진화한 것이다. 진화 과정의 어느 시기에 유생이 성적으로 성숙하면서, 한살이의 성체 단계가 잘려 나갔다. 줄리언 헉슬리는 이들에게 갑상샘 호르몬을 투여함으로써 예전 조상들이 그랬듯이 도롱뇽으로 변신시키는 데 성공했다. 동생인 올더스 헉슬리Aldous Huxley는 『많은 여름이 지난 뒤After Many a Summer』라는 소설을 썼는데, 이 실험으로부터 영감을 얻었을 수 있다. 소설은 18세기의 한 귀족이 죽음을 속이는 법을 찾아냈는데, 200년 뒤 털이 수북하고 팔이 긴

유인원의 모습으로 변해서 모차르트의 아리아를 흥얼거린다는 내용이다. 우리 인간은 '유생' 단계의 유인원이었던 것이다!

이 민달팽이처럼 생긴 조갑류는 갑각류의 다양성을 잘 보여 주는 또 다른 사례다. 이들의 조상 성체는 여느 갑각류처럼 몸마디와 부속지를 지니고 있었을 것이 틀림없다. 그러나 팰림프세스트에서 가장 갑각류적인 특징을 담은 원고들이 기생생물의 특징을 담은 원고들로 덧씌워지면서 거의 완전히 지워졌다. 유생 단계에만 남았다. 이런 유형의 퇴행 진화는 동물계의 다양한 부문에서 출현하는 기생생물에게서 흔히 볼 수 있다. 갑각류 중 따개빗과의 특정 구성원들에서도 극단적인 형태로 나타난다. 해변을 맨발로 걸을 때 발을 찌르는 바위에 다닥다닥 붙어 있는 전형적인 따개비는 그렇지 않다.

해변에서 휴가를 보내던 어린 시절에 부친이 따개비가 사실은 갑각류라고 말했을 때 솔직히 믿지 못했던 일이 기억난다. 나는 따개비가 연체동물처럼 생겼기에 연체동물이라고 생각했다. 아무튼 전혀 갑각류처럼 생기지 않았다. 껍데기 안을 꼼꼼히 살펴보기 전까지는 말이다. 바위에 착 달라붙은 따개비는 작은 삿갓처럼 보이는 반면, 조개삿갓은 자루가 달린 홍합처럼 보인다. 그렇다면 이들이 사실은 갑각류라는 것을 어떻게 알까? 속을 들여다보라. *또는 다윈이 직접 그린 그림을 보라. 새우처럼 생긴 동물이 등을 대

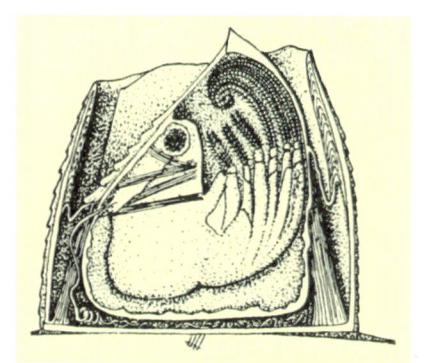

고 누워서 빗처럼 생긴 부속지로 물을 휘저어서 지나가는 먹이를 걸러 먹는 모습이 보인다. 이쯤이면 예상했을 텐데, 따개비의 유생은 성체보다 더 갑각류의 특징을 뚜렷이 지닌다. 유생 때에는 플랑크톤으로서 자유롭게 헤엄치지만, 성체는 한곳에 영구 정착한다. 아래 그림 중 왼쪽은 북방따개비속*Semibalanus*의 작은 따개비인 노플리우스 유생이고, 오른쪽은 바위새우속*Sicyonia*의 새우 노플리우스 유생이다.

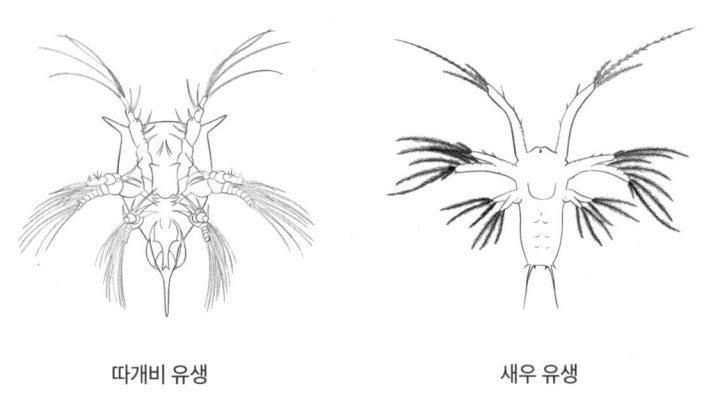

따개비 유생   새우 유생

따개비는 바위에만 붙어사는 것이 아니다. 따개비에게 고래는 움직이는 거대한 바위나 다름없을 것이다. 놀랄 일도 아니지만, 일부 따개비는 고래 피부에 달라붙으며, 오로지 고래 몸에만 붙어사는 따개비 종도 있다. 게에게 붙어사는 종류도 있으며, 그들 중 일부, 특히 주머니벌레는 정상적인 갑각류 형태로부터 벗어난 가장 극단적인 사례로 진화했다. 진화하는 동안 이들은 게의 몸 밖에서 안으로 들어가서, 따개비와—아니 그 어떤 동물과도—닮은 점이 전혀 없는 내부 기생생물이 되었다. 기생생물은 종종 퇴행이라고 할 수 있는 방향으로 진화하곤 하며, 주머니벌레는 이의 극단적 사례다. 이 이야기는 마지막 장에서 다시 하기로 하자.

진화적 발산과 변이를 설명하기 위해서 사례로 들 수 있는 동물 집단은 많다. 어류와 갑각류는 아마 그 어떤 집단보다도 더 놀랍게 그 일을 했을 것이며, 나는 특히 갑각류의 유생을 골랐다. 어느 정도는 그들이 대부분 플랑크톤으로 살아가기에 성체인 바닷가재, 게, 새우보다 덜 친숙하기 때문이다. 이 책에서 몇 종류밖에 보여 주지 못했다는 사실이 안타깝다. 이 매혹적인 작은 동물들이 펼치는 경이로운 다양성 범위 전체를 보고 싶다면, 존스홉킨스대학교 출판부가 내놓은 탁월한 『갑각류 유생 도감 *Atlas of Crustacean Larvae*』을 보라. 토머스 브라운Thomas Browne은 벌, 개미, 거미에 관한 다음 글을 쓸 때 갑각류 유생의 다양성을 알지 못했다. 아마 알았다면 더욱 유창하게 말하지 않았을까.

*더 잘 모르는 이들은 고래, 코끼리, 단봉낙타와 쌍봉낙타라는 자연의 거대한 작품들 앞에서 놀라움을 드러내곤 한다. 나는 이들이 자연의 손으로 빚어낸 거대하면서 장엄한 작품임을 인정한다. 그러나 이 작은 기계들에는 더욱 호기심을 끄는 수학이 담겨 있으며, 이 작은 시민들의 공손함은 제작자의 지혜를 더 잘 드러낸다.

7
살아 있는 기억

팰림프세스트의 바깥층에 있는 가장 최근의 원고는 동물 자신의 생애 동안 적히는 것이다. 앞에서 과거로부터 물려받은 유전자를 그 동물이 태어날 세계를 예측하는 것으로 볼 수 있다고 말했다. 그러나 유전자는 일반적인 방식으로만 예측할 수 있다. 환경 조건은 자연선택이 대처할 수 있는 세대교체 시간보다 더 빨리 바뀐다. 많은 세부 사항은 동물 자신의 생애 동안에 유용하게 채워진다. 주로 DNA에 적힌 '기억', 즉 사자의 유전서가 아니라, 뇌에 저장된 기억을 통해서다. 유전자 풀처럼 뇌도 동물의 세계에 관한 정보, 미래를 예측하는 데 쓸 수 있는 정보, 따라서 그 세계에서의 생존을 돕는 정보를 저장한다. 그러나 뇌는 더 빠른 기간에 그 일을 할 수 있다. 엄밀히 말하면, 학습에 관한 한—사실 이 장 전체—우리는 사자의 유전서가 아니라 삶의 비유전서를 이야기하고 있는 것이다. 그러나 뒤에서 살펴보겠지만, 과거에 자연적으로 선택된 유전자들은 뇌가 특정한 것들을 학습하도록 미리 준비시킨다.

한 종의 유전자 풀은 자연선택의 끌이 조각하며, 그 결과 잘 조각된 유전자 풀로부터 끄집어낸 유전자들의 표본을 통해 프로그래밍된 개인은 그 조각을 한 환경에서 잘 생존하는 경향이 있다. 다시 말해, 평균화한 조상 환경에서다. 뇌는 몸이 지닌 생존 장비의 중요한 부품이다. 뇌―그 엽과 홈, 회백질과 백질, 당혹스러울 만치 여러 갈래로 뻗어 있는 신경세포와 신경 줄기의 고속도로―는 그 자체가 조상 유전자의 자연선택을 통해 조각된다. 동물의 생애 동안 생존에 더욱 기여하는 방식으로 이루어지는 학습을 통해서 뇌는 더 변화한다. *'조각하기'는 여기서 그다지 적절한 단어가 아닌 양 비칠 수도 있다. 그러나 학습과 자연선택 사이의 유추는 많은 이들, 특히 학습 과정의 손꼽히는 권위자―논란이 있긴 하지만―인 B. F. 스키너 B. F. Skinner에게 깊은 인상을 남겼다. 스키너는 나중에 스키너 상자 Skinner Box라고 불리게 될 학습 기구를 써서 조작적 조건 형성이라는 유형의 학습을 탐구했다. 이 상자는 전기로 작동하는 먹이 공급기가 달린 우리였다. 쥐나 비둘기 같은 동물은 먹이가 자동 공급기에 나오곤 한다는 개념에 익숙해진다. 상자의 벽에는 누를 수 있는 레버나 쪼아 댈 수 있는 단추가 달려 있다. 레버나 단추를 누르면 먹이가 나온다. 하지만 매번 나오는 것은 아니고 미리 정해 둔 출현 빈도에 맞추어서 나온다. 동물은 자신에게 이로운 쪽으로 그 장치를 작동하는 법을 터득한다. 스키너 연구진은 이른바 조작적 조건 형성 또는 강화 학습이라는 복잡한 과학을 발전시켰다. 스키너 상자는 다양한 동물에게 적용되어 왔다. 나는 특히 보강된 스키너 상자에서 토실토실한 대식가가 둥근 분홍색 주둥이로 시끄럽게 레버를 두드려 대는 동영상을 본 적이 있다. 돼지는 내 눈에 귀엽게 보였고, 내가 그 광경을 보며 즐거워했듯이 돼지도 그런 상황을 즐거워했기를 바란다.

당신은 조작적 조건 형성을 통해서 원하는 거의 어떤 일이든 하도록 동물을 훈련시킬 수 있으며, 자동화한 스키너 상자를 쓸 필요도 없다. 당신이 '악수를 하도록' 개를 훈련시키고 싶다고 하자. 즉, 마치 악수를 하려는 양 정중하게 오른쪽 앞발을 들어 올리게 하고 싶다. 스키너는 다음 기술을 '조형'이라고 했다. 동물을 지켜보면서 약간 오른쪽 방향이라고 지각되는 움직임을 자연스럽게 보일 때까지 기다린다. 예를 들어, 오른쪽 앞발을 언뜻 머뭇거리면서 위로 움직일 때다. 그러면 먹이로 보상한다. 먹이가 아니라 '클리커clicker' 소리 같은 신호를 보내기도 한다. 동물이 클리커 소리를 먹이 보상과 연관 짓도록 이미 학습한 상태일 때 그렇다. 클리커는 이차 보상 또는 이차 강화라고 알려져 있으며, 일차 보상(일차 강화)은 먹이다. 그런 뒤 오른쪽 앞발이 오른쪽 방향으로 좀 더 움직일 때까지 기다린다. 서서히 동물의 행동을 당신이 택한 표적, 여기서는 '악수하기'에 점점 더 가까워지도록 '조형한다'. 당신은 개에게 동일한 조형 기법을 써서 온갖 귀여운 행동을 하도록 가르칠 수 있다. 찬 바람이 들어오는 데 안락의자에서 일어나고 싶지 않을 때 문을 닫도록 하는 유용한 행동까지도. 옛날 서커스 조련사가 곰과 사자에게 품위 없는 행동을 가르칠 때에도 동일한 조형 기술을 정교하게 썼다.

*나는 당신이 행동 '조형'과 다윈 선택 사이의 유사성을 알아볼 수 있을 것이라고 본다. 스키너를 비롯한 많은 이들에게도 너무나 와 닿

았던 유사성이다. 보상과 처벌을 통한 행동 조형은 인위선택, 즉 품종 교배를 통해서 개의 몸을 조형하는 것에 대응한다. 여러 세대의 육종가들은 달리는 속도, 우유나 털의 생산량, 온갖 다소 별난 기준에 따른 개와 고양이와 비둘기의 미적 매력을 높이기 위해서 세심하게 조각함으로써 순혈 소, 양, 고양이, 경주마와 그레이하운드, 돼지와 비둘기의 유전자 풀을 바꾸어 왔다. *다윈 자신은 비둘기 애호가였고, 『종의 기원』 첫 장을 기르는 동식물을 변형하는 인위선택의 힘을 보여 주는 데 할애했다.

이제 스키너가 말한 의미의 조형으로 돌아가자. 동물 조련사는 개가 악수를 하는 것 같은 측정한 최종 결과를 염두에 두고 있다. 조련사는 동물의 행동에서 자연 발생적인 '돌연변이'(따옴표를 쳤음을 유념하기를)가 나타나기를 기다렸다가 어떤 행동을 골라서 보상한다. 보상을 받음으로써 동물은 스스로 그 선택된 자연 발생적인 변이체를 반복이라는 형태로 '번식시킨다'. 이어서 조련사는 원하는 행동의 연장선상에 있는 새로운 '돌연변이체'가 나타나기를 기다린다(마찬가지로 따옴표에 유념하기를). 자연 발생적으로 개가 악수라는 원하는 방향으로 조금 더 나아간 행동을 보일 때, 조련사는 다시 보상한다. 그렇게 죽 이어진다. 선택적 보상이라는 세심한 방법을 써서 조련사는 원하는 목표를 향해 개의 행동을 점진적으로 조형한다.

여기서 유전적 선택과의 유사성은 명백하며 스키너 자신도 상세히 설명했다. 그러나 지금까지 말한 것은 인위선택과의 유사성이다. 자연선택은 어떨까? 인간 조련사가 없는 야생에서 강화 학습은 어떤 역할을 할까? 보상 학습과의 유사성은 인위선택에서 자연선택까지 연장될까? 보상 학습은 동물의 생존을 어떻게 개선할까?

다윈은 육종가가 필수적이지 않다는 탁월한 통찰을 써서 가축 육종에서 자연선택으로의 틈새를 연결했다. 선택적으로 교배하는 육종가―유전자 풀 조각가라고 하자―는 자연의 조각가로 대체된다. 이 일은 적자생존, 야생 환경에서의 차등적 생존, 짝을 꾀고 성적 경쟁자를 물리치는 쪽으로의 차등적 성공, 차등적 육아 기술, 유전자 대물림의 차등적 성공으로 이뤄진다. 그리고 다윈이 인간 육종가가 필요하지 않음을 보여 준 것처럼, 학습에도 인간 조련사가 필요 없다. 인간 조련사가 없이도 야생에서 동물은 생존 기회를 높이기 위해서 자신에게 좋은 것을 배우고 자신의 행동을 조형한다.

'돌연변이'는 '선택', 즉 보상이나 처벌의 대상이 될 수도 있는 자연 발생적인 시도 행동들로 이루어진다. 보상과 처벌은 자연 자신의 조련사가 한다. 암탉이 발로 땅을 긁을 때, 그 행동은 벌레나 씨 같은 어떤 먹이를 드러낼 가능성이 높다. 따라서 땅 긁기는 보상을 받고 반복된다. 다람쥐가 견과를 깨물 때, 특정한 각도로 물지 않는 한 깨기가 어렵다. 다람쥐가 자연 발생적으로 딱 맞는 공격 각도를 우연히 찾아서 깨물 때, 견과는 깨지고 다람쥐는 보상받는다. 그리고 그 올바른 이빨 각도는 기억되고 반복되면서 다음 견과는 더 빨리 깬다.

많은 것은 자연이 하는 보상에 달려 있다. 우리가 쓸 수 있는 보상이 먹이만은 아니다. 실험실에서도 마찬가지다. 예전에 굳이 깊이 설명할 필요가 없는 연구 과제를 할 때, 병아리에게 스키너 상자에 든 서로 다른 색깔로 칠한 단추를 쪼도록 훈련시키고 싶었다. 먹이를 보상으로 삼지 않을 이유가 있었기에, 나는 대신에 열을 썼다. 병아리들이 좋아할 따끈한 적외선 등을 2초 동안 켜는 것이 보상이었다. 병아리들은 열을 보상으로 주는 단추를 쉽게 학습했다. 그런데 여기서 우리는 전반적으로 '보상'이 무엇을 의미하는가, 라는 질문을 직시할 필요가 있다. 다윈주의자로서 우리는 유전자의 자연선택이 동물이 보상으로 여기는 것이 무엇인지를 결정하는 일을 궁극적으로 맡고 있다고 예상해야 한다. 우리 자신이 동물이므로 우리에게는 명백해 보일 것이라고 생각할지도 모르지만, 사실 무엇을 보상으로 줄지는 명백하지 않다.

우리는 보상을 다음과 같이 정의할 수도 있다. 동물의 어떤 무작위 행동에 특정한 감각이 뒤따른다면, 또 그 결과 동물이 그 무작위 행동을 반복하는 경향을 보인다면, 우리는 정의상 그 감각(먹이나 온기의 존재 또는 다른 무엇이든 간에)을 보상이라고 인식한다. 스키너 상자가 먹이나 열이 아니라 매력적이고 수용적인 이성 상대를 내놓는다면, 그것이 보상의 정의에 들어맞는다는 점에는—적어도 일부 상황에서는—의문의 여지가 없다. 알맞은 호르몬 조건에 있는 동물은 단추를 눌러서 그런 보상을 얻는 법을 배울 것이다. 잔인하게 새끼를 빼앗긴 어미는 단추를 눌러서 새끼를 돌려받는 법을 배울 것이다. 그리고 새끼도 단추를 눌러서 어미와 다시 만나는 법을 배울 것이다. *이런 추측들이나 비버가 댐 건설에 알맞은 나뭇가지, 돌, 진흙의 확보를 위의 정의에 따른 보상으로 간주할 것이라는 내 추측을 뒷받침할 직접적인 증거를 나는 전혀 알지 못한다. 둥지를 짓는 계절에 까마귀는 잔가지 확보를 보상이라고 정의할 것이다. 그러나 다윈주의자로서 이런 사례들에서 나는 약간의 확신을 지닌 채 예측하고 있다.

뇌과학자는 통증 없이 동물의 뇌에 전극을 이식할 수 있고, 그럼으로써 동물의 뇌를 전기로 자극할 수 있다. 대개 그들은 뇌의 어느 부위가 어떤 행동 패턴을 제어하는지 조사하기 위해서 그렇게 한다. 실험자는 약한 전류를 보내어 동물의 행동을 제어한다. 닭의 뇌 한 부위를 자극하면, 닭은 공격적인 행동을 보인다. 쥐 뇌의 이 부위를 자극하면, 쥐는 오른쪽 앞발을 들어올린다. 신경학자 제임스 올즈James Olds와 피터 밀너Peter Milner는 이 기법을 변형시켰다. 그들은 스위치를 쥐에게 건넸다. 쥐는 레버를 누름으로써 자기 뇌를 자극할 수 있

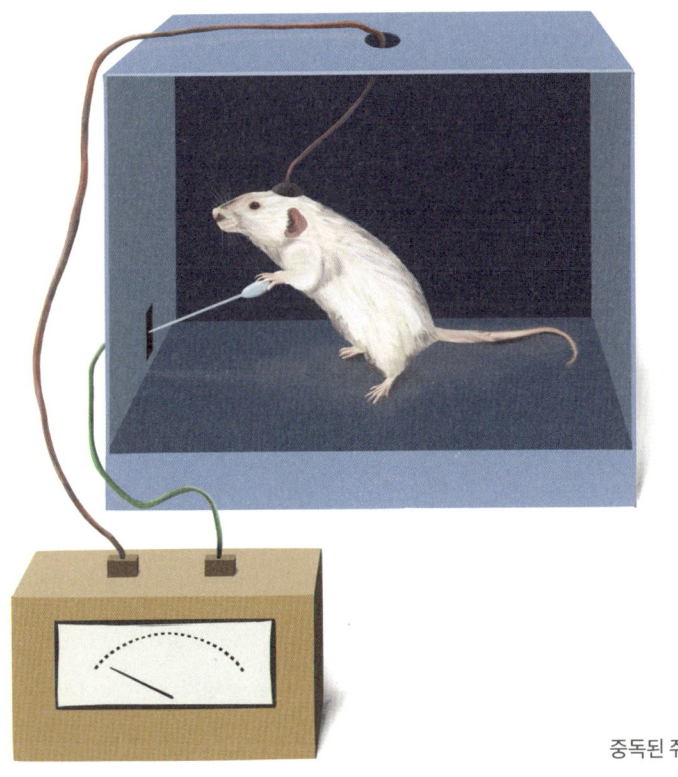

중독된 쥐

었다. 올즈와 밀너는 쥐가 스스로 자극함으로써 강한 보상을 얻는 뇌 영역을 발견했다. *쥐는 레버 누르기에 중독되는 양 보였다. 단순히 보상의 정의를 충족시키는 차원을 넘어서 계속해서 자기 뇌를 전기로 자극했다. 이른바 쾌락 중추에 전극이 삽입될 때, 쥐는 강박적으로 스위치를 누른다. 불행히도 삶에 중요한 다른 활동들을 무시할 정도까지 그렇게 한다. 시간당 7천 번까지 레버를 누르곤 했고, 먹이도 이성 상대도 무시하고 레버를 누르기 위해서 전기 충격을 일으키는 격자 회로를 달려서 지나가곤 했다. 쥐들이 24시간 동안 계속 레버를 눌러 대는 바람에, 연구진은 쥐들이 굶어 죽을까 봐 걱정되어 레버를 제거했다. 사람을 대상으로 한 실험에서도 비슷한 결과가 나왔다. 차이점은 사람은 자신의 느낌을 말로 표현할 수 있다는 것이다.

갑작스럽게 너무나도 편안해진 느낌이었어요. (…) 겨울이 죽 이어지면서 추위에 시달리고 있다가 밖으로 나가서 처음으로 작은 싹이 돋아나는 것을 보고 마침내 봄이 오고 있음을 깨닫는 것 같았죠.

또 다른 여성의 경험은 이러했다(여기서 독자는 이 실험이 윤리 위원회의 승인을 받았는지 궁금해질 것이다).

*그녀는 이 자극에 뭔가 에로틱한 부분이 있다는 것을 곧 알아차렸고, 전류를 거의 최대로 켰을 때 정말로 기분이 좋아진다는 것이 드러났다. 그녀는 작은 단추를 계속 누르고 또 눌렀다. (…) 그녀는 종종 개인적 욕구와 위생에 개의치 않은 채 온종일 스스로에게 전기 자극을 가

하면서 보내곤 했다.

동물에게 좋은(종마다 다르겠지만) 외부 자극이나 상황이 올즈와 밀너가 발견한 '쾌락 중추'와 내부적으로 연결되어 있는 방식으로 자연선택이 동물의 뇌를 배선했다고 보는 것이 설득력 있어 보인다.

처벌은 보상의 반대다. 어떤 행동에 으레 자극 X가 뒤따르고 그 결과 동물이 그 행동을 반복할 가능성이 줄어들면, X는 처벌이라고 정의된다. 심리학자는 실험실에서 때로 전기 충격을 처벌로 활용한다. 더 인도적인 차원에서(내 추측에) 그들은 '잠시 중단' 방식을 사용하기도 한다. 동물이 일정 기간 보상을 접할 수 없도록 하는 것이다. 개 조련사는 때로 동물을 때리는 처벌을 가한다(많은 전문가의 인상을 찌푸리게 하는 관행이며, 내가 볼 때도 그렇다). 내가 기숙학교에 다닐 때 친구들과 나는 교장으로부터 종종 회초리를 맞았다(지금은 인상을 찌푸리게 할 뿐 아니라 불법이다). 아주 심하게 맞아서(지금은 경악할 정도로) 멍이 몇 주 동안 사라지지 않을 때도 있었다(목욕할 때면 전투의 흉터처럼 찬탄을 자아내기도 했다). 내가 어떤 잘못을 저질렀는지 지금은 잊었지만, 학교에 다닐 때 교장의 화살통에 있던 슬림 짐과 빅 벤이라는 두 회초리의 사정거리 내에 있었을 때에는 잊지 않았을 것이 확실하다. 내가 그런 잘못을 되풀이할 가능성은 분명히 줄어들었다. 따라서 체벌은 정의에 따르면 그리고 교장의 의도에 따르면 처벌이었다.

자연에서 신체 부상은 고통스럽다고 지각된다. 어떤 행동에 고통이 뒤따르면, 그 행동을 되풀이할 확률은 줄어든다. 그것은 우리가 처벌을 정의하는 방식일 뿐 아니라, 다원주의적 의미에서 고통이 무엇을 위해 있는지도 설명한다. 부상은 종종 죽음, 따라서 번식 실패로 이어진다. 그러므로 신경계는 신체 부상을 고통스럽다고 정의한다.

때로 고통은 보상으로 상쇄될 때 견디기도 한다. 앞에서 이미 쥐가 스스로 자극하는 레버를 누르기 위해서 고통스러운 전기 충격을 견딜 것이라고 말한 바 있다. 벌침이라는 처벌은 꿀이라는 보상을 통해 상쇄될 수도 있다. 꿀맛은 아주 강력한 보상이기에 곰, 벌꿀오소리, 미국너구리, 수렵 채집인 등 많은 동물은 꿀을 얻기 위해 기꺼이 고통을 견딜 준비가 되어 있다. 상반되는 자연선택 압력들이 상쇄되듯이, 보상과 처벌도 상쇄된다.

고통이 앞서의 행동을 반복하지 말라는 경고라는 다원주의 해석은 윤리적 의미를 함축한다. 농장과 사냥터에서, 도축장과 투우장에서 인간이 아닌 동물들을 대할 때, 우리는 그들이 고통을 받아들이는 능력이 우리보다 낮다고 가정하기 쉽다. 그들은 우리보다 지능이 떨어지지 않나? 이는 그들이 고통을 느낀다고 해도, 우리보다 덜 예리하게 느낀다는 의미가 아닐까? 그런데 우리는 그렇게 가정해야 할까? 고통은 지능이 있어야만 느낄 수 있는 것이 아니다.

고통을 느끼는 능력은 신체적 피해를 일으키고 다음번에 죽음으로 이어질 수도 있는 행동을 반복하지 않는 법을 배우게 하는 보조 수단, 경고로서 신경계에 새겨졌다. 그렇다면 어떤 종의 지능이 떨어지면, 고통을 덜 느끼는 것이 아니라 더 극심하게 느껴야 하지 않을까? 인간은 더 영리하므로 고통을 덜 느끼고도 자신에게 해로운 행동을 반복하지 않는 법을 배워야 마땅하지 않을까? 영리한 동물이라면 가벼운 경고만으로도 충분히 해낼 수 있지 않겠는가? "음, 또 그렇게 하는 건 안 좋을 것 같아, 안 그래?" 반면에 덜 지적인 동물은 지독한 고통을 느껴야만 실감할 수 있는 끔찍한 경고를 받아야 할 것이다. 이것이 도축장과 축산업을 대하는 우리의 태도에 어떻게 영향을 미칠까? 우리는 적어도 우리의 동물 희생자들에게 이 의심의 혜택을 주어야 하지 않을까? 아주 온건하게 표현하자면, 생각해 볼 필요가 있다!

보상과 처벌, 쾌락과 고통은 동물로서의 인간인 우리에게 너무나 익숙하고 명백하므로, 당신은 내가 이 장에서 왜 그 주제를 힘들여 이야기하고 있는지 궁금할 것이다. 이제 나올 덜 명백하면서 더 흥미로운 것들을 이야기하기 위해서다. 뇌가 무엇이 보상이고 무엇이 처벌일지를 선택하는 방식은 고정된 것이 아니다. 궁극적으로는 유전적 자연선택을 통해 결정된다. 동물은 유전적으로 주어진 보상과 처벌의 정의를 지닌 채 세상에 나온다. 이런 정의는 조상 유전자의 자연선택을 통해 나왔다. 사망 확률 증가와 관련된 모든 감각은 고통스러운 것이라고 정의될 것이다. 야생에서 다리가 탈구되면, 사망 확률이 대폭 증가할 것이다. 그리고 최근에 내가 병원까지 가는 내내 소리 높여 증언했듯이, 무척 고통스럽다. 그런 고통을 겪고 나니, 분명히 나는 그런 일이 반복될 위험을 피하기 위해 매우 신경을 쓰게 되었다. 교미는 번식 확률을 증가시키며, 그 결과 교미에 수반되는 감각을 즐겁게 만드는 쪽으로 유전적 선택이 이루어져 왔다. 즉, 보상을 의미한다. 앞서 말한 쥐 실험과 스스로 자극하는 여성의 사례를 근거로 삼아서 성적 쾌락이 올즈 연구진이 발견한 '쾌락 중추'와 직접 연결되어 있다는 주장이 있다. 아마 다른 감각들도 자연선택을 통해 그렇게 연결되었을 수 있다.

인위선택을 통해서 모차르트의 음악을 감상하지만 스트라빈스키의 음악을 싫어하는 비둘기 품종을 만들어 낼 수도 있지 않을까? 취향이 반대인 품종도. 몇 세대의 육종가들이 여러 세대에 걸친 선택적 교배를 한다면, 모차르트의 음악이 흘러나오도록 하는 단추를 쪼는 법을 배우고 스트라빈스키의 곡이 연주되지 않도록 끄는 단추를 쪼는 법을 배우는 쪽으로 유전적으로 보상의 정의를 갖춘 비둘기가 나올 것이다. 그리고 물론 모차르트를 처벌로, 스트라빈스키를 보상으로 취급하는 비둘기 계통도 내놓지 않는 한, 이 실험은 불완전할 것이다. 비둘기들이 정말로 모차르트를 보상으로 취급할지 여부를 놓고 너무 현학적으로 파고들지 말자. 그 학습된 선호는 아마 모차르트에서 하이든으로 일반화할 것이다! 내가 여기서 말하고자 하는 요지는 무엇이 보상이고 무엇이 처벌인지의 정의가 돌에 새겨져 있지 않다는 것이다. 그 정의는 유전자 풀에 새겨져 있으며, 따라서 선택을 통해 바뀔 수 있다.

논리를 더 이어가자면, 나는 인위선택을 통해서 예전에 고통이었던 것을 보상이라고 간주하는 동물 품종도 번식시킬 수 있을 것이라고 추정한다(비록 나는 그런 것을 바라지 않으며, 터무니없을 만치 많은 세대가 흘러야 할지 모르지만). 정의상 그것은 더 이상 고통이 아닐 것이다! 그들을 그 종의 자연환경에 풀어 놓는다면 잔인한 일이 될 것이다. 당연히 그들은 거기에서 살아가는 데 부적합할 테니까. 그리고 바로 그것이 요지다. 그러나 자기 종의 정상적인 구성원들이 통증이라고 부르는 것을 그들이 즐긴다는 사실 자체는 잔인하지 않다. 우리로서는, 적어도 내 사고 실험의 범위 내에서는 상상하기가 아무리 어려울지라도, 그들은 그것을 즐긴다! 어쨌든 더 흥미로운 결론은 자연 상태에서 무엇이 보상이고 무엇이 처벌인지를 결정하는 것이 바로 자연선택이라는 것이다. 내 사고 실험은 이 결론을 극적으로 보여주기 위해 고안한 것이다.

실험 심리학자들은 어떤 동물에게 원래 중립적인 가치를 지녔던 것을 보상으로 취급하도록 동물을 훈련시킬 수 있다는 것을 오래전부터 알고 있었다. 앞서 말했듯이, 이를 이차 강화라고 하며 개 훈련사들이 쓰는 클리커가 한 예다. 그러나 내가 여기서 말하고 있는 것은 이차 강화가 아니며, 나는 바로 그 점을 정말로 강조하고 싶다. 나는 이차 강화가 아니라, 일차 강화를 구성하는 것의 정의 자체가 유전적으로 변한다는 말을 하고 있다. 나는 훈련이 아니라, 반대로 교배를 통해서도 그 일을 해낼 수 있을 것이라고 추정한다. 추정이라고 하는 이유는 내가 아는 한 그 실험이 실제로 이루어진 적이 없어서다. 지금 나는 훈련에서 일차 보상을 구성하는 것의 유전적으로 규정된 정의 자체를 바꾸는 식으로 동물을 선택적으로 교배하는 이야기를 하고 있다. 앞서 한 말을 다시 요약하자면, 나는 인위선택을 통해서 원리상 신체 부상을 보상으로 취급할 동물 품종을 출현시킬 수 있을 것이라고 예측한다.

더글러스 애덤스Douglas Adams는 『우주의 끝에 있는 레스토랑The Restaurant at the End of the Universe』에서 이 점을 놀라운 희극적 귀류법으로 전개했다. 책을 보면 커다란 소처럼 생긴 동물이 자포드 비블브락스의 식탁에 다가와서 자신이 오늘의 요리라고 선언한다. 그는 동물 섭식의 윤리적 문제를 스스로 먹히기 원하고 그렇게 말할 수 있는 종을 번식시킴으로써 해결했다고 설명했다. "어깨 부위인데, 아마 화이트와인 소스로 조리하겠죠?"

조류는 본래 사람의 음악에 귀를 기울이지 않으므로, 내 모차르트/스트라빈스키 상상의 비행은 불가능해 보일 수 있다. 그러나 새들은 이미 나름의 음악을 지니고 있지 않나? *존경받는 조류학자이자 철학자인 찰스 하츠혼Charles Hartshorne은 우리가 새의 노래를 새들 자신이 미학적으로 감상하는 음악이라고 봐야 한다고 주장했다. 뒤에서 곧 다루겠지만, 그 말은 틀리지 않았을 수 있다.

*새의 노래 발전에 학습과 유전자가 어떤 역할을 하는지는 집중적으로 연구가 이루어져 왔다. 특히 W. H. 소프W.H.Thorpe와 피터 말러Peter Marler의 연구진이 많은 노력을 기울여 왔다. 많은 새는 아빠나 자기 종의 다른 구성원들의 노래를 흉내 내는 법을 배운다. 구관조와 금조 같은 새들의 놀라운 모방 능력은 극단적인 사례다. 데이비드 애튼버러David Attenborough는 금조가 웃음물총새 같은 흉내를 잘 내는 다른 새들의 능력에다가 자동차 경적 소리, 카메라 셔터 소리(전동 필름 감개가 있는 것과 아닌 것 모두), 벌목공의 사슬톱, 건축 현장의 소음까지 놀라울 만치 진짜처럼 모방하는 능력까지 지니고 있음을 보여 주었다. 나는 금조가 니콘 카메라와 캐논 카메라의 셔터 차이까지 모방할 수 있다는 말을 들었는데, 검증하려다가 실패했다. 그런 탁월한 모방자들은 놀라운 온갖 다양한 소리 목록을 갖춘다.

이는 애초에 많은 명금류가 왜 그렇게 긴 소리 목록을 지니게 되었을까 하는 의문을 불러일으킨다. 나이팅게일 수컷은 우리가 다르다는 것을 알아차릴 수 있는 노래를 150가지 이상 부를 수 있다. 이는 분명히 극단적인 사례이지만, 노래 목록의 존재라는 일반적인 현상은 설명을 필요로 한다. 노래가 경쟁자를 물리치고 짝을 꾀는 역할을 한다면, 왜 한 가지 노래만 부르지 않는 것일까? 왜 이런저런 노래 사이를 오갈까? 몇 가지 가설이 나와 있다. 내가 좋아하는 가설만 하나 언급해 보자. *존 크렙스John Krebs가 제시한 '아름다운 몸짓' 가설이다.

P. C. 렌P. C. Wren이 쓴 모험 소설에서 포위당한 채 사막 요새에 웅크리고 있는 프랑스 외인 부대는 놀라운 허세를 부려서 수가 더 많은 적군을 물리친다.

> 그 길고 끔찍한 하루 동안 사령관은 병사가 쓰러질 때마다 다쳤든 죽었든 간에 그를 다시 일으켜 세우고 총을 안기고 발사함으로써, 모든 벽과 총안과 벽에 난 총구멍마다 병력이 꽉 차 있다고 아랍인들을 속였다.

크렙스의 가설은 노래 목록이 더 긴 새가 자신의 영토에 이미 그만큼 새들이 가득한 척한다는 것이다. 말하자면, 새는 자기 종의 구성원들이 이미 너무 많이 살고 있는 지역에서 나올 법한 소리들을 흉내 내고 있다. 그 결과 경쟁자들은 그 지역에 영토를 마련하려는 시도를 꺼린다. 한 지역의 개체 밀도가 높을수록, 한 개체가 거기에 정착할 때 얻는 혜택은 적을 것이다. 어떤 특정한 임계 밀도를 넘어서면 개체는 그곳을 떠나 다른 곳에 영토를 마련하려고 한다. 설령 더 안 좋은 곳이라고 해도 그렇다. 따라서 나이팅게일은 많은 개체가 있는 척함으로써 다른 개체들이 다른 곳에서 영토를 찾도록 유도한다. 금조의 사슬톱 소리는 노래 목록에 그저 곡을 하나 추가한 것일 뿐이다. 그 노래들은 이런 메시지를 전달한다. "꺼져, 여기에 네 미래는 없어. 이미 꽉 찼어."

*금조, 구관조, 앵무, 찌르레기 같은 흉내의 대가들은 특출 난 집단이다. 그들은 어린 새가 자기 종의 노래를 학습하는 정상적인 방식, 즉 아빠나 같은 종의 구성원을 모방하는 방식을 그저 극단적인 형태로 표출한 것일 수도 있다. 자기 종의 노래를 학습하는 것은 짝을 꾀고 경쟁자를 위협하기 위함이다. 그러면 이제 보상의 정의라는 문제로 돌아가 보자. 자연선택은 어떻게 무엇이 보상이고 무엇이 처벌인지를 정의하는 것일까?

*J. A. 멀리건 J.A.Mulligan은 방음이 된 방에서 노래참새 *Melospiza melodia* 세 마리를 카나리아와 함께 키웠다. 동시에 다른 노래참새의 노래를 전혀 듣지 못하게 했다. 세 마리 모두 자랐을 때 전형적인 야생 노래참새와 똑같은 노래를 불렀다. 이는 노래참새의 노래가 유전자에 새겨져 있음을 보여 준다. 그러나 그것은 학습되는 것이기도 하다. 다음과 같은 특별한 의미에서다. 어린 노래참새는 내재된 주형, 즉 자신의 노래가 어떠해야 한다고 유전적으로 주입된 개념을 참조해서 노래를 독학한다는 의미에서다.

그렇다는 증거가 무엇일까? 새를 마취한 뒤 진정으로 고통 없이 수술로 귀를 멀게 하는 것이 가능하다. 노래참새와 친척 종인 흰정수리멧새Zonotrichia leucophrys를 대상으로 이런 실험이 이루어졌다. *양쪽 종 모두 성체 때 귀가 멀면, 거의 정상적으로 노래를 계속한다. 그들은 자신의 노래를 들을 필요가 없다. 즉, 성체 때에는 그렇다. 그러나 아직 어려서 노래를 부르지 못하는 부화한 지 3개월째에 귀가 멀면, 성체가 된 뒤에 부르는 노래는 엉망진창이 된다. 올바른 노래와 닮은 점이 거의 없을 정도다. 주형 가설에서는 이것이 새끼가 그 종의 올바른 노래라는 주형과 대조하려고 제멋대로 시도하면서 노래를 독학하기 때문이라고 본다. 두 종 사이에는 한 가지 흥미로운 차이도 엿보인다. 노래참새는 다른 새의 노래를 아예 들을 필요가 없는 반면—선천적으로 주형을 지니고 있어서—흰정수리멧새는 자신의 노래를 짓는 과정을 시작하기 한참 전 생애 초기에 자기 종의 노래를 '녹음'한다. 노래참새처럼 타고나든 흰정수리멧새처럼 녹음하든 간에 일단 주형이 자리를 잡으면, 새끼는 그것을 이용해서 노래를 독학한다.

비둘기와 닭은 이를 극단까지 밀어붙인다. 이들은 노래를 들을 필요가 없다. 바바리비둘기Barbary dove 새끼는 수술로 귀가 완전히 멀어도, 다 자라면 멀쩡한 비둘기와 똑같은 소리를 낸다. 잡종 비둘기가 양쪽 부모 종의 중간에 해당하는 구구 소리를 낸다는 사실도 이 행동이 타고난 것임을 증언한다. 9장에서 살펴보겠지만, 어린 귀뚜라미(약충)는 마지막으로 허물을 벗고 성체가 되기 전까지는 노래를 할 수 없지만, 이 약충이 자기 종의 노래 패턴과 동일한 신경 발화 패턴을 일으키도록 인위적으로 유도할 수 있다. 또 잡종 귀뚜라미는 양쪽 부모 종의 중간에 해당하는 노래를 한다.

그러나 나는 참새로 돌아가고 싶다. 앞서 말했듯이, 참새는 자신이 무작위로 재잘거리는 소리를 듣고 어떤 단편적인 대목이 주형과 일치하면 그것을 보상으로 삼아서 그 대목을 반복해서 읊으면서 독학을 한다. 그 주형이 유전적으로 내재된 것이든(노래참새), 아기 때 들어서 기억된 '녹음'이든(흰정수리멧새) 상관없다. 여기서 주형과 일치하는 소리가 우리 정의상 보상임을 뜻한다는 점을 알아차렸는지? 여기서 우리는 먹이와 온기 외에 새로운 유형의 보상을 찾아낸 셈이다. 노래 주형은 훨씬 더 특화한 유형의 보상이다. 먹이(허기의 완화)와 온기(추위의 완화)가 일반적이고 특이적이지 않은 보상임을 알아보기는 어렵지 않다. 사실 20세기 초의 심리학자들은 모든 보상을 하나의 단순한 공식으로 기꺼이 환원했다. 그들은 그것을 '추동 감소drive reduction'라고 했다. 허기와 갈증은 동물을 추동하는 힘에 상응하는 '욕구'의 사례들이라고 보았다. 조류학자와 조류가 어느 한 종에 속한 것임을 충분히 알아볼 수 있을 만치 복잡하고 특징적인 특정한 소리 패턴은 일반화한 추동 감소에서 말하는 것과는 전혀 다른 유형의 보상이다. 그리고 나는 개인적으로 훨씬 더 흥미로운 유형의 보상을 하나 추가하고 싶다. *학생 때 나는 쥐와 관련한 심리학 문헌을 읽으려고 시도했지만, 유감스럽게도 야생동물을 다룬 동물학 문헌에 비해 좀 지루하다는 느낌을 받았다고 인정해야겠다.

동물행동학자 키스 넬슨Keith Nelson은 한 학술 대회에서 '새는 음악을 노래할까? 흠, 그렇다면 그것은 언어일까? 흠, 그렇다면 그건 대체 뭘까?'라는 제목의 강연을 했다. 그것은 언어가 아니다. 정보가 충분히 담겨 있지 않고, '구절'에 '하위 구절'이 들어 있는 식으로 계층 구조를 이룬다는 의미에서의 문법도 지니고 있지 않은 듯하다. 앞서 말한 하츠혼은 그것이 음악이라고 보았고, 나는 어떤 의미에서는 그가 옳다고 생각한다. 나는 조류가 미적 감각을 지니고 있다는 사실을 입증할 수 있다고 믿으며, 노래가 바로 그것이다. 또 어떤 의미에서는 노래가 마약처럼 작용한다고도 볼 수 있다고 믿는다. *다음 내용은 내가 몇 년 전 존 크렙스와 공동으로 낸 동물의 신호를 전반적으로 다룬 논문 두 편을 토대로 삼고 있다. 우리는 동물의 신호가 송신자로부터 수신자에게로 유용한 정보를 전달하는 기능을 한다는, 즉 상호 혜택을 제공한다는 당시 주류 개념을 비판적으로 검토했다. 예를 들면, 이런 식이라는 것이다. "나는 나이팅게일 종의 수컷이야. 나는 번식할 준비가 되었고, 여기에 영토도 있어." 당시 아주 새로웠던 유전자 관점에서 본 진화는 '상호 혜택'과 잘 들어맞지 않았다. 크렙스와 나는 유전자 관점에서 동물의 신호를 더 비판적으로 살펴보았고, 기존 개념의 대안으로 송신자가 수신자를 조작한다는 개념을 제시했다. "너는 나이팅게일 종의 암컷이야. **이리 와! 이리 와! 이리 와!**"

동물이 무생물을 조작하려고 할 때는 의지할 수단이 하나뿐이다. 바로 물리력이다. (…) 그러나 동물이 조작하려고 하는 대상이 다른 살아 있는 동물일 때에는 다른 방법이 하나 더 있다. 자신이 통제하려고 시도하는 동물의 감각과 근육을 활용할 수 있다. (…) 귀뚜라미 수컷은 물리적으로 암컷을 자기 굴로 끌고 가는 것이 아니다. *그는 앉아서 노래를 부르며, 암컷은 스스로 그에게 찾아온다.

여기서 당신은 암컷이 혜택을 볼 때에만 이런 식으로 수컷의 노래에 반응해야 마땅하다고 반론을 제기할지도 모르겠다. 그러나 우리는 송신자와 수신자 사이의 관계를 진화 시간에 걸쳐 진행되는 군비 경쟁이라고 간주했다. 아마 암컷은 어느 정도 수용 거부를 할 것이다. 그러나 그런 저항은 군비 경쟁의 상대방인 수컷에게 대응책을 내놓도록 자극한다. 그러면 수컷은 신호 강도를 높일 수 있다. 여기서 이 논증에 또 하나의 맥락을 추가하기로 하자. 크렙스와 내가 두 번째 논문에서 펼친 것이다. *우리가 '마음 읽기'라고 부른 것이다. 어떤 동물이든 간에 사회적 만남을 가질 때 상대방의 행동을 예측하면 (마치 예측한 양 행동하면) 혜택을 볼 수 있다. 온갖 종류의 누설하는 단서들이 있다. 개 수컷이 털을 곤두세울 때, 그것은 호전적인 기분임을 무심결에 드러내는 지표다. 그런 단서에 적절히 반응하는 것에 우리는 '마음 읽기'라는 이름을 붙였다. 사람은 이런 의미의 마음 읽기에 아주 능숙해질 수 있다. 흔들리는 눈이나 꼼지락거리는 손가락 등 그런 단서들을 활용함으로써다. 그리고 이제 다시 원점으로 돌아온다. 마음 읽는 자의 희생자인 동물은 자신의 마음이 읽힌다는 사실을 활용할 수 있다. '희생자'라는 단어 자체를 부적절하게 만듦으로써다. 이를테면, 수컷은 암컷의 마음 읽기 기구에 기만적인 단서를 '입력함'으로써 암컷을 조작할 수도 있다. 이 말은 그저 희생자의 입장을 따질 때 조작이 일방적이지 않다고 말하는 것일 뿐이다. 마음 읽기는 상황을 뒤집는다. 이어서 조작은 그 상황을 다시 뒤집을 수 있다. 마음을 읽는 자에게 불리한 쪽으로다.

이런 관점에서 보면, 동물의 신호는 마음 읽기와 조작 사이의 군비 경쟁, 설득력과 수용 거부 사이의 군비 경쟁으로서 진화한 것이다. 우리는 송신자가 마음 읽히기로부터 혜택을 보고 수신자가 조작 당하기로부터 혜택을 보는 경우에는 도출되는 신호가 '공모의 속삭임'으로 쪼그라들 것이라고 주장했다. 반발이 없을 때 굳이 신호를 키울 이유가 없지 않은가. 거꾸로, 즉 공모의 속삭임과 정반대로, 수신자가 조작 당하기를 '원치' 않는 경우에는 크고 눈에 띄고 생생한 신호가 출현할 것이다. 그런 군비 경쟁의 경우에는 진화 시간에 걸쳐서 송신자 쪽은 신호를 점점 과장하고, 수신자 쪽은 더욱 강하게 '수용 거부'로 맞설 것이다.

당신은 의아해할지도 모르겠다. 애당초 '수용 저항'이 왜 있는 것일까? 이는 암수 사이의 군비 경쟁 사례에서 가장 쉽게 볼 수 있다. 당신은 암수가 힘을 합치고 협력하는 것이 언제나 좋은 결정이라고 생각할지도 모르겠다. 그러나 그 생각은 틀린 것이며, 거기에는 한 가지 흥미로운 이유가 있다. *궁극적으로 정자가 난자보다 더 작고 더 수가 많기('더 저렴하기') 때문에 암컷은 수컷보다 더 까다로울 필요가 있다. 암컷이 수컷과 짝짓기를 '원하는' 것보다 수컷이 암컷과 짝짓기를 '원할' 가능성이 더 높다. 수컷이 잘못된 암컷과 짝짓기를 할 때 치르는 비용보다 암컷이 잘못된 수컷과 짝짓기를 할 때 치르는 비용이 더 크다. 잘못된 암컷 같은 것이 아예 없는 극단적인 사례도 있다. 따라서 수컷은 암컷을 설득하려고 시도할 때 설득력을 더 발휘할 가능성이 높다. 그리고 암컷은 수용 거부를 선호할 가능성이 더 높다. 선명한 색깔이나 큰 소리처럼 강력한 신호가 보인다면, 아마 수용 거부가 있다는 의미가 될 것이다. 수용 거부가 전혀 없다면, 신호는 공모의 속삭임으로 가라앉을 가능성이 높다. 눈에 띄는 신호는 설령 에너지가 더 많이 들지 않는다고 해도, 포식자를 끌어들이거나 먹이에게 경각심을 일으킬 위험이 있다는 점에서 비용이 든다.

*논문 두 편을 네 단락으로 압축하느라 좀 간결하게 표현한 감이 있다. 이제 새의 노래에 적용하면 더 명확히 와 닿을 것이다. 새의 노래는 아주 크고 눈에 띄므로 '공모의 속삭임'일 리가 없다. 이제 반대쪽 극단으로 가 보자. 커진 수용 거부가 조작하려는 과다 노력을 촉발한다. 새의 노래가 암컷들과 다른 수컷들의 행동을 조작하려는 시도일까? 노래하는 자에게 유리하게 그들의 행동을 바꾸려는 시도일까?

생물학자가 새의 행동을 조작하고 싶어 한다면, 할 수 있는 일이 무엇일까? 새들에게는 안타깝지만, 이 장에서 이미 새들 스스로가 할 수 없을 만한 것을 한 가지 언급한 바 있다. 이식된 전극을 통해 남의 뇌를 전기 자극하는 것 말이다. 캐나다 외과의사 와일더 펜필드Wilder Penfield는 다른 이유로 뇌 수술을 받는 환자들을 대상으로 뇌 기능을 살펴보는 연구를 개척했다. 대뇌 겉질의 각 부위를 자극함으로써 그는 뇌의 어느 부위가 마치 꼭두각시를 잡아당기는 실처럼 특정 근육을 씰룩거리게 하는지 알아낼 수 있었다. 그가 뇌의 어느 부위가 특별한 근육을 잡아당기는지를 그린 지도는 인체의 캐리커처처럼 보였다. 이른바 '운동 호문쿨루스motor homunculus'였다(다음 그림의

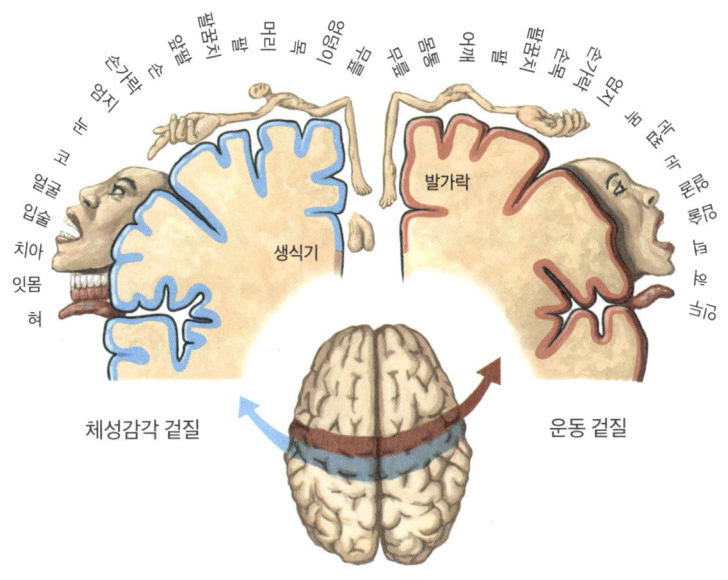

왼쪽은 '감각 호문쿨루스'인데, 좀 비슷하다). 예를 들어, 호문쿨루스 손의 기괴하게 과장된 모습은 피아노 연주자의 가공할 솜씨를 어느 정도 설명해 준다. 그리고 입술과 혀를 담당하는 넓은 뇌 영역은 명백히 언어와 관련이 있다. 독일 생물학자 에리히 폰 홀스트Erich von Holst는 닭을 대상으로 뇌의 더 깊은 영역인 뇌줄기를 연구함으로써, 새의 '기분'이나 '동기 부여'라고 부를 만한 것을 제어할 수 있었다. 그럼으로써 '암탉을 둥지로 이끌기', '포식자를 경고하는 소리 내기' 등 겉으로 드러나는 행동 변화를 이끌어 냈다. 다시 말해 두지만, 이런 조작은 전혀 고통스럽지 않다. 뇌의 신경에는 통증 수용체가 전혀 없기 때문이다.

나이팅게일 수컷은 암컷의 뇌에 전극을 이식해서 꼭두각시처럼 행동을 통제할 수 있기를 '바랄' 수도 있다. 그러나 실제로는 당연히 할 수 없다. 폰 홀스트도 아니고 전극도 없으니까. 대신 수컷은 노래할 수 있다. 노래도 동일한 조작 효과 같은 것을 일으킬까? 수컷이 혜택을 보리라는 점에는 의문의 여지가 없다. 호르몬을 암컷의 혈액에 주입할 수만 있다면 말이다. 수컷은 그런 일도 할 수 없다. 그러나 바바리비둘기와 카나리아에게서 얻은 증거들은 조류가 그에 가까운 일을 할 수 있음을 시사한다. 비둘기 수컷은 암컷을 향해 열심히 고개를 숙이면서 구구 소리를 내는 보쿠bow-coo 구애 행동을 한다. 이 고개 숙이기는 유달리 굽신거리는 사람이 보이는 모습과 비슷한 특징적인 행동이며, 스타카토로 시작해서 부드러운 글리산도로 이어지는 마찬가지로 독특한 구구 소리를 곁들이면서 한다. *수컷의 보쿠 행동에 일주일 동안 노출되면 암컷은 난소와 수란관이 커지고 성, 둥지 짓기, 배란 행동에도 변화가 일어난다. 미국 동물심리학자 대니얼 S. 러먼Daniel S. Lehrman이 이러한 사실을 보여 주었다. 더 나아가 러먼은 바바리비둘기 수컷의 행동이 암컷의 혈액으로 순환하는 호르몬에 직접 영향을 미친다는 것도 발견했다. *카나리아 암컷의 둥지 짓기 행동을 조사한 케임브리지의 로버트 하인드Robert Hinde와 엘리자베스 스틸Elizabeth Steel도 동일한 결과를 얻었다.

바바리비둘기와 카나리아에게 했던 종류의 실험을 나이팅게일에게는 한 적이 없지만, 새 수컷의 노래가 암컷의 호르몬 상태에 변화를 일으키는 것은 일반적인 양상일 듯하다. 수컷의 노래는 암컷의 행동을 조작한다. 마치 수컷이 암컷에게 화학물질을 주입할 힘을 지닌 듯하며, 나이팅게일도 다른 종들과 그리 다르지 않을 것이다.

내 가슴이 아리고, 감각이 나른하면서 마비되는 듯해
마치 독미나리 즙을 마신 양
아니면 1분 전에 탁한 아편제를 다 들이켜서
망각의 강으로 가라앉은 양

존 키츠John Keats는 새가 아니지만, 그의 뇌는 나이팅게일 암컷의 것처럼 척추동물의 뇌다. 나이팅게일 수컷의 노래는 그를 도취시켰다. 거의 시적 환상에 빠져 죽을 정도로. 그 노래가 포유동물인 키츠를 그렇게 도취시킬 수 있다면, 본래 미혹하도록 설계된 척추동물의 뇌, 즉 다른 나이팅게일의 뇌에는 더욱 강력한 효과를 미치지 않을까? 굳이 비둘기와 카나리아 실험의 증거를 들이대지 않아도, 우리는 그렇다고 답할 수 있다. 나는 자연선택이 나이팅게일 수컷의 노래를 아마 암컷에게 호르몬 분비를 일으킴으로써 행동을 조작할 마약 같은 힘을 완벽하게 갖추도록 조형해 왔다고 믿는다.

하지만 이제 학습으로, 난청 실험으로 돌아가자. 증거들은 어린 흰정수리멧새와 노래참새가 주형을 참조해서 노래를 독학한다는 것을 보여 준다. 어린 흰정수리멧새는 주형의 '녹음' 음반을 만들려면 노래를 들어야 한다. 그러나 아무 노래나 되는 것이 아니다. 자기 종의 노래를 들어야 한다. 이는 주형을 녹음할 때에도, 유전자에 내재된 선천적인 구성 요소가 관여함을 보여 준다. 노래참새는 녹음조차 필요하지 않다.

앞에서 나는 새의 노래를 새 자신이 심미적으로 즐기는 음악이라고 볼 수도 있다고 주장했다. 이제 이 주장을 자세히 살펴볼 때가 되었다. 수컷은 자신의 '무작위적' 재잘거림을 주형과 비교하면서 노래를 독학한다. 주형은 보상 역할을 한다. 즉, 무작위로 시도한 재잘거림이 우연히 주형과 들어맞을 때, 그것을 강화한다. 노래하는 수컷이 자신이 조작하기를 바라는 암컷과 거의 같은 뇌를 지니고 있다는 점을 생각하자. 노래를 독학할 때, 수컷은 노래의 어느 대목이 자기 종의 새(자기 자신…… 나중에는 암컷)에게 호소력이 있는지를 알아내는 중이다. 그것이 심미적 판단을 하는 것이지, 달리 무엇이겠는가?

재잘재잘. 이게 마음에 들어(내 주형에 들어맞아). 반복해.
재잘재잘 찍찍. 오, 이건 더 좋은데. 아주 마음에 들어.
정말로 나를 흥분시켜. 이것도 반복하자. 그래!

그를 흥분시키는 것은 아마 암컷도 흥분시킬 것이다. 아무튼 그들은 똑같이 그 종의 전형적인 뇌를 지닌 같은 종의 구성원들이기 때문이다. 발달 시기가 끝나면서 성체의 노래가 완성될 즈음, 그 노래는 가수 자신뿐 아니라 표적인 암컷까지도 똑같이 매혹시킬 것이다. 그는 어느 곡조든 간에 자신을 흥분시키는 대목을 노래하는 법을 배운다. 암수 모두 심미적 경험을 즐긴다는 것을 부정할 강력한 근거는 전혀 없어 보인다. 존 키츠가 나이팅게일의 노래를 들었을 때처럼 말이다.

우리는 일반화한 '추동 감소'로서의 보상이라는 개념으로부터 멀리까지 왔다. 그리고 내가 훨씬 더 흥미로운 장소라고 생각하는 곳에 이르렀다. 새의 노래를 조사한 이런 실험들은 보상이 궁극적으로 유전자에 새겨진 고도로 분화한 자극, 또는 자극 복합체일 수 있음을 말해 준다. *동물행동학의 아버지 중 한 명인 콘라트 로렌츠Konrad Lorenz는 이를 '선천적 여선생Innate Schoolmarm'이라고 했다.

이 말이 옳다면, 우리는 스키너 상자에서 다음과 같은 결과가 나올 것이라고 예측해야 한다. 노래를 결코 들은 적이 없는 노래참새 새끼는 다른 종의 노래가 아니라 노래참새의 노래가 나오는 단추를 쪼는 법을 배울 것이라고. 그 실험은 이루어진 적이 없지만, 비슷한 다양한 실험들이 이루어져 왔다. *조앤 스티븐슨Joan Stevenson은 푸른머리되새가 그 종의 노래를 켜는 스위치가 달린 횃대에 앉는 쪽을 선호한다는 것을 발견했다. 그러나 비교하기 위해 택한 대조군이 다른 종의 노래가 아니라 백색 소음이었다. 게다가 그녀의 푸른머리되새는 경험이 없는 어린 새가 아니라 야생에서 잡은 개체들이었다. *브라텐Braaten과 레이놀즈Reynolds는 그녀의 방법을 받아들여서, 사람이 키운 경험이 전혀 없는 금화조를 대상으로 백색 소음 대신에 찌르레기의 노래를 대조군으로 삼아 실험했다. 금화조는 찌르레기의 노래가 아니라 금화조의 노래가 나오는 횃대를 선호한다는 것이 뚜렷이 드러났다. 예를 들어, 어린 명금류 6종을 대상으로 각기 다른 노래가 나오는 6개의 횃대를 써서 더 큰 규모로 실험을 하면 아주 흥미롭지 않을까? 우리는 각 종이 자기 종의 노래가 나오는 횃대에 앉는 법을 배울 것이라고 예측해야 한다. 아마 실험이 쉽지는 않을 것이다. 명금류 새끼를 사람이 직접 키운다는 것은 쉽지 않다. 각 새끼를 다른 종의 부모가 키우도록 하면 더욱 산뜻한 실험 설계가 되지 않을까.

노래참새의 주형은 선천적이다. 어린 흰정수리멧새가 노래를 시작하기 전 생애 초기에 들은 '녹음된' 주형은 '각인imprinting'이라는 학습 유형처럼 보인다. 각인 하면 으레 콘라트 로렌츠와 그 뒤를 졸졸 따르던 기러기의 이야기가 떠오른다. 각인은 이소성을 지닌 어린 새에게서 처음 알려졌다.

이소성nidifugous의 영어 단어는 라틴어에서 나왔는데, '둥지를 떠난다'는 뜻이다. 이소성을 띠는 갓 부화한 새끼는 몸을 따뜻하게 보호하는 솜깃털로 덮여 있고, 다리로 잘 걸어 다닌다. 오리, 거위, 쇠물닭, 닭 등 땅에 둥지를 트는 종들의 새끼들이 대체로 그렇다. 이소성을 띠는 병아리는 부화한 지 몇 시간 안에 깃털이 마르자마자 제 발로 잘 걸으면서 주변을 경계하고 먹이가 될 만한 것들을 쪼아 대고, 부모의 뒤를 졸졸 따라다닌다. 이소성의 반대는 유소성nidicolous이다. 모든 명금류는 유소성이다. 유소성인 종은 대개 나무 위에 둥지를 짓는다. 새끼는 무력하고, 벌거벗고, 걷지 못하고(둥지가 나무 위에 있으니 걸을 데도 없긴 하지만), 스스로 먹이를 찾아 먹을 수도 없고 그저 부리를 쩍 벌리면서 부모에게 먹이를 달라고 계속 간청하기만 할 뿐이다. 갈매기 같은 많은 바닷새의 갓 부화한 새끼는 솜깃털로 덮여 있고 먹이를 달라고 입만 쩍 벌리고 있지 않다는 의미에서 이소성이다. 그러나 그들은 부모가 게워 내어 주는 먹이에 의존한다.

포유류에게도 이소성(뛰노는 새끼 양, 태어난 날부터 무리를 따라 걸어야 하는 누 새끼를 생각해 보라)과 유소성(새끼 쥐는 털이 없고 무력하다)에 상응하는 것이 있다. *사람은 유소성 종이다. 우리 아기는 거의 완전히 무력하다. 우리는 더 큰 뇌를 향한 압력과 머리가 클수록 태어나기 힘들다는 점 사이에 진화적 트레이드오프trade off를 겪어 왔다. 그 결과 아기는 더 일찍, 머리가 출산하기 어려울 만치 커지기 전에 태어나게 되었다. 따라서 다른 유인원 종들보다 더욱 무력한 유소성 상태에 놓였다.

포유류와 조류 양쪽에서 이소성 종은 부모로부터 떨어지면 위험에 처하며, 바로 여기서 각인이 등장한다. 이소성 새끼는 부화하자마자 처음 눈에 보이는 커다란 움직이는 대상의 마음속 사진을 찍는 것에 해당하는 일을 한다. 그런 뒤 그 대상을 졸졸 따라다닌다. 처음에는 아주 가까이 붙어서 따라다니다가 자라면서 점점 더 멀리까지 떨어져서 돌아다니는 모험을 한다. 이들이 처음으로 보는 움직이는 대상은 대개 부모이므로, 이 체계는 자연에서 잘 작동한다. 그러나 부화기에서 깨어난 새끼 거위는 콘라트 로렌츠 같은 돌보는 사람에게 각인을 하는 경향이 있다.

포유류에서 각인이라는 개념은 '메리에게 아기 양이 있어요'라는 동요를 통해 아이의 마음에 각인된다(메리가 가는 곳마다/아기 양도 따라다녀요). 조류와 포유류 양쪽에서 각인된 동물은 마음속 사진을 성체 때까지 간직하곤 하며, 그 대상을 닮은 동물(사람 같은)과 짝짓기를 시도하곤 한다. 동물원에서 번식이 어려운 이유 중 하나는 동물이 사육사를 갈망하다가 좌절하기 때문이다.

각인은 특수한 유형의 학습일 수도 있고 그렇지 않을 수도 있다. 평범한 학습의 특수한 형태에 불과할 뿐이라고 말하는 이들도 있다. 논쟁거리다. 어느 쪽이든 간에 최근의 '표층' 팰림프세스트 원고의 멋진 사례다. 유전자는 그 동물에게 정확히 누구를 따르고, 누구와 짝짓기를 하고, 어떤 노래를 부를지를 알려 주는 내장 이미지나 명세서를 제공할 수도 있었다. 대신에 세부 사항을 색칠하는 규칙을 제공했다.

동물이 물려받은 조상의 지혜에 추가하여 생애 동안 하는 학습의 유형이 강화 학습과 각인만은 아니다. 코끼리는 전통 지식을 중요하게 활용한다. 나이 많은 암컷 족장의 뇌에는 물이 어디 있는지 같은 중요한 문제들에 관한 풍부한 지식이 들어 있다. 어린 침팬지는 나이 많은 침팬지로부터 돌을 망치로 써서 견과를 깨고 잔가지로 흰개미집을 훑는 법 같은 기술을 배운다. 숙련자가 초보자에게 하는 전수는 대물림이지만, 유전이 아니라 밈이다. 이런 기술이 특정한 지역에서만 쓰이는 이유가 바로 그 때문이다. 일본원숭이가 고구마를 씻어 먹는 기술도 그런 사례다. 예전에 우유를 매일 집집마다 배달하던 시절에 영국 박새가 우윳병의 알루미늄이나 두꺼운 종이 뚜껑을 쪼아대어 뚫었던 기술도 그렇다. 이 사례에서는 유행병이 퍼지는 식으로, 이 기술이 시작점에서부터 방사상으로 주변 지역으로 퍼져 나갔다.

학습 외에 동물의 유전적 재능을 개선하기 위해서 갖추고 있는 것이 또 무엇일까? 아마 뇌가 매개하지 않는 '기억'의 가장 중요한 사례는 면역계일 것이다. 면역계가 없으면 누구도 첫 감염 때 살아남지 못할 것이다. 면역학은 엄청난 주제이며, 너무 크기에 이 책에서 다룬다는 것은 부당하다. 그러니 유전자가 앞으로 마주칠 수도 있을 모든 세균, 바이러스, 기타 병원체에 관한 정보를 몸에 갖추어 놓는 불가능한 일을 시도하지 않는다는 요지를 이해시킬 정도만 언급하기

콘라트 로렌츠에게 각인한 기러기들.
조류의 마음을 실퍼볼 단서를 제공한 특수한 유형의 학습.

로 하자. 대신에 유전자는 과거의 감염을 '기억'함으로써 미래의 감염에 대비할 도구를 우리에게 갖추어 주었다. 우리는 사자의 유전서(조상의 과거)뿐 아니라 계속해서 갱신되는 감염과 대처 방식을 담은 의료 기록이 적힌 특수한 분자 책도 지니고 있다.

　세균도 감염에 시달리며—박테리오파지 또는 줄여서 파지라는 바이러스에—나름의 면역계를 갖추고 있다. 우리 면역계와 좀 다르다. 세균이 감염되면, 바이러스 DNA 중 일부의 사본이 세균의 원형 염색체 안에 저장된다. 이 사본은 범죄자 바이러스의 '머그샷'이라고 불리곤 한다. 각 세균은 원형 염색체의 한 부분을 일종의 이런 머그샷 도서관으로 설정한다. 머그샷은 나중에 동일하거나 가까운 바이러스가 다시 출현했을 때 그 범죄자를 체포하는 데 쓰일 것이다. 세균은 머그샷의 RNA 사본을 만든다. 이 '범죄자' DNA의 RNA 이미지는 세균 세포 안을 이리저리 돌아다닌다. 익숙한 유형의 바이러스가 침입하면, 적합한 머그샷 RNA가 거기에 결합하고, 특수한 단백질 효소가 결합된 곳을 잘라 냄으로써 바이러스를 무력화한다.

　세균은 머그샷에 꼬리표를 붙일 방법이 있어야 한다. 그래야 자신의 DNA와 혼동하지 않을 테니까. 머그샷의 꼬리표는 DNA에서 인접한 무의미 서열에 들어 있다. *크리스퍼CRISPR라는 회문 서열Palindromic Sequence이 그것이다. 크리스퍼는 일정 간격 짧은 회문 반복 서열Clustered Regularly Interspaced Short Palindromic Repeat의 약자다. 새로운 종류의 바이러스가 침입할 때마다 세균 염색체의 크리스퍼 영역에 다른 크리스퍼가 딸린 머그샷이 추가된다. 또 다른 이야기이긴 하지만, *크리스퍼는 과학자들이 이 세균의 재능을 이용해서 유전체를 편집할 수 있는 방법을 발견함으로써 유명해졌다.

척추동물의 면역계는 좀 다르게 작동한다. 더 복잡하지만 우리도 과거에 접한 병원체의 '기억'을 지닌다. 따라서 우리 면역계는 그 오래된 적이 감히 다시 침입할 때 빠른 반응을 일으킬 수 있다. 볼거리나 홍역에 걸렸던 사람이 그 병에 두 번 다시 걸리지 않을 것이라고 확신하고서 안전하게 환자를 대할 수 있는 이유가 바로 그 때문이다. 그리고 우리는 대개 병원체의 죽은 균주나 약화시킨 균주를 주입함으로써 면역계가 가짜 기억을 갖도록 속임으로써 작동하는 백신 접종의 엄청난 혜택도 본다.

코로나의 세계적 대유행은 경이로운 새로운 유형의 백신인 mRNA 백신이 많은 목숨을 구함으로써, 대체로 확산이 멈추었다. 이 mRNA(전령 RNA)의 역할은 세포핵의 DNA로부터 암호 메시지를 단백질 합성 장소로 전달해서 암호에 적힌 대로 단백질을 합성하도록 하는 것이다. 여기서 mRNA 백신도 바로 그런 일을 한다. 위험한 바이러스의 죽거나 약해진 균주를 주사하는 대신에, 바이러스의 껍질을 이루는 무해한 단백질의 서열을 먼저 분석한다. 그런 뒤 그 단백질을 담당하는 유전 암호에 따라 mRNA를 만든다. 이 mRNA는 본래 하는 일을 한다. 바로 단백질 합성이다. 여기서는 코로나바이러스의 무해한 껍질 단백질이다. 그러면 면역계는 바이러스가 침입하면 그 껍질의 단백질을 알아보고서 바이러스를 공격한다.

학습과 진화 사이의 유사성을 추구할 때 특히 흥미로운 점은 척추동물 면역계의 '기억'(세균의 것과 달리)이 몸속에서 일종의 다윈주의 방식으로, 즉 자연선택의 내부 판본처럼 작용한다는 것이다. 그러나 그 이야기는 여기서 다루는 범위를 넘어선다.

면역계와 뇌는 동물 자신의 생애 동안 새로 항목들이 적히면서 사자의 유전서를 갱신하는, 즉 '세부 사항을 색칠하는' 두 풍부한 데이터 은행이다. 완전해지려면 더 많은 사소한 사례들을 수정할 필요가 있다. 태양 아래 누워 있을 때 피부가 더 짙어지는 것은 일종의 기억이다. 햇빛, 특히 자외선이 일으킬 수 있는 피해, 예를 들어 피부암을 일으킬 피해를 막는 유용한 차단막을 제공한다. 이는 유전적 및 후성유전적 원고가 둘 다 기여하는 사례다. 오랜 세대에 걸쳐 강렬한 열대 태양 아래 살았던 조상들의 후손은 더 짙은 피부를 갖고 태어난다. 오스트레일리아 원주민, 많은 아프리카인, 인도 아대륙 남부 사람들이 그렇다. 대조적으로 많은 세대 동안 고위도 지역에서 산 조상들의 후손은 햇빛을 너무 적게 받을 위험이 있다. 그들은 비타민 D가 부족한 경향이 있고, 구루병에 걸리기 쉽다. 따라서 고위도에서는 더 옅은 피부를 선호하는 유전적 자연선택이 이루어진다. 그리고 모두 사자의 유전서에 적힌다. 그러나 이 장에서는 출생 이후에 적힌 팰림프세스트 원고를 이야기하는 중이며, 선탠은 바로 여기에 적힌다. 햇볕에 그을리기, 출생 이후의 '색칠하기'는 피부가 옅은 고위도 사람들에게 열대 지방 사람들의 유전체에 적힌 것에 일시적으로 가까이 다가갈 수 있게 해 준다. 우리는 이를 햇볕의 단기 기억과 장기 기억이라고 생각할 수도 있다.

또 한 사례는 고도에의 순응이다. 높은 곳으로 올라갈수록 대기는 옅어지고, 산소 부족으로 '고산병'에 걸릴 위험이 높아진다. 고산병은 두통, 졸음, 욕지기, 임신 합병증 같은 증상들을 일으킨다. 고지대에 대대로 산 조상들의 후손은 혈액의 헤모글로빈 농도가 높아지는 등 유전적 적응 형질을 갖추는 쪽으로 진화했다. 자연선택의 이런 '기억'은 사자의 유전서에 적혀 있다. *흥미롭게도 안데스인과 히말라야인은 세부적으로 보면 차이가 있다. 약 1만 년에 걸쳐서 서로 멀리 떨어진 산악 지역에서 서로 독자적으로 산소 부족에 적응했다는 점을 생각할 때 놀랄 일도 아니다. 순응의 경로는 몇 가지가 있으며, 서로 다른 산악 지역의 사람들이 각자 다른 진화 경로를 따르는 것도 놀랄 일은 아니다.

여기서도 조상의 원고 위에 동물 자신의 원고가 겹쳐질 수 있다. 저지대에 살다가 고지대로 올라가는 사람은 순응할 수 있다. 1968년 멕시코시티에서 올림픽 경기가 열렸을 때, 각국 팀은 일부러 더 일찍 와서 아나우악고원의 고지대(해발 2,200미터)에서 적응 훈련을 했다. 고지대에서 몇 주 지내는 동안 일어나는 변화는 출생 이후 팰럼프세스트 층에 적힌다. 피부색과 마찬가지로, 그들은 유전자가 적은 더 오래된 원고를 흉내 낸다.

피부색 이야기가 나왔으니 말인데, 2장에서 말한 '그림'은 모두 조상의 유전자들이 조상의 세계를 재현하면서 그린 것들이었다. 그러나 매순간 자신이 앉는 곳의 배경에 맞추어서 즉시 피부를 다시 칠할 수 있는 동물들도 있다. 이는 산 자의 비유전서의 또 하나의 사례다. 여기서 으레 카멜레온을 떠올리지만, 즉석으로 피부를 칠하는 예술의 최고 거장은 그들이 아니다. 넙치 등 가자미류는 몸의 색깔뿐 아니라 무늬도 바꿀 수 있다. 다음 사진의 가자미류는 앉아 있는 노란 배경에 맞추어서 몸 색깔을 바꿀 수 있다. 하지만 우리는 한번 보

기만 해도, 이 무늬가 수면의 잔물결이 일으키는 빛의 반짝거림이 투영한 얼룩덜룩한 무늬까지 포함해서 방금 움직인 더 옆은 바닥의 상세한 묘사임을 읽어 낼 수 있다.

　*가자미류도 문어를 비롯한 두족류에 비하면 한 수 아래다. 두족류는 역동적인 옷 갈아입기 예술을 경이로운 수준까지 완성시켰다. 게다가 이들은 동물계에서 독특하게 아주 빠른 속도로 색깔을 바꾼다. 로저 핸런Roger Hanlon은 그랜드케이맨섬 연안에서 잠수할 때 갈색 바닷말 덩어리가 갑자기 유령 같은 흰색으로 변하면서 먹물을 내뿜으며 빠르게 헤엄쳐 달아나는 광경을 보았다. 온몸의 피부를 갈조류처럼 완벽하게 칠하고 있던 문어였다. 핸런이 다가가자, 문어의 뇌

는 피부 전체에 흩어져 있는 미세한 색소 주머니를 통제하는 근육을 씰룩거리라는 긴급 명령을 내렸다. 그 즉시 표면 전체는 완벽한 위장술을 펼치던 상태에서(포식자가 알아차리지 못하도록 시도하는) 오싹한 흰색으로 바뀌었다(포식자를 깜짝 놀라게 하는). 마지막으로 흑갈색 먹물을 뿜어내어 포식자의 주의를 딴 데로 돌리면서 달아났다.

핸런은 인도네시아 바다에서 넙치의 모습뿐 아니라 모래 위에서 멈추었다가 휙 하고 미끄러져 나아가는 행동까지 따라 하는 흉내문어 *Thaumoctopus mimicus*를 보았다. 왜 그렇게 할까? 핸런은 확신하지는 못하지만, 촉수를 물어뜯기 좋아하는 반면 실제 넙치에게는 대적할 수 없는 포식자를 속이기 위해서가 아닐까 추측한다. 또 이 문어는

흉내문어

흉내문어

바다뱀

넙치

7. 살아 있는 기억 235

촉수를 열대 바다에서 흔한, 독 있는 바다뱀을 닮은 모습으로 만들어 과시할 수도 있다. 두족류는 심지어 물결처럼 팔락거리거나 주름을 생성해서 별난 모습을 취하는 것을 비롯해서 피부의 질감까지 바꿀 수 있다. 한 동료는 예전에 다른 세계의 기이한 모습을 다룬 강연을 두족류 이야기인 '이들은 화성인이다'로 시작했다.

 이 책의 주된 주제는 동물을 훨씬 더 오래된 조상 환경을 기술한 내용으로서 읽을 수 있다는 것이다. 이 장에서는 조상 팰림프세스트 원고 위에 더 세세한 내용이 어떻게 추가되는지를 보여 주었다. 앞에서 우리는 미래 과학자 소프에게 동물을 보여 주고서 그 몸을 읽어서 그 동물을 빚어낸 환경을 재구성하라는 과제를 안겨 주었다. 그럴 때 우리는 유전체 데이터베이스와 그 표현형에 기술된 조상 환경만을 이야기했다. 이 장에서는 유전자를 보완하는 다른 두 거대한 데이터베이스, 즉 뇌와 면역계를 포함해서 더 최근의 과거를 추가로 읽음으로써, 소프의 조상 환경 읽기를 어떤 식으로 보완할 수 있는지를 살펴보았다. 현재 의사는 당신의 면역계 데이터베이스를 읽어서 당신이 겪은, 또는 백신 접종을 받은 감염병의 역사 전체를 꽤 온전히 재구성할 수 있다. 그리고 소프가 뇌에 적힌 것을 읽을 수 있다면(미래의 과학자라면 정말로 읽어 낼지도 모른다), 그 동물의 생애 속에서 과거 환경을 훨씬 더 상세히 재구성할 수 있을 것이다.

 뇌에 기억으로서 저장된 실제 경험, 즉 질병 경험이든 자연선택을 통해 유전체에 새겨진 유전적 '경험'이든 간에, 경험 덕분에 동물은 다음에 무슨 일이 일어날지 예측할 수 있다. 그러나 뇌가 미래를 예측하기 위해서 동원할 수 있는 묘책이 하나 더 있다. 시뮬레이션, 즉 상상이다. 사람의 상상은 사실 이보다 훨씬 원대하지만, 동물의 생존이라는 관점과 자연선택과 학습 사이의 유사성이라는 관점에서는 우리 상상을 일종의 '대리 시행착오 Vicarious Trial and Error(VTE)'라고 볼 수 있다. 안타깝게도 이 용어는 이미 쥐를 연구하는 심리학자들에게 찬탈당한 상태다. '미로'(대개 우회전이나 좌회전 중에 선택을 하도록 하는)에 있는 쥐는 머뭇거리면서 왼쪽, 오른쪽, 왼쪽, 오른쪽을 번갈아 쳐다보다가 이윽고 결심하는 모습을 보이곤 한다. 이 'VTE'는 서로 다른 미래를 상상하는 특수한 사례일 수도 있다. 아쉽지만 그 용어 자체를 쥐를 달리게 하는 이들에게 넘기고 여기서 쓰지 않는 편이 가장 안전할 성싶다. 대신에 나는 컴퓨터 시뮬레이션에 유추하는 쪽을 택할 것이다. 동물의 뇌는 내부적으로 대안 행동들의 유망한 결과들을 시뮬레이션함으로써 현실 세계에서 실제로 시도할 때의 위험을 줄인다.

나는 인간의 상상이 훨씬 더 원대하다고 말했다. 미술과 문학에서 잘 발현된다. 한 사람이 쓴 글은 다른 사람의 뇌에서 장면을 상상하게 할 수 있다. 거트루드의 오필리아 애도는 그 시인이 세상을 떠난 뒤 4세기 동안 독자의 눈물을 자아낼 수 있다. 그보다 덜 거창하게, 개코원숭이가 낭떠러지 꼭대기에 앉아 있다고 상상해 보라. 그 낭떠러지 끝자락 너머까지 누군가가 잘 균형을 잡아서 널빤지를 걸쳐 놓았다. 한없이 깊은 구렁 위로 뻗어 있는 널빤지 끝에는 바나나 한 송이가 놓여 있다. 군침이 돌만치 노랗게 잘 익은 바나나라고 상상하자. 개코원숭이는 널빤지를 기어서 가져오고 싶은 유혹을 느낀다. 그러나 그의 뇌는 어떤 결과가 나올지 시뮬레이션한다. 자신의 몸무게로 널빤지가 기울어질 것이고, 아래로 굴러떨어져서 죽는 모습을 상상한다. 그래서 개코원숭이는 자제한다.

이제 널빤지 위의 바나나를 보는 다양한 뇌들을 상상해 보자. 먼저 사자의 유전서는 선천적으로 높은 곳을 겁내게 만들 수 있다. 나는 등줄기가 오싹해지기에 아일랜드 서부의 모허 절벽 같은 아찔한 낭떠러지 가장자리의 1미터 안쪽까지 걸어갈 수가 없다. 바람이 전혀 없고 떨어질 것이라고 여길 이유가 전혀 없을 때도 그렇다.

전혀 새로운 장르의 실험, 이른바 '시각 절벽' 실험은 고소공포증을 알아보기 위해 고안된 것이다. 이 그림 속 아기는 아주 안전하다. '절벽' 위로 튼튼한 유리가 놓여 있다. 최근에 나는 까마득히 아래 거리가 내려다보이는 강화 유리 위에 설 수 있는 세계에서 가장 높은 건물 가운데 한 곳에 올라갔다. 완벽하게 안전했고 나는 남들이 유

시각 절벽

리 위를 걷는 모습을 지켜보았지만, 직접 걷지는 않았다. 비합리적이긴 하지만 나는 타고난 두려움을 극복하기가 어려웠다. 아마 선천적으로 높은 곳을 두려워하는 습성은 그 습성을 지녔기에 살아남았던 나무 타는 조상들에게서 물려받았을 것이다. 물론 모두가 그 두려움에 굴복하는 것은 아니다. 뉴욕의 이 건설 인부들은 명백히 무심한 태도로(나로서는 도저히 이해가 가지 않지만) 편안히 점심 식사를 하고 있다.

추락사는 고소공포증을 동물에게 새겨 놓았을 법한 가장 잔혹한 경로다. 또 다른 경로는 고통을 통해 강화된 학습이다. 더 낮은 절벽에서 추락한 어린 개코원숭이는 죽지는 않겠지만, 고통을 겪는다. 앞서 살펴보았듯이, 고통은 일종의 경고다. "다시는 하지 마. 다음에 더

/. 살아 있는 기억   239

높은 절벽에서 떨어진다면 죽을 거야." 고통은 죽음의 상대적으로 안전한 대체물, 일종의 대리다. 고통은 학습과 자연선택 사이의 유추에서 죽음에 상응한다.

하지만 당신은 인간의 상상력을 지닌 인간이므로, 이제 뇌 속에서 유달리 똑똑한 개코원숭이를 상상해 보자. 개코원숭이는 자신의 상상 속에서 바나나가 그대로 얹힌 채로 널빤지를 조심조심 당기는 자기 모습을 본다. 아니면 막대기를 뻗어서 바나나를 조심조심 가까이 끌어당긴다고 상상한다. 아마 고도로 진화한 뇌만이 이런 시뮬레이션을 할 수 있을 것이다. 개조차도 이른바 '우회 문제'를 해결하는 능력이 놀라울 만치 떨어진다. 하지만 이 상상력 풍부한 개코원숭이는 아무런 고통 없이 그리고 추락해 죽는 일도 없이 내면의 시뮬레이션을 통해 그 모든 일을 해낸다. 개코원숭이는 상상 속에서 자신의 추락을 시뮬레이션하고 그 결과 널빤지를 걸어가는 모험을 자제한다.

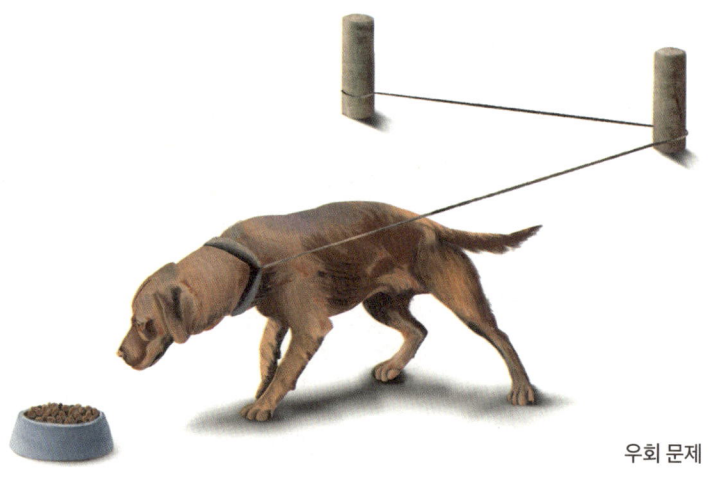

우회 문제

그런 뒤 이 문제의 안전한 해결책을 시뮬레이션함으로써 바나나를 얻는다.

위험한 미래의 내면 시뮬레이션이 실제 행동보다 선호된다는 것은 굳이 말할 필요도 없다. 물론 시뮬레이션이 정확한 예측으로 이어진다면 말이다. 항공기 설계자는 실제 항공기에 진짜 날개를 달아서 날리는 것보다 풍동에서 모형 날개로 시험하는 편이 더 저렴하고 안전하다는 것을 안다. 설령 풍동 모델이 컴퓨터 시뮬레이션이나 해석학적 계산보다 더 비싸다고 해도 그렇다. 물론 후자가 가능하다면 말이지만. 그래도 시뮬레이션에는 어느 정도 불확실성이 있다. 아무리 엄밀하게 풍동 실험이나 컴퓨터 시뮬레이션을 한다고 해도, 새 항공기의 첫 비행에서는 여전히 새로운 정보를 얻기 마련이다.

일단 충분히 정교한 시뮬레이션 기구가 뇌에 갖추어지면, 창발적 특성이 출현한다. 대안 미래가 생존에 어떻게 영향을 미칠지를 상상할 수 있는 뇌는 단테나 히에로니무스 보스의 뇌처럼 지옥의 고문도 상상할 수 있다. 달리나 에스허르의 뉴런은 현실에서 결코 볼 수 없을 혼란스러운 이미지를 모사한다. 현실에는 없는 등장인물도 위대한 소설가나 그 독자의 머릿속에서는 생생하게 살아 있다. 알베르트 아인슈타인은 뉴턴과 갈릴레오 같은 불후의 인물들과 함께 광선을 타고 가는 광경을 상상했다. 철학자는 불가능한 실험을 상상한다. *통에 담긴 뇌('내가 어디 있는 거지?'), 사람을 원자 하나하나까지 복제하기(어느 '쌍둥이'가 '개성'이 자기 것이라고 주장할까?) 같은 상상이다. 베토벤은 비극적이게도 자신이 결코 들을 수 없는 웅장한 찬가를 상상하고 악보에 적었다. 시인인 스윈번은 우연히 해안 절벽 위에 버려진 정원에 들어섰고, 그의 상상은 '100년 동안 잠자기 전' 바다를 바라보면서 오래전에 죽은 두 연인을 부활시켰다. 키츠는 '다리엔의 한 봉우리에서 말없이' 태평양을 바라보던 강인한 코르테스와 선원들의 '대담한 추측'을 재구성했다.

이런 놀라운 상상을 수행하는 능력은 머리뼈라는 안전한 장벽 안에서의 대리 내면 시뮬레이션이라는, 안전하지 않은 바깥 현실 세계에서 다르게 행동했을 때의 결과를 예측하는 다윈주의 재능에서 창발적으로 출현했다. 시행착오를 통해 학습하는 능력처럼, 상상하는 능력도 궁극적으로 유전자, 자연적으로 선택된 DNA 정보, 사자의 유전서에서 나온다.

8
불멸의 유전자

사자의 유전서라는 핵심 개념은 유전자 관점gene's eye view이라고 할 수 있을 생명관에서 나온다. *이 관점은 야생에서 동물의 행동과 행동생태학을 연구하는 대다수 동물학자의 작업 가정이 되어 있지만, 비판과 오해에 시달려 왔기에 여기서 요약할 필요가 있겠다. 이 책의 핵심을 이루기 때문이다.

어떤 주장을 그 반대와 대비시켜서 표현하는 것이 유용할 때도 있다. *명확히 표현된 반론은 명확한 답변을 받아 마땅하다. 나는 유전자 관점에 반대되는 관점을 가상으로 창안할 수도 있지만, 안타깝게도 굳이 그럴 필요가 없다. 내 옥스퍼드 동료인 (말이 나온 김에 덧붙이자면 오래전 전혀 다른 주제로 내가 박사 논문 심사를 받을 때 심사 위원이었던) 데니스 노블Denis Noble 교수가 논리 정연하게 명확히 제시했기 때문이다. 그의 생물학 관점은 매혹적이며, 덜 명시적이고 덜 뚜렷한 형태로 많은 이들이 지니고 있는 것이기도 하다. 노블은 명쾌하다. 그는 소리 높여 핵심을 겨냥하지만, 잘못된 방향을 가리키고 있다. 그는 저서 『생명의 가락에 맞추어 춤추다 Dance to the Tune of Life』의 첫머리에서 명료하고도 명확히 이렇게 적었다.

*이 책은 무언가를 '담당하는' 유전자 같은 것은 전혀 없음을 보여 줄 것이다. 살아 있는 생물은 기능을 지니며, 그 기능은 유전자를 써서 자신이 필요로 하는 분자를 만드는 것이다. 유전자는 사용되는 것이다. 능동적인 원인이 아니다.

그 말은 정확하게 정반대로 틀렸으며, 이 장에서 내가 보여 주고자 하는 것이 바로 그 점이다.

*유전자가 진화에서 능동적인 원인이 아니라면, 현재 행동생태학, 동물행동학, 사회생물학, 진화심리학이라고 알려진 분야들에서 일하는 거의 모든 과학자는 반세기 동안 잘못된 방향으로 나아온 셈이다. 그러나 그렇지 않다! '능동적 원인'이야말로 유전자가 되어야 하는 것이다. 자연선택을 통한 진화가 일어나려면 반드시 그래야 한다. 그리고 유전자가 생물에게 쓰이는 것이 아니라, 유전자가 생물을 이용한다. 유전자는 생물을 임시 탈것으로 이용하며, 미래 세대로 옮겨 가는 수단으로 삼는다. 이는 사소한 견해 차이, 결코 단순한 단어 게임이 아니다. 근본적인 차이다. 중요한 문제다.

구별의 심리학자인 데니스 노블은 생물의 복잡성을 수조 개의 세포 하나하나에 이르기까지 해체하는 데 푹 빠져 있다. 그는 생물의 모든 측면이 복잡한 상호 의존성을 띤다는 사실로 독자에게 깊은 인상을 심어 주는 것부터 시작한다. 그 부분만 따진다면 성공적이다. 그는 모든 부위가 다른 모든 부위와 떼어 낼 수 없을 만치 얽혀서 전체를 위해 일한다고 본다. 그 이야기를 하면서—그리고 그가 틀린 부분이 바로 여기인데—그는 세포핵에 든 DNA를 세포가 특정한 단백질을 만들 필요가 있을 때 기대는 유용한 도서관이라고 본다. 세포핵으로 들어가서, DNA 도서관을 찾아서, 유용한 단백질을 만드는 설명서를 구해서, 단백질을 찍어 낸다. 나는 헤이온와이에서 그와 공개 토론을 할 때 노블의 입장을 이렇게 특징지었고, 그는 격렬하게 고개를 끄덕이면서 동의를 표했다. 그는 DNA가 생물의 하인이라고 본다. 심장이나 간, 또는 세포도 마찬가지다. DNA는 필요할 때 특정한 효소를 만드는 데 유용하다. 효소가 화학 반응을 촉진하는 데 유용한 것과 마찬가지다······. 그런 논리다.

『생명의 가락에 맞추어 춤추다』의 부제목은 '생물학적 상대성'이다. 노블은 '상대성'을 아인슈타인의 상대성과 연결 짓는 빈약한 의미로 썼을 뿐이지만, 그것은 역사가 찰스 싱어Charles Singer가 『생물학의 짧은 역사A Short History of Biology』에서 쓴 의미와 딱 들어맞는다.

> *기능의 상대성 원리는 몸의 모든 기관에 참인 것과 마찬가지로 유전자에도 참이다. 모든 기관은 다른 기관들과 연관되어서만 존재하고 기능한다.

노블은 그보다 약 90년 뒤의 사람이다. 현재 우리는 유전자가 DNA임을 알기에 노블은 싱어보다 유리한 입장에 있다. 그러나 위의 인용문과 연결 지어 볼 때, 생물학적 상대성에 관한 그의 정서는 싱어의 것과 완벽하게 공명한다.

*생물학적 상대성 원리는 그저 생물학에서의 인과관계 중에 특권적인 수준에 놓이는 것은 전혀 없다는 것이다.

나는 생리 쪽으로 생물 부위들이 얼마나 복잡하게 상호 의존적이든 간에, 다윈 자연선택을 통한 진화라는 특별한 주제로 옮겨 가면 한 가지 특권적인 수준의 인과관계가 나온다고 주장하련다. 바로 유전자 수준이다. 그 주장을 정당화하는 것이 이 장의 주된 목적이다.

다음은 내가 위의 인용문을 따온 생기론적 단락 전체다. 그의 책의 결론이자 노블의 '상대성'을 완벽하게 예고하는 대목이다.

게다가 해석들이 상반되긴 하지만, 유전자의 이론은 '기계론적' 이론이 아니다. 세포나 그 문제에서는 생물 자체가 화학적이거나 물리적 실체로서 이해할 수 없듯이, 유전자도 그에 못지않다. 게다가 비록 원자론이 원자를 이야기하듯이 그 이론이 유전자를 이야기하고 있긴 하지만, 두 이론 사이에는 근본적인 차이가 하나 있다는 점을 명심해야 한다. 원자는 독자적으로 존재하고, 특성을 그 자체로 살펴볼 수 있다는 점이다. 심지어 원자는 분리할 수 있다. 비록 우리는 원자를 볼 수 없긴 하지만, 다양한 조건에서 다양하게 조합하면서 다룰 수 있다. 개별적으로도 다룰 수 있다. 유전자는 그렇지 않다. 유전자는 염색체의 일부로서만 존재하며, 염색체는 세포의 일부로서만 존재한다. 내가 살아 있는 염색체, 즉 유일하게 유효한 유형의 염색체를 요구한다면, 살아 있는 환경에 있지 않는 한 살아 있는 팔이나 다리를 내게 제공하는 식으로 그 누구도 내게 제공할 수 없다. 기능의 상대성 원리는 몸의 모든 기관에 참인 것과 마찬가지로 유전자에도 참이다. 모든 기관은 다른 기관들과 연관되어서만 존재하고 기능한다. 따라서 가장 최신의 생물학 이론은 우리를 처음 시작한 곳으로 돌려놓는다. 그 자체가 유일할 뿐 아니라 각각의 모든 발현 사례에서도 독특한 생명 또는 정신이라는 힘이 존재한다는 것 말이다.

왓슨과 크릭은 1953년 그 이론을 완전히 무너뜨렸다. 그들로부터 시작된 디지털 유전체학이라는 의기양양한 분야는 유전자에 관한 싱어의 문장 하나하나가 다 틀렸음을 입증한다. 유전자가 세포 화학이라는 본래의 환경에 있지 않으면 무력하다는 것은 맞지만 사소한 사항일 뿐이다. 여기서 다시금 노블은 싱어의 견해를 현대화하긴 하지만 여전히 동일한 정서를 드러낸다.

실제로 홀로 있는 DNA 분자는 결코 살아 있지 않다. 유전체 전체를 내가 완전히 분리해서 우리가 원하는 온갖 영양염류와 함께 배양접시에 담을 수 있다면, 1만 년을 배양한다고 해도 서서히 분해되기만 할 뿐 다른 일은 결코 일어나지 않을 것이다.

배양접시에 담긴 유전자가 아무것도 할 수 없다는 점은 명백하며, 1만 년은커녕 몇 달 지나지 않아서 물질 분자로서는 분해될 것이다. 그러나 DNA에 든 정보는 잠재적으로 불멸이며, 인과적으로 강력하다. 그리고 바로 그것이 요점이다. 물질 분자도 배양접시도 신경 쓰지 말라. 한 생물의 유전체에 든 A(Adenine), T(Thymine), C(Cytosine), G(Guanine)에서 기반한 3염기 조합 서열을 긴 두루마리에 죽 적는다고 하자. 아니, 종이는 너무 무르다. 1만 년 동안 유지되도록 가장 단단한 화강암에 깊이 새기자. 전 세계에 걸쳐 있는 대산괴라고 해도 너무 작겠지만, 사소한 문제이니 넘어가자. 1만 년 뒤 과학자들이 여전히 지구를 걸어 다닌다면, 그들은 그 서열을 읽어서 우리가 이미 초기 형태로 쓰고 있는 DNA 합성 기계에 입력할 것이다. 그들은 그 유전체를 기증한 사람의 클론을 만들 발생학 지식을 지니고 있을 것이다(그저 복제양 돌리의 미래판에 불과하다). 물론 이 DNA 정보는 자궁 내 난자의 생화학적 기반 시설을 필요로 하겠지만, 기꺼이 제공하려는 여성이 있을 것이다. 그녀가 잉태한 아기, 1만 년 전에 사망한 선조의 일란성 쌍둥이는 싱어와 노블의 주장을 논박하는 생생한 사례가 될 것이다.

쌍둥이를 만드는 데 필요한 정보를 무생물인 화강암에 새겨서 1만 년 동안 보존할 수 있다는 것은 왓슨과 크릭이 우리를 위해 알려준 지 70년이 지난 지금도 여전히 나를 놀라게 하는 진실이다. 아마 찰스 싱어는 자신의 생기론을 철회할 수밖에 없을 것이고, 반면에 찰스 다윈은 무척 기뻐하지 않을까.

요점은 물질적인 DNA 분자 자체는 덧없을지 모르지만, 뉴클레오타이드 서열에 든 정보는 잠재적으로 영원하다. 전령 RNA, 리보솜, 효소, 자궁 등 주변 기구들이 필수적으로 있어야 하지만, 그것들은 어떤 여성이든 간에 새로 제공할 수 있다. 그러나 개인의 DNA에 든 정보는 독특하고 대체 불가능하고 잠재적으로 불멸이다. 화강암에 새긴다는 말은 이를 극적으로 표현한 것이다. 현실적인 방법은 아니다. 정상적인 상황에서 DNA 정보는 복제됨으로써 불멸성을 획득한다. 복제되고 또 복제된다. 무한정, 잠재적으로 영원히 복제되면서 후대로 계속 이어진다. 물론 DNA는 스스로 복제할 수 없다. 컴퓨터 디스크가 지원 소프트웨어가 없이는 스스로 복제할 수 없는 것처럼, DNA도 세포 화학의 정교한 기반 시설이 필요하다. 그러나 이 과정에 관여하는 모든 분자가 복제 과정에 아무리 필수적이라고 해도, 실제로 복제되는 것은 DNA뿐이다. 몸에서 그렇게 존중받는 것은 또 없다. DNA에 적힌 정보만이 그런 대접을 받는다.

당신은 몸의 모든 부위가 복제된다고 생각할지 모른다. 모든 사람이 팔과 콩팥을 지니고, 이들이 세대마다 새로 생기는 것이 아닌가? 맞다. 그러나 그런 부위들을 유전자가 복제된다는 의미에서 복제라고 부르는 것은 틀렸다. 팔과 콩팥은 새로운 팔과 콩팥을 복제하는 것이 아니다. 이 점은 결정적이며, 정말로 중요하다. 골절이나 운동을 통해 팔에 변화를 준다면, 그 변화는 다음 세대로 전해지지 않는다. 반면에 생식 계통 유전자에 변화를 일으키면, 그 돌연변이는 대대로 복제되면서 1만 년 동안 이어질 수도 있다.

*인쇄술이 발명되기 전에는 종이가 썩기 전에 사람들이 일정한 간격으로 성서를 공들여 필사하곤 했다. 파피루스는 부서질지 모르지만 정보는 살아남았다. 두루마리는 스스로 복제되지 않는다. 필경사가 필요하며, 필경사는 복잡한 일을 한다. DNA 복제에 관여하는 효

소들이 복잡한 것과 같다. 두루마리/DNA의 정보는 필경사/효소의 매개를 통해서 매우 신뢰도 높게 복제된다. 사실 필경사의 복제 신뢰도는 DNA 복제보다 낮을 수 있다. 세계 최고의 필경사도 실수를 할 것이고, 열의가 넘치는 일부 필경사는 좋은 의도로 조금 수정을 하기도 했다. 마가복음 9장 29절의 오래된 판본에는 특정한 유형의 악령에 홀렸을 때 기도로 치유할 수 있다고 예수가 말하는 대목이 나온다. 그런데 나중 판본에는 기도만이 아니라 '기도와 금식'이라고 수정되어 있다. 일부 열정적인 필경사, 특히 아마 금식을 중시하는 수도회에 소속된 필경사가 예수가 분명히 금식도 언급하려고 했을 텐데 왜 적혀 있지 않느냐고 생각한 모양이다. 그러니 예수가 그 말을 했다고 적을 기회를 놓칠 리가 없었다. DNA 복제는 그보다 더 복제 신뢰도가 높을 수 있지만, DNA도 완벽하지 않다. 여기서도 실수가 일어난다. 그것이 바로 돌연변이다. 그리고 한 가지 중요한 측면에서 DNA는 열정 넘치는 필경사와 다르다. *돌연변이는 결코 개선 쪽에 치우쳐 있지 않다. *돌연변이는 어느 방향이 개선인지 판단할 방법이 아예 없다. 개선은 나중에 돌아보면서 판단하는 것이다. 자연선택을 통해서다.

따라서 DNA의 정보는 DNA라는 물질 매체가 유한할지라도 영구적일 수 있다. 그리고 이 점이 왜 중요한지를 다시 강조하련다. DNA에 든 정보만이 몸보다 더 오래 살 운명이다. 매우 중요한 방식으로 오래 산다. *대다수 동물은 수명이 몇 달 또는 몇 주, 더 길면 몇 년이다. 극소수만 수십 년까지 살며, 수백 년을 사는 종은 거의 없다. 그리고 물질인 DNA 분자도 함께 죽는다. 그러나 DNA에 든 정보는 무한정 존속할 수 있다. 전에 미국에서 열린 한 진화 학술 대회에 참석했는데, 폐회식 만찬 때 모든 참석자에게 적당한 시를 지어 보라는 요청이 왔다. 나는 이렇게 5행시를 지었다.

순회하는 이기적 유전자가 말했네
내가 몸을 꽤 많이 봤어.
너는 네가 아주 영리하다고 생각하지
하지만 나는 영원히 살 거야
너는 그저 생존 기계야.

그런 뒤 러디어드 키플링Rudyard Kipling을 인용해서 몸의 대답을 내놓았다.

먼저 데려와서
키운 뒤 버리는 몸은 무엇일까
눈먼 시계공과 함께 가는.

나는 사본이라는 형태로 유전자의 불멸성을 강조해 왔다. 그런데 그런 불멸성을 누리는 단위는 얼마나 클까? 염색체 전체는 아니다. 그것은 불멸과 거리가 멀다. *Y 염색체 같은 미미한 예외가 있긴 하지만, 우리 염색체는 수백 년 동안도 온전히 유지되지 않는다. 교차라는 과정을 통해 세대마다 찢긴다. *이 논의의 목적에 비추어 볼 때, 장기적으로 중요하다고 여겨야 할 염색체의 길이는 관련된 선택압에 맞서면서 측정했을 때 교차를 겪으면서 온전히 남아 있을 수 있는 세대수에 따라 달라진다. 나는 이를 첫 저서 『이기적 유전자 *The Selfish Gene*』에서 약간 농담처럼 표현한 바 있다. 엄밀하게 따지자면 그 책의 제목이 약간 이기적인 염색체의 큰 조각과 더욱 이기적인 염색체의 작은 조각이었어야 한다고 말했다. 한 단백질 사슬을 만드는 유전자처럼 염색체의 작은 조각은 1만 년까지도 유지될 수 있다. 사본이라는 형태로다. 그러나 자연선택이라는 장애물 코스를 뚫고 나가는 데 성공한 조각들만이 실제로 그렇게 한다. 차라리 '불멸의 유전자'가 더 나은 제목이었을 것이라고 주장할 수도 있으며, 나는 그 말을 이 장의 제목으로 채택했다.*그리고 12장에서 살펴보겠지만, '협력하는 유전자'라고 해도 괜찮았으리라는 말도 결코 역설이 아니다.

유전자는 어떻게 '불멸성'을 획득할까? 사본의 형태로 생존하고 번식할 수 있도록, 그럼으로써 다음 세대로 더 나아가 먼 미래까지 성공한 유전자가 전달되도록 몸들의 기나긴 연쇄에 영향을 미침으로써다. 성공하지 못한 유전자는 집단에서 사라지는 경향이 있다. 그 유전자가 성공적으로 깃든 몸이 생존해서 다음 세대를 남기는 데, 즉 번식에 실패하기 때문이다. 성공한 유전자는 생존하고 번식하는 데 뛰어난 몸에 깃드는 통계적 경향을 보이는 것들이다. 그리고 몸에 가하는 인과적 영향을 통해서 긍정적이든 부정적이든 간에 그 통계적 경향을 즐긴다. 그렇게 해서 우리는 유전자가 능동적 원인이 아니라는 말이 근본적으로 틀린 이유에 다다랐다. 유전자야말로 정확하게 그리고 불가피하게 능동적 원인이다. 그렇지 않다면, 자연선택도 적응 진화도 일어날 수가 없다.

 '원인'은 한 가지 검증 가능한 의미를 지닌다. 현실적으로 인과 행위자를 어떻게 식별할 수 있을까? 실험 개입을 통해서다. 실험 개입은 필요하다. 상관관계가 곧 인과관계를 의미하는 것은 아니기 때문이다. 우리는 추정한 원인을 제거하거나 다른 식으로 조작하며, 많은 횟수에 걸쳐서 무작위로 엄격하게 그렇게 해야 한다. 그런 뒤 그 추정한 효과에 통계적으로 의미 있는 변화가 일어나는 경향이 나타나는지 살펴본다. 불합리한 사례를 취해 보자. 우리가 런턴에이콘이라는 마을의 교회 시계 종이 런턴파바라는 마을의 것이 울린 직후에 울린다는 사실을 알아차린다고 하자. 우리가 매우 순진하다면, 우리는 먼저 울리는 소리가 뒤에 울리는 소리의 원인이라는 결론으로 나아갈 것이다. 그러나 물론 상관관계를 관찰하는 것만으로는 충분하지 않다. 인과관계를 보여 주는 방법은 오로지 런턴파바의 교회 탑으로 올라가서 시계를 조작하는 것밖에 없다. 종을 무작위로 아무 때나 치도록 하고서 여러 번 이 실험을 반복하는 편이 이상적일 것이다. 그럴 때에도 런턴에이콘의 종소리와 상관관계가 유지된다면, 우리는 인과적 연결 고리가 있음을 보여 준 것이다. 중요한 점은 우리가 추정 원인을 반복해서 무작위적으로 조작할 때에만 인과관계가 설명된다는 것이다. 물론 교회 시계로 이 실험을 실제로 할 만큼 어리석은 사람은 아무도 없을 것이다. 결과가 너무 명백하기 때문이다. 그저 '원인'의 의미를 명확히 하기 위해서 이 사례를 들었을 뿐이다.

 이제 "유전자는 쓰이는 것이다. 능동적인 원인이 아니다"라는 데니스 노블의 말로 돌아가자. 우리 '교회 시계' 정의에 따르면, 유전자는 가장 명확한 능동 원인이다. 유전자가 돌연변이(무작위 변화)를 일으키면, 다음 세대―그리고 막연한 미래까지 후속 세대들―의 몸에서 일관되게 어떤 변화가 관찰되기 때문이다. 돌연변이는 런턴파바탑을 기어올라서 시계를 돌리는 것에 해당한다. 대조적으로 몸에 일어나는 비유전적 변화(흉터, 다리 절단, 포경 수술, 운동으로 한껏 굵어진 팔, 선탠, 유창한 에스페란토어나 탁월한 바순 연주 실력)는 다음 세대에게서는 나타나지 않는다. 인과적 연결 고리가 전혀 없다.

따라서 유전 정보는 잠재적으로 불멸이고, 인과적이며, 실제로 불멸이 되는 데 성공하는 잠재적으로 불멸인 유전자와 실패하는 잠재적으로 불멸인 유전자 사이에는 뚜렷한 차이가 있다. 어떤 유전자는 성공하고 어떤 유전자는 실패하는 이유는 비록 통계적인 것이긴 해도 유전자가 대대로 또 집단의 여러 몸에 걸쳐서 자신이 깃든 많은 몸의 생존과 번식 가능성에 인과적 영향을 미치기 때문이다. 여기서 '통계적'이라는 점을 강조하는 것이 중요하다. 좋은 유전자의 한 사본은 자신이 깃든 몸이 번개에 맞는 등 불운한 일을 겪는다면 다음 세대까지 살아남지 못할 수도 있다. 그보다는 좋은 유전자의 한 사본이 나쁜 유전자들과 한 몸에 들어가는 바람에 함께 가라앉을 가능성이 더 높긴 하다. 통계학이 개입하는 이유는 좋은 유전자가 일관되게 나쁜 유전자와 같은 몸에 들어가는 것을 막는 성적 재조합이 일어나기 때문이다. 어떤 유전자가 일관되게 생존에 안 좋은 몸에서 발견된다면, 우리는 그것이 나쁜 유전자라는 통계적 결론에 다다른다. 재조합, 뒤섞기, 다시 재조합이 1만 년 동안 이어진 뒤 유전자 풀에 남아 있는 유전자는 몸을 구성하는 일을 잘하는 유전자다. 몸을 공유하는 경향이 있는 다른 유전자들, 즉 그 종의 유전자 풀에 있는 다른 유전자들과 잘 협력하는 유전자다(1장에서 종을 평균화하는 컴퓨터로 볼 수 있다고 한 말이 기억나는지?).

『이기적 유전자』에서 나는 옥스퍼드 대 케임브리지의 조정 경기를 노잡이들의 우화로 삼았다. 노잡이 8명과 키잡이 1명은 모두 경기에서 나름의 역할을 하며, 배 전체의 성공은 그들의 협력에 달려 있다. 노잡이들은 힘이 세야 할 뿐 아니라, 서로 잘 협력하고, 다른 선수들과 잘 어울려야 한다. 물론 노잡이는 유전자를 나타내며, 이들은 배의 앞뒤로 줄지어 앉아 있다. 유전자들이 염색체에서 죽 늘어서 있는 것과 같다. 개별 노잡이의 역할을 분리하기란 어렵다. 모두 너무나 긴밀하게 협력하고 있고, 그들의 협력이 경기에서 이기는 데 대단히 중요하기 때문이다. 코치는 훈련할 때 노잡이들의 위치를 바꾸곤 한다. 지켜보고서 각 노잡이의 기량을 판단하기가 쉽지는 않지만, 코치는 훈련 때 한결같이 노를 가장 빨리 젓는 듯한 모습을 보이는 사람이 누구인지 알아차린다. 또 일관되게 젓는 속도가 느린 선수도 알아볼 수 있다. 비록 혼자서 노를 젓는 사람은 없지만, 장기적으로 보면 가장 잘 젓는 선수들이 탄 배가 좋은 성적을 낸다.

자연선택은 좋은 유전자와 나쁜 유전자를 골라낸다. 바로 유전자들이 몸에 미치는 인과적 영향 때문이다. 구체적인 방식은 종마다 다르다. 헤엄을 잘 치게 해 주는 유전자는 돌고래 유전자 풀에서는 '좋은 유전자'이자만 두더지 유전자 풀에서는 그렇지 않다. 땅을 잘 파게 하는 유전자는 두더지, 웜뱃, 땅돼지 유전자 풀에서는 '좋은 유전자'이지만 돌고래나 연어의 유전자 풀에서는 그렇지 않다. 잘 기어오르게 하는 유전자는 원숭이, 다람쥐, 카멜레온 유전자 풀에서는 번성하지만, 황새치, 코뿔소, 지렁이 유전자 풀에서는 그렇지 않다. 항공 역학적 능력을 발휘하는 유전자는 제비나 박쥐의 유전자 풀에서는 번성하지만, 하마나 악어의 유전자 풀에서는 그렇지 않다.

그러나 '좋은'과 '나쁜'의 구체적인 사항들이 아무리 종마다 다르다고 할지라도, 핵심은 그대로다. 몸에 미치는 인과적 영향에 따라서 유전자는 다음 세대, 그다음 세대, 또 그다음 세대…… 무한정 이어지는 세대까지 생존할 수도 있고 그렇지 않을 수도 있다. 더 강력하게 표현해 보자. *모든 다윈 진화 과정은 우주의 어디에서 일어나든 간에—그리고 나는 우주의 다른 어디에 생명이 있든 간에 그 생명은 다윈 진화로 나온 생명일 것이라고 확신한다—정보의 세대간 복제에 의지하며, 그 정보는 한 세대에서 다음 세대로 자신이 복제될 확률에 인과적으로 영향을 미칠 것이 틀림없다. *우연히도 이 행성에서 복제된 정보, 즉 다윈 진화 과정의 인과 행위자는 DNA다. DNA가 진화 과정에서 원인으로서 근본적인 역할을 한다는 사실을 부정하는 것은 잘못되었다. 충분히, 사리 분별없이, 명백하게, 결단코 잘못된 것이다.

내가 굳이 힘들여 지나치게 강조하는 것이 아니냐고? 지나칠 수도 있겠지만, 유감스럽게도 내가 여기서 비판한 것 같은 바로 그 견해가 널리 영향을 미쳐 왔다고 생각할 이유가 있기 때문이다. *스티븐 제이 굴드(자신의 오류를 늘 아주 우아하고 유창한 표현으로 잘 가렸다)는 유전자가 진화에서 하는 역할을 단순한 '부기bookkeeping' 수준으로 격하시키기까지 했다. 부기라는 비유는 놀라울 만치 대단한 호소력을 지니고 있기에 굴드 자신도 그 매혹에 넘어간 것이 틀림없다. 그러나 부기는 유전자가 하는 역할과 극단적일 만치 거리가 멀다. 회계 담당자의 역할은 사후에 거래 내역을 수동적으로 기록하는 것이다. *회계 담당자가 장부에 기입을 할 때, 그 기입이 그 뒤의 금전 거래를 일으키는 것이 아니다. 정반대다.

방금 말한 내용을 통해서 '부기'라는 표현이 유전자가 진화에서 하는 핵심적인 인과적 역할을 철저히 조롱하는 것보다 더 나쁘다는 점을 당신이 납득했기를 바란다. 진실은 정반대이며, 그 비유는 겉보기에는 설득력이 있지만 실제로는 너무나도 잘못된 것이다. 또 굴드는 '다수준 선택multi-level selection'의 옹호자였고, 이는 그가 유전자 관점의 반대자로 비치는 또 다른 이유이기도 하다(철학자 킴 스터렐니Kim Sterelny의 통찰력 있는 저서『유전자와 생명의 역사Dawkins Versus Gould: Survival of the Fittest』를 참조하시라). 굴드를 비롯한 이들은 자연선택이 생명의 계층 구조의 여러 수준에서 일어난다고 주장했다. 종, 집단, 개체, 유전자 수준에서다. 이 주장에 관해 첫 번째로 할 말은 비록 설득력 있는 계층 구조, 진짜 사다리가 있긴 하지만, 유전자는 거기에 속하지 않는다는 것이다. 사다리의 맨 아랫단을 이루기는커녕 그 사다리에 아예 속하지 않으며, 유전자는 한쪽으로 아예 떨어져 있다. 바로 진화에서 인과 행위자의 특권적인 역할 때문이다. 유전자는 복제자다. 사다리의 다른 모든 단은 탈것이다. 이 용어는 다음 장에서 설명하기로 하자.

선택의 더 상위 수준에서 보자면 분명히 어떤 면으로는 일부 종이 다른 종들의 희생을 대가로 살아남는다. 이는 종 수준에서의 자연선택과 좀 비슷해 보일 수 있다. 영국의 토종 청설모는 19세기에 11대 베드퍼드 공작이 뜬금없이 미국 회색다람쥐를 들여오겠다는 통탄할 만한 생각을 실행에 옮긴 결과 계속 줄어들어 왔다. 회색다람쥐는 몸집이 더 작은 청설모와 경쟁하면 이길 뿐 아니라, 아메리카에서 오랜 세대를 거치면서 저항성을 띠게 된 다람쥐 수두를 청설모에게 전파했다. 생태계에서 한 종이 경쟁 관계에 있는 다른 종으로 대체되는 것은 언뜻 생각하면 자연선택처럼 보인다. 그러나 이 유사성은 공허하며 오해를 일으킨다. 이런 유형의 '선택'은 진화적 적응을 일으키지 않는다. 다윈주의적 의미에서의 자연선택이 아니다. 당신은 회색다람쥐의 몸이나 행동의 그 어떤 측면도 청설모를 멸종으로 내모는 장치였다고 말하지는 않을 것이다. 그러나 그 복슬복슬한 꼬리가 다윈주의적으로 어떤 기능을 했을지는 기꺼이 이야기할지 모른다. 조상 다람쥐가 약간 다른 꼬리를 지닌 같은 종 개체들과의 경쟁에서 이기도록 도운 꼬리의 여러 측면들 말이다.

1988년 나는 '진화 가능성의 진화'라는 논문을 발표했다. '다수준 선택'과 비슷한 것을 내 나름으로 지지하는 쪽으로 가장 가까이 다가간 사례였다. 내 논지는 특정한 체제, 이를테면 절지동물, 환형동물, 척추동물의 몸마디 체제가 다른 체제들보다 더 '진화 가능성'이 있다는 것이었다. 그 논문의 한 대목을 인용해 보자.

나는 최초의 몸마디 동물이 극적으로 성공한 개체는 아니었을 것이라고 추측한다. 부모가 하나의 몸인 반면에 이중(또는 다중) 몸을 지닌 별난 개체였다. 부모의 단일 몸 체제는 그 종의 생활 방식에 적어도 꽤 잘 적응해 있었다. 그렇지 않았다면 부모가 되었을 리가 없었을 것이다. 언뜻 생각할 때, 이중 몸이 더 잘 적응했을 가능성은 낮다. (…) 최초의 몸마디 동물에 관해 중요한 점은 그 후손 계통이 탁월한 진화자였다는 점이다. 그들은 방산하고 분화함으로써 전혀 새로운 문을 낳았다. 최초의 몸마디 동물의 생애 동안 몸마디가 이로운 적응 형질이었든 그렇지 않았든 간에, 몸마디 형성은 진화적 잠재력을 잉태한 발생학적 변화를 뜻했다.

나는 '진화가능성evolvability'이라는 내 개념을 발생의 한 특성이라고 봐야 한다고 생각했다. 따라서 몸마디 체제 발생은 진화가능성의 잠재력이 크다. 즉, 풍부한 진화적 발산으로 이어질 수 있는 발생 과정이라는 뜻이다. 세계는 높은 진화가능성의 잠재력을 지닌 계통군으로 가득해지는 경향이 있다. 계통군은 생명의 나무에서 뻗어 나온 가지를 말한다. 한 집단과 그 공통 조상을 뜻한다. '조류'는 한 계통군이다. 모든 새는 조류가 아닌 동물들과는 공유하지 않는 하나의 공통 조상을 지니기 때문이다. '어류'는 한 계통군이 아니다. 모든 어류의 공통 조상은 우리를 비롯한 어류가 아닌 모든 육상 척추동물의 공통 조상이기도 하기 때문이다. '포유류'는 한 계통군이지만, 이른바 '포유류형 파충류'도 포함시킬 때에만 그렇다. 진화가능성의 진화를 집단 선택이라고 부르는 것은 도움이 안 되고 혼동을 일으킬 것이다. *조지 C. 윌리엄스George C. Williams가 창안한 '계통군 선택'이라는 표현이 딱 들어맞는다.

유전자 관점을 비판하는 견해 중 살펴봐야 할 것이 더 있을까? 많은 자칭 비판자는 유전자와 신체 '작은 부위' 사이에 그 어떤 단순한 일대일 대응 관계도 없다는 점을 지적했다. 그 말은 맞지만, 결코 타당한 비판이 아니다. 그래도 그렇게 생각하는 이들이 있으므로 설명할 필요가 있다. 정육점에 가면 볼 수 있는 소의 몸에 이리저리 선을 긋고 그 '잘라 낸' 부위별로 고기 이름을 적어 놓은 으스스한 그림을 본 적이 있을 것이다. '엉덩이살', '가슴살', '등심' 등등. *유전자의 영역들은 그런 식으로 지도를 그릴 수가 없다. 한 유전자의 '영역'이 어디에서 끝나고 다음 유전자의 영역이 어디에서 시작되는지를 표시하는 '경계선' 같은 것을 몸에 그릴 수가 없다. 유전자는 신체 부위에 일대일로 대응하지 않는다. 대신 발생 과정에서 시기별로 대응한다. 유전자는 배아 발생에 영향을 미치며, 한 유전자에 일어난 변화(돌연변이)는 몸에 일어나는 특정한 변화에 대응한다. 유전학자가 어느 유전자의 효과를 눈여겨보고 있을 때, 그들이 보고 있는 것은 사실 그 유전자의 한 판본('대립유전자')을 지닌 개인과 그 판본을 지니지 않은 개인 사이의 차이다. 유전학자가 세는, 또는 계통수를 따라 추적하는 표현형의 단위는 합스부르크 턱, 백색증, 혈우병, 프리지아 향기를 맡는 능력, 혀 말기, 또는 맥주의 거품을 불어 내고 마시기 같은 형질이다. 모두 개인별 차이가 있다고 드러난 것들이다. 물론 합스부르크 턱이든 다른 턱이든 간에 턱의 발달에는 수많은 유전자가 관여한다. 말 수 있는지 여부를 떠나서 혀도 마찬가지다. 합스부르크 턱 유전자는 일부 개인들과 다른 개인들 사이의 한 가지 차이를 낳는 유전자에 다름 아니다. 그것이 바로 무언가를 '담당하는' 유전자라는 말을 할 때마다 우리가 염두에 두고 있는 진정한 의미다. 유전자는 개인별 차이를 '담당하는' 것이다. 그리고 유전학자의 눈이 표현형의 개인별 차이에 초점을 맞추고 있는 것처럼, 자연선택의 눈도 정확히 예리하게 그렇다. 생존에 필요한 것을 지닌 이들과 그렇지 않은 이들의 차이다.

표현형에 영향을 미치는 유전자들 사이의 너무나도 중요한 상호작용들에는 정육점의 지도보다 더 나은 비유가 있다. *천장에서 늘어뜨린 커다란 천이다. 천 곳곳에는 수백 개의 줄이 연결되어 있고 줄은 천장의 고리들에 매달려 있다. 줄이 고무줄이라고 생각하는 편이 그 유추에 도움이 될 수 있다. 줄들은 수직으로 저마다 독자적으로 매달려 있는 것이 아니다. 대신에 대각선이나 모든 방향으로 뻗어 있을 수 있고, 천 자체에 곧바로 연결되어 있다기보다는 다른 줄들과 얽기설기 교차 연결되면서 서로를 간섭하고 있다. 줄 수백 개로 엮은

장력들의 균형

8. 불멸의 유선사 261

이 실뜨기 작품은 상호작용하는 장력들 때문에 표면은 울퉁불퉁한 모양을 하고 있다. 짐작했겠지만, 천의 모양은 표현형, 즉 동물의 몸을 나타낸다. 유전자는 천장의 고리에 매달린 줄들의 장력으로 나타낸다. 돌연변이는 줄이 고리를 향해 당겨지거나 느슨해지는 것이며, 줄이 끊기는 일도 일어난다. 그리고 물론 이 우화의 요점은 어느 한 고리에 일어나는 돌연변이가 뒤얽힌 줄들의 전체 장력 균형에 영향을 미친다는 것이다. 어느 한 고리의 장력이 바뀌면, 천 전체의 모양이 변한다. 천 모형에 걸맞게, 설령 대다수는 아닐지라도 많은 유전자는 4장에서 정의한 '다형질(다수)' 효과를 지닌다.

현실적인 이유로 유전학자는 그레고어 멘델Gregor Mendel의 둥근 완두콩이나 주름진 완두콩 같은 명확히 한정할 수 있는 효과를 지닌 듯한 소수의 유전자를 연구하기 좋아한다. 그러나 그런 '주요 유전자'조차도 몸 전체에 아무렇게나 흩뿌린 듯한 놀라울 만치 잡다한 여러 다형질 효과를 지닐 때가 종종 있다. 사실 그렇다고 해서 놀랄 이유는 전혀 없다. 유전자는 배아 발생의 여러 단계에서 영향을 미치니까. 그러니 몸의 양쪽 끝에서도 다형질 효과를 일으킬 것이라고 예상할 수밖에 없다. 한 고리에서의 장력 변화는 천 전체의 포괄적인 모양 변화로 이어진다.

따라서 유전자와 몸의 '작은 부위' 사이에 일대일 대응 같은 것은 전혀 없다. 정육점 그림 같은 것도 없다. 그러나 전혀, 눈곱만큼도 없다고 해도 진화의 유전자 관점에는 아무런 피해도 없다. 아무리 다형적이라고 해도, 한 유전자의 효과들이 아무리 복잡하고 상호작용적이라고 해도, 우리는 여전히 그 모든 효과를 더해서 어떤 변화(돌연변이)가 몸에 긍정적이거나 부정적인 순 효과를 일으키는지 파악할 수 있다. 그것은 생존해서 다음 세대로 전달될 가능성에 미치는 순 효과다. 유전자 풀에서 한 유전자 자신의 생존에 미치는 그런 인과적 영향은 다른 유전자들, 즉 모든 줄의 장력에 공동으로 영향을 미치는 다른 유전자들과의 무수한 상호작용을 거치면서도, 그 복잡함을 뚫으면서도 아무런 손상 없이 발휘된다. 해당 유전자가 돌연변이를 일으킬 때, 아마 온몸에서 많은 다형질 변화가 일어남에 따라 천의 모양 전체가 바뀔 수도 있다. 그러나 이 모든 변화, 몸의 다양한 부위들에 일어나고 다른 많은 유전자들과 상호작용하면서 일어나는 이 모든 변화의 순 효과는 생존과 번식이라는 측면에서 보면 긍정적이거나 부정적일(또는 중립적일) 수밖에 없다. 그것이 바로 자연선택이다.

유전적 줄의 장력은 환경 요인들에도 영향을 받는다. 천장의 고리에서 당겨지는 줄들이 아니라 옆에서 당겨지는 또 다른 줄들이 있다고 보면 된다. 물론 발생하는 동물은 유전자뿐 아니라 환경에도 영향을 받으며, 환경은 언제나 유전자와 상호작용한다. 여기서도 마찬가지로 그렇다고 해도 진화의 유전자 관점은 전혀 영향을 받지 않는다. 가용 환경 조건에서 한 유전자에 일어나는 변화가 후대까지 이어지는 변화를 일으키는 한(긍정적이거나 부정적인), 자연선택은 일어날 것이다. 그리고 자연선택은 유전자 관점의 핵심에 놓여 있다.

유전자 관점에 대한 비판 이야기는 이쯤 하자. 또 뭐가 있을까? 유전자가 진화의 능동적 원인이긴 한데, 능동적 행위자로서 우리 눈에 비치는 대상은 개체의 몸 전체다. 이 사실도 유전자 관점의 약점이라는 식으로 잘못 인식되곤 한다. 물론 세계와 상호작용하는 집행 기구, 즉 다리, 손, 감각 기관 등을 소유한 것은 동물 전체다. 먹이를 얻기를 바라면서 이쪽으로 향했다가 다시 저쪽으로 향했다가 하면서 배가 부를 때까지 식욕을 추구하는 모든 증상을 보여 주면서 쉴 새 없이 먹이를 찾아다니는 것도 동물 전체다. 끊임없이 주위를 경계하고, 놀라면 펄쩍 뛰어오르고, 쫓길 때면 공포에 질린 모습으로 달아나는 등 포식자를 향한 두려움을 고스란히 드러내는 것도 동물 전체다. 이성에게 구애할 때 단일한 행위자로 행동하는 것도 동물 개체다. 솜씨 좋게 둥지를 짓는 것도, 거의 자신의 목숨까지 내놓고 새끼를 돌보는 것도 동물 개체다.

동물, 동물 개체, 동물 전체는 사실 하나의 목적, 아니 목적 집합을 추구하는 행위자다. 때로는 개체의 생존이 목적인 듯하다. 그 자식들의 번식과 생존이 목적일 때도 있다. 때로는, 특히 사회성 곤충에게서는 자식이 아니라 친족—자매와 질녀, 조카와 형제—의 생존과 번식이 목적이 된다. 고인이 된 동료 W. D. 해밀턴(1장의 펠림프세스트 엽서를 쓴 사람)은 자연선택을 받는 개체가 자신의 목적을 추구하면서 최대화할 것으로 예상되는 바로 그 수학적 양의 일반적인 정의를 내놓았다. 여기에는 개체의 생존이 포함된다. 번식도 포함된다. 게다가 더 있다. 유전자는 방계 친족들도 공유하고 있고, 따라서 유전자의 생존은 자매나 조카의 생존과 번식을 가능하게 함으로써 증진시킬 수 있다. 그는 생물 개체가 최대화하려고 추구하는 바로 그 양에 이름을 붙였다. '포괄 적응도 inclusive fitness'다. 그는 자신이 내놓은 어려운 수학 공식을 길고 좀 복잡하게 말로 풀어서 정의했다.

*포괄 적응도는 개체가 성체 자식의 생산이라는 형태로 실제로 표현하는 개체 적응도라고 상상할 수 있다. 먼저 제거되었다가 특정한 방식으로 증진된 뒤의 적응도. 개체의 사회적 환경 때문이라고 볼 수 있는 모든 구성 요소를 제거하면, 그 환경의 위해나 혜택에 전혀 노출되지 않았을 때 드러날 적응도만 남는다. 그런 뒤 이 양을 개체 자신이 이웃들의 적응도에 일으키는 위해와 혜택의 양의 특정한 비율을 곱해서 늘린다. 이 비율은 그저 개체가 영향을 미치는 이웃들에게 할당하는 관계 계수다. 클론 개체는 1, 형제자매는 1/2, 이복 형제자매는 1/4, 사촌은 1/8······ 마지막으로 관계가 무시할 수 있을 만치 작은 모든 이웃은 0이다.

　꽤 난해하다고? 좀 읽기 힘들다고? 포괄 적응도가 어려운 개념이기 때문에 난해할 수밖에 없다. 나는 그것을 개체의 관점에서 보는 것이 다윈주의에 관한 불필요하게 난해한 사고방식이기 때문에 어려워질 수밖에 없다고 생각한다. 생물 개체를 아예 빼 버리고 곧장 유전자 수준으로 가면, 행복하게 모든 것이 단순해진다. 빌 해밀턴 자신도 실제로는 그렇게 했다. 한 논문에서 그는 이렇게 썼다.

　　*임시로 유전자, 지성과 어느 정도 선택의 자유를 써서 이 논증을 더 생생하게 만들고자 해 보자. 유전자가 자기 사본의 수를 늘리는 문제로 고심하고 있다고 상상하고, 유전자가 자신을 지닌 개체에게 순수하게 이기적인 행동을 일으키는 것과······ 어떤 식으로든 간에 친족에게 혜택이 돌아가는 '사욕 없는' 행동을 일으키는 것 사이에 선택을 할 수 있다고 상상하자.

앞의 포괄 적응도 인용문에 비해, 이 인용문은 훨씬 더 명확하고 이해하기 쉽다. 차이점은 더 명료한 단락이 자연선택의 유전자 관점을 채택한다는 것이다. 어려운 단락은 같은 개념을 생물 개체의 관점에서 고쳐 쓸 때 나온다. 해밀턴은 내 농담 섞인 비공식적 정의에 축복을 내려주었다. "포괄 적응도는 실제로 최대화하는 것이 유전자의 생존일 때, 개체가 최대화하는 것처럼 보일 양이다."

	역할	최대화하는 양
유전자	복제자	생존
생물	탈것	포괄 적응도

빌 해밀턴

*내 용어에 따르자면, 생물 개체는 그 안에 타고 있는 '복제자'의 사본이 생존하기 위한 '탈것'이다. 철학자 데이비드 헐David Hull은 당시 내 학생이었던 마크 리들리Mark Ridley와 폭넓게 서신을 주고받은 끝에 그 요점을 받아들였지만, 내 '탈것'을 '상호작용자interactor'라는 단어로 바꾸었다. 나로서는 그 이유가 그다지 와 닿지 않았다. 하지만 어떤 양을 최대화하는 행위자를 취향에 따라 탈것으로 부르든 복제자로 부르든 상관없다. 탈것이라고 하면, 최대화하는 양은 포괄 적응도가 되고 좀 복잡해진다. 대신에 복제자를 택한다면, 최대화하는 양은 단순하다. 바로 생존이다. 나는 행동 단위로서의 탈것이 중요함을 과소평가하려는 것이 아니다. 감각이 제공하는 정보를 토대로 결정을 내리고 근육을 통해 실행하는 뇌를 지닌 것은 생물 개체다. 생물('탈것')은 행동의 단위다. 그러나 유전자('복제자')는 생존하는 단위다. *유전자 관점에서 보면, 탈것의 존재 자체는 당연시하는 대신에 나름의 설명을 필요로 한다. 나는 『확장된 표현형』의 마지막 장인 '유기체의 재발견'에서 일종의 설명을 제시했다.

*복제자(우리 행성에서는 DNA 가닥)와 탈것(우리 행성에서는 개체의 몸)은 똑같이 중요한 실체로서, 모두 필요하지만 서로 다른 상보적인 역할을 한다. 복제자는 예전에는 바다에 자유롭게 떠다녔을 수도 있지만, 『이기적 유전자』에 썼던 말을 인용하면 이렇다. "그들은 오래전에 그 호방한 자유를 포기했다. 지금은 거대한 굼뜬 로봇(개체의 몸, 탈것)의 안에서 안전하게 큰 무리를 이루어 몰려다닌다." 진화의 유전자 관점은 개체 몸의 역할을 과소평가하지 않는다. 그저 그 역할('탈것')이 유전자('복제자')의 역할과 다른 종류라고 주장할 뿐이다.

인과적 유전자

불멸의 유전자

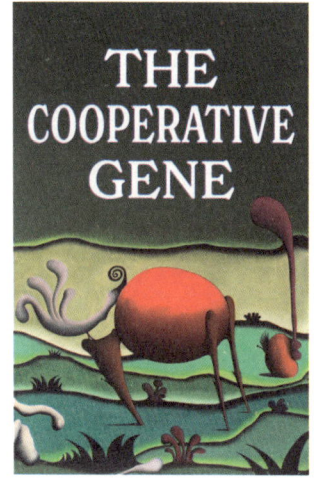

협력하는 유전자

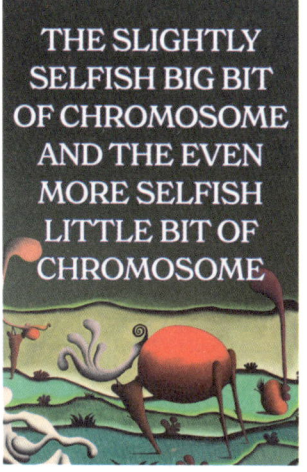

약간 이기적인 염색체의 큰 조각과 더욱더 이기적인 염색체의 작은 조각

『이기적 유전자』 대신에 쓸 수 있었던 제목들, 모두 내용에 들어맞는다.

따라서 성공한 유전자는 대대로 몸에서 살아가며, 자신이 깃든 몸에 '표현형' 효과를 일으킴으로써 자기 생존의 원인이 된다(통계적인 의미에서). 그러나 나는 '확장된 표현형'이라는 개념을 도입함으로써 유전자 관점을 증폭했다. 인과의 화살표는 체벽body wall에서 멈추지 않기 때문이다. 더 넓은 세계에 미치는 인과적 효과, 유전자의 부재가 아니라 존재 때문이라고 할 수 있는, 그리고 유전자의 생존 기회에 영향을 미치는 인과적 효과는 다윈주의적 의미에서 표현형 효과라고 볼 수 있다. 긍정적으로든 부정적으로든 간에 유전자 풀에서 유전자의 생존 가능성에 일종의 통계적 영향만을 미칠 뿐이다. 이제 확장된 표현형을 다시 살펴봐야겠다. 나로서는 그것이 진화의 유전자 관점에서 중요한 부분이기 때문이다.

9
우리의 체벽 너머

제인 구달Jane Goodall이 숲의 벌목지에서 침팬지들이 놀라운 돌탑을 쌓는 모습을 보았다고 보고한다면 얼마나 흥분할지 상상해 보라. 침팬지들은 주변 돌들 사이에 잘 끼워질 때까지 각 돌을 이리저리 돌려 보면서 목적에 딱 맞는 모양의 돌을 세심하게 고른다. 그런 뒤 침팬지들은 진흙을 발라서 확실하게 고정한 뒤 다른 돌을 집는다. 그들은 분명히 전혀 다른 두 가지 크기의 돌을 선호하는 듯하다. 벽 자체를 만드는 데 쓰는 작은 돌과 그 바깥을 보강해서 튼튼한 구조인 너무나도 중요한 지지벽을 만드는 데 쓰는 큰 돌이다. 이 발견은 세계를 깜짝 놀라게 하고, 주요 뉴스로 실리고, BBC에서는 곧바로 특집 대담을 마련할 것이다. 철학자들도 달려들어서 개성, 도덕적 권리 등 철학적 주제를 놓고 열띤 논쟁을 벌일 것이다. 탑은 건축가들의 집이라고 보기에는 엉성하다. 별 기능을 지니고 있지 않다면, 일종의 기념물일까? 스톤헨지처럼 어떤 의식이나 제의용일까? 이 탑은 인류보다 더 오래된 종교가 있음을 보여 주는 것일까? 인류의 유일무이함을 위협할까?

 여기서 묘사한 구조물은 실제 동물이 쌓은 것이지만, 침팬지가 쌓은 것은 아니다. 사실은 훨씬 더 작으며, 기념물처럼 서 있는 대신에 하천 바닥에 납작하게 누워 있다. 작은 곤충인 가시날도래의 일종인 실로 팔리페스 *Silo pallipes* 유충의 집이다. 날도래 성충은 짝을 찾아 날아다니며, 몇 주밖에 못 산다. 그러나 유충은 물속에서 2년까지 살면서 주변에서 그러모은 재료들을 머리의 샘에서 분비되는 실로 붙여 만든 이동 주택에서 살아간다. 실로 팔리페스(275쪽에 있는 왼쪽 첫 번째 그림 참조)는 주변의 돌을 건축재로 삼는다. *이들의 놀라운 건축 기술은 현재 동물 건축 분야의 손꼽히는 전문가가 된 마이클 핸셀 Michael Hansell이 밝혀냈다.

침팬지가 날도래 유충의 기술을 지닌다면…….

*이 유충은 돌 쌓기의 대가다. 꼼꼼하게 고른 커다란 돌들로 양쪽에 버팀벽을 세우고, 그 사이에 작은 돌들을 세심하게 배치한다. 핸셀은 그들이 무게가 아니라 크기와 모양을 보고 돌을 고른다는 것을 보여 주었다. 집의 여기저기에서 돌을 빼내는 창의적인 실험을 통해서 그는 유충이 빈자리에 어떻게 적당한 돌을 끼워 넣고 붙이는지를 밝혀냈다. 275쪽의 오른쪽 통나무집도 마찬가지로 인상적이다. 이 집은 날도래 유충이 아니라 나방 모충인 이른바 도롱이벌레가 지은 것이다. 물에 사는 날도래와 땅에 사는 도롱이벌레는 서로 독자적으로 주변에서 모은 재료로 집을 짓는 습성을 갖는 쪽으로 수렴했다. 이 그림들은 날도래와 도롱이벌레가 짓는 다양한 집들을 보여 준다.

'표현형'이라는 단어는 유전자의 신체적 표현 형태에 쓰인다. 다리와 더듬이, 눈과 창자는 모두 날도래 표현형의 일부다. 진화의 유전자 관점은 유전자의 표현형적 표현을 그 유전자가 다음 세대로, 더 나아가 암암리에 무한정 이어지는 미래 세대로 자신을 전달하는 데 쓰는 도구로 간주한다. 이 장에서 추가하는 것은 확장된 표현형이라는 개념이다. 달팽이의 껍데기가 모양, 크기, 두께 등이 모두 달팽이 유전자에 영향을 받는 표현형의 일부인 것처럼, 날도래의 돌집이나 도롱이벌레의 잔가지 고치의 모양과 크기 등도 모두 유전자의 표현 형태다. 이런 표현형은 결코 동물 몸의 일부가 아니기에, 나는 그것을 '확장된 표현형'이라고 부른다.

이런 우아한 건축물도 바닷가재, 거북, 아르마딜로의 갑옷 체벽에 못지않게 다윈 진화의 산물임이 틀림없다. 코나 엄지발가락 못지않게 그렇다. 그것들이 유전자의 자연선택을 통해 구축되었다는 뜻이다. 이는 확장된 표현형을 다원주의적으로 정당화하는 방식이다. 날도래와 도롱이벌레 집의 다양한 세부 사항들을 '담당하는' 유전자들이 있는 것이 틀림없다. 곤충 세포에 든 유전자에 집의 모양이나 특성에 변이를 일으키는 변이체가 있음이, 아니 있어 왔음이 틀림없다는 뜻일 수밖에 없다. 이렇게 결론을 지으려면, 이 집들이 다윈 자연선택을 통해 진화했다고 가정해야만 한다. 목적에 우아하게 들어맞는다는 점을 생각할 때, 그 어떤 진지한 생물학자도 반박하지 않을 가정이다. 호리병벌, 나나니벌, 가마새의 집도 마찬가지다. 살아 있는 세포가 아니라 진흙으로 지어진 이 집들은 건축가의 몸에 든 유전자의 확장된 표현형이다.

메뚜기 사촌들이 톱니가 난 다리로 노래하는 반면, 귀뚜라미 수컷은 날개로 노래한다. 한쪽 앞날개의 꼭대기를 다른 앞날개 밑면에 난 거친 '판'에 대고 긁어서 소리를 낸다. 이들의 노래 중에서 '짝 부르는 노래'는 충분히 커서 특정한 거리 내의 암컷들을 꾀고 경쟁하는 수컷들을 다가오지 못하게 한다. 그런데 이 노래를 증폭시켜서 암컷들을 꾈 면적을 크게 넓힌다면 어떻게 될까? 일종의 확성기를 쓰면? 우리는 확성기를 단순한 지향성 증폭기로 쓰며, 이 증폭에는 이른바 '임피던스 정합impedance matching'이 쓰인다. 이 말이 무슨 뜻인지 알 필요는 전혀 없으며, 그저 전자 증폭기와 달리 추가로 드는 에너지가 전혀 없다는 말만 해 두자. 대신에 가용 에너지를 특정한 방향으로 집중시킨다. 귀뚜라미가 전통적인 의미의 표현형인 각질의 큐티클로부터 확성기를 자라게 할 수 있을까? *아마 울음의 공명기 역할을 했을 공룡 파라사우롤로푸스의 머리 뒤쪽으로 뻗은 놀라운 트롬

날도래	도롱이벌레

진흙으로 지은 확장된 표현형

호리병벌

나나니벌

가마새

파라사우롤로푸스Parasaurolophus

본처럼? 귀뚜라미에게서 그와 비슷한 것이 진화할 수도 있었을 것이다. 그러나 그들은 더 쉬운 재료를 구했고, 귀뚜라미의 친척인 땅강아지는 그것을 활용했다.

땅강아지는 이름 그대로 땅을 파는 전문가다. 앞발은 변형되어 튼튼한 삽이 되어 있다. 훨씬 더 작긴 하지만 두더지의 앞발과 매우 비슷하다. 물론 이 유사성은 수렴한 것이다. 일부 땅강아지 종은 지하 생활에 매몰되다 보니 비행 능력을 아예 잃었다. 땅강아지가 확성기의 혜택을 볼 수 있다는 점, 또 굴을 판다는 점을 생각할 때, 굴을 확성기로 삼는 것이야말로 가장 자연스럽지 않을까? 남유럽땅강아지 *Gryllotalpa vineae*는 쌍 나팔이 달린 옛날 시계태엽 장치 축음기처럼 확성기가 2개다. *헨리 베넷클라크Henry Bennet-Clark는 이 이중 나팔이 소리를 반구 형태로 사방으로 분산시키는 대신에 단면이 원반 형태가 되도록 모은다는 것을 보여 주었다. 베넷클라크는 600미터 떨어진 곳에서도 남유럽땅강아지(자신이 발견한 종)의 노래를 들을 수 있었다. 다른 땅강아지의 소리 범위는 그보다 한참 못 미친다.

  겉으로 보이는 것처럼 탁월하게 기능한다고 가정할 때, 땅강아지의 확성기는 땅을 파는 손이나 다른 신체 부위와 똑같은 방식으로, 자연선택을 통해 단계적인 개선을 거쳐 진화했을 것이 분명하다. 따라서 날개의 모양이나 더듬이의 모양을 제어하는 유전자가 있는 것처럼, 나팔의 모양을 제어하는 유전자도 틀림없이 있다. 그리고 땅강아지의 노래 패턴 자체를 제어하는 유전자도 마찬가지로 있다. 나팔 모양을 담당하는 유전자가 없다면, 자연선택이 고를 유전자도 아예 없을 것이다. 다시 말하지만, 무언가를 '담당하는' 유전자 간의 개체 사이의 차이는 대립유전자들에 암호로 새긴 유전자일 뿐이다.

땅강아지   두더지

이중 확성기용 굴을 파는 땅강아지

 이제 이중 확성기(또는 날도래와 도롱이벌레의 집)에 초점을 맞추면, 다음과 같은 식으로 말하고 싶은 유혹을 느낄 수도 있다. 땅강아지의 굴은 날개나 더듬이와 다르다고. 굴은 땅강아지의 행동이 낳은 산물인 반면, 날개와 더듬이는 해부 구조다. 우리는 해부 구조가 유전자의 제어를 받는다는 개념에 익숙하다. 행동, 땅강아지의 굴 파는 행동이나 날도래 유충의 복잡한 돌쌓기 행동에도 같은 말을 할 수 있을까? 그렇다, 물론 할 수 있다. 그리고 행동을 통해 생산되는 가공물에도 같은 말을 하지 못할 이유는 전혀 없다. 가공물은 그저 유전자에서 단백질에 이르는 인과 사슬…… 배아에서 과정들이 길게 연쇄적으로 이어지면서 이윽고 성체의 몸에서 정점에 이르는 인과 사슬을 그저 한 단계 더 밀고 나간 것일 뿐이다.

행동의 유전학을 다룬 연구는 많다. 우연히도 거기에 귀뚜라미 노래의 유전학도 포함되어 있다. 그 연구를 잠시 살펴보기로 하자. *기이하게도 행동 유전학은 해부 유전학이 겪어 본 적이 없는 회의론과 맞닥뜨리곤 하기 때문이다. *귀뚜라미의 노래(땅강아지의 노래는 아니지만)는 미국의 데이비드 벤틀리David Bentley와 로널드 호이Ronald Hoy 연구진이 유전학적으로 집중적으로 연구해 왔다. 그들은 오스트레일리아의 검은왕귀뚜라미Teleogryllus commodus와 오스트레일리아뿐 아니라 태평양의 여러 섬에도 사는 바다왕귀뚜라미Teleogryllus oceanicus를 조사했다. 다른 개체들과 격리시켜서 키운 귀뚜라미 성체는 정상적으로 노래를 한다. 성체 단계에 이르는 마지막 허물을 아직 벗지 않은 약충은 노래를 하지 못하지만, 실험실에서 가슴 신경절을 자극해서 그 종의 노래 패턴과 동일한 신경 임펄스를 방출하도록 유도할 수 있다. 이런 사실들은 종이 어떻게 노래할지를 담당하는 명령문이 유전자에 담겨 있음을 강하게 시사한다. 그리고 그 유전자들은 두 종에게서 어느 정도 차이를 보일 것이 분명하다: 노래 패턴이 다르기 때문이다. 교잡 실험은 이 점을 멋지게 확인해 준다.

자연에서 이 두 왕귀뚜라미 종은 이종 교배를 하지 않지만, 실험실에서는 하도록 유도할 수 있다. 벤틀리와 호이의 다이어그램은 두 종과 그들 사이의 다양한 잡종의 노래를 보여 준다. 이 귀뚜라미들의 노래는 모두 펄스와 침묵이 번갈아 이어지는 양상을 띤다. 바다왕귀뚜라미(그림의 A)는 '찌르르' 펄스가 약 5회 이어진 뒤 '떨림음'이 약 10회 이어진다. 각 떨림음은 언제나 두 펄스로 이루어지며, 두 펄스는 찌르르 펄스들보다 간격이 좁다. 떨림음은 리듬 있게 반복된다. 우리 귀에 떨림음은 찌르르 소리보다 약간 더 조용하게 들린다. 이 이중 펄스 떨림음이 약 10번 반복된 뒤, 다시 찌르르 소리가 들린다. 이 주기는 한없이 리듬 있게 반복된다. 검은왕귀뚜라미(F)도 찌르르와 떨림음을 번갈아 내는 비슷한 패턴을 보인다. 하지만 이중 펄스 떨림음이 10번 반복되는 대신에, 찌르르 사이에 떨림음이 한 번이나 두 번 길게 이어진다.

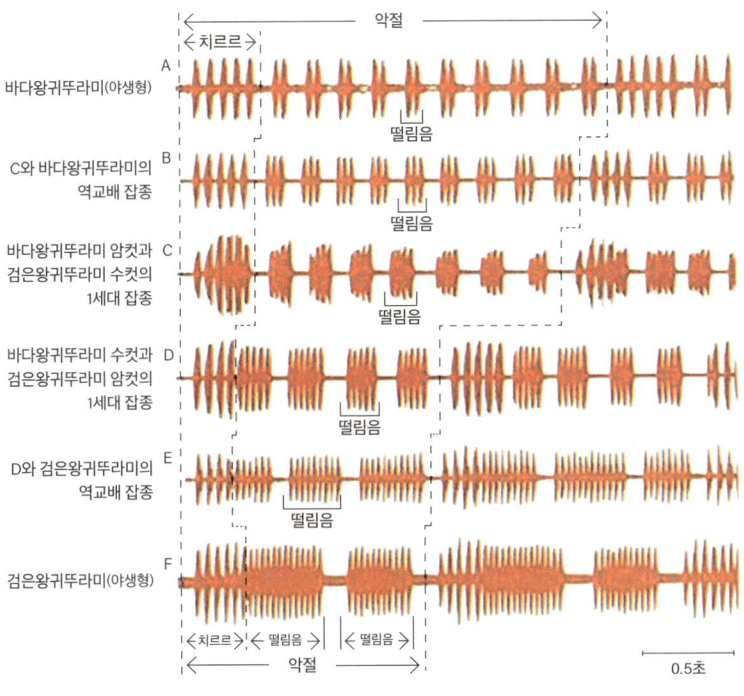

순종과 잡종 귀뚜라미의 노래

이제 흥미로운 질문을 해 보자. 잡종은 어떨까? 잡종 노래(C와 D)는 두 부모(A와 F)의 중간이다. 어느 종이 수컷이냐에 따라 차이가 나타나는데(C와 D를 비교해보라), 이 점은 성염색체에 관한 흥미로운 이야기를 들려줄 수도 있겠지만 여기서는 그렇게 깊이 들어가지 말자. 아무튼 잡종 노래는 행동 양상이 유전적 통제를 받는다는 것을 탁월하게 확인해 준다. 게다가 잡종을 두 야생종 각각과 다시 교배한(유전학자들이 역교배라고 하는) 사례들(B와 E)은 추가 증거를 제시한다. 이 5가지 노래를 비교하면, 흡족하게 일반화를 할 수 있다. 즉, 잡종 노래는 잡종 개체가 양쪽 부모 종에게서 물려받은 유전자의 비율에 따라 그 야생종들을 닮는다는 것이다. 바다왕귀뚜라미 유전자를 더 많이 지닌 잡종 개체는 검은왕귀뚜라미보다 바다왕귀뚜라미의 노래에 더 가까운 노래를 부른다. 그 반대도 마찬가지다. 그림에서 바다왕귀뚜라미에서 검은왕귀뚜라미 쪽으로 갈수록 점점 더 검은왕귀뚜라미의 노래와 비슷해지는 것을 알 수 있다. 이는 작은 효과를 지닌 몇몇 유전자들('다원유전자polygene')이 공동으로 효과를 일으킨다는 것을 시사한다. 그리고 이 두 귀뚜라미 종을 구별하는 특이적 노래 패턴이 유전자에 담겨 있다는 것도 의문의 여지가 없다. 이는 행동이 해부 구조와 마찬가지로 유전적 통제를 받는다는 것을 잘 보여 주는 사례다. 그렇지 않을 이유가 어디 있단 말인가? 유전자 인과 관계의 논리는 양쪽에 똑같이 적용된다. 양쪽 다 인과 사슬의 산물이며, 행동 쪽이 그 사슬에서 연결고리가 하나 더 많다.

우리는 확성기를 만드는 건축 행동을 가지고도 유전학 쪽으로 비슷한 연구를 할 수 있다. 그러나 인과 사슬의 그다음 단계인 확성기 자체로도 나아갈 수 있다. 확성기들 사이의 차이를 유전적으로 연구해 보라. 확성기는 땅강아지 유전자의 확장된 표현형이다. 그런 연구는 이루어진 적이 없지만, 하지 못할 이유는 전혀 없다. 마찬가지로 날도래 집의 유전학을 연구한 사람은 아무도 없지만, 연구하지 못할 이유는 전혀 없다. 실험실에서 이들을 번식시키기가 쉽지 않을 수 있겠지만. 마이클 핸셀이 옥스퍼드에서 날도래 유충의 집짓기 행동을 주제로 강연하고 있을 때였다. 그는 지나가는 어투로 그들의 유전학을 연구하고 싶어서 실험실에서 날도래를 번식시키려고 시도했지만 실패했다고 한탄했다. 그러자 앞줄에서 투덜거리는 소리가 들려왔다. "머리를 자르려고 시도한 적은 없나요?" 곤충의 뇌가 억제 효과를 일으킨다면, 머리를 자르는 것이 그 효과를 완화할 것이라고 예상할 수 있지 않느냐는 말인 듯하다.

실험실에서 날도래를 번식시키는 데 성공한다면, 세대마다 선택을 함으로써 날도래의 집에 체계적인 변화를 일으킬 수 있을 것이다. 또는 땅강아지 확성기의 크기나 모양을 세대마다 인위적으로 선택할 수도 있을 것이다. 나팔이 더 넓거나 깊은 것, 또는 다른 모양을 지닌 개체들을 골라서 번식시키는 것이다. 거대한 더듬이나 턱을 갖도록 번식시킬 수 있는 것처럼, 거대한 확성기를 갖도록 번식시킬 수 있을 것이다.

*그것은 인위선택이겠지만, 자연선택을 통해서도 비슷한 일이 일어났을 것이 틀림없다. 인위선택이든 자연선택이든 간에, 더 큰 확성기의 진화는 확성기 크기를 담당하는 유전자들의 차등 생존을 통해서만 일어날 수 있을 것이다. 확성기가 애초에 다윈 적응 형질로서

진화했으므로, 확성기 모양을 담당하는 유전자가 있어야 했다. 확장된 표현형 개념은 진화의 유전자 관점을 이루는 필수적인 부분이다. 확장된 표현형은 다윈 이론에 논란의 여지없이 추가되어야 한다.

그러나 '확성기 모양을 담당하는 유전자'란 사실상 변형된 굴 파기 행동을 담당하는 유전자이지 않은가? 즉, 땅강아지의 '통상적인' 표현형의 일부이지 않나? 날도래 집 모양을 담당하는 유전자는 '사실상' 집짓기 행동을 담당하는, 다시 말해, 몸 내부에서 '통상적인' 표현형 발현 형태를 담당하는 유전자이지 않은가? 굳이 몸 바깥의 '확장된' 표현형을 이야기하는 이유가 뭘까? 그런 논리라면 변형된 굴 파기 행동을 담당하는 유전자가 '사실상' 가슴의 신경절 배선 변화를 담당하는 유전자라고도 말할 수 있을 것이다. 그리고 가슴 신경절 변화를 담당하는 유전자는 '사실상' 배아 발생 때 세포간 상호작용의 변화를 담당하는 유전자일 것이다. 그리고 그 유전자는 '사실상'······ 그런 식으로 궁극적인 '사실상'에 이를 때까지 나아갈 수 있다. 유전자는 사실상, 사실상, 사실상 달라진 단백질을 담당하는 유전자일 뿐이다. 그것은 64가지의 DNA 3염기 조합을 20가지 아미노산의 더하기, 마침표로 번역하는 규칙에 따라 조립되는 단백질을 담당하는 유전자다. 중요하므로 한 번 더 강조하자. 여기에는 첫 단계들(아미노산을 선택하는 DNA 3염기 조합)을 알 수 있으며, 마지막 단계(확성기 모양)를 관찰하고 측정할 수 있으며, 그 중간 단계들은 발생과 신경 연결의 세부 사항들 속에 묻혀 있는—아마 측정할 수는 없겠지만 거기에 있다는 것은 분명한—인과관계 사슬이 있다. 내 요지는 인과관계 사슬의 많은 중간 단계 가운데 어느 것이든 간에 '표현형'이라고 간주할 수 있으며, 인위적이든 자연적이든 간에 선택의 표적이 될 수 있다는 것이다. 이 사슬을 동물 체벽에서 멈추어야 할 논리적 이유는 전혀 없다. 신경 배선이 표현형인 것과 어느 모로 보나 마찬가지로, 확성기도 '표현형'이다. 땅강아지의 몸과 그 바깥으로 뻗은 것 양쪽으로 이 단계들의 하나하나는 유전자 차이로 생기는 것이라고 볼 수 있다. 이 말은 유전자에서 날도래 집까지 이어지는 인과관계 사슬에도 똑같이 적용된다. 설령 이 행동 단계, 실제 집짓기 자체가 적합한 돌을 고르고 이리저리 돌리면서 기존 구조에 끼워 넣는 과정에서 복잡한 시행착오를 겪는다고 해도 그렇다. 이제 이 논리를 한 단계 더 끌고 가자. 유전자의 확장된 표현형은 다른 개체의 몸속까지 다다를 수 있다.

자연선택은 굴 파기 행동을 담당하는 유전자를 직접 보지도 않으며, 관련 신경 회로를 직접 보지도 않고, 사실 확성기 모양조차도 직접 보지 않는다. 노래의 크기를 본다, 아니 듣는다. 궁극적으로 중요한 것은 유전자 선택이지만, 노래의 크기는 일련의 기나긴 중간 단계들을 거쳐서 유전자 선택을 매개하는 대리 지표다. 그러나 노래 크기조차도 인과 사슬의 끝이 아니다. 자연선택의 관점에서 보자면, 소리 크기는 암컷을 꾀는 측면에서만 중요하다(수컷을 물리치는 측면에서도 중요하긴 하지만, 논의를 너무 복잡하게 만들지 말자). 이 인과 사슬은 땅강아지 암컷에게 영향을 미치는 반경까지 뻗어 나간다. 이는 암컷 행동의 어떤 변화가 수컷 유전자의 확장된 표현형의 일부임을 뜻할 수밖에 없다. 따라서 한 유전자의 확장된 표현형은 다른 개체의 몸속에도 들어 있을 수 있다. 내가 말하고자 하는 일반적인 요점은 한 유전자의 표현형적 발현이 유전자가 자리한 몸이 아닌 다른 살아 있는 몸들에까지 뻗어 나갈 수 있다는 것이다. 합스부르크 입술을 '담당하는' 유전자나 파란 눈을 '담당하는' 유전자를 이야기할 수 있는 것처럼, 다른 개체(이 사례에서는 땅강아지 암컷)의 행동 변화를 '담당하는' 유전자를 이야기하는 것도 지극히 타당하다.

7장에서 우리는 카나리아와 바바리비둘기 수컷의 노래가 암컷의 자궁에 극적인 효과를 미친다는 것을 살펴보았다. 암컷의 자궁은 크게 부풀며, 호르몬 분출 등 온갖 변화들도 수반된다. 그렇게 나타나는 암컷의 행동과 생리의 변화는 진정으로 수컷 유전자의 표현형적 발현이다. 다윈 선택 자체를 부정해야만 그것을 부정할 수 있지 않을까.

귀는 비둘기 수컷의 유전자가 암컷의 뇌 안까지 진출해서 확장된 표현형적 영향을 미칠 수 있는 유일한 입구가 아니다. *많은 조류 종 수컷은 화려한 색깔을 뽐낸다. 그런 색깔은 개체의 생존에는 안 좋을 수 있지만, 그래도 그 색깔을 빚어낸 유전자의 생존에는 좋다. 개체의 생존을 대가로 개체의 번식을 도움으로써 이 혜택을 달성한다. 거의 예외 없이, 성적인 매력을 발휘하는 색깔을 띰으로써 유전자 생존의 제단에 개체의 장수를 제물로 올려놓는 쪽은 수컷이다. 수컷이 화려한 색깔을 띠는 꿩이나 극락조 같은 종의 암컷을 보면 대개 색깔이 칙칙하고, 잘 위장되어 있을 때가 많다. 수컷의 화려한 색깔은 암컷을 꾀거나 경쟁하는 수컷을 이김으로써 선호된다. 양쪽 사례 모두에서 자연적으로 선택된 화려한 색깔을 담당하는 유전자는 다른 개체의 달라진 행동 속에서 표현형적 발현으로 확장되었다. 나는 비둘기 수컷이 인사하면서 하는 구구거리는 노래가 암컷의 난소에 변화를 일으키듯이, 공작 암컷이 수컷의 펼쳐진 꽁지깃을 볼 때 난소에 변화가 일어나는지 여부는 알지 못한다. 실제로 그렇다고 해도 나는 놀라지 않을 것이다. 오히려 그렇지 않다면 더 놀랄 것이다.

안타깝게도 포식자도 수컷이 깊은 인상을 심어 주려고 애쓰는 암컷과 같은 눈을 지니는 경향이 있다. 한 동물의 눈에 확 띄는 것은 아마 모든 동물의 눈에도 잘 띌 것이다. 그 수컷에게, 아니 그 색깔을 띠게 하는 유전자에게는 그럴 만한 가치가 있다. 설령 자신의 목숨을 대가로 치른다고 해도, 이미 다른 암컷들과의 짝짓기에 성공함으로써 그런 색깔은 제 역할을 충분히 했을 수 있다. 하지만 수컷 새가 시선을 끌지 않으면서 암컷의 눈을 통해 암컷을 조작할 수 있는 방법도 있지 않을까? 안전할 만큼 자기 몸으로부터 떨어진 거리에 확장된 표현형을 내려놓음으로써, 위험할 만치 눈에 띄는 개성적인 표현형을 떨굴 수 있지 않을까? 물론 '떨구다'와 '내려놓다'는 진화 시간에 걸쳐서 파악해야 한다. 우리는 해마다 털갈이를 할 때 떨구는 깃털을 이야기하는 것이 아니다. 비록 그 털갈이도 아마 같은 이유로 일어나겠지만 말이다. 한 예로 붉은부리갈매기는 번식기가 끝나자마자 선명하게 대비되는 색깔을 띠는 얼굴 가면을 떨군다.

*바우어새bower bird는 뉴기니와 오스트레일리아의 숲에 사는 조류 집단이다. 이들의 이름은 놀랍고도 독특한 습성에서 나온다. 이들은 암컷을 유혹하기 위해 '바우어'를 짓는다. 바우어를 짓는 데 필요한 기술은 둥지 짓는 기술에서 멀리까지 파생되어 나온 것이라고 볼 수도 있으며, 아마 따지고 들어가면 그럴 것이다. 그러나 바우어는 결

코 둥지가 아니다. 그 안에서 알을 낳는 일도, 새끼를 키우는 일도 전혀 없다. 바우어새 암컷은 다른 새들처럼 둥지를 짓고 알을 낳는데, 그 둥지는 수컷의 바우어와 비슷하지 않다.

바우어의 목적은 오로지 암컷을 유혹하는 것이며, 수컷은 바우어를 짓기 위해 엄청난 노력을 기울인다. 먼저 수컷은 바우어를 지을 자리에 있는 낙엽을 비롯한 잔해들을 깨끗이 치운다. 그런 뒤 잔가지와 풀로 바우어를 짓는다. 세부 사항은 종마다 다르다. 로빈슨 크루소의 오두막 비슷한 것도 있고, 장엄한 아치 길 같은 것도 있고, 탑

모양도 있다. 나는 바우어 설계의 마지막 단계가 가장 놀랍다고 본다. 바우어 앞쪽과 바닥의 땅은 화려하면서—나는 이렇게 말하지 않고 못 배기겠는데—취향에 따라 장식된다. 수컷은 색깔이 있는 열매, 꽃, 심지어 병뚜껑 등 온갖 장식용품을 모아서 늘어놓는다. 부지런히 장식을 하는 바우어새 수컷을 찍은 동영상을 보면, 한 발짝 물러서서 고개를 젖히면서 괜찮은지 살피다가 앞으로 다가가서 살짝 수정을 한 뒤, 다시 뒤로 물러나서 고개를 한쪽으로 기울인 채 고심하다가 다시 다가가서 살짝 고치면서 캔버스에 마감 작업을 하는 화가의 모습이 절로 떠오른다. 그래서 대담하게 '취향에 따라'라는 단어를 쓴 것이다. 새가 예술 작품을 완성하기 위해서 자신의 미적 판단을 적용하고 있다는 인상을 떨치기가 어렵다. 장식된 바우어가 설령 모든 사람의 취향, 아니 모든 바우어새 암컷의 취향에 들어맞지 않는다고 해도, 수컷의 '마무리' 행동을 보고 있으면 수컷이 나름의 취향을 지니고 있으며, 그 취향에 맞추어서 바우어를 다듬고 있다는 결론을 내릴 수밖에 없다.

7장에서 명금류 수컷이 노래하는 법을 터득할 때, 나름의 심미적 판단을 적용하고 있다고 말한 것을 기억하는지? 기억하겠지만, 어린 새는 무작위로 재잘거리면서 주형을 참조해서 특정한 단편을 고르고, 그 무작위적 단편들을 이어 붙여서 성숙한 노래를 만든다는 증거가 있다. 나는 수컷이 자기 종의 암컷과 비슷한 뇌를 갖고 있다고 주장했다. 따라서 놀랄 일도 아니겠지만, 수컷에게 와 닿는 것은 무엇이든 간에 암컷에게도 와 닿는다고 예상할 수 있다. 어린 새의 노래 발달은 창의적인 작곡 작업이라고 간주할 수 있으며, 여기서 수컷은 '나를 혹하게 하는 것은 아마 암컷에게도 와 닿을 것'이라는 원리를 채택하고 있다. 나는 바우어 건축에 비슷한 심미적 해석을 적용하지 않을 이유가 전혀 없다고 본다. "저쪽에 쌓은 파란 열매 더미는 괜찮아 보여. 그렇다면 내 종의 암컷도 좋아할 가능성이 높아…… 저기에는 빨간 꽃을 한 송이 놓으면 딱 좋을 것 같은데…… 아니, 여기 놓는 편이 더 좋겠어…… 음, 조금 더 왼쪽에 놓고 빨간 열매 몇 개를 여기 놓는 편이 더 낫지 않을까?" 물론 실제로 수컷이 정말로 이렇게 많은 단어로 늘어놓을 만치 생각을 한다고 말하는 것은 아니다.

선호하는 장식 색깔뿐 아니라, 바우어의 모양도 종마다 다르다. 새틴바우어새satin bower bird(288쪽)는 파란색을 선호한다. 이는 깃털의 남색 광택이나 새파란 눈과 관련이 있을 수도 있다. 이 바우어를 지은 새틴바우어새 수컷은 파란색 빨대나 병뚜껑도 모아 죽 늘어놓음으로써, 풍성한 파란색으로 암컷의 눈을 즐겁게 한다. 더 수수한 편인 큰바우어새Great Bower Bird는 껍데기와 조약돌로 장식을 한다(289쪽).

바우어는 수컷의 몸에 든 유전자의 확장된 표현형이다. 외부 표현형이며, 아마 그 사치스러움을 몸에 두르지 않기에 수컷 자신이 포식자의 주의를 끌지 않는다는 이점을 지닌 것이다. 일반적인 것보다 더 멋진 바우어에 노출되었을 때, 자극을 받아서 암컷의 혈액으로 호르몬 분출이 일어나는지 여부까지는 알 수 없지만, 바바리비둘기와 카나리아 연구에 비추어 보면 그럴 것이라고 예상할 수 있다.

우리는 유전자가 그 표현형 표적과 물리적으로 가깝다고 으레 생각하곤 한다. 확장된 표현형은 클 수 있으며, 그것을 만드는 유전자와 멀리 떨어져 있을 수도 있다. 비버 댐에 잠긴 호수는 비버 유전자의 확장된 표현형이며, 때로 면적이 몇 제곱킬로미터에 달하기도 한다. 긴팔원숭이의 노래는 숲에서 1킬로미터 떨어진 곳에서도 들을 수 있고, 짖는원숭이의 노래는 5킬로미터까지 퍼져 나가기도 한다. 진정한 유전적 '원격 작용'이다. 자연선택은 이런 소리 내기를 선호해 왔다. 다른 개체들에 미치는 확장된 표현형 효과 때문이다. 나방은 화학 신호를 써서 아주 멀리까지 효과를 일으킬 수 있다. 시각 신호는 시선을 방해하는 것이 없어야 하지만, 그래도 유전적 원격 작용의 원리가 적용된다. 진화의 유전자 관점은 확장된 표현형 개념을 반드시 통합해야 한다. 자연선택은 표현형 효과가 그 유전자를 지닌 세포로 이루어진 개체의 몸에 국한되는지 여부에 상관없이 표현형 효과를 담당하는 유전자를 선호한다.

2002년 학술지 『생물학과 철학』의 편집자인 킴 스터렐니는 『확장된 표현형』 출판 20주년을 기념하여 세 편의 비평을 실으면서 내게 답변도 요청했다. *그 특집호는 2004년에 나왔다. 비평들은 깊이 있고 흥미로웠으며, 나는 답변을 내놓고자 했다. 하지만 그 이야기를 시시콜콜 하기에는 지면이 부족하다. 나는 농담 삼아 과장해서 미래에 확장된 표현형 연구소를 짓는다는 환상을 펼치면서 결론을 지었다. 이 꿈의 연구소는 건물 세 동으로 이루어질 것이다. 동물 가공물 박물관 Zoological Artifacts Museum (ZAM), 기생생물 확장된 유전학 Parasite Extended Genetics (PEG) 연구소, 원격 작용 센터 Centre for Action at a Distance (CAD)다. ZAM과 CAD에서 다루는 주제들은 이 장에서 주로 다루었다. PEG는 마지막 장까지 기다려야 한다. 기생생물은 종종 숙주에게 극적인 확장된 표현형 효과를 미치곤 한다. 때로 기이하게 섬뜩한 방식으로 자신의 이익을 위해 숙주의 행동을 조작한다. 기생생물이 반드시 숙주의 몸 안에 들어 있을 필요는 없으므로, 원격 작용 센터인 CAD와 겹치는 부분이 있다. 뻐꾸기 새끼는 양부모의 행동에 확장된 표현형 효과를 미치는 외부 기생생물이다. 뻐꾸기는 매우 흥미로우므로 별도의 장으로 다룰 만하다. 이유는 다른데, 이제 설명을 해 보자.

10
돌아보는 유전자 관점

앞의 두 장에서는 내가 『이기적 유전자』와 『확장된 표현형』에서 설명한 진화의 유전자 관점을 짧게 요약했다. 이 장과 다음 장에서는 유전자 관점을 다른 방식으로, 이 책에 특히 적합한 방식으로 제시하고 싶다. 자신의 조상 역사를 '돌아보는' 유전자의 눈에 보이는 광경을 상상하는 것이다. 뻐꾸기는 생생한 사례다. 이제 이 괘씸한 새를 살펴보자.

'괘씸한 새'라고? 물론 정말로 그런 의미로 한 말은 아니다. 나는 콘월 출신인 내 조부모가 갖고 있던 빅토리아시대 조류 책에 실린 이 표현을 보고 낄낄거렸다. 그 책에서는 가마우지에게 쓰였다. 그 책은 쪽마다 한 종이 실려 있었다. 가마우지 쪽을 펼치면, 이런 첫 문장이 나왔다. "이 괘씸한 새에게는 할 말이 전혀 없다." 나는 저자가 왜 가마우지를 싫어했는지는 기억나지 않는다. 뻐꾸기에게 그 말을 했다면 더 나은 근거를 댈 수 있었을지 모른다. 양부모의 입장에서는 분명히 괘씸하다. 하지만 다윈주의 생물학자인 나는 뻐꾸기가 세계 최고의 경이라고 생각한다. 그렇다, '경이'다. 그러나 작은 굴뚝새가 자신을 통째로 삼킬 수 있을 만치 큰 새끼를 먹이느라 바쁜 광경 속에는 섬뜩한 무언가가 있다.

뻐꾸기가 다른 종의 둥지에 몰래 알을 낳아서 자기 새끼를 키우게 하는 탁란 기생생물임은 누구나 잘 안다. '둥지 속의 뻐꾸기'라는 속담도 있다. 존 윈덤John Wyndham의 『미드위치 뻐꾸기The Midwich Cuckoos』는 외계인이 몰래 사람의 자궁에 자기 자식을 잉태시킨다는 내용인데, 제목이 말해 주듯이 뻐꾸기에게 착안한 몇몇 소설 작품 중 하나다. 또 곤충의 방식으로 다른 곤충 종의 양육 본능을 약탈하는 뻐꾸기 벌cuckoo bee, 뻐꾸기 말벌cuckoo wasp, 뻐꾸기 개미cuckoo ant도 있다. 뻐꾸기 어류cuckoo fish는 탕가니카호에 사는 메기의 일종인데, 다른 어류의 알 더미 사이에 자신의 알을 떨군다. 이 사례에서 숙주는 '마우스브리더mouthbreeder', 즉 시클리드의 일종으로서 알과 새끼를 입 속에 넣어서 보호하는 어류다. 뻐꾸기 어류의 알과 치어는 알아차리지 못하게 숙주의 입 속으로 들어가며, 마우스브리더 자신의 알과 새끼처럼 보살핌을 받는다.

자기 나름대로 뻐꾸기 습성을 갖추는 쪽으로 독자적으로 진화한 조류 종도 많다. 신대륙의 검은피리새cowbird, 아프리카의 뻐꾸기베짜는새cuckoo finch가 그렇다. 뻐꾸기가 속한 두견과Cuculidae 내에서는 141종 가운데 59종이 다른 종의 둥지에 기생하며, 이 습성은 세 차례 독자적으로 진화했다. 이 장에서는 논의를 간결하게 하기 위해서, 따로 언급하지 않는 한 뻐꾸기라고 할 때 뻐꾸기Cuculus canorus 한 종을 가리킨다. 영어명은 흔한 뻐꾸기라는 뜻이지만, 안타깝게도 적어도 영국에서는 더 이상 흔히 볼 수 없다. 뻐꾸기의 숙주들은 그렇지 않겠지만, 나는 예전에 봄이면 들리곤 하던 뻐꾸기의 노래가 그립다. 또 최근에 스코틀랜드 서부의 아름다운 외진 곳에 갔을 때 뻐꾸기의 노래가 들려서 너무나 기뻤다. *그곳의 뻐꾸기는 '무턱대고 온종일 소리 지른다'. *내가 주로 의지하는 뻐꾸기 권위자, 사실 현재 세계적인 권위자는 케임브리지대학교의 닉 데이비스Nick Davies 교수다. 그의 책 『뻐꾸기Cuckoo』는 케임브리지 인근의 위켄펜에서 수행한 현장 조사의 회고와 자연사를 유쾌하게 융합했다. 데이비드 애튼버러가 영국의 가장 위대한 현장 자연사학자 중 한 명이라고 꼽은 그는 현대 자연사 문헌에서 그 누구도 따라올 수 없는 서정미 넘치는 탁월한 묘사 능력을 보여 준다.

북쪽 지평선 가까이에 11세기에 지은 일리 대성당이 있다. 일리섬의 높은 지대에 자리한다. 그곳에서 헤리워드는 사람들을 이끌고 노르만족을 습격했다. 이른 아침 연무가 낮게 깔릴 때, 대성당은 그 늪지대를 항해하는 거대한 선박처럼 보인다.

뻐꾸기는 알에서 나오자마자 잔인한 짓을 시작한다. 갓 부화한 새끼는 등에 작은 홈이 나 있다. 대수롭지 않게 여길지도 모르겠다. 그 홈이 나 있는 유일한 목적이 무엇인지 듣기 전까지는 말이다. 새끼 뻐꾸기는 양부모의 주의를 독차지할 필요가 있다. 소중한 먹이를 놓고 경쟁할 상대들을 지체없이 제거해야 한다. 둥지에 양부모 종의 알이나 새끼가 있다는 것을 알면, 새끼 뻐꾸기는 그 알이나 새끼를 등에 난 홈에 끼운다. 그런 뒤 등을 둥지 벽에 대고 꿈틀거리면서 경쟁할 알이나 새끼를 위로 밀어 올려서 둥지 밖으로 내버린다. *물론 새끼가 자신이 무슨 짓을 하는지 또는 왜 그렇게 하는지 안다는 징후는 전혀 없으며, 그런 행동에서 죄책감이나 후회(또는 승리감)를 느끼는 것도 아니다. 이 행동 경로는 단순히 시계태엽 장치처럼 작동한다. 조상 세대에서 이루어진 자연선택은 (양부모의) 형제자매를 살해하는 이 본능적인 행동을 펼치도록 하는 방향으로 신경계를 빚어낸 유전자를 선호했다. 우리가 할 수 있는 말은 그것이 전부다.

양부모가 새끼 뻐꾸기의 계략에 빠졌을 때 자신이 무엇을 하고 있는지 알아차릴 것이라고 예상할 이유는 전혀 없다. 새는 지적 인지라는 렌즈를 통해 세상을 보는 깃털 달린 작은 인간이 아니다. 적어도 새를 의식 없는 자동인형이라고 보는 편이 더 설득력 있다. 그 편이 양부모의 다른 놀라운 행동을 이해하는 데 도움이 된다. 뻐꾸기의 은밀한 방식을 영상으로 담는 데 선구적인 기여를 한 인물은 20세기 초의 열정적인 조류학자 에드거 챈스Edgar Chance다. 그가 찍은 영상을 본 닉 데이비스는 풀밭종다리 어미가 둥지에서 뻐꾸기 새끼가 자신의 소중한 새끼를 살해하는 모습을 그냥 무심코 지켜보는 듯했다고 설명했다. 그런 뒤 어미는 안 좋은 일이 전혀 일어나지 않았다는 양, 먹이를 구하러 떠났다. 돌아온 어미는 땅에 떨어져 죽어 있는 새끼에게 먹이를 먹이려는 무의미한 짓을 했다. 사람의 인지적 관점에서 보면, 어미의 행동은 납득이 가지 않는다. 처음에 자기 새끼가 살해당하는 모습을 태연히 지켜보는 것도, 그 뒤에 죽은 새끼에게 먹이를 먹이려고 헛수고하는 것도 그렇다. 우리는 이 장에서 이런 사례들을 계속 접할 것이다.

뻐꾸기의 영어 단어 '쿠쿠cuckoo'는 수컷의 두 음으로 이루어진 단순한 노래에서 나온 것이다. 사실 너무나 단순하기에 일부 조류학자는 '노래'가 아니라 '소리'라고 격하한다(*명왕성을 왜소 행성으로 격하시키는 제정신이 아닌 인기 없는 짓을 저지를 때 들이댄 것과 비슷한 근거다). 뻐꾸기의 노래(또는 소리)는 단3도를 낮춘 형태라고 흔히 묘사되지만, 내 귀에는 장3도로 들리며, *베토벤도 그렇게 생각했다고 기꺼이 인용하련다. 그의 전원 교향곡에 나오는 유명한 뻐꾸기 소리는 D에서 B 플랫으로 떨어진다. 단조든 장조든 간에, 노래든 소리든 간에, 그것은 단순하다. 그리고 아마 단순해야 할 것이다. 수컷은 모방을 통해 학습할 기회가 없으니까. 뻐꾸기는 생물학적 부모를 결코 만나지 못한다. 양부모만 접할 뿐이며, 양부모는 다양한 종 가운데 어떤 종이든 될 수 있고, 자기 종의 노래를 부르므로, 새끼 뻐꾸기는 그 노래를 배워서는 안 된다. 그래서 뻐꾸기 수컷의 노래는 유전적으로 새겨져야 하며, 따라서 매우 확실한 것은 아니지만 상식적으로 생각할 때 단순할 수밖에 없다는 결론이 나온다.

서론은 이쯤 했으니 이제 뻐꾸기를 왜 '과거를 돌아보는' 유전자를 다룬 장에 넣었는지, 그 놀라운 이야기로 넘어가기로 하자. 뻐꾸기 알은 자신이 놓인 양부모의 둥지에 있는 다른 알들의 색깔과 무늬를 흉내 낸다. 양부모로 택하는 종들이 아주 많고, 종마다 알의 색깔과 무늬가 다양함에도 모방할 수 있다. 다음 사진은 되새 알 6개와 뻐꾸기 알 1개다. 나도 당신도 크기가 좀 더 크다는 점 말고는 뻐꾸기 알

을 달리 구별할 방법이 없다.

언뜻 보면 이런 알 의태는 2장의 '그림'처럼 그리 놀랍게 여겨지지 않을 수도 있다. 음, 그 정도도 충분히 놀랍긴 하지만! 그러나 풀밭종다리 둥지에 있는 다음 알들을 보라.

여기서도 크기를 보면 어느 것이 뻐꾸기 알인지 알아볼 수 있다. 그러나 정말로 눈에 띄는 점은 두 번째 사진의 뻐꾸기 알이 풀밭종다리의 알처럼 어두운 바탕에 검은 얼룩이 나 있는 반면, 첫 번째 사진에서는 되새의 알처럼 밝은 바탕에 녹 빛깔 얼룩이 나 있다는 것이다. 풀밭종다리 알은 되새의 알과 전혀 다르다. 그런데도 뻐꾸기 알은 양쪽 둥지에 있는 알들과 거의 완벽하게 들어맞는 색깔을 띤다.

다시 말하지만, 이 의태는 2장에서 등장한 도마뱀, 개구리, 거미, 뇌조 '그림들'처럼 평범해 보일 수도 있다. 사실 되새에 탁란하는 뻐꾸기가 풀밭종다리에 탁란하는 뻐꾸기와 다른 종이라면, 상대적으로 더 평범해 보일 것이다. 그러나 그렇지 않다. 모두 같은 종이다. 암수는 어떤 양부모 종이 키웠든지 상관없이 짝짓기를 하므로, 세대가 지날수록 종 전체의 유전자들은 뒤섞인다. 이 뒤섞기가 일어나기에 이들은 모두 한 종이라고 정의된다. 같은 종에 속하며 같은 수컷들과 사귀는 암컷들은 딱새, 울새, 바위종다리, 굴뚝새, 유라시아개개비, 개개비, 알락할미새 등 여러 종의 둥지에 탁란한다. 그러나 각각의 암컷은 이런 숙주 종들 가운데 단 한 종에만 탁란한다. 그리고 놀라운 사실은 (중요한 사실을 드러내는 몇몇 예외 사례들이 있지만) 각 암컷의 알이 숙주가 낳는 알을 충실히 모방한다는 점이다. 뻐꾸기 알임을 드러내는 유일하게 일관된 특징은 자신이 모방하는 숙주의 알보다 약간 더 크다는 것이다. 그렇긴 해도 뻐꾸기 암컷의 몸집에 '걸맞은' 크기보다는 더 작다. 아마 모방의 압력이 그보다 더 작아지도록 내몬다면, 새끼는 어떤 식으로든 간에 불리한 입장에 놓일 것이다. *실제 크기는 숙주의 알을 모방하도록 더 작아지게 하는 압력과 뻐꾸기 자신의 몸집에 걸맞게 더 큰 최적 크기를 갖도록 하는 정반대 압력 사이의 타협의 산물이다.

당신은 알 의태가 왜 뻐꾸기에게 이로운지 궁금할 것이다. 양부모는 대개 뻐꾸기 알을 아주 잘 간파하며, 내버리곤 한다. 뻐꾸기 알이 잘못된 색깔을 띤다면 아픈 엄지처럼 금방 눈에 띌 것이다. 사실 영어의 아픈 엄지처럼이라는 관용적 표현은 매우 어색하다. 아픈 엄지가 눈에 확 띄는 것을 본 적이 있는지? 그보다는 새로운 직유법을 써 보자. 로드 경기장(크리켓 경기장)의 야구공처럼 눈에 띈다는? 진정으로 맛있는 사과들이 담긴 바구니 속의 골든 딜리셔스처럼은? 되새 둥지의 뻐꾸기 알을 풀밭종다리 둥지로 옮겨 놓았다고 하자. 또는 그 반대로. 숙주인 새는 망설이지 않고 그 알을 내버릴 것이다. 내버리기가 힘들다면, 아예 그 둥지를 포기할 것이다. 새의 눈이 지의류를 모방하는 나방과 잔가지를 모방하는 모충의 그림을 절묘할 만치 세밀한 수준까지 완성할 정도로 예리하다는 점을 생각하면, 그런 식별 능력을 지닌다고 해도 놀랍지 않다.

따라서 우리는 양부모가 자동인형처럼 행동하든 인지력을 발휘하든 간에 선택압을 제공할 것이라고 예상할 수 있다. 그래야 뻐꾸기 알이 혜택을 얻기 위해 그토록 아름다운 의태까지 보이는 이유가 설명된다. 양부모는 자신의 알과 달라 보이는 알을 내버린다. 그러나 놀라운, 대단히 놀라운 점은 모든 뻐꾸기, 종내 교배가 이루어지는 이 종의 모든 개체가 다양한 양부모 종의 알을 그럭저럭 흉내 낸다는 것이다. 또 다른 사례를 통해서 이 점을 더 깊이 살펴보자. 다음 사진의 유라시아개개비 둥지에 들어 있는 약간 더 큰 뻐꾸기 알도

놀라운 알 의태를 보여 준다.

이 멋진 사례들은 우리를 이 논의 전체의 핵심 질문으로 다시 이끈다. 모두 같은 종에 속하고 무차별적인 수컷의 자식인 뻐꾸기 암컷이 과연 어떻게 그렇게 아주 다양한 숙주들의 알과 일치하는 알을 낳을 수 있을까? 뻐꾸기 암컷이 한 둥지의 알을 흘깃 보고서 산란관에 들어 있는 일종의 알 색깔 변경 기구의 스위치를 켜자는 결정을 내린다고 믿어야 할까? 가장 온건하게 표현하자면, 그런 일은 있을 법하지 않다. 진정한 의지력을 발휘해서 갖가지 이유로 자기 산란관의 행동을 통제하고 싶은 암컷도 있을지 모른다. 그러나 그것은 의지력으로 할 수 있는 유형의 일이 아니다. 세계 최고의 의지력을 지닌다고 해도, 그 힘을 어떻게 써야 할지도 불분명하다.

뻐꾸기 암컷이 보이는 다재다능함은 진정 무엇으로 설명할 수 있을까? 확실히 아는 사람은 아무도 없지만, 조류 유전학의 특성에 기댄 설명이 지금으로서는 최선일 성싶다. 알다시피 우리 포유류는 XX/XY 염색체 체계를 써서 성별을 결정한다. 모든 여성은 모든 체세포에 X 염색체가 2개 들어 있으며, 따라서 모든 난자는 X 염색체를 지닌다. 모든 남성은 체세포에 X와 Y 염색체가 하나씩 들어 있다. 따라서 정자의 절반은 Y 정자(그리고 X 난자와 결합할 때 아들의 아버지가 될)이고 나머지 절반은 X 정자다(X 난자와 결합할 때 딸의 아버지가 될). 그보다 덜 알려져 있는데 조류도 비슷한 체계를 지니고 있다. 그런데 우리의 것과 정반대라는 점을 생각할 때 독자적으로 진화한 것이 분명하다. 조류의 성염색체는 X와 Y가 아니라 Z와 W라고 부르지만, 그 점은 중요하지 않다. 중요한 점은 조류는 암컷이 ZW이고 수컷이 ZZ라는 것이다. 포유류의 규칙과 정반대이지만, 원리는 동일하다. 포유류에서 Y 염색체가 부계로만 전달되는 반면, 조류에서 W 염색체는 모계로만 대물림된다. W는 어미, 모계 조모, 모계 증조모 등 무한정 뻗어 올라가는 모계 세대들을 통해 전달된다.

 이제 이 장의 제목을 떠올려 보자. '돌아보는 유전자 관점'이다. 유전자가 자신의 역사를 돌아본다는 말에 다름 아니다. 자신이 뻐꾸기의 W 염색체에 들어 있는 유전자이며, 자기 조상들을 돌아본다고 하자. 당신은 현재 암컷 새의 몸에 들어 있을 뿐 아니라, 수컷의 몸에는 한 번도 들어간 적이 없다. 평범한 염색체(상염색체)에 있는 다른 유전자들은 세대를 거치는 동안 동일한 확률로 암컷과 수컷의 몸에 들어가곤 한 반면, W 염색체의 조상 환경은 전적으로 암컷의 몸에 국한되어 왔다. 유전자가 자신이 들어 있던 몸만을 기억할 수 있다면,

W 염색체의 기억에는 수컷이 아니라 암컷의 몸만 있을 것이다. Z 염색체는 암수 양쪽 몸의 기억을 지닐 것이다.

그 생각을 지닌 채, 더 친숙한 유형의 기억을 살펴보자. 뇌의 기억, 즉 개체가 한 경험의 기억이다. 뻐꾸기 암컷이 자신이 자랐던 둥지의 종류를 기억하고, 같은 양부모 종의 둥지에 알을 낳는 쪽을 선택한다는 것은 사실이다. 자기 산란관을 통제한다는 있을 법하지 않은 능력과 달리, 초기 경험을 기억하는 일은 조류의 뇌가 한다고 알려져 있는 것이다. 7장에서 살펴보았듯이, 많은 조류 종은 짝을 고를 때, 부화했을 때 처음 마주친 뒤 기억 한구석에 처박아 두었던 부모를 찍은 일종의 마음속 사진('각인')을 꺼내 참조한다. 부화기에서 부화한 기러기 새끼처럼 설령 나중에 매력을 느끼는 상대가 콘라트 로렌츠일지라도 그렇다. 로렌츠든, 부모의 깃털이든, 아비의 노래든, 양부모의 둥지든 간에 기억하기는 모두 동일한 유형의 문제다. 동일한 각인 뇌 메커니즘은 설령 사람의 손에 자랄 때는 엉뚱한 효과를 일으킬지 몰라도, 자연에서는 충분히 잘 작동한다.

이 논리가 어디로 향할지 당신도 짐작할 수 있을 것이다. 각 암컷은 자신의 어미가 그랬듯이 똑같은 양부모의 둥지를 마음속에 각인한다. 따라서 모계 조모도, 모계 증조모도 그랬을 것이다. 그런 식으로 죽 이어진다. 그리고 새끼 때 각인된 대로, 모계 선조들이 골랐던 것과 똑같은 종류의 둥지를 자신도 고르게 된다. 따라서 그 암컷은 오로지 모계 계통으로만 전해지는 문화 전통에 소속된다. 암컷들 가운데 울새 뻐꾸기, 유라시아개개비 뻐꾸기, 바위종다리 뻐꾸기, 풀밭종다리 뻐꾸기 등이 있으며, 각각은 저마다 다른 모계 전통에 속한다. 그러나 이 문화 전통에는 암컷들만이 속해 있다. 암컷들의 각각의 문화 계통을 겐스gens — 복수는 겐테스gentes — 라고 한다. 한 암컷은 풀밭종다리 겐스, 또는 울새 겐스, 유라시아개개비 겐스 등에 속한다. 수컷은 어느 겐스에도 속하지 않는다. 그들은 모든 겐스 암컷에게서 무차별적으로 나왔고, 자신도 그렇게 무차별적으로 짝짓기를 한다.

마지막으로 이 두 가닥의 생각을 하나로 엮어 보자. 이 장의 제목을 염두에 두고서다. *W 염색체 유전자를 제외하고서, 뻐꾸기 암컷의 모든 유전자는 자신이 거쳐 온 모든 겐스에 속한 조상들의 사슬을 통해 거슬러 올라간다. W 염색체를 제외할 때, 겐스들은 진정한 혈통과 달리 유전적으로 서로 분리되어 있지 않다. 수컷들이 뒤섞기 때문이다. W 염색체 유전자만이 겐스 특이성을 지닌다. W 염색체만이 다른 계통들을 배제한 채 특정한 겐스의 조상들을 돌아본다. 우리는 두 종류의 기억을 이야기했다. 유전적 기억과 뇌 기억이다. 이제 W 염색체 유전자에서 양쪽이 어떻게 일치하는지 살펴보자!

오로지 W 염색체에서만 겐스는 분리된 유전적 혈통이다. 따라서 — 이미 당신 스스로 이 논리를 완결지었을 것이라고 생각하는데 — 알 색깔과 얼룩을 결정하는 유전자가 W 염색체에 있다면, 우리가 처음에 품었던 수수께끼는 풀릴 것이다. 뻐꾸기 한 종의 암컷들이 아주 다양한 숙주 종들의 알을 흉내 내는 것이 어떻게 가능한가 하는 수수께끼다. 알 색깔을 고르는 것은 의지력이 아니라, W 염색체다.

독자는 그렇게 단순하지 않을 것이라고 짐작했을 것이다. 생물학에서 단순한 것은 거의 찾아보기 어렵다. 뻐꾸기 암컷이 알을 낳을 때가 되었을 때 자신이 부화했던 둥지 유형을 강하게 선호하긴 하지만, 그들은 때로 실수를 해서 자신이 깨어났던 유형의 둥지가 아니라 '잘못된' 둥지에 알을 낳기도 한다. 아마 그것이 새로운 겐스가 시작되는 방식일 것이다. 그리고 모든 겐스가 알 의태를 잘 해내는 것은 아니다. 바위종다리 알은 아름다운 파란색이다. 그러나 아래 사진(왼쪽)에서 바위종다리 둥지에 낳은 뻐꾸기 알은 파랗지 않다. 파란색이 되려는 '시도'조차 하고 있지 않다고 말할 수도 있다. 이 사진의 뻐꾸기 알은 아픈…… 아니, 닥스훈트 무리에 섞여 있는 블러드하운드처럼 눈에 확 띈다. 뻐꾸기가 선천적으로 파란 알을 만들 수 없는 것일까? 그렇지 않다. 핀란드의 뻐꾸기는 딱새의 알을 완벽하게 의태한 가장 아름다운 파란 알을 낳는다(오른쪽). 그렇다면 왼쪽 사진의 뻐꾸기 알은 왜 바위종다리 알을 흉내 내지 않은 것일까? 그리고 어떻게 헤쳐 나갈까? 답은 단순하다. 비록 수수께끼가 남아 있긴 해도 그렇다. 바위종다리는 식별하지 않는, 즉 뻐꾸기 알을 내버리지 않는

소수의 종에 속한다. 이들은 우리에게 뻔히 보이는 것을 보지 못하는 듯하다. 다른 작은 명금류들은 뻐꾸기 암컷이 각 겐스가 이룬 알 의태를 마무리 작업까지 해서 완성하도록 할 만치 예리한 식별력을 지니는데, 어떻게 이럴 수 있을까? 그리고 새의 눈은 대벌레, 지의류를 흉내 내는 나방 등의 상세한 의태를 완성할 수 있는데?

뻐꾸기와 그 숙주는 대벌레와 그 포식자처럼 서로 '진화적 군비 경쟁'을 한다. 4장에서 말했듯이, 군비 경쟁은 진화 시간에 걸쳐 일어난다. '기술적 시간'에 걸쳐 그리고 훨씬 더 빨리 진행되는 인간의 군비 경쟁에 설득력 있게 대응한다. *제2차 세계대전 때 스피트파이어와 메서슈미트가 공중 곡예를 부리면서 펼친 추격전은 초 아래의 단위에서 실시간으로 벌어졌다. 그러나 후방에서 더 천천히, 영국과 독일의 공장과 설계 사무실에서는 엔진, 프로펠러, 날개, 꼬리, 무기 등을 개선하는 경쟁이 이루어졌다. 상대방의 개선에 대응하는 차원에서 이루어진 사례도 종종 있었다. 그런 기술적 군비 경쟁은 월이나 년으로 측정되는 시간 단위에 걸쳐서 이루어진다. 뻐꾸기와 그 다양한 숙주 종들 사이의 군비 경쟁은 수천 년에 걸쳐 이루어져 왔으며, 마찬가지로 상대방의 개선에 맞서 대응하는 개선이 이루어지는 식이었을 것이다.

닉 데이비스Nick Davies와 마이클 브룩Michael Brooke은 일부 겐스가 남들보다 더 오래 군비 경쟁을 이어 왔을 것이라고 주장한다. 풀밭종다리나 유라시아개개비에 탁란하는 뻐꾸기 계통은 그들과 더 오래 군비 경쟁을 벌였고, 그것이 바로 양쪽이 서로를 능가하는 데 능숙해진 이유다. 그리고 뻐꾸기 알이 그토록 모방을 잘하게 된 이유이기도

하다. 두 사람은 바위종다리를 상대로 한 군비 경쟁이 이제 막 시작되었다고 본다. 바위종다리에게서는 식별과 거부가 진화할 시간이 부족했다. 또 바위종다리 뻐꾸기 젠스에게서 적절한 파란색이 진화할 시간도 부족했다.

뻐꾸기가 이제 막 바위종다리 둥지로 '이사한' 것이 사실이라면, 우리는 이 '개척자' 뻐꾸기가 다른 숙주 종으로부터 '이주했다'고 가정해야 한다. '새로 들어온' 바위종다리 뻐꾸기 젠스의 알 색깔이 녹빛깔 반점이 있는 회색 알이므로, 아마 그런 알을 낳는 숙주 종에게서 옮겨 왔을 것이다. 나는 이것이 새로운 젠스가 출범하는 방식이라고 추정한다. 하지만 '개척자'와 '이주했다'라는 말을 오독하지 말기를. 새로운 둥지와 새로운 목초지로 진출하겠다고 어떤 대담한 결정을 내리는 식은 아니었을 것이다. 아마 실수였을 것이다. 앞서 살펴보았듯이, 뻐꾸기는 실제로 가끔 엉뚱한 둥지에 알을 낳곤 한다. 다른 젠스에게 적합한 둥지다. 그럴 때 그 알은 정말로…… 아픈 엄지라는 진부한 표현을 대체할 당신 나름의 표현에 따르자면…… 처럼 눈에 확 띈다. 우리는 자연선택이 대개 그런 실수를 거의 즉시 처벌한다고 가정할 수 있다. 그러나 새 숙주 종이 여태껏 뻐꾸기의 '침략'을 받은 적이 없다면 어떻게 될까? 새 숙주 종은 어리숙하다. 여태껏 맞지 않는 알을 내버릴 이유가 전혀 없었다. 조류가 인간적인 판단을 내리는 깃털 달린 작은 인간이 아니라는 점을 다시금 명심하자. 군비 경쟁은 아직 제대로 진행되지 않고 있다. 그리고 숙주 종은 군비 경쟁이 아직 초기일 때에는 어리숙한 상태로 남아 있을 것이라고 예상할 수 있다. 그런데 언제까지를 초기라고 할 수 있을까? 매우 기이하게도, 닉 데이비스가 지적했듯이, 이 질문에 관한 증거가 아예 없지는 않다.

제프리 초서Geoffrey Chaucer의 목격담을 들어보자. 『새들의 의회 The Parlement of Foules』에서 뻐꾸기는 비난을 받는다. "너를 키운 나뭇가지 위의 바위종다리heysugge의 살해자여." 바위종다리는 영어로 울타리참새hedge sparrow라고도 하는데, 후자는 중세 영어에서 heysugge(heysoge, heysoke, eysoge)로 표기되었다. 이 말은 초서가 이 글을 쓴 14세기에 이미 뻐꾸기가 바위종다리에게 탁란하고 있었음을 시사하는 듯하다. 650년은 군비 경쟁을 통해 의태가 어느 정도 완성되기 충분한 기간일까? 데이비스가 지적하듯이, 바위종다리 둥지 중 탁란은 약 2퍼센트에 불과하다는 점을 생각하면, 그렇지 않은 듯하다. 따라서 선택압이 아주 약하기에 군비 경쟁에서 600년은 사실상 초기일 수 있다.

나는 여기에다가 두 가지 주장을 덧붙이고 싶다. 첫 번째는 종 동정에 관한 것이다. 초서가 heysugge라고 썼을 때 정말로 바위종다리를 가리킨 것일까? 우리는 '참새sparrow'라고 말할 때, 대개 울타리참새, 즉 바위종다리Prunella modularis가 아니라 양쪽에 다 쓰이는 집참새Passer domesticus로 사용한다. 열정적인 탐조가가 아닌 많은 이들의 눈에 작은 갈색 새들은 다 똑같아 보이며, 심지어 그들을 모두 '참새'라고 뭉뚱그리기도 한다.*그러니 나는 초서가 'heysugge'를 바위종다리가 아니라 그냥 작은 갈색 새라는 뜻으로 썼을 가능성도 있다고 본다.

내 두 번째 주장은 생물학적으로 더 흥미롭다. 꼼꼼히 생각해 보면, 각 숙주 종에 뻐꾸기 젠스가 하나만 있다고 가정할 이유가 전혀 없지 않을까? 초서의 바위종다리 뻐꾸기 젠스가 죽어 사라지고, 새로운 바위종다리 뻐꾸기 젠스가 막 군비 경쟁을 시작했을 수도 있지 않을까? 다른 바위종다리 뻐꾸기 젠스들이 현재 완벽한 알 의태를 이루었지만, 조류학자들이 아직 알아차리지 못했을 수도 있지 않나? 수컷은 W 염색체가 없으므로 그들 사이의 유전자 흐름은 전혀 없을 것이다.

클레어 스포티스우드Claire Spottiswoode 연구진은 서로 유연관계가 없는 남아프리카 참새류를 대상으로 비슷한 연구를 수행하고 있다. 수렴 진화를 통해 뻐꾸기의 습성을 습득한 새들이다. 뻐꾸기베짜는새*Anomalospiza imberbis*는 붉은허리개개비류의 둥지에 알을 낳는다. 뻐꾸기베짜는새의 젠스마다 다른 개개비 종의 알을 모방한다. 젠스들을 구분하는 것이 실제로 W 염색체라는 유전적 증거가 있으며, 이는 뻐꾸기에게서도 같은 일이 일어나고 있다는 생각을 강화한다. 스포티스우드가 지적하듯이, 이 말이 반드시 알 색깔의 모든 세부 사항들이 W 염색체에 담겨 있음을 의미하는 것은 아니다. 뻐꾸기와 뻐꾸기베짜는새 양쪽에서 온갖 다양한 알 색깔을 만드는 유전자들은 아마 여러 세대에 걸쳐서 다른 염색체들('상염색체')에서 구성되고, 모든 젠스를 통해 전파되고 암컷뿐 아니라 수컷을 통해서도 전달되었을 가능성이 아주 높다. W 염색체는 스위치 유전자만 있으면 된다. 즉, 상염색체들에 있는 그 온갖 유전자들 전체를 켜고 끄는 스위치 역할을 하는 유전자다. 그리고 관련된 상염색체 유전자는 암컷뿐 아니라 수컷을 통해서도 전달될 것이다.

사실 이것은 성 자체가 결정되는 방식이다. 당신이 Y 염색체를 지닌다면, 음경도 지닌다. Y 염색체가 없다면, 대신에 음핵을 지닌다. 그러나 음경의 모양과 크기에 영향을 미치는 유전자가 Y 염색체에 국한된다고 가정할 이유는 없다. 전혀 그렇지 않다. 많은 상염색체들에 흩어져 있을 가능성도 얼마든지 있다. 남성이 음경 크기를 담당하는 유전자를 아버지뿐 아니라 어머니에게서도 물려받을 가능성을 의심할 이유도 전혀 없다. Y 염색체의 유무는 상염색체들에 있는 어떤 유전자 집합을 켤지만을 결정한다. 대부분의 목적상 Y 염색체 전체를 유전체의 상염색체들에 있는 다른 유전자들을 켜는 하나의 유전자로 생각할 수도 있다. 여기서 용법을 하나 지적해 두자. 이 한쪽 성에서만 발현되는 상염색체 유전자 집합의 구성원들을 '한성sex-limited' 유전자라고 한다. '반성sex-linked' 유전자와는 다른 말이다. *반성 유전자는 실제로 성염색체에 들어 있는 유전자를 가리킨다.

아마 뻐꾸기 알 의태라는 수수께끼의 해답으로 나아가는 가장 나은 추측은 많은 염색체에 있는 다양한 유전자 집합이 알의 색깔과 무늬를 결정한다는 것일 듯하다. 이 유전자들은 '한성'에 해당하며, 우리는 '겐스 한정gens-limited'이라고 부를 수도 있다. 이 유전자들은 W 염색체에 있는 하나 또는 그 이상의 유전자들의 유무에 따라서 스위치가 켜지거나 꺼진다. 유추하자면 후자는 '겐스 연관gens-linked'이라고 부를 수 있다. 모든 뻐꾸기 상염색체에는 숙주 알들의 목록 전체를 흉내 낼 수 있는 유전자 집합이 있을 수도 있다. W 염색체에는 어느 유전자 집합을 켤지를 결정하는 스위치 유전자가 들어 있다. 그리고 각 암컷들의 겐스에 독특한 것은 W 염색체다. W 염색체는 자신의 역사를 돌아보면서 오로지 한 양부모 종의 둥지들의 기나긴 계보를 보고 있다.

뻐꾸기 알 의태의 이런 해석은 돌아보는 유전자 관점, 즉 어깨 너머로 자신의 조상을 돌아보는 유전자라는 주제에 대한 내 서문이다. 이제 어류와 Y 염색체라는 비슷하지만 더 복잡한 사례를 살펴보자. 다양한 어류는 당혹스러울 만치 다양한 성 결정 체계를 보여 준다. 성염색체를 아예 쓰지 않고 외부 단서로 성을 결정하는 종류도 있다. 어떤 어류는 암컷이 XY이고 수컷이 XX라는 점에서 조류와 비슷하다. 우리 포유류와 비슷한 종류도 있다. 즉, 수컷은 XY이고, 암컷은 XX다. 구피속*Poecilia*의 작은 어류가 여기에 해당하는데, 어항에서 키우는 인기 있는 물고기인 몰리와 구피가 포함되어 있다. 그중 한 종인 포이킬리아 파라이*Poecilia parae*는 놀라운 색깔 다형성polymorphism을 지닌다. 이 다형성은 수컷에게서만 볼 수 있다. 다형성은 집단 내에 유전적으로 결정되는 다양한 색깔 유형(여기서는 5가지 색깔 패턴)이 공존하며, 유형들의 비율이 시간이 흘러도 집단 내에서 안정적으로 유지된다는 뜻이다. 남아메리카 하천에서는 이 5가지 유형의 수컷들이 함께 헤엄치며 다니는 모습을 볼 수 있다. 반면에 암컷은 한 유형뿐이며, 모습이 다 비슷비슷하다.

다형성은 한쪽 성에만 영향을 미치므로, 뻐꾸기에 유추해서 그 유형을 5가지 젠스라고 부를 수도 있다. 이 어류에서는 젠스로 분리되는 쪽이 수컷이라는 점이 다를 뿐이다. 다음 그림에 5가지 유형의 수컷과 암컷이 나와 있다. 수컷 5가지 중 3가지는 몸에 전차 궤도처럼 두 줄이 길게 뻗어 있다. 두 줄 사이에는 서로 다른 색깔이 있으며,

호랑이

회색

파랑

노랑

빨강

암컷

어류의 수컷 '겐스들'?

각각 빨강, 노랑, 파랑이라고 하자. 이 세 '궤도형'은 여러 목적상 하나로 묶을 수 있다. 네 번째 유형은 수직 띠무늬가 있다. 공식 명칭은 '파라이parae'이지만, 종의 이름이기도 하므로 혼동을 준다. 여기서는 '호랑이'라고 하자. 5번째 유형은 '이마큘라타immaculata'로서 비교적 평범한 회색이므로, 여기서는 '회색'이라고 하자. 색깔이 암컷과 비슷하지만 암컷보다 작다.

가장 큰 것은 호랑이다. 경쟁하는 수컷을 쫓아 버리고 강제로 암컷과 교미를 하는 등 공격적으로 행동한다. 회색은 가장 작고, 기회가 생길 때 암컷에게 몰래 접근해서 교미한다. 이런 행동이 들키지 않고 넘어가는 것은 공격적인 수컷이 이들을 암컷으로 착각하기 때문인 듯하다. 회색은 정말로 암컷을 닮았다. 회색은 정소가 가장 크며, 따라서 정자를 제일 많이 생산할 수 있을 것이다. 교미할 기회가 적기에, 기회가 왔을 때 수정 가능성을 높이기 위함인 듯하다. 빨강, 노랑, 파랑 궤도형은 크기가 중간이다. 이들은 폭력적으로 교미하거나 몰래 다가가는 대신에, 옆구리의 색깔을 뽐내면서 예의 바르게 암컷에게 구애한다.

이제 뻐꾸기와의 유사성을 살펴보자. 색깔 유형 유전이 오로지 부계를 통해서만 전달된다는 것을 시사하는 증거가 있다. 모든 사례 연구에서 아들은 아비와 동일한 유형에 속하며, 부계 조부, 부계 증조부 등도 그렇다. 어미는 그 문제에는 유전적으로 전혀 관여하지 않으며, 모계 조부 등도 마찬가지다. 모계 수컷들이 각자 어느 한 색깔 겐스에 속해 있음에도 그렇다. 이는 수컷 5가지 유형이 Y 염색체와 관련이 있음을 시사한다. 뻐꾸기 암컷의 겐스 유전이 W 염색체를 통해 이루어지는 것과 마찬가지다. 수컷의 색깔 무늬와 행동의 세세한 사항은 상염색체에 있는 유전자 집합(겐스 한정)을 통해 전달되는 것일 수 있다. 그러나 개체가 어느 겐스에 속할지를 결정하는(그리고 아마 다른 염색체들에 있는 색깔과 무늬 유전자 집합을 켜는) 유전자는 Y 염색체에 있는 겐스 연관 유전자일 듯하다.

연구자들은 이런 어류의 짝 선택을 살펴보는 흥미로운 연구를 하고 있으며, 다형성을 유지하는 것이 무엇인지도 조사하고 있다. 이 수컷 5가지 유형은 진정한 다형성의 정의에 걸맞게 출현 빈도가 평형 상태에 있는 듯하다. 어떤 유형의 출현 빈도가 평형 상태에서 더 아래로 떨어지면, 선호되는 양상이 나타나면서 집단 내에서 출현 빈도가 다시 올라간다. 출현 빈도가 너무 높아지면, 처벌이 가해지면서 다시 낮아진다. 이 이른바 '빈도 의존적 선택 frequency-dependent selection'은 개체군 내에서 다형성이 유지되는 방식이라고 알려져 있다. 그런데 현실에서는 어떻게 작동할까? 세세하게 다 밝혀진 것은 아니지만, 이런 식으로 이루어지는 듯하다. 몰래 접근하는 회색은 암컷으로 착각됨으로써 혜택을 본다. 그런데 이들이 너무 많아지면, 진짜 암컷이나 공격적인 호랑이는 이들을 '알아차릴' 것이다. 호랑이는 어떨까? 그들의 빈도가 너무 높아지면, 그들은 짝짓기 대신에 서로 싸우는 데 시간을 허비한다. 그러면 회색이 몰래 교미를 할 기회가 더 늘어난다. 또 선명한 옆구리 색깔을 비치면서 신사답게 암컷에게 구애를 하는 세 '궤도형'에서는 암컷이 더 드문 유형을 선호한다는 증거가 있다. 암컷이 왜 그런 선호를 보이는지는 불분명하지만, 아무튼 이는 '평형 빈도' 개념에 들어맞는다. 더 많은 연구가 필요하며, 현재 진행 중이다. 이 문제를 살펴볼 때 흔쾌히 도움을 준 코넬대학교의 벤 샌드컴Ben Sandkam에게 감사드린다.

이제 다시 이 장의 돌아보기 기법을 적용해 보자. 포이킬리아 파라이의 모든 수컷은 모두 자신과 같은 겐스에 속하고 같은 Y 염색체를 지닌 기나긴 부계 조상들을 돌아볼 수 있다. 모계 쪽으로도 같은 조상들을 지님에도, 색깔 패턴과 관련 행동을 담당하는 유전자 집합이 수컷들의 각기 다른 겐스에서 켜지기 때문에 이런 돌아보기가 가능하다. 과거를 돌아보는 유전자 관점은 뻐꾸기에서뿐 아니라 여기에서도 작동한다. 겐스의 특이적 색깔이 아닌 다른 특징들을 통제하는 상염색체 유전자들은 모든 겐스의 조상들을 돌아본다.

뻐꾸기로 돌아가서, '돌아보기' 방식은 다른 수수께끼, 더욱 어려운 수수께끼에 답하는 데 도움을 줄 수 있다. 대다수 숙주 종이 뻐꾸기 알을 자신의 알과 구별하는 일을 아주 잘하지만(그렇지 않다면 자연선택이 어떻게 뻐꾸기 알 의태를 그렇게 완벽하게 다듬을 수 있었겠는가?), 시간이 더 흐른 뒤에는 딱할 만치 그렇지 못하다. 즉, 그들은 자라는 뻐꾸기 새끼가 사기꾼임을 알아차리지 못한다. 자기 몸집보다 뻐꾸기 새끼가 더, 대개는 기괴할 만치 훨씬 더 큰 데도 알아차리지 못한다. 때로 양부모인 작은 울새는 괴물처럼 큰 수양 새끼에게 통째로 삼켜질 것처럼 보이곤 한다. 어떤 종의 양부모든 간에, 그들이 낮 동안 내내 쉴 새 없이 먹이를 구해서 먹이는 뻐꾸기 새끼는 결국 그들보다 훨씬 더 크게 자란다. 이토록 기만이 뻔히 보이면서 과장된 양상을 띠는 데 어떻게 뻐꾸기 새끼는 들키지 않는 것일까? 여기서 다시금 우리는 의인화하려는 유혹을 평소보다 더욱 강하게 뿌리쳐

뻐꾸기 새끼에게 먹이를 주는 울새

야 한다. 새의 행동이 인간이 지닌 것과 비슷한 인지 관점에서 볼 때 납득이 가는지 여부를 묻지 말라. 물론 납득이 안 간다. 대신에 행동 자동증automatism의 발달을 제어하는 조상 유전자들에 어떤 선택압이 작용하는지 물어라.

이렇게 운을 띄우긴 했지만, 앞쪽의 그림에 요약된 이 수수께끼의 해답이라고 제시된 연구 결과들이 내가 여러 저서에서 으레 제시한 익숙한 설명들에 비하면, 아직 미흡하다고 인정해야겠다. 사실 알 의 태의 설명과 비교해도 그렇다. 그래도 내가 찾을 수 있는 가장 나은 설명, 아니 여러 단편적인 설명을 제시해 보자. 먼저 군비 경쟁 개념으로 돌아가자. 존 크렙스와 나는 1979년 논문에서 군비 경쟁이 한쪽의 '승리'로 끝날 수 있는 방식들도 고려했다(여기서도 따옴표를 치는 것을 강하게 권고하련다). 우리는 '목숨 식사Life Dinner'와 '희귀한 적 Rare Enemy'이라는 두 원리를 제시했다. 둘은 밀접한 관련이 있으며, 아마 동일한 무언가의 서로 다른 측면에 불과할 수도 있다.

이솝 우화에서 사냥개가 산토끼를 뒤쫓다가 지쳐서 포기하는 장면이 나온다. 약하다는 편잔을 받자, 사냥개는 대꾸한다. "비웃어도 상관없지만, 서로 걸린 게 달랐잖아요. 토끼는 목숨을 걸고 달렸지만, 나는 그저 저녁거리를 얻기 위해 달렸을 뿐이에요."

군사적인 군비 경쟁에서처럼, 포식자와 먹이는 설계 개선 및 자원과 경제적 비용 사이에 균형을 잡아야 한다. 자원을 군비 경쟁 쪽으로 더 돌릴수록—근육, 허파, 심장, 속도와 지구력 기구—알이나 젖을 생산하고, 겨울을 대비해 지방을 쌓는 일 등 삶의 다른 측면들에 쓸 가용 자원은 줄어든다. 다윈주의 언어로 말하자면, 이솝의 산토끼는 사냥개보다 군비 경쟁에 자원을 투자하라는 선택압을 더 강하게 받아 왔다. 실패의 비용이 비대칭이다. 목숨을 잃는 것 대 그저 저녁거리를 놓치는 것이다. 먹이는 자신의 최근 추격자로부터 달아났다. 그러나 사자의 유전서 언어를 쓰면 같은 내용을 더 예리하게 말할 수 있음을 주목하자. 포식자의 유전자는 조상들을 돌아볼 수 있으며, 조상들 중 상당수는 먹이보다 느렸다. 그러나 먹이의 조상들 중에는 포식자에게 따라잡힌 개체가 한 마리도 없었다. 적어도 자기 유전자를 전달하기 전에 그런 일을 겪은 개체는 조상이 되지 못했다. 많은 포식자 유전자들은 조상들을 돌아볼 때 먹이를 따라잡지 못한 개체들을 접할 수 있다. 그러나 먹이 유전자들이 조상들을 돌아볼 때 포식자와의 경주에서 진 조상을 볼 수 있는 경우는 단 하나도 없다.

목숨 식사 원리를 뻐꾸기 새끼와 숙주에 적용해 보자. 뻐꾸기 새끼는 끊김없이 이어지는 조상들의 계보를 돌아볼 수 있으며, 조상들 가운데 식별하는 숙주에게 들킨 조상은 말 그대로 한 마리도 없다. 들킨 개체는 조상이 되지 못했을 것이다. 숙주를 속이는 데 실패한 뻐꾸기 유전자는 결코 후대로 전달되지 못한다. 그러나 양부모가 뻐꾸기를 알아차리지 못하게 하는 유전자는? 뻐꾸기에게 속은 숙주 중 상당수는 살면서 다시 번식할 수 있다. 숙주들 사이에서 뻐꾸기에게 속는 유전적 성향도 후대로 전달될 수 있다. 반면에 뻐꾸기들 사이에서 숙주를 속이는 데 실패하는 유전적 성향은 결코 후대로 전달될 수 없다. 이것이 바로 목숨 식사 원리가 작동하는 방식이다.

게다가 조상들을 돌아보는 숙주는 생애에 뻐꾸기를 결코 접한 적이 없는 조상들도 많이 볼 수 있다. 닉 데이비스와 마이클 브룩이 위켄펜에서 장기간 한 연구를 보면, 유라시아개개비 둥지 중 5~10퍼센트에서만 뻐꾸기 탁란이 이루어지는 것으로 나타났다. 그리고 이는 희귀한 적 효과 Rare Enemy Effect로 우리를 이끈다. 뻐꾸기는 비교적 드물다. 대다수의 유라시아개개비, 할미새, 종다리, 바위종다리 등은 아마 뻐꾸기와 한 번도 마주친 적이 없이 삶을 살아가고 번식에 성공했을 것이다. 그들은 조상들을 돌아볼 때 평생에 뻐꾸기와 마주친 적이 없는 많은 조상을 보게 될 수 있다. 그러나 모든 뻐꾸기는 과거를 돌아볼 때 숙주를 속여서 먹이를 받아먹는 데 성공한 조상들이 끊이지 않고 이어진 계보를 본다. 이런 유형의 비대칭은 괴물처럼 큰 뻐꾸기 새끼도 작은 양부모를 무사히 속일 수 있을 정도의 '승리'를 뒷받침할 수도 있다. 뻐꾸기를 간파하는 선택압은 뻐꾸기에게 속이도록 하는 선택압에 비해 약하다.

이솝의 향취가 풍기는 또 하나의 우화를 들어 보자. 삶아지는 개구리 우화다. 아주 뜨거운 물에 떨어진 개구리는 모든 힘을 다해서 뛰쳐나오려 애쓸 것이다. 그러나 천천히 가열되고 있는 찬물에 들어간 개구리는 너무 늦을 때까지도 위험을 알아차리지 못한다. 뻐꾸기 새끼가 처음 부화했을 때, 그 속이는 자는 진짜 새끼와 구별이 되지 않는다. 뻐꾸기 새끼가 점점 자랄 때 어느 날 갑자기 가짜임이 명백해지는 일 같은 것은 전혀 일어나지 않는다. 어느 날 갑자기 아기가 어린이가 되는 일이나 어린이가 하루아침에 청소년이나 중년이 되는 일이 일어나지 않는 것과 마찬가지다. 하루하루는 그 전날과 거의 다를 바 없어 보인다. 아마 이것이 속이는 데 도움을 줄 것이다. 삶아지는 개구리 효과가 알에는 적용되지 않는다는 점을 유념하자. 뻐꾸기 알은 둥지에 갑자기 나타난다. 뻐꾸기 새끼처럼 서서히 생기면서 속이는 것이 아니다.

앞서 언급한 두 논문에서 크렙스와 나는 동물의 의사소통 전반을 일종의 '조작'이라고 볼 수 있다고 주장했다. 7장에서는 이를 존 키츠를 매혹한 나이팅게일의 노래와 연관 지어 살펴본 바 있다. 새의 노래는 암컷의 생식샘을 부풀게 한다고 알려져 있다. 이는 우리가 조작이라고 부르는 것의 한 예다. 그 조작에 넘어가는 것이 암컷에게 반드시 이롭다고는 할 수 없을 것이다. 설득력과 수용 거부 사이의 군비 경쟁이 있을 것이고, 각각 서로에게 대응하면서 경쟁은 심화한다. 숙주의 수용 거부에 대응하여 뻐꾸기 새끼가 쓸 법한 설득 기술은 무엇일까? 양부모와 뻐꾸기 새끼 사이의 결국 터무니없을 만치 커지는 부조화를 이겨 내려면 꽤 강력해야 할 것이다. 그러나 그 존재 자체를 부정하는 주장은 전혀 없다.

모든 새끼는 먹이를 달라고 입을 쩍 벌리고 짹짹거린다. 당신이 유라시아개개비 새끼라면, 더 크게 울어 댈수록 형제자매들이 아니라 자신의 벌린 입에 먹이를 떨구도록 부모를 설득하는 데 성공할 가능성이 더 높다(그리고 설령 진짜로 유전자를 공유하는 형제자매들 사이에서도 경쟁이 이루어질 다윈주의적 이유가 있다). 그런 한편으로 소리를 크게 내려면 매우 중요한 에너지를 써야 한다. 이는 성체뿐 아니라 어린 새에게도 고스란히 적용된다. 옥스퍼드의 한 연구자는 굴뚝새 수컷이 말 그대로 노래하다가 기력이 다해 죽을 수도 있다는 추정까지 내놓았다. 유라시아개개비 새끼가 짹짹거리는 소리의 빈도와 크기는 대개 최적 수준에서 조절될 것이다. *형제자매와 충분히 경쟁할 수 있지만, 자신에게 지나치게 부담을 주거나 포식자를 끌어들일 정도는 아닌 수준으로다. 아주 큰 새끼 뻐꾸기는 새끼 유라시아개개비 4마리가 먹을 만큼의 먹이가 필요하다. 그래서 아주 크게 울어 대는 새끼 유라시아개개비 1마리가 아니라 둥지의 다른 새끼들이 내는 소리를 합친 것만큼 크게 울어 대면서 양부모를 졸라 댄다.

닉 데이비스는 다양한 창의적인 야외 실험을 했는데, 한번은 동료인 레베카 클리너Rebecca Kilner와 함께 유라시아개개비의 둥지에 대륙검은지빠귀 새끼를 넣었다. 대륙검은지빠귀 새끼는 뻐꾸기 새끼와 크기가 거의 비슷했다. 유라시아개개비들은 그 새끼에게도 먹이를 주긴 했지만, 통상적으로 뻐꾸기 새끼에게 주는 것보다 더 낮은 비율로 주었다. 연구진은 이어서 탁월한 실험 능력을 발휘했다. 둥지 옆에 작은 확성기를 설치해서 대륙검은지빠귀 새끼가 먹이를 달라고 쨱쨱거릴 때마다 녹음한 뻐꾸기 새끼의 소리를 틀었다. 그러자 개개비 부모가 대륙검은지빠귀에게 먹이를 주는 비율이 뻐꾸기 새끼에게 주는 비율만큼 올라갔다. 다른 개개비 새끼들 전체에 주는 양과 같은 비율이었다. 그리고 실제로 개개비 새끼 4마리의 울음을 녹음해서 틀어도 동일한 효과가 나타났다. 뻐꾸기 새끼의 울음은 초자극이 되도록 진화한 듯하다. 초자극은 조류 행동 실험을 통해 잘 입증되어 있다. 내가 존경하는 대가인 *니코 틴베르헌Niko Tinbergen은 검은머리물떼새에게 선택을 하도록 했을 때 자기 알보다 가짜 알을 품으려는 시도를 8배 더 많이 할 것이라고 했다. 이를 초정상 자극 supernormal stimulus이라고 한다. 우리는 이런 것들이 진화적 군비 경쟁의 정점이라고 예상할 수 있다. 뻐꾸기 쪽의 설득력 증가에 발맞추어 양부모 쪽의 수용 거부 증가가 반복된 결과라고 볼 수 있다.

　시각적으로 그런 초자극에 해당하는 것은 무엇일까? 모든 새끼의 쩍 벌린 부리는 눈에 확 띄며, 선명한 노란색, 주황색, 빨간색을 띨 때가 많다. 이런 선명한 색깔이 부모에게 먹이를 주도록 설득한다는 점은 분명하며, 쩍 벌린 입이 보다 선명한 색깔을 띨수록 부모가 다른 형제자매들의 입보다 그 입을 선호할 가능성이 더 높다. 유라시아개개비 새끼는 쩍 벌린 입이 노란색이다. 데이비스 연구진은 유라시아개개비 부모가 둥지에서 새끼들이 입을 벌릴 때 노란색의 총면적과 먹이를 달라고 울어 대는 속도에 따라서 먹이를 갈구하는 노력의 정도를 평가한다는 것을 알아냈다. 뻐꾸기 새끼는 입안이 빨간색이다. 아마 빨간색이 노란색보다 더 강한 자극이 아닐까? 쩍 벌린 입에 색칠한 실험은 이 가설을 지지하지 않았다. 그렇다면 뻐꾸기 새끼가 유라시아개개비 새끼보다 입을 더 넓게 쩍 벌리기 때문일까? 뻐꾸기 새끼의 벌린 입이 유라시아개개비 한 마리의 벌린 입보다 더 넓다는 것은 맞다. 그러나 그 면적은 유라시아개개비 4마리의 입 면적 합계와 같지 않다. 2마리의 입 면적에 더 가까울 것이다. 뻐꾸기 새끼는 소리로 이를 보완하며, 부화한 지 2주쯤 된 뻐꾸기 새끼는 유라시아개개비 새끼들 전부에 맞먹는 소리를 낸다. 개개비 새끼 한 마리보다 더 크게 벌린 입에다가 먹이를 달라는 초정상 울음을 더하는 것만으로도, 뻐꾸기 새끼는 개개비 부모가 자신의 새끼들 전부에게 정상적으로 갖다주는 것만큼 많은 먹이를 자신에게 주도록 설득할 수 있다. 여기서도 우리는 초정상적인 먹이를 달라는 울음을 설득력과 수용 거부 사이의 격화하는 군비 경쟁의 산물이라고 볼 수 있다.

조류가 쩍 벌린 입―심지어 낯설게 물고기의 쩍 벌린 입―에 잘 넘어간다는 것은 홍관조가 금붕어의 벌린 입에 반복해서 먹이를 준다는 잘 입증된 관찰에서도 드러난다. 우리는 인간의 눈을 통해 이 장면을 보면서 너무나 터무니없다고, 새가 어떻게 저렇게 어리석을 수 있느냐고 생각하지 않을까? 그러나 커다란 알을 품고 있는 검은머리물떼새의 사례는 인간의 눈이야말로 우리가 신뢰하지 말아야 할 것이라고 경고한다. 우리에게는 그들을 비웃을 권리가 없다. 조류는 자신이 무엇을 하고 있고, 왜 하고 있는지를 인지적으로 이해하는 작은 인간이 아니다. 아무튼 인간 남성은 여성의 초정상 캐리커처를 보고 성적으로 흥분할 수 있다. 그것이 부자연스러울 만치 몇몇 특징이 과장되어 있고 정상 크기의 몇 분의 1에 불과한, 이차원 종이에 그린 것임을 잘 인식하고 있음에도 그렇다. 뻐꾸기 새끼는 둥지에서 알을 내버릴 때 자신이 무슨 일을 하는지 전혀 알지 못한다. 프로그램이 든 자동인형이라고 생각하라. 검은머리물떼새는 자신이 왜 커다란 알을 품고 있는지 알지 못한다. 프로그램이 사전 탑재된 부화 기계라고 생각하라. 그리고 마찬가지로 부모 새를 쩍 벌린 입에 먹이를 떨구도록 프로그래밍이 된 어미 로봇이라고 생각하자. 물고기의 벌린 입에 먹이를 떨구는 것처럼 우리에게는 아무리 어처구니없게 보이는 사례라도 말이다. 또는 뻐꾸기 새끼처럼 몸집 큰 사기꾼에게 주는 것처럼.

뻐꾸기 새끼가 숙주 새끼 2마리의 벌린 입 크기를 흉내 내는 초정상으로 벌린 입을 지닌다면, 그보다 더 뛰어난 매사촌*Cuculus fugax*도 있다. 시각적으로 한 둥지에 있는 새끼들의 쩍 벌린 입들을 다 모아

금붕어에게 먹이를 주는 홍관조

놓은 것에 해당하는 입을 지니고 있다. *노랗게 쩍 벌린 입뿐 아니라, 쩍 벌린 듯한 가짜 입도 한 쌍 지닌다. 양쪽 날개의 털 없는 피부에 실제 벌린 입과 똑같은 노란 색깔을 띤 반점까지 있다. 새끼는 대개 한 번에 하나씩 날개 반점을 진짜 입 옆으로 갖다 대면서 흔든다. 양부모(일본의 게이타 다나카Keita Tanaka의 이 연구에서는 쇠유리새가 숙주였다)는 벌린 입에다가 반점까지 더해진 이중의 자극을 받는다. 관대하게도 다나카는 내게 사진 몇 장과 더불어 놀라운 동영상도 보내주었다. 양부모가 날아오자마자, 매사촌 새끼는 오른쪽 날개를 극적으로 치켜들면서 흔든다. 나는 그 몸짓에 방패를 치켜들어서 공격을 막는 검객을 떠올렸다. 그러나 이 비유는 완전히 잘못된 것이다. 핵심은 물리치는 것이 아니라 끌어들이는 것이다. 심지어 쇠유리새가 치켜든 오른쪽 날개의 노란 반점에 먹이를 마구 쑤셔 넣다가 안 되자, 대신에 쩍 벌린 입으로 쑤셔 넣는 동영상도 있다. 연구진은 날개 반점을 가리는 창의적인 실험도 했는데, 반점을 가리자 쇠유리새가 먹이를 주는 비율이 줄어들었다. 중국에서도 작은매사촌*Hierococcyx nisicolor*이 비슷한 탁란 이야기를 들려준다. *매사촌처럼 작은매사촌의 새끼도 날개의 노란 반점을 똑같은 방식으로 과시하면서 양부모를 속인다.

뻐꾸기 이야기는 이쯤하자. 이들은 자연과 자연선택의 진정한 경이이므로 괘씸하지 않다. 이제 어깨 너머로 돌아보는 유전자라는 개념을 갖고 또 무엇을 할 수 있는지 알아보자.

날개에 가짜 입이 있는 매사촌

11
뒷거울에 비치는 더 많은 모습

야생에서 동물을 연구하는 모든 진지한 생물학자들은 예전에는 종의 장점을 이야기했을 부분에서 지금은 내가 유전자 관점이라고 부르는 것을 채택해 왔다. 동물이 무엇을 하고 있든 간에, 이 현대 작업자들은 이렇게 묻는다. "그 행동은 그것을 프로그래밍한 이기적인 유전자에게 어떻게 혜택을 줄까?"* 현재 하버드대학교에 있는 데이비드 헤이그David Haig는 이 사고방식을 한계까지 밀어붙여서 임신 문제 등 의사의 관심사인 몇몇 중요한 문제들을 포함해서 아주 다양한 주제들을 연구한다.

헤이그는 그중에서 과거를 돌아보는, 사실은 바로 직전 세대를 돌아보는 멋진 사례에 주목했다. 유전체 각인genomic imprinting이라는 현상이 있다. 유전자는 자신이 그 개체의 엄마에게서 왔는지 아빠에게서 왔는지 '알' 수 있다(화학적 표지를 통해). 상상할 수 있겠지만, 이는 유전자가 자신의 이익을 따질 때 쓰는 '전략적 계산'을 근본적으로 바꾼다. 헤이그는 유전체 각인이 유전자가 친족을 보는 관점을 어떻게 바꾸는지를 보여 준다. 대개 혈연 이타주의를 담당하는 유전자는 이복 형제자매를 조카나 질녀에 상응한다고 간주해야 한다. 즉, 가치로 따지면 동복 형제자매나 자식의 절반에 해당하다고 여겨야 한다. 그러나 이타적 유전자가 자신이 아빠가 아니라 엄마에게 왔다는 것을 '안다'면, 이부 형제자매는 자신의 자식이나 동복 형제자매와 동등하다고 봐야 한다. 거꾸로 아빠에게서 왔다는 것을 '안다'면 어떨까? 그러면 이복 형제자매는 혈연관계가 없는 남이라고 봐야 한다. *유전체 각인은 개체가 지닌 유전자들이 온갖 방식으로 서로 갈등을 일으킬 수 있음을 말해 준다. 버트Burt와 트리버스Trivers는 『갈등하는 유전자Genes in Conflict』에서 그 주제를 다루었다. 헤이그는 단기적인 욕구 충족 대 더 장기적인 혜택처럼, 동시에 양쪽 방향으로 끌어당겨지는 으레 접하는 친숙한 심리적 감각을 서로 다투는 유전자들의 탓으로 돌리기까지 한다. 유전체 각인은 유전자가 어떻게 '뒷거울'을 들여다볼 수 있는지를 알려 주는 탁월한 사례다. 이제 이 장의 주제들을 보여 주는 다른 사례들을 살펴보자.

    포유류 Y 염색체에 있는 유전자는 암컷은 단 한 마리도 없이 오로지 조상 수컷들의 몸으로 이루어진 기나긴 사슬을 '돌아본다'. 설령 더 멀리까지는 아니라고 해도, 아마 포유류의 여명기까지 이어질 것이다. 우리 포유류 Y 염색체는 약 2억 년 동안 테스토스테론에 잠긴 채 헤엄치고 있었다. 그런데 Y 염색체가 수컷들의 몸만을 돌아본다면, X 염색체는 어떨까? 당신이 X 염색체에 있는 유전자라면, 그 동물의 아빠에게서 왔을 수도 있지만 엄마에게서 왔을 확률이 두 배 더 높다. *당신의 조상 역사 중 2/3는 암컷의 몸에서, 1/3은 수컷의 몸에서 펼쳐졌다. 당신이 성염색체가 아닌 상염색체에 들어 있는 유전자라면, 조상 역사의 절반은 암컷의 몸에서, 나머지 절반은 수컷의 몸에서 펼쳐졌을 것이다. 우리는 많은 상염색체 유전자가 선천적으로 '만일 ~라면'이라는 단서가 붙은 한성 유전 효과를 일으킬 것이라고 예상해야 한다. 자신이 수컷의 몸에 들어 있을 때는 이 효과, 암컷의 몸에 들어 있을 때는 저 효과를 일으켜라 하는 식이다.

그러나 유전자가 자신이 거주했던 수컷들의 몸을 돌아볼 때, 보이는 것은 수컷 몸들의 무작위 표본이 아니라 한정된 부분집합일 것이다. 이는 평균적인 수컷이 다윈주의적 번식의 특권을 부정당하곤 하기 때문이다. 소수의 수컷들이 짝짓기 기회를 독점한다. 반면에 암컷들은 대부분 평균적인 번식 성공률에 가까운 기회를 누린다. 커다란 뿔이 달린 붉은사슴 수컷은 암컷을 차지하기 위한 싸움에서 유리하다. 그래서 붉은사슴 유전자는 자신의 수컷 조상들을 돌아볼 때면, 비정상적으로 커다란 뿔이 나 있는 수컷의 몸도 이따금 보게 될 것이다.

물범, 특히 코끼리물범은 더욱 극단적인 비대칭을 보여 준다. 코끼리물범은 두 종이 있다. 내가 외딴 사우스조지아섬에서 손으로 만질 수 있을 만치 가까이 다가갔던(실제로 만지고 싶지는 않았지만) 남방코끼리물범과 버니 르 뵈프Burney Le Boeuf가 캘리포니아 태평양 연안에서 철저히 연구한 북방코끼리물범이다. 많은 포유동물처럼 코끼리물범도 하렘 중심의 사회를 이루지만 그 체계를 극단까지 밀어붙인다. 성공한 수컷은 거대하다. 몸길이 4미터에 몸무게가 2톤까지 이르기도 한다. 암컷은 상대적으로 작고 모여서 하렘을 이루며, 한 마리의 우두머리 수컷은 대개 50마리에 이르기도 하는 암컷들을 '소유하고' 격렬하게 지킨다. 집단 내의 다른 수컷들은 대부분 하렘을 소유하지 못하며, 아예 번식을 못하거나 몰래 교미할 기회를 노리면서 암컷들 주위를 어정거리곤 한다. 동시에 우두머리 자리를 빼앗을 만큼 충분히 크고 강해지기를 열망한다. *르 뵈프가 캘리포니아의 북방코끼리물범을 장기간 연구하면서 내놓은 한 보고서에는 수컷 8마리가 무려 암컷 348마리를 잉태시켰다고 나온다. 한 수컷은 암컷 121마리를 잉태시킨 반면, 대다수의 수컷은 번식 기회를 아예 갖지 못했다. 코끼리물범의 Y 염색체에 있는 유전자가 과거를 돌아볼 때, 길게 이어진 수컷들의 몸만 보이는 것이 아니다. 하렘을 차지한 소수 우두머리 수컷들의 아주 비대하고, 크게 트림을 해 대며 살이 출렁거리는 몸들을 본다. 테스토스테론이 과다 분비되고 달랑거리는 코를 살아 있는 나팔로 써서 고함을 질러 다른 수컷들을 위협하는 몹시 호전적인 수컷들이다. 반면에 돌아보는 코끼리물범 유전자의 눈에는 평균에 가까운 암컷 몸들이 죽 이어진 광경이 보일 것이다.

  소수의 수컷만이 번식을 독차지한다는 사실에서 뭔가 의아하다는 생각이 들지 않는지? 끔찍할 만치 낭비가 아닐까? 그 종이 이용할 수 있는 먹이 자원들을 나름 소비하면서도 번식을 전혀 못하는 그 모든 독신 수컷을 생각해 보라. 종의 복지를 염두에 두는 '하향식' 경제 기획자는 이 수컷들의 대다수가 아예 있어서는 안 된다고 항의할 것이다. 이 종은 왜 소수의 수컷만이 태어나도록 성비가 치우치는 쪽으로 진화하지 않는 것일까? 암컷을 잉태시키는 수컷들만으로, 즉 하렘을

해변에서의 성적 불평등

꾸릴 정도의 수컷들만 있어도 충분하지 않나? 그러면 수컷들끼리 싸울 필요도 없을 것이고, 모두 수컷이라는 이유만으로 자동적으로 하렘을 꾸릴 수 있게 되지 않을까? 몹시 비경제적이고 싸움이 만연한 종 대신에 그런 경제적으로 이치에 맞는 계획 경제를 택한 종이 현재 주류가 아닌 이유가 뭘까? 계획 경제 종이 자연선택에서 이기지 못할 이유가 없지 않나?

그럴 것이다. 자연선택이 종들을 놓고 고르는 것이라면. 그러나 널리 퍼진 오해와 정반대로, 자연선택은 그렇지 않다. 자연선택이 고르는 것은 유전자다. 유전자가 개체에 미치는 영향을 통해 고른다. 그리고 거기에서 모든 차이가 빚어진다. 사려 깊은 계획 경제가 다원주의적 수단을 통해서 출현하려면, 성비를 제어하는 유전자들의 자연선택을 거쳐야 할 것이다. 불가능하지는 않다. 어떤 유전자가 수컷이 생산하는 X 정자 대 Y 정자의 수를 편향시킬 수도 있을 것이다. 또는 어떤 수컷 태아를 선택적으로 유산시킬 수도 있을 것이다. 아니면 갓 태어난 수컷 새끼들을 굶겨 죽이고 선호하는 소수만을 키우도록 할 수도 있을 것이다. 어떻게 그럴 수 있는지는 개의치 말자. 그냥 이 가상의 유전자를 계획 경제 유전자라고 하자. 흔히 생각하는 하향식 체계다.

암컷 10마리당 수컷이 1마리인 식으로 대부분의 개체가 암컷인 계획 경제 집단이 있다고 상상하자. 우리의 사려 깊은 경제학자라면 예상할 법한 유형의 집단이다. 경제학적으로는 타당하다. 번식을 아예 하지 못할 수컷에게 먹이를 낭비하지 않기 때문이다. 이제 아들을 낳는 쪽으로 개체들을 편향시키는 돌연변이 유전자가 생긴다고 상상해 보자. 이 수컷을 선호하는 유전자는 집단 전체로 퍼질까? 계획 경제에는 안타깝게도, 분명히 퍼질 것이다. 계획 경제에서는 암수의 비가 10 대 1이므로, 전형적인 수컷은 전형적인 암컷보다 자식이 10배 더 많다고 예상할 수 있다. 수컷에게는 횡재다. 아들 편향 돌연변이 유전자는 집단 전체로 빠르게 퍼질 것이다. 그리고 수컷들은 싸울 타당한 이유를 갖게 될 것이다. 이는 우리 가상의 유전자가 돌아볼 때 수컷들의 평균적인 몸 표본이 아니라 성공한 소수의 몸을 본다는 우리 관찰을 뒤엎는다.

이 집단의 성비가 완전히 뒤집혀서 반대편 극단까지 치달아서 수컷이 대부분을 차지하게 될까? 그렇지 않다. 자연선택은 우리가 실제로 보는 성비를 50/50으로 안정시킬 것이다. 하지만 여기에는 중요한 단서가 붙는데, 하렘을 가진 소수의 수컷과 좌절한 다수의 독신 수컷으로 구성된다는 것이다. 이유는 이렇다. 당신이 아들을 낳는다면, 그가 자라서 손주를 전혀 안겨 주지 못한 채 쓸쓸히 독신으로 살아갈 확률이 꽤 높다. 그러나 당신의 아들이 하렘을 소유하게 된다면, 손주의 수라는 측면에서 볼 때 당신은 대박을 터뜨린 셈이다. 대박을 터뜨릴 아주 낮은 가능성과 독신으로 비참하게 보낼 훨씬 더 높은 가능성을 더해서 평균을 낸, 아들의 예상 번식 성공률은 딸의 예상 평균 번식 성공률과 동일하다. 그들이 구성한 사회가 끔찍할 만치 비경제적이라고 해도, 동등한 성비 유전자가 우세하다. 사려 깊은 양 들리긴 하지만, 자연선택은 '계획 경제'를 선호할 리가 없다. 적어도 이런 측면에서 보자면, 자연선택은 '사려 깊은' 경제학자가 아니다.

나는 선택이 성비를 50/50으로 안정시킨다고 했지만 경고하는 단서를 덧붙였다. 이런 경고를 할 이유는 여러 가지가 있으며, 그런 이유는 중요하다. 한 가지만 들어 보자. 딸보다 아들을 키우는 비용이 2배 더 든다고 하자. 한 아들이 경쟁자들을 물리치고 하렘을 차지하려면, 몸집이 커야 한다. 커지려면 그만큼 비용이 들기 마련이다. 먹이를 더 먹어야 한다. 어미 물범이 딸보다 아들에게 더 오래 젖을 물려야 한다면, 아들이 딸보다 키우는 비용이 두 배 더 든다면, 엄마의 선택지는 '아들을 키울까 딸을 키울까'가 아니라 '아들 하나를 키울까 딸 둘을 키울까'가 된다. 딸에게 쓰는 경제적 지출 대 아들에게 쓰는 경제적 지출로 측정했을 때 자연선택에 따른 성비가 50/50으로 안정 상태에 이른다는 것은 일반 원리이며, R. A. 피셔R.A.Fisher가 처음으로 명확히 밝혀냈다. 아들과 딸을 키우는 비용이 동일할 때에만, 암컷과 수컷의 몸 수가 50/50이 될 것이다. 피셔의 원리는 그가 아들 대 딸에게 쓰는 육아 지출parental expenditure이라고 부른 것의 균형을 맞춘다. 이는 집단에서 암컷과 수컷의 수가 똑같아지는 형태로 표출될 수도 있지만, 아들과 딸을 기르는 비용이 똑같을 때에만 그렇다. *상황을 더 복잡하게 만드는 다른 요인들도 있으며, 그중 일부는 W. D. 해밀턴이 제시했다. 여기서는 거기까지 다루지는 않으련다.

코끼리물범은 많은 포유류 종에게 적용되는 한 원리의 극단적인 사례다. 암컷은 번식 성공률이 서로 거의 동일하면서 집단 평균에 가까운 경향을 보이는 반면, 수컷은 소수가 불균형적으로 번식을 독점하는 경향이 있는 것이다. 통계 용어를 쓰자면, 암수의 평균 번식 성공률은 동등하지만, 수컷은 번식 성공의 분산이 더 큰 경향을 보인다. 그리고 이 장의 제목으로 돌아가자면, 유전자가 '돌아보는' 조상 암컷들은 평균에 가까울 것이다. 하지만 수컷 쪽은 소수가 지배하는 역사가 보일 것이고, 그 소수는 커다란 뿔, 무시무시한 송곳니, 거대한 몸, 용기 등 무엇이든 간에 그 종에게 중요하다고 여겨지는 것을 지녔을 것이다.

'용기'는 의미를 더 정확히 한정 지을 수 있다. 모든 동물은 현재의 단기적인 번식 가치와 미래에 번식할 수 있도록 자신의 장기 생존 사이에 균형을 이루어야 한다. 경쟁자 수컷과의 격렬한 싸움은 승리와 하렘으로 끝날 수도 있다. 그러나 죽음 또는 죽음을 앞당길 심각한 부상으로 끝날 수도 있다. 용기는 고귀하다. 수컷으로서는 걸린 것이 아주 많기에 죽음을 무릅쓸 가치가 있다. 이긴다면 자신의 새끼들이 많이 생길 것이고, 진다면 새끼는 아예 없고 아마 죽음까지 맞이할 것이다. 물범 암컷은 다음 해까지 살아남아서 번식하는 데 더 우선순위를 둘 것이다. *암컷은 한 해에 새끼를 한 마리만 낳으므로, 자신의 생존을 통해서 번식 성공률을 최대화할 것이다. 자연선택은 수컷보다 위험을 더 회피하는 암컷을 선호할 것이다. 또 더 용기 있거나 저돌적인 수컷을 선호할 것이다. 수컷은 고보상 고위험 전략에 치우쳐 있다. 수컷이 더 일찍 죽는 경향을 보이는 이유가 이 때문일 것이다. 설령 싸우다가 죽지 않는다고 해도, 그들의 심리 전체는 늙은 뒤의 삶을 대가로 치르고서라도 젊을 때 치열하게 살아가자는 쪽으로 치우쳐 있다.

코끼리물범을 포함한 일부 종에서는 하위 수컷이 우두머리 수컷에게 처벌당할 위험을 무릅쓰고 몰래 짝짓기한다. *그들은 '은밀한 수컷sneaky male' 전략이라고 하는 특정한 전략을 채택할 수도 있다. Y 염색체가 자신의 역사를 돌아볼 때, 주로 우두머리 하렘 소유자들로 이루어진 큰 강줄기에다가 은밀한 수컷의 작은 개울도 보게 될 것이라는 뜻이다. 그리고 그것을 계기로 삼아서 주제를 바꿔 보자.

고인이 된 내 동료 W. D. 해밀턴은 늘 뭔가 일을 하고 있고 독창적인 호기심이 넘치는 사람이었다. 덕분에 그에게 좀 못 미치는 지식인들이 문제라고 인식조차 못했던 것들, 진화론의 많은 두드러진 수수께끼들을 해결하기에 이르렀다. 어릴 때부터 자연사학자였던 그는 많은 곤충 종이 '분산자disperser'와 '정주자stay-at-home' 두 유형으로 나타난다는 것을 알아차렸다. 분산자는 대개 날개가 있다. '정주자'는 날개가 없을 때가 많다. 날개 달린 구성원과 날개 없는 구성원을 둘 다, 그것도 균형 잡힌 양 보이는 비율로 지닌 곤충 종이 얼마나 많은지 살펴보면 놀라게 된다. 사람에게 비유하고 싶다면, 형제 중 한 명은 편하게 농장을 물려받은 반면 다른 한 명은 지구 반대편으로 이주해서 있을 법하지 않은 행운을 찾아다니는 가족을 상상해 보라. 식물의 사례를 들자면, 솜털 낙하산이 달린 민들레 씨는 '날개 달린' 분산자이고, 해밀턴의 말을 인용하자면 국화과의 다른 종들도 '한 두 상화 내의 날개 달린 것과 날개 없는 것의 혼합물'을 지닌다.

그냥 상식적으로 생각할 때 부모가 좋은 곳에 산다면(그리고 아마 좋은 곳에 살 것이다. 그렇지 않다면 부모가 되는 데 성공하지 못했을 테니까) 자식에게 최고의 전략은 같은 장소에 머물러야 한다는 것이 직관적으로 명백해 보인다. '집에 있으면서 가족 농장을 꾸려라'는 표어처럼 보일 것이고, 빌 해밀턴 이전의 대다수 진화론자들에게 상식이었다. 대조적으로 빌은 자연선택이 정주자와 분산자 사이의 균형을 선호할 것이고, 균형점은 종마다 다를 것이라고 추측했다. 그는 수학자인 로버트 메이Robert May에게 도움을 청했고, 그들은 그의 직관을 뒷받침하는 수학 모형을 개발했다.

내 나름대로 덜 수학적인 방식으로 빌의 직관을 표현한 것이 바로 과거를 돌아보는 유전자 관점이다. '가족 농장', 즉 부모가 번영을 누린 환경이 아무리 좋은 곳이든 간에, 빠르든 늦든 언젠가는 격변을 맞이할 것이다. 산불이나 홍수, 가뭄이 일어난다. 따라서 유전자가 '가족 농장'의 역사를 돌아볼 때, 부모, 조부모, 증조부모 세대는 실제로 그곳에서 번영을 누렸을 수 있다. 그 성공 이야기는 10세대 또는 20세대까지도 끊기지 않고 이어질지도 모른다. 그러나 결국 과거로 충분히 멀리까지 돌아본다면, 정주자 유전자는 결국 그런 격변 중 하나를 만날 것이다.

분산자 유전자는 최근 과거를 비교적 실패한 사례로서 돌아볼지도 모른다. 가족 농장에서의 삶은 풍족했다. 그러나 충분히 멀리 돌아본다면, 분산자 유전자, 방랑벽이 있는 유전자만 헤쳐 나온 세대가 나온다. 의인화를 이어 가자면 그 방랑은 때로 황금과 맞닥뜨린다.

*나는 1989년에 벌거숭이두더지쥐에 관한 추정을 내놓은 바 있다. 좀 무리한 추정일 듯하지만, 그래도 이 요점을 인상적으로 보여주는 역할을 한다. 벌거숭이두더지쥐는 작으며 정말로 못생긴(사람의 미적 기준에서) 땅속에 사는 아프리카 포유류다. 이들은 생물학자들에게 사회성 곤충인 개미와 흰개미에 가장 가까운 포유류라고 널리 알려져 있다. 이들은 많으면 100마리까지 큰 무리를 이루어 살며, 무리

벌거숭이두더지쥐

에서 오로지 '여왕'인 암컷 한 마리만 정상적으로 번식을 한다. 여왕은 거의 불임 상태이면서 '일꾼'으로 일하는 다른 모든 암컷을 충분히 보완할 만치 왕성한 출산력을 드러낸다. 무리는 길이 3~5킬로미터에 이르는 복잡하게 연결된 드넓은 땅굴 연결망을 구축할 수도 있으며, 덩이뿌리를 먹이로 삼는다.

  이들은 사회성 곤충과의 명백한 유사성에 흥미를 느낀 생물학자들 사이에 전설이 되었다. 그러나 나는 한 가지 불일치에 늘 신경이 쓰였다. 우리가 평소에 보는 개미와 흰개미는 날개 없는 불임 일개미들이지만, 이들의 땅속 집에서는 암수 양쪽의 번식 가능한 날개 달린 개체들이 주기적으로 엄청난 무리를 이루어 쏟아져 나온다. 이들은 날아 올라서 짝짓기하며, 그 뒤에 새로 수정된 젊은 여왕은 내려앉아서 날개를 잃고(스스로 물어뜯는 사례도 많다), 굴을 파고 들어간다. 그리고 새로 낳은 불임인 날개 없는 일개미 딸들(흰개미는 아들들도)의 도움을 받아 새로운 집을 지으려 노력한다. 이 날개 달린 계급은 해밀턴의 분산자이며, 생물학적으로 사회성 곤충의 핵심 부분 중 하나, 아니 핵심 그 자체다. 사회성 곤충의 삶 전체가 그것을 위한 것이라고 말할 수 있다. 그런데 벌거숭이두더지쥐에게서는 상응하는 것이 왜 없을까? 그들에게 분산 단계가 없다는 것은 거의 스캔들이라고 할 수 있다!

말 그대로 날개 달린 분산자를 말하는 것은 아니다! *게다가 나는 날개 달린 설치류를 예측할 만치 무모하지 않다. 그러나 나는 아직 아무도 알아차리지 못한 분산 단계가 있지 않을까, 하는 생각을 했으며, 지금도 그렇다. 1989년에 나는 이렇게 썼다. *"이미 알려진 어떤 털 난 설치류, 땅 위를 활달하게 뛰어다니고 그래서 다른 종이라고 분류된 동물이 벌거숭이두더지쥐의 잃어버린 계급임이 드러날지도 모른다고 상상할 수 있지 않을까?" 지금까지 알아차리지 못한 분산 계급이라는 내 개념은 굳이 의욕적으로 탐구할 만한 것은 아닐지 몰라도, 적어도 과학자들이 금과옥조로 여기는 미덕인 검증 가능성을 지닌다. 벌거숭이두더지쥐의 유전체는 염기 서열 분석이 이루어졌다. 내 가상의 분산 단계가 발견된다면, 어떤 털투성이 두더지쥐가 동일한 유전자들을 지닌다고 드러날 것이다.

나는 이 제안이 실현 가능성이 없다고 인정했다. 그런 가상의 동물을 생물학자들이 못 보고 지나치는 것이 어떻게 가능하겠는가? 그러나 나는 사막메뚜기를 비교 사례로 들었다. 사막메뚜기는 무해한 '정주성' 메뚜기 단계뿐 아니라 무시무시한 '방랑벽' 단계도 지닌다. 이 단계는 정주성 단계와 모습도 다르고 행동도 전혀 다르다. 똑같은 메뚜기이지만 (오, 한순간에) 바뀐다. 무해한 메뚜기의 유전자는 조건이 딱 들어맞을 때 변화할(*충분히 변화할, 그리고 무시무시한 아름다움이 탄생한다) 능력을 갖추고 있다. 모든 것을 황폐화하는 이 효과는 너무나 잘 알려져 있다. 내 요지는 메뚜기 재앙이 이따금 일어난다는 것이다. 조건이 딱 들어맞아야 한다. 혹시 벌거숭이두더지쥐의 분산 단계도 생물학자들이 이 종을 연구하기 시작한 지 수십 년이지만 아직 분출하지 않았을 수도 있지 않을까? 그렇다면 아직 목격되지 않은 것도 놀랄 일이 아니다. 아마 교묘한 호르몬 주입이 이루어질 때에만 일어나는 것이 아닐까……. 그러면 벌거숭이두더지쥐는 털이 나면서 쪼르르(나는 날개까지 날 것이라고는 보지 않지만) 돌아다니는 분산 단계에 들어설 수도 있지 않을까?

돌아보는 유전자 관점을 떠나기 전에 다른 주제도 하나 살펴보자. 우리가 가계도를 돌아볼 수 있는 방법은 두 가지다. 기존 족보는 개체들을 통해 조상을 추적한다. 누가 누구를 낳았을까? 어느 개인이 어느 엄마에게서 태어났을까? 고인이 된 여왕 엘리자베스 2세와 남편인 필립 공의 가장 최근 공통 조상은 빅토리아 여왕이었다. 그러나 당신은 특정한 유전자의 조상도 추적할 수 있으며, 짐작하겠지만 그것이 바로 내가 여기서 들려주고 싶은 다른 방식의 이야기다. 개체처럼 유전자도 부모 유전자와 자식 유전자가 있다. 또한 유전자도 개체처럼 족보, 즉 가계도가 있다. 그러나 '사람 가계도'와 '유전자 가계도'는 한 가지 중요한 차이가 있다. 개인은 부모 2명, 조부모 4명, 증조부모 8명 등 위로 올라갈수록 조상이 점점 불어난다. 따라서 과거를 돌아볼 때 엄청난 분기를 본다. 가계도를 그리려는 모든 시도는 곧 감당할 수 없는 지경이 된다. *이를 시각적으로 보여 주는 가장 좋은 방법은 종이에 그리는 것이 아니라 컴퓨터 화면에 띄우는 것이다. 유전자 가계도는 그렇지 않다. 유전자는 부모, 조부모, 증조부모 등이 하나씩만 있다. 따라서 유전자 가계도는 과거로 죽 이어지는 한 줄기 선인 반면, 사람의 가계도는 감당할 수 없을 만치 갈라지면서 뻗어 나간다. 그러나 미래를 내다볼 때에는 그렇지 않다. 유전자는 많은 자손을 남길 수 있지만, 부모는 하나뿐이다. 미래를 내다볼 때, 유전자 가계도는 갈라지고 또 갈라진다. 그러나 이 장에서는 돌아보기만을 다루고 있다.

매우 심각한 질환인 혈우병을 일으키는 유전자는 19세기 초 이래로 유럽의 왕가들에 만연했다. 왕가 혈우병의 유전자 가계도는 단순하며, 이 책의 한쪽에 충분히 그릴 수 있다. 상응하는 사람의 가계도를 그리려면 넓이가 몇 제곱미터에 달하는 종이가 필요할 것이다. *왕가 혈우병 유전자는 특정한 조상에게까지 역추적할 수 있다. 바로 빅토리아 여왕이다. 그녀의 X 염색체 중 하나에 그 유전자가 있었다. 스티브 존스Steve Jones의 비꼬는 표현에 따르면, 그 돌연변이는 부친인 켄트의 공작 에드워드의 '거룩한 정소'에서 일어났다. 빅토리아의 네 아들 중 레오폴드 왕자는 혈우병을 앓았다. 현재 국왕 찰스 3세를 비롯한 후손들을 낳은 에드워드 7세 등 다른 세 아들은 운 좋게도 그 불행을 피했다. 레오폴드는 30세까지 살면서 딸 올버니의 앨리스 공주를 낳았고, 앨리스는 당연히 X 염색체 중 하나에 그 유전자가 들어 있었다. 그녀의 안들 텍의 루퍼트 왕자는 그 병에 걸릴 50퍼센트의 확률에 당첨되어 일찍 사망했다.

빅토리아의 딸 5명 중 적어도 3명은 그 유전자를 물려받았다. 헤세의 앨리스 공주는 아들인 프리드리히 왕자에게 그 유전자를 대물림했고, 아들은 아기 때 사망했다. 또 그녀의 두 딸 이레네와 알렉산드라는 러시아의 차레비치 알렉세이를 비롯한 앨리스의 세 손자에게 혈우병을 물려주었다. *이레네는 사촌 헨리와 혼인했는데, 당시 왕가에서는 흔한 일이었지만 근친교배의 약세 inbreeding depression 때문에 대개는 바람직하지 않다. 그러나 근친교배 약세는 그들의 두 아들 발더마르와 하인리히가 혈우병을 앓았다는 사실과는 무관하다. 그들은 모친에게서 X 염색체를 물려받았으므로, 사촌이든 아니든, 누구와 혼인했든 간에 그 유전자를 마찬가지로 물려주었을 가능성이 높다(그 사촌 자신이 혈우병 환자가 아닌 한 그렇다. 사촌이 혈우병을 앓았다면 그녀의 딸들은 혈우병을 앓았을 확률이 50퍼센트였을 것이다). 빅토리아의 또 다른 딸 비어트리스 공주는 딸인 스페인 왕비에게, 그리고 스페인 왕가에 이 유전자를 물려주었다. 내가 아는 한, 스페인 사람들은 이 점에 분개한다.

왕가 혈우병 유전자의 가계도를 역추적하면, 모든 계보가 빅토리아에게로 융합된다. 그리고 사실 융합 이론 Coalescent Theory이라는 수리유전학 이론의 잘 나가는 분야가 있다. 한 집단의 유전자 변이체의 역사를 돌아보면서 그 유전자의 가장 최근 공통 조상을 추적하는 것이다. 돌아볼 때 모든 계보가 수렴하는 융합 유전자가 있다. 개인은 잊고 그 피부 속으로 들어가서 유전자를 보라. 그러면 특정한 유전자의 두 사본을 역추적해서 그것들이 융합하는 조상에 다다를 수 있다. 그 융합 지점은 특정한 조상이며, 그 조상으로부터 그 유전자는 두

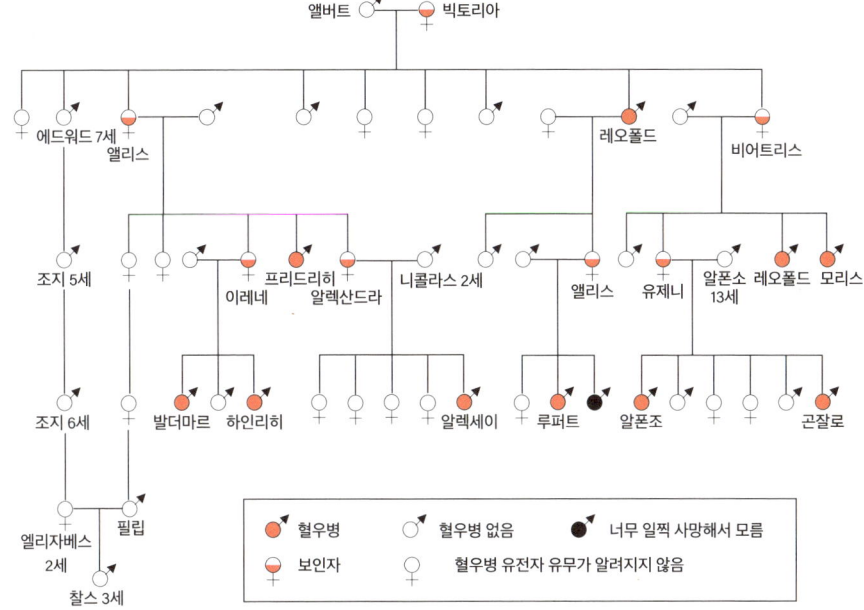

왕가 혈우병

사본으로 나뉘어 갈라져서 두 형제자매에게로 들어가고 이윽고 두 자손 계보를 이룰 것이다. 무작위 교배, 자연선택 부재, 모두가 자식을 둘 낳음 같은 단순화하는 가정들을 택한다면, 융합 가계도는 수학자가 이론상으로 계산할 수 있는 예상된 형태를 지닌다. 물론 현실에서는 이런 가정이 어긋나며, 바로 그럴 때 흥미로워진다. 예를 들어, 왕가는 대개 무작위 교배라는 가정을 위반한다. 규범과 정치적 기대가 그들의 혼인에 제약을 가한다.

융합 이론은 현대 집단유전학의 중요한 부분이며, 이 장의 돌아보는 유전자 관점과 깊은 관련이 있지만, 관련 수학을 여기서 논의하기에는 버겁다. 다만 한 가지 흥미로운 사례를 살펴보자. 한 사람의 유전체를 살펴본 특별한 연구다. 바로 내 유전체다. 그렇기에 내게는 딱히 흥미롭다고 여겨지지 않지만 말이다. 단지 한 사람의 유전체를 써서 집단 전체의 인구통계학적 역사에 관한 강력한 추론을 할 수 있다니 정말로 놀랍지 않은가. *좀 별난 이유로 나는 영국에서 유전체 전체의 서열을 가장 먼저 분석한 사람 중 한 명이다['23-and-Me'(미국의 유전자 분석 기업 — 옮긴이)에서 하는 것처럼 비교적 작은 부위만 해독하는 것이 아니라]. 나는 그 데이터 디스크를 동료인 옌 웡Yan Wong에게 넘겼고, 그는 탁월한 분석을 했다. 그중 일부는 우리가 함께 저술한 『조상 이야기The Ancestor's Tale』에 실린 바 있다. 설명하기 좀 까다롭지만, 최선을 다해 보련다.

내 몸의 모든 세포에는 부친에게서 온전히 물려받은 23개의 염색체와 모친에게서 물려받은 23개의 염색체가 떠다닌다. 부계 유전자(상염색체 있는)의 수만큼 모계 염색체에도 모계 유전자(대립유전자)가 들어 있다. 그러나 내 부친인 존의 염색체와 모친인 진의 염색체는 내 모든 세포에서 온전히 고상하게 떠다닌다. 이제부터 까다로워진다. 우리는 존 염색체의 특정 유전자를 골라서 그 조상 역사를 돌아볼 수 있다. 이제 진 염색체의 상응하는 유전자(대립유전자)를 골라서 같은 식으로 돌아보자. 왕가 혈우병을 빅토리아 여왕까지 역추적한 것과 동일한 원리다. 그러나 이 사례에서는 추적하는 것이 혈우병이 아니며, 우리는 훨씬 더 멀리까지 돌아보고, 빅토리아 같은 이름 있는 개인을 식별한다는 희망 따위는 전혀 갖지 못한다. 우리는 존의 염색체와 진의 염색체에서 하나씩 어떤 대립유전자 쌍이든 골라서 그렇게 할 수 있다. 그리고 그런 쌍은 하나가 아니라 많다(일부만 골라도).

빠르든 늦든 간에 돌아보는 각 유전자 쌍은 갈라져서 존의 유전자 조상과 진의 유전자 조상을 형성하는 하나의 유전자를 지닌 특정한 개인에게로 수렴할 수밖에 없다. 실제로 특정한 시간에 특정한 장소에 살았던 특정한 조상을 가리킨다. 이 개인은 자녀가 두 명이었고, 한 명은 존의 조상이고 다른 한 명은 진의 조상이었다. 그러나 우리는 진/존 유전자 쌍마다 다른 조상—시대와 장소가 저마다 다른—을 이야기하고 있는 것이다. 각 유전자 쌍마다 두 형제자매가 있었을 것이 틀림없다. 한쪽은 조상 진 유전자, 다른 한쪽은 조상 존 유전자를 지닌다.

내 부계와 모계를 각기 다른 공통 조상들에 이르기까지 추적할 때 많은 사람의 가계도 경로와 겹친다. 그러나 내 존 유전자들 하나하나는 상응하는 내 진 유전자 하나하나와 공통 조상과 이어지는 경로가 단 하나뿐이다. 유전자 가계도는 사람 가계도와 다르다. 각 유전자 쌍은 과거의 특정한 순간에 특정한 조상에게서 융합한다. 우리는 내 각 유전자 쌍이 돌아보도록 할 수 있고, 각 사례마다 다른 융합 지점을 찾을 수 있다. 우리는 특정한 유전자 쌍의 정확한 융합 지점을 말 그대로 알아볼 수는 없다. 그러나 융합 이론의 수학을 써서 우리는 그 일이 일어났을 때가 언제인지를 추정할 수 있다. *웡이 내 유전체로 그렇게 했을 때, 그는 대다수 유전자 쌍이 약 6만 년 전, 즉 5만~7만 년에 융합한다는 결과를 얻었다.

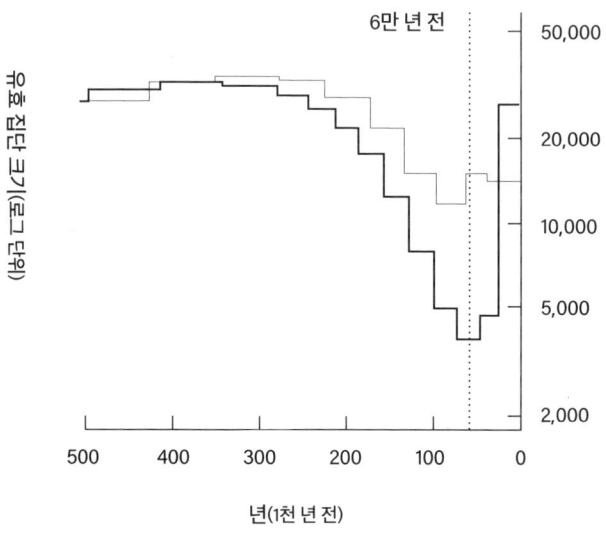

그리고 이 일치를 어떻게 해석해야 할까? 이는 내 조상들이 그 무렵에 개체군 병목 현상population bottleneck을 겪었음을 뜻한다. 당신의 조상들도 그랬을 가능성이 매우 높다. 내 존 유전자들과 내 진 유전자들이 역사를 돌아볼 때, 이 수만 년에 걸쳐 그들은 주로 외교배를 본다. 그러나 약 6만 년 전에 유효 집단 크기가 줄어들어서 병목 현상이 일어났다. 집단이 작아질 때, 진과 존 계통은 우연히 한 공통 조상에 들어 있을 가능성이 더 높아진다. 내 유전자 쌍들이 그 시기에 융합하는 경향을 보이는 것은 바로 그 때문이다. 사실 내 유전체에서 나온 융합 데이터는 다른 데이터를 추가로 활용하지 않은 그 자체만으로도 위의 시대별 유효 집단 크기 그래프로 나타낼 수 있다. 아마 이 그래프는 유럽인들에게서 전형적으로 나타날 것이다. 옅은 회색 선은 한 나이지리아인 것으로서, 그의 조상들은 동일한 병목 현상을 겪지 않은 것처럼 보인다. *나는 한 책의 두 공저자 중 한 명이 다른 한 명의 유전체를 이용해서 단지 한 개인이 아니라 수백만 명에게 영향을 미친 정량적인 선사시대 인구 통계 추정값을 내놓을 수 있었다는 사실에 왠지 뿌듯함을 느꼈다고 고백하련다.

자신의 역사를 돌아보는 유전자는 우리에게 또 뭘 말해 줄 수 있을까? 동물학자는 동물의 가계도를 그리고, 어느 종이 어느 종의 가까운 친척이고 먼 친척인지를 계산하는 데 익숙하다. 예를 들어, 유인원 종 가운데 침팬지와 보노보는 우리와 가장 가까운 현생 친척이며, 이 두 종이 우리와 가까운 정도는 동일하다. 이 두 종은 약 300만 년 전에 공통 조상이 있었고, 그 조상은 우리와 약 600만 년 전에 공통 조상을 지녔기에, 혈연적으로 우리와 동일한 거리에 있다(아래 그림).

여기서 고릴라는 외집단, 즉 우리를 비롯한 나머지 아프리카 유인원들보다 좀 더 거리가 먼 친척이다. 우리와 고릴라의 공통 조상은

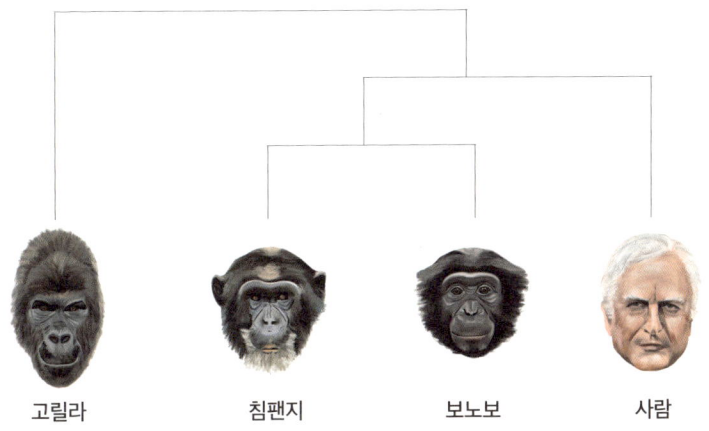

고릴라   침팬지   보노보   사람

더 오래전, 약 800~900백만 년 전에 살았다. 앞 장에 실린 그림은 가계도를, 생물을 토대로 한 가계도를 그리는 전통적인 방식이다. 그러나 우리는 유전자의 관점에서, 유전자가 자신을 돌아보는 관점에서 가계도를 그릴 수도 있다. 생물 가계도는 명료하다. 침팬지와 보노보는 서로 가까운 사촌이며, 우리는 그들과 가장 가까운 친척이다. 개별 생물의 관점에서 보면 실제로 그렇지만, 뒷거울로 보는 것이 유전자일 때는 반드시 그렇다고 할 수 없다. 사실 유전자의 대다수는 서로서로 그리고 전통적인 동물학자의 '사람 가계도'와 '일치할' 것이다. 그렇긴 해도 몇몇 특정한 유전자의 관점에서는 가계도가 전혀 다르게 보일 수도 있다. 맞은편에 실린 그림처럼 보일 수도 있다. 우리 유전자의 대다수는 '사람 가계도'와 일치한다. 그러나 2012년 고릴라 유전체 서열이 발표되었을 때, 다음과 같은 사실이 드러났다. "사람과 침팬지는 유전체의 대다수 부위에서 서로 유전적으로 가장 가깝지만, 연구진은 그렇지 않은 부위도 많다는 것을 발견했다. *사람 유전체의 15퍼센트는 침팬지보다 고릴라의 유전체와 더 가깝고, 침팬지 유전체의 15퍼센트는 사람보다 고릴라의 것에 더 가깝다." 나는 이런 결론이 '돌아보는 유전자 관점'의 흥미로운 산물이라는 데 당신도 동의하기를 바란다.

이런 변칙적인 사례는 소가족 내에서도 나타날 수 있다. 형제인 존과 빌은 부모 이니드와 토니의 자식이고, 이니드의 부모인 아서와 거트루드, 토니의 부모인 프랜시스와 앨리스라는 네 조부모의 손주다. (성염색체를 제외하고) 형제 각각은 같은 부모로부터 각각 자기 유전자의 절반씩을 받았다. 두 형제는 각각 이니드의 난자 하나와 토니

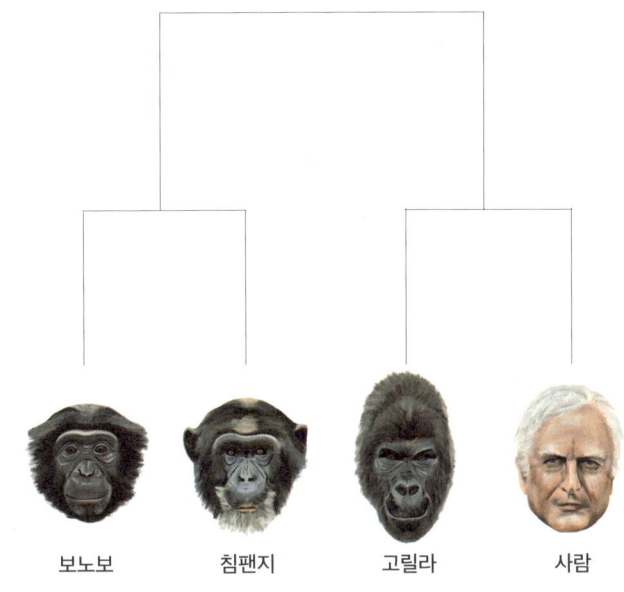

보노보 　 침팬지 　 고릴라 　 사람

의 정자 하나의 산물이기 때문이다. 그리고 형제는 같은 네 조부모로부터 유전자의 1/4씩 물려받았지만, 여기서 이 비율은 근삿값일 뿐이다. 즉, 정확히 1/4이 아니다. 염색체 교차가 다양하게 일어나면서, 존을 잉태시킨 토니의 정자는 프랜시스의 유전자가 아니라 앨리스의 유전자를 주로 지녔을 수도 있었다. 반면에 빌을 잉태시킨 토니의 정자는 앨리스의 유전자보다 프랜시스의 유전자를 주로 지니고 있었을 수 있다. 존을 잉태시킨 이니드의 난자에는 주로 아서의 유전자가 들어 있는 반면, 빌을 잉태시킨 이니드의 난자에는 거트루드의 유전자가 주로 들어 있었을 수 있다. *존의 모든 유전자가 두 조부모에게서 오고 다른 두 조부모에게서는 전혀 받지 못하는 일도 이론적으로 가능하다(비록 극도로 있을 법하지 않지만). 따라서 근연 관계를 보는 유전자의 관점은 개인의 관점과 다를 수 있다. 개인의 관점은 네 조부모가 동등한 기여를 했다고 본다.

그리고 가까운 세대 이전의 모든 세대도 마찬가지다. *영국인은 정복자 윌리엄의 후손일 가능성이 꽤 높지만, 그로부터 유전자를 단 하나도 물려받지 않았을 가능성도 매우 높다. 생물학자는 생물 개체 수준에서 조상을 추적하는 역사적 선례를 따르는 경향이 있다. 모든 개체는 부모가 있으며, 각 부모도 마찬가지다. 그러나 바로 앞에서 다룬 존/빌, 고릴라/침팬지 비교는 빙산의 일각임이 드러날 것이라고 나는 믿는다. 우리는 개체의 관점이 아니라 유전자의 관점에서 그려진 가계도를 점점 더 보게 될 것이다. 5장의 프레스틴 유전자 논의가 한 예다. 그런 추세는 유전자 관점을 강조하기에 이 책과 명백히 잘 어울린다.

돌아보는 유전자 관점을 살펴보는 이 장에서 마지막으로 다루고 싶은 주제는 선택적 싹쓸이 Selective Sweep다. 살아 있는 동물의 유전자가 우리에게 속삭이는 과거로부터 오는 메시지 중 상당수는 고대의 자연선택 압력을 이야기한다. 우리가 들을 수만 있다면 그렇다. 사실 사자의 유전서에서 내가 뜻하는 바가 바로 그것이지만, 여기서 나는 과거에서 온 특정한 유형의 신호를 이야기하고 있다. 유전학자들은 이 신호를 읽는 법을 알아내고 있다. 현재의 유전자는 자연선택 압력의 통계적 '신호'를 보낸다. 최근에 강한 선택을 겪어 온 유전자 풀은 어떤 특징적인 서명을 보여 준다. 즉, 자연선택은 자신의 표식을 남긴다. 다윈주의적 서명이다. 어떻게 남기는지 살펴보자.

한 염색체에서 서로 가까이 놓여 있는 두 유전자는 계속 함께 후대로 여행하는 경향이 있다. 염색체 교차로 서로 갈라질 가능성이 비교적 낮기 때문이다. 서로 근접해 있음으로써 나타나는 단순한 결과다. 자연선택이 어느 한 유전자를 강하게 선호한다면, 그 유전자는 빈도가 증가할 것이다. 당연하겠지만, 그 후속 결과도 주목하자. 염색체에서 긍정적인 강한 선택압을 받는 유전자의 가까이에 놓인 유전자도 빈도가 증가할 것이다. '무임 승차한다'. 이 현상은 그 연관된 유전자가 중립일 때, 즉 생존에 좋지도 나쁘지도 않을 때 특히 두드러진다.

염색체의 특정 영역이 긍정적인 강한 선택압을 받는 유전자를 지닐 때, 유전학자는 집단에서 변이의 양이 감소하는 것을 본다. 특히 해당 유전자의 무임승차 구역이 그렇다. 무임승차 때문에, 한 선호하는 유전자의 자연선택은 인접한 중립 유전자들의 변이를 '싹쓸이한다'. 따라서 이 '선택적 싹쓸이'는 선택의 '서명'으로서 출현한다.

나는 조상 역사를 보는 '돌아보기' 방식이 많은 것을 드러낸다고 본다. 그러나 유전자가 '돌아볼' 수 있는 가장 중요한 '경험'은 평범한 시선에는 보이지 않기에 쉽게 간과되곤 한다. 바로 그 종의 다른 유전자들의 동료 관계다. 대대로 몸을 공유해야 하는 다른 유전자들 말이다. 여기서 나는 같은 염색체에서 서로 가까이 연관되어 있는 유전자들을 말하는 것이 아니다. 같은 유전자 풀을 공유하는, 따라서 많은 개체의 몸을 공유하는 구성원들을 말하고 있다. 이 동료 관계는 다음 장의 주제다.

12
좋은 동료, 나쁜 동료

앞 장은 돌아보는 유전자 관점의 무한정 많은 사례를 제시하면서 한없이 늘릴 수 있다. 유전자는 나무, 토양, 포식자, 먹이, 기생생물, 먹이 식물, 샘 등 환경의 다양한 특징들도 돌아본다. 그러나 바깥 환경은 이 이야기의 일부일 뿐이다. 거기에는 유전자의 가장 중요한 유형의 '경험'은 빠져 있기 때문이다. 길게 이어지는 몸들 속에서 다른 모든 유전자들과 협력한 경험이 훨씬 더 중요하다. 상호 협력의 왕조들을 구성하여 몸을 만드는 미묘한 일을 해내는 협력자들과의 경험이다. 그것이 바로 이 장의 요점이다.

*어느 한 유전자 풀의 유전자들은 좋은 여행 동료 집단을 이루어서 여행을 함께하면서 대대로 서로 협력한다. 다른 유전자 풀, 즉 다른 종에 속한 유전자 풀의 유전자들은 나란히 나아가는 여행 동료 집단을 구성한다. 이런 집단은 다른 종의 유전자들을 포함하지 않는다. 그것이 바로 생물학자들이 종을 정의하고자 하는 방식이다(비록

이 정의를 실제로 적용할 때는 종종 모호해지곤 하며, 신종이 탄생할 때 특히 그렇긴 하지만).

유성생식은 종의 개념 자체, 더 정확히 말하면 유전자 풀 개념의 타당성을 입증한다. 유전자 풀은 휘저어지고 있는 물웅덩이 같다. 유전자 풀은 유성생식을 통해서 세대마다 철저히 휘저어지지만, 다른 유전자 풀, 즉 다른 종에 속한 유전자 풀과는 섞이지 않는다. 아이들은 자신의 부모를 닮지만, 유전자 풀이 휘저어지기 때문에 그 종에서 무작위로 뽑은 구성원보다 부모를 그저 좀 더 닮을 뿐이다. 그리고 다른 종에서 무작위로 뽑은 구성원보다는 부모를 훨씬 더 많이 닮는다. 각 종의 유전자 풀은 다른 모든 유전자 풀과 격리된 자기 자신의 방수 구역에서 물을 튀기고 있다.

앞서 말했듯이, 이는 '종'의 정의 자체, 적어도 가장 널리 채택된 정의의 일부이며, 진화학자들의 고고한 족장인 에른스트 마이어Ernst Mayr는 이렇게 요약했다.

> 종은 실제로 또는 잠재적으로 상호 교배하는 자연 개체군들의 집단이며, 다른 그런 집단들과 번식적으로 격리되어 있다.

실제 상호 교배의 가능성이 막혀 있는—아예 교배 자체가 불가능한—화석은 마이어가 말한 '잠재적'이라는 쪽에 들어간다. 우리가 호모 에렉투스가 현생 호모 사피엔스와 다른 별개의 종이라고 말할 때, 마이어의 정의는 다음과 같은 의미로 해석될 것이다. "우리가 타임머신을 타고 호모 에렉투스를 만나러 갈 수 있다고 해도, 우리는 그들과 상호 교배를 할 수 없을 것이다." '할 수 없다'는 좀 사소한 문제를 한 가지 일으킨다. 포획된 상태에서는 상호 교배를 유도할 수 있지만, 야생에서는 그렇게 하지 않는 쪽을 택할 종들이 있다. 9장에서 예로 든 검은왕귀뚜라미와 바다왕귀뚜라미도 그런 사례에 속한다. 설령 우리가 이를테면 인공 수정을 통해서 호모 에렉투스와 상호 교배가 가능하다고 할지라도, 우리는—또는 그들은—정상적인 자연적인 수단을 통해서도 그렇게 하는 쪽을 택할까? 신경 쓰지 말자. 까다로운 분류학자나 철학자라면 관심을 가질 법한 세부 사항이지만, 우리는 그냥 넘겨도 된다.

대다수의 인류학자가 믿는 것처럼, 우리가 호모 에렉투스의 자손이라면, 전이 단계에서 중간 형태가 분명히 있었을 것이다. 분류를 거부할 중간 형태들이다. 그 문제를 꼼꼼히 살펴본 이들 중에서 에렉투스 부모를 뿌듯하게 할 사피엔스 아기가 어느 날 갑자기 탄생할 것이라고 주장할 사람은 아무도 없을 것이다. *진화 역사 전체에 걸쳐서 태어난 모든 동물은 부모와 같은 종으로 분류되었을 것이다. 상호 교배 측면에서만이 아니라 사려 깊은 모든 기준에서 볼 때 그렇다. 그 사실은 호모 사피엔스가 호모 에렉투스의 후손이며, 양쪽이 서로 번식할 수 없는—그렇게 가정하자—별개의 종이라는 사실과 아무런 충돌을 일으키지 않는다—비록 그 문제로 고심하는 이들도 있긴 하지만. 당신이 육기어류의 후손이며, 부모와 자식이 같은 종의 구성원인 모든 중간 형태를 거쳐서 그렇게 진화했다는 사실과도 잘 들어맞는다.

게다가 종 분화라는 과정을 통해 한 종이 두 종으로 갈라질 때, 두 종이 여전히 상호 교배가 가능한 중간 기간이 있기 마련이다. 분기는 우연히 일어난다. *아마 산맥이나 강, 바다 같은 지리적 장벽으로 일어날 것이다. 침팬지와 보노보는 콩고강의 서로 반대편에서 두 하위 집단이 생겼을 때 각자 별개의 진화 경로를 밟기 시작했을 것이다. 두 집단은 물리적으로 상호 교배가 막혔다. 두 집단 사이로 흐르는 물이 유전자의 흐름을 막았다. 그래도 이들은 얼마 동안 상호 교배가 가능했을 것이고, 때로 떠다니는 통나무를 타고 우연히 강을 건넌 개체는 그랬을 것이다. 그러나 지리적으로 유전자 흐름이 막히자, 양쪽은 서로 다른 방향으로 자유롭게 진화할 수 있었다. 서로 다른 방향은 자연선택의 인도를 받을 수도 있었고, 또는 그렇지 않고 무작위 표류라는 과정을 통해서 이루어질 수도 있었다. 그 점은 중요하지 않으며, 요점은 유전자들 사이의 화합성이 서서히 줄어들다가 이윽고 서로 만날 기회가 생겨도 더 이상 실질적으로 상호 교배를 할 수 없는 단계에 이른다는 것이다. 처음의 지리적 장벽이 반드시 지진으로 강줄기가 달라지는 것 같은 환경 변화를 통해 일어나는 것은 아니다. 지리는 변함이 없을 수 있지만, 임신한 암컷이 우연히 외딴섬의 해변으로 흘러들 수도 있다. 아니면 강의 반대편으로나.

아무튼 두 분리된 집단의 유전자들이 동료로서 더 이상 화합할 수 없게 되는, 그리하여 상호 교배가 막히는 경향을 띠는 이유는 뭘까? 한 가지 이유는 두 염색체 집합이 배우자가 만들어지는 감수분열 과정에서 짝을 지어야 한다는 것이다. 한 장벽의 양쪽에 놓인 집단들에서처럼 양쪽이 충분히 달라진다면, 잡종은 설령 생긴다고 해도, 배우자를 만들 수가 없을 것이다. 그들은 함께 살지 몰라도, 번식은 할 수 없을 것이다. 또 다른 이유—이 장의 핵심으로 돌아가자면—는 유전자들, 장벽의 양쪽에 있는 유전자들이 같은 쪽에 있는 다른 유전자들과 협력하는 쪽으로 자연선택되며, 반대쪽에 있는 유전자들과는 그렇지 않다는 것이다. 물리적으로 억지로 분리된 상태에서 충분한 시간이 흐른 뒤에, 두 유전자 풀은 너무나 화합 불가능한 수준에 이르러서 설령 물리적 장벽이 제거된다고 해도 상호 교배가 불가능해진다. 침팬지와 보노보는 아직 그 단계에 다다르지 못한 상태다. 포획된 상태에서는 잡종이 태어날 수 있다.

지리적 종 분화가 일어나는 데 반드시 강 같은 독특한 장벽이 필요한 것은 아니다. 마드리드의 생쥐는 블라디보스토크의 생쥐를 결코 만나지 못하지만, 그 사이의 12,000킬로미터 거리에서 연속되는 국지적 유전자 흐름이 일어날 수 있다. 충분한 시간이 주어진다면, 그 후손들은 유전적으로 분화해서 설령 어떤 식으로든 만나게 한다고 해도 더 이상 상호 교배가 불가능해질 수 있다. 그 장벽은 헤엄쳐 건널 수 없는 강이나 바다, 또는 지나갈 수 없는 사막이나 산맥이 아니라 거리 자체이며, 전체 범위에 걸쳐서 연속적으로 국지적 유전자 흐름이 이루어진다고 해도, 종 분화는 일어났을 것이다. 호모 에렉투스와 호모 사피엔스 사이의 시간적 연속체의 공간적 대응물에 해당하는 것이 여기 있다. 양쪽 사례에서 극단끼리는 결코 만나지 못한다. 그러나 양쪽 사례에서 전체 범위에 걸쳐서 기꺼이 교배하는 중간 형태들로 이어지는 끊김 없는 사슬이 존재할 수 있다. 생쥐의 사례에서는 공간적 범위, 에렉투스와 사피엔스의 사례에서는 시간적 범위다.

때로 중간 형태들의 사슬은 자기 꼬리를 무는 원을 형성하기도 하며, 그럴 때 이른바 '고리 종ring species'을 볼 수 있다. 엔사티나속 *Ensatina*의 도롱뇽은 캘리포니아 센트럴밸리의 네 귀퉁이에 살고 있지만, 골짜기를 건너지는 않는다. 골짜기의 남쪽 끝에서 표본 채집을 시작해서 서편으로 북쪽까지 올라간 뒤, 북쪽 끝에서 골짜기를 건너 동편으로 가서 다시 죽 남쪽으로 내려와 출발한 지점 가까이 돌아오면, 한 가지 흥미로운 점을 알아차린다. 골짜기의 가장자리에 이르기까지 모든 도롱뇽은 이웃들과 상호 교배를 할 수 있다. 그러나 빙 도는 동안 개체들은 서서히 변하며, 다시 출발점으로 돌아올 때, 고리의 '마지막' 종은 '처음' 종과 상호 교배를 할 수 없다. 고리 종은 충분히 오래 산다면 시간 차원에서 볼 수 있을 유형의 진화적 변화가 공간 차원에서 펼쳐지는 희귀한 사례다.

이런 고려 사항들은 살아 있거나 화석으로 발견되는 아주 가까운 종들이 같은 종에 속하는지 아닌지를 둘러싼 모든 열띤 논쟁을 무의미하게 만든다. 이는 억지로 둘 중 어느 종으로 지정할 수 없는 중간 형태들이 있어야 한다는, 아니 있었어야 한다는 진화의 필연적인 결과다. 그렇지 않다면 오히려 우려될 것이다. 그러나 물론 대다수 종은 어느 기준에서든 간에 다른 대다수 종과 뚜렷이 구별된다. 조상들이 분기한 뒤로 오랜 시간이 흘렀기 때문이다. 잠재적 상호 교배가 문제가 되고, 종의 정의가 문제가 되는 회색 영역은 이 장에서 더 이상 다루지 않으련다.

바깥 환경과 관련지어서 두더지의 유전자는 우리에게 축축하고 컴컴하고 습한 굴, 흙냄새, 엉킨 잔뿌리와 곰팡이 균사와 균근 사이를 기어다니는 지렁이와 딱정벌레 유충을 이야기한다. 다람쥐의 유전자는 전혀 다른 조상의 자서전을 지닌다. 탁 트인 녹색 경관, 흔들리는 잔가지, 도토리, 견과, 나무 사이로 새어 드는 빛줄기의 이야기다. 우리는 모든 종에서 비슷한 목록을 작성할 수 있다. 반면에 이 장의 요지는 축축하고 컴컴한 흙이나 임관, 풀밭, 산호초, 심해 등 무엇이든 간에 유전자의 바깥 '경험'이 휘저어지는 유전자 풀의 다른 유전자들과의 더 직접적이고 보다 풍성한 내부 경험에 압도된다는 것이다. 이 장에서는 유전자가 오래전부터 이 몸, 저 몸에서 함께 여행하고 협력해 온 '좋은 동료들'을 살펴본다. 헤어졌다가 다시 결합되고, 마주치고 다시 마주치는 친숙한 동료 유전자들의 집합, 간과 심장, 뼈와 피부, 혈구와 뇌세포를 만드는 어려운 일에 협력하는 유전자들이다. 세부 사항은 '외부' 압력에 따라 달라질 것이다. 굴을 파면서 지렁이를 잡아먹는 동물에게 걸맞은 최고의 심장, 콩팥, 창자는 나무를 기어오르는 견과를 좋아하는 동물에게 걸맞은 최고의 심장, 콩팥, 창자와 분명히 다르다. 그러나 성공한 유전자의 중추적인 자질은 두더지든 다람쥐든 고슴도치든 고래든 사람이든 간에 그 유전자 풀, 즉 공통 유전자 풀의 다른 유전자들과 협력하는 능력일 것이다.

모든 생화학 연구실에는 대사 경로들이 그려진 거대한 그림이 벽에 걸려 있다. 온갖 화학 구조들이 화살표로 연결되어 스파게티들처럼 뒤엉켜 있다. 다음 장의 그림은 화학물질을 화학 구조가 아니라 점으로 표시해서 단순화한 것이다. 선은 점들 사이의 화학 경로다. 이 다이어그램은 대장균의 것이지만, 우리 세포 내에서도 비슷하면서 마찬가지로 복잡한 화학 경로들이 진행된다.

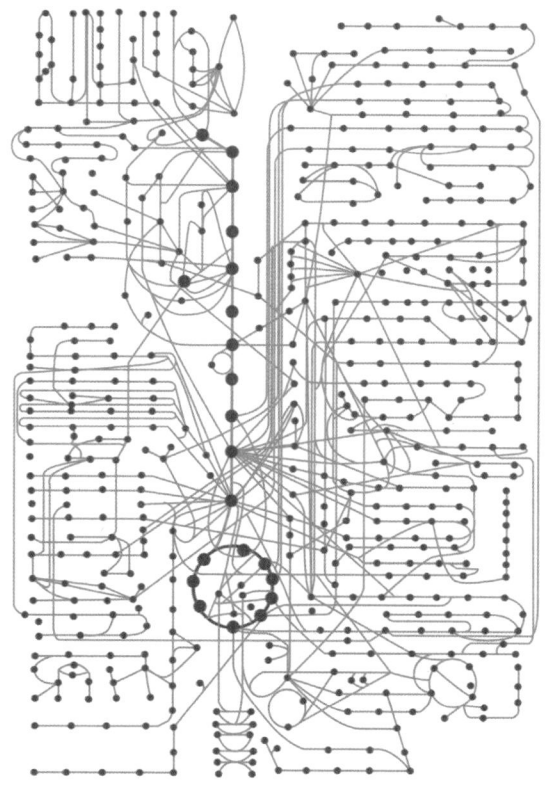

이 수백 개의 선 하나하나는 살아 있는 세포 내에서 수행되는 화학 반응이며, 각각은 효소가 촉매한다. 모든 효소는 특정한 하나의 유전자의 영향 아래 조립된다(또는 두세 가지 유전자일 때도 많다. 효소 분자는 하나의 단백질 사슬인 '도메인domain' 몇 개가 모여서 만들어질 수도 있어서다). 효소를 만드는 유전자들은 서로 협력해야 하며, 이 장에서 말한 의미에서 좋은 동료 유전자가 되어야 한다.

모든 포유류는 200여 개의 뼈가 같은 순서로 연결된 뼈대로 이루어져 있다. 종에 상관없이 뼈의 종류는 거의 동일하며, 모양과 크기가 다를 뿐이다. 우리는 6장에서 갑각류의 체제를 살펴본 바 있다. 옆의 그림에 실린 대사 경로도 마찬가지다. 모든 동물에게서 거의 동일하지만, 세세한 사항이 다르다. 그리고 비록 비슷한 공동 사업을 하고 있을지 모르지만, 상호 화합하는 유전자들의 카르텔은 다른 계통들에서 진화한 비슷한 카르텔과 화합하지 않을 것이다. 예를 들면, 영양 카르텔 대 사자 카르텔이다. 영양과 사자 모두 모든 세포에 대사 경로들이 필요하며, 양쪽 다 심장과 콩팥과 허파가 필요하지만, 세세한 사항들은 초식동물과 육식동물의 차이에 걸맞게 다를 것이다. 그리고 우리가 이미 다룬 이유들 때문에 이빨, 창자, 발에서는 더욱 뚜렷이 나타난다. 그들이 어떻게든 같은 몸에서 섞인다면, 그다지 잘 협력하지 못할 것이다.

나는 서로 별개인 두 유전자 풀, 예를 들어 임팔라 유전자 풀과 표범 유전자 풀이 두 별개의 '협력하는' 유전자들의 '신디케이트'를 대변한다고 말하련다. 몸 만들기는 활성 유전체의 모든 유전자들 사이의 협력을 수반하는 엄청나게 복잡한 발생학적 사업이다. 다양한 몸은 상호 화합하는 유전자들의 서로 다른 집합을 통해 진화적 시간에 걸쳐 완성된 서로 다른 발생학적 '기술'을 필요로 한다. 자기 신디케이트의 구성원들과는 화합하지만, 다른 유전자 풀에서 구성되는 다른 신디케이트들과는 화합하지 못한다. 이런 협력하는 카르텔들은 여러 세대 동안 자연선택을 거치면서 짜인다. 각 유전자가 유전자 풀의 다른 유전자들과 화합성을 띠도록 선택되는 식으로 일이 진행된다. 그렇게 상호 화합하면서 협력하는 유전자들의 카르텔이 구축된다. 어떤 카르텔이 한 단위로서 다른 카르텔 대신에 선택된다고 말하고 싶은 유혹도 들지만, 그런 생각은 오해를 불러일으킨다. 오히려 카르텔 내에서 각 유전자가 다른 유전자들과의 화합성에 따라서 개별적으로 선택되기 때문에 카르텔은 스스로 조직된다. 그와 동시에 카르텔 자체도 선택된다.

한 종 내에서 유전자들은 발생학적으로 조화롭게 협력하면서 종 특유의 몸을 만든다. 다른 종의 유전자 풀에 있는 다른 카르텔들도 자체 구성되고, 협력하여 다른 몸을 만든다. 육식동물 카르텔, 초식동물 카르텔, 굴 파는 식충동물 카르텔, 강에서 물고기를 잡아먹는 카르텔, 나무를 기어오르면서 견과를 즐겨 먹는 카르텔 등이 있을 것이다. '좋은 동료들'을 다루는 이 장에서 내 주된 요점은 유전자가 통달해야 할 가장 중요한 환경이 자기 유전자 풀 내에서의 다른 유전자들의 집합, 대대로 이어지는 몸들에서 만날 가능성이 높은 다른 유전자들의 집합이라는 것이다. 물론 바깥 생태계에 유전자 풀 내 한 유전자의 생존에 중요한 포식자와 먹이, 기생생물과 숙주, 흙과 날씨가 갖추어져 있다는 것은 맞다. 그러나 더욱 중요한 것은 유전자 풀의 다른 유전자들이 제공하는 생태계다. 각 유전자가 연속되는 몸들의 구성과 유지를 위해 협력을 요청하는 다른 유전자들이다. 내 첫 책 『이기적 유전자』를 얼마든지 『협력적 유전자』라고도 부를 수 있었다는 것은 쉽게 해소되는 역설이다. *사실 내 친구이자 예전 제자였던 마크 리들리는 바로 그 제목으로 탁월한 책을 썼다. 내가 직접 썼다면 흐뭇해할 만한 어조로 그는 이렇게 적었다.

한 몸의 유전자들 사이의 협력은 그냥 일어난 것이 아니다. 그것은 진화할 특수한 메커니즘, 각 유전자가 몸의 다른 유전자들과 최대로 협력함으로써 최대로 이기적이 되도록 일들을 조직하는 메커니즘을 필요로 한다.

현재의 첨단 기술 세계에 사는 우리는 아주 많은 전문가 사이의 협력이 어떤 힘을 발휘하는지 잘 안다. 스페이스 X는 직원이 약 1만 명이며, 그들은 거대한 로켓을 우주로 발사하고 더 나아가 로켓을 재사용하기 좋은 상태로 지구에 다시 부드럽게 착륙시키는 더욱 어려운 사업을 위해 협력한다. 많은 다양한 전문가들이 하나가 되어 긴밀하게 움직인다. 공학자, 수학자, 설계자, 용접공, 리벳공, 조립공, 선반공, 컴퓨터 프로그래머, 기중기 기사, 품질 관리자, 3D 프린터공, 소프트웨어 코더, 재고 관리자, 회계사, 변호사, 사무직, 개인 비서, 중간 관리자 등 많은 이들이 협력한다. 한 분야의 전문가들은 대부분 그 사업의 다른 부문의 전문가들이 무엇을 하는지, 또는 어떻게 하는지 거의 이해하지 못한다. 그러나 우리 인간이 서로 보완하는 기술을 지닌 수천 명을 모아서 각자 어떤 일을 하는지 잘 모른다고 해도 원만하게 협력하도록 했을 때 이룰 수 있는 업적은 엄청나다.

인간 유전체 계획, 제임스웹 망원경, 고층 건물 건축이나 터무니없을 만치 거대한 크루즈선 건조 등은 협력의 엄청난 성취다. 세른의 대형 강입자 가속기는 100여 개국의 과학자와 공학자 약 1만 명이 모여서 수십 가지 언어로 대화하고 다양한 전문 지식을 하나로 모아 원만하게 협력한 결과물이다. 그러나 대규모 협력의 이런 엄청난 성취도 우리 각자가 엄마의 자궁에서 형성되는 9개월 동안의 협력 사업에는 못 미친다. 스페이스 X 같은 대규모 사업에 참여한 인력보다 더 많은 약 3만 개의 긴밀하게 협력하는 유전자들이 조율하는 수백 가지 세포 유형에(서로 다른 '직업'에) 속한 세포 수십억 개가 협력하여 우리 몸을 만든다. 몸을 만드는 일도 로켓을 만드는 일도 협력을 얼마나 잘하느냐에 따라 성패가 갈린다.

몸을 만드는 유전자들은 세대가 지날 때마다 유성생식 복권 뽑기를 통해 모인 다른 모든 동료와 협력해야 한다. 지금의 몸에 들어 있는, 현재의 동료 집합들과만 협력해야 하는 것이 아니다. 다음 세대에서는 공통의 유전자 풀에서 뽑힌 다른 동료들과 협력해야 할 것이다. 이 유전자 풀에서—그러나 다른 유전자 풀에서는 아닌—다음 세대로 전달되는 다른 모든 유전자와 협력할 준비를 해야 한다. 이는 다윈주의적 성공이 유전자에게는 여러 세대에 걸쳐 여러 몸으로 여행하는 장기적인 성공을 의미하기 때문이다. 그 종의 휘저어지는 유전자 풀에 있는 모든 유전자의 좋은 여행 동료이어야 한다.

J. B. 프리스틀리J.B.Priestley의 소설 『좋은 동료들The Good Companions』을 영화화한 1957년 작품에는 귀에 쏙 들어오는 노래가 있었는데, 후렴구가 이랬다.

좋은 동료가 되자
정말로 좋은 동료,
그러면 너도 좋은 동료들을 얻을 거야.

상리공생을 떠올리게 하는 이 노래는 여행하는 유전자 무리에게도 들어맞는다. 우리 같은 종의 활성 유전자 풀을 이루는 유전자들 말이다. 유전자들의 성적 재조합은 이름으로 구분할 가치가 충분히 있는 실체로서의 '종'의 존재 자체에 의미를 부여한다. 세균처럼 성적 재조합이 없을 때는 구분되는 '종'도 없으며, 확신을 갖고 개체군을 각기 다른 이름을 붙일 수 있는 별도의 집단들로 나눌 명확한 방법도 없다. 종에 정체성을 부여하는 것은 유성생식이다. 일부 세균 유형은 무분별하게 유전자를 공유함에 따라서 서로 섞이고 있는 커다란 얼룩과 그리 다르지 않다. 그런 세균에 구별되는 종 이름을 붙이려는 시도는 우리 같은 동물에 적용되지 않는 방식이기에 미흡할 수밖에 없다. 우리 같은 동물은 성적 교환이 같은 종―그리고 정의상 결코 다른 종은 안 된다―의 암수 사이의 성적 만남에 한정된다. 앞서 말했듯이, 화석이라면 우리는 해부학적 유사성을 토대로 만일 살아 있다면 상호 교배가 가능할지 여부를 추측해야 한다. 이는 주관적 판단을 수반하며, 호모 로데시엔시스 *Homo rhodesiensis*와 호모 헤이델베르겐시스 *Homo heidelbergensis* 같은 화석 이름을 붙이는 것을 놓고 '종합론자'와 '세분론자' 사이에 열띤 논쟁이 벌어지는 이유도 이 때문이다. 그러나 때로 신랄한 언쟁으로까지 비화하기도 하는 등 명명을 놓고 의견 차이가 벌어지곤 하지만, 우리는 그런 화석 하나하나를 둘러싼 유전자 풀이 다른 유전자 풀들과 격리된 여행하는 동료 집단이었다고 여전히 확신한다. 종 분화 사건이 일어나는 동안 아직 불완전하게 격리되어 있는 상태라도 그렇다. 세균은 대체로 그런 확신을 주지 못한다. 이른바 세균의 '종'은 경계가 명확하지 않다.

모든 작동하는 유전자, 즉 배아 만들기라는 협동 작업에 나름 손길을 보태고 있는 '전문가'는 자신의 유전자 풀에 속한 것들뿐이다. 같은 여행 동료 집단에서 대대로 뽑은 표본들 사이의 협력이 반복됨에 따라서, 다른 집단의 구성원들과는 대체로 유익하게 협력할 수 없는 유전자들이 선택된다. 고양이에게 해파리 유전자를 이식하자 고양이가 어둠 속에서 빛을 낸다는 것 같은 뉴스 기사에서 알 수 있듯이, 완전히 그렇지는 않다. 그러나 유전자는 보통은 그런 식의 시험을 받지 않는다. 노새와 버새, 라이거와 타이곤은 거의 언제나 불임이다. 그들의 여행 동료 집단은 여전히 화합할 수 있어서 협력해서 튼튼한 몸을 충분히 만들 수 있다. 그러나 배우자를 만드는 세포 분열 과정인 감수분열 때 염색체들이 짝을 짓는 단계에서 이 화합성은 깨진다. 노새는 수레를 끌 수 있지만, 생식 능력을 갖춘 정자나 난자를 만들지 못한다.

자연은 영양 유전자를 표범에 이식하지 않는다. 이식한다면, 정상적으로 작동하는 유전자도 조금 있을 것이다. 모든 포유류의 발생 과정은 대체로 유사하며, 모든 포유동물은 분명히 포유류 팰림프세스트의 대다수 층을 만드는 유전자들을 공유한다. 그러나 그 사실이 이 장의 취지를 훼손하지는 않는다. 표범을 포식자로 만들고 영양을 초식동물 먹이로 만드는 데 관여하는 유전자들은 서로 조화롭게 협력하지 않을 것이다. 아이다운 언어로 표현하자면, 표범의 이빨은 영양의 창자와 영양의 섭식 습관에 잘 들어맞지 않을 것이다. 그 반대도 마찬가지다. 이 장의 언어로 표현하자면, 한 유전자 풀에서 함께 잘 여행하는 동료들은 다른 유전자 풀에서는 좋은 동료가 아닐 것이다.

그 협력은 실패할 게 분명하다.

이 원리는 E. B. 포드E.B.Ford의 오래된 실험을 통해 드러났다. 그는 내가 대학생 때 *유전학을 가르친 괴팍할 만치 까다로운 탐미주의자였다. 대다수의 현실적인 유전학자는 실험실에서 초파리나 생쥐를 교배하면서 실험용 동식물을 연구한다. 그러나 포드는 소수파의 길을 걸은 유전학자였다. 그의 연구진은 야생에서 유전자 풀에 일어나는 진화적 변화를 지켜보았다. *나비와 나방의 권위자인 그는 포충망을 들고 영국의 숲과 들판, 황무지와 습지를 돌아다니면서 야생 개체군의 표본을 채집했다. 그에게 자극받아서 다른 종의 나비와 나방뿐 아니라 야생 초파리, 야생 달팽이, 야생화를 대상으로 같은 연구를 하는 이들도 생겨났다. 그는 생태유전학Ecological Genetics이라는 새로운 분야를 창시했고, 그 제목으로 책도 냈다. 내가 여기서 이야기하고 싶은 연구는 스코틀랜드와 주변 몇몇 섬에서 작은밤나방의 야생 개체군을 조사한 사례다. 포드가 트리파이나 코메스*Triphaena comes*라고 알고 있던 그 종은 현재 학명이 녹투아 코메스*Noctua comes*로 바뀌었다. 앞서 나온 이름이 우선한다는 엄격한 동물 명명규약이 적용되어서다.

이 종은 다형성을 띤다. 즉, 유전적으로 구별되는 유형이 적어도 두 가지 이상 야생에서 상당한 비율로 공존한다는 뜻이다. 그러나 잉글랜드에서는 그렇지 않으며, 스코틀랜드 본토의 대다수 지역에서도 그렇지 않다. 이곳들에서 작은밤나방은 모두 옅은 색을 띤 형태다. 그러나 스코틀랜드의 몇몇 섬에서는 쿠르티시이*curtisii*라는 더 짙은 색깔의 두 번째 유형이 상당한 비율로 존재한다. *곤충학자이자

작은밤나방의 짙고 옅은 형태

화가인 존 커티스John Curtis의 이름을 딴 것이 분명하다. 나는 커티스가 그린 쿠르티시이와 노랑앵초의 그림이 여기에 딱 맞는다고 생각해서, 야나 렌초바Jana Lenzová에게 옅은 형태도 넣어서 그림을 완성해 달라고 부탁했다.

두 형태의 차이는 하나의 유전자가 좌우하며, 이를 쿠르티시이 유전자라고 부를 수 있다. 쿠르티시이는 거의 우성이다. 즉, 개체가 쿠르티시이 유전자를 하나 지니거나('쿠르티시이 이형접합') 쌍으로 지닌다면('동형접합'), 짙은 색을 띤다는 뜻이다. 우성이 완전하다면, 쿠르티시이 유전자를 하나만 지닌 이형접합자도 두 개 지닌 동형접합자와 똑같아 보일 것이다. 하지만 쿠르티시이는 거의 우성이므로, 이형접합자는 쿠르티시이 동형접합자와 거의 똑같지만 약간 옅다. 이형접합자는 표준 코메스comes 유전자를 동형접합으로 지닌 개체보다 언제나 더 짙다. 따라서 코메스 유전자는 열성이 된다.

앞서 만난 그의 스승인 로널드 피셔처럼 포드도 으레 '변경유전자'를 언급하곤 했다. 다른 유전자의 효과를 변경하는 효과를 일으키는 유전자다. 포드가 받아들인 피셔의 우성 이론은 어떤 유전자가 돌연변이를 통해 처음 출현할 때에는 대개 우성도 열성도 아니라고 본다. 그 뒤에 자연선택이 여러 세대에 걸쳐 변경유전자들의 점진적 축적을 통해 우성이나 열성 쪽으로 내몬다. 우성은 유전자 자체의 특성이 아니라, 동료 변경유전자들과 상호작용을 통해 나온 특성이다.

변경유전자는 주요 유전자 자체를 바꾸지 않는다. 변경유전자가 바꾸는 것은 유전자의 표현 방식이며, 여기서는 우성의 정도다. 이 장의 언어로 말하자면, 쿠르티시이 같은 주요 유전자의 '좋은 동료들' 중에 변경유전자도 있고, 변경유전자가 그 유전자의 우성에 영향을 미친다. 이형접합일 때에도 그 유전자의 표현형이 드러나게끔 한다는 뜻이다. 여기서 깊이 파고들 필요가 없는 이유로 자연선택은 스코틀랜드의 특정한 섬에서 짙은 쿠르티시이 형태를 상당한 비율로 선호했다. 그리고 피셔와 포드의 이론은 이 선호가 스스로 드러내는 한 가지 방법이 우성을 증가시키는 변경유전자를 자연선택이 선호함으로써 이루어진다고 말한다.

바라Barra는 스코틀랜드 서쪽 아우터헤브리디스 제도에 있는 섬이다. 한편 오크니Orkney는 스코틀랜드 북쪽에 있는 제도로서 바라와 340킬로미터 떨어져 있는데, 까마귀는 날아갈 수 있지만 나방은 너무 멀어서 날아갈 수 없다. 포드는 양쪽 지역에서 나방을 채집해서 조사했다. 양쪽에서 다 작은밤나방 개체군에는 정상적인 옅은 형태와 함께 짙은 쿠르티시이 형태도 상당한 비율로 섞여 있었다. 바라와 오크니 양쪽의 나방을 대상으로 교배 실험을 했더니, 양쪽 섬에서 쿠르티시이가 우성임이 확인되었다. 그러나 포드가 바라에서 채집한 나방과 오크니에서 채집한 나방을 서로 교배하자 놀라운 결과가 나왔다. 우성이 깨진 것이다. 우성이 사라지고, 짙은 형태와 옅은 형태가 더 이상 멘델 방식으로 깔끔하게 분리되는 양상을 보이지 않았다. 대신에 중간 형태들로 죽 이어지는 혼란스러운 스펙트럼이 나타났다.

실제로 벌어진 일은 이러했다. 바라에서의 우성은 좋은 바라 동료들, 즉 상호 화합 가능한 변경유전자들의 축적을 통해 진화했다. 오크니에서의 우성은 좋은 오크니 동료들, 즉 다른 변경유전자들의 조합을 통해 독자적으로 수렴 진화했다. 포드가 양쪽 섬의 개체들을 상호 교배했을 때, 두 변경유전자 집합은 서로 화합할 수 없었다. 마치 서로 다른 언어로 말하는 듯했다. 제대로 일하려면, 각 변경유전자는 정상적인 좋은 동료 집합, 각기 다른 섬에서 여러 세대에 걸친 선택을 통해 누적된 집합이 필요했다. 좋은 동료들이란 바로 그런 의미이며, 포드의 실험은 내가 일반적인 것이라고 믿는 원리를 극적으로 보여 준다. '주요' 유전자인 쿠르티시이는 바라와 오크니 양쪽에서 동일하다. 그러나 유전자 자체가 동일함에도 우성은 양쪽에서 변경유전자들이 서로 다른 식으로 조합되어 형성될 수 있다. 서로 다른 섬의 쿠르티시이에 바로 그런 일이 일어난 듯하다.

여기에는 한 가지 오류 가능성이 숨어 있다. 바라의 좋은 동료들이 한 염색체에서 서로 가까이 있고 따라서 한 단위로서 취급된다고 가정하기 쉽다. 오크니의 좋은 동료 조합도 마찬가지다. 실제로 그런 일은 일어날 수 있고, 포드 연구진은 다른 종들에서 그렇다는 것을 발견했다. 자연선택은 염색체 일부의 역전과 전위를 선호해서 좋은 동료들을 서로 더 가까이 끌어당길 수 있다. 때로 너무 가까워져서 '초유전자supergene'가 될 수도 있다. 너무 가까워져서 교차를 통해 분리될 가능성이 거의 없는 상태를 말한다. 이는 장점이며, 초유전자의 형성에 기여하는 전위와 역전은 자연선택에 선호된다. 그러나 포드의 작은밤나방 사례에서 변경유전자들이 모여서 초유전자로 기능한다면, 그런 실험 결과가 나올 수 없었을 것이다.

다수의 개체를 여러 세대에 걸쳐서 실험실에서 계속 번식시키다가 변덕스러운 염색체 교차를 통해 갑자기 그 초유전자가 갈라지는 현상이 나타난다면, 초유전자임을 보여 줄 수 있다. 그러나 초유전자 현상이 반드시 좋은 동료 관계에 꼭 필요한 것은 아니며, 작은밤나방의 사례에 그 현상이 적용된다고 가정할 이유는 전혀 없다. 협력하는 변경유전자 집합은 유전체의 다양한 염색체들에 흩어져 있을 수도 있다. 각 섬의 유전자 풀에서 서로가 있을 때 좋은 성과를 내는 좋은 동료로서 자연선택을 통해 뽑혀서 조합된 것일 수 있다. 이 사례에서 그들은 쿠르티시이 유전자의 우성을 증가시키기 위해서 협력한다. 그러나 그 원리는 그보다 더 일반적이다. 굳이 피셔/포드의 우성 이론을 받아들일 필요도 없다. 자연선택은 자신의 유전자 풀에서, 자기 종의 유전자 풀에서 함께 일하는 유전자를 선호한다. 육식동물인 것과 관련된 유전자(예를 들어, 육식동물 이빨의 유전자)는 같은 유전자 풀에서 다른 '육식동물 유전자들'(이를테면 세포가 고기를 소화하는 효소를 분비하는 육식동물의 짧은 창자를 만드는 유전자)이 있는 상태에서 자연적으로 선택된다. 동시에 초식동물 쪽에서는 식물을 짓이기는 납작한 이빨의 유전자가 식물을 소화하는 미생물들에게 안식처를 제공하는 길고 복잡한 창자의 유전자들이 있을 때 번성한다. 여기서도 서로 다른 관련 유전자들의 집합은 유전체 전체에 흩어져 있을 수 있다. 어느 특정한 염색체에 몰려 있다고 가정할 필요가 전혀 없다.

불행히도 좋은 동료 관계도 때로 깨지곤 한다. 방해 공작을 받기도 한다. 우리는 이미 한 몸의 유전자들이 서로 충돌할 수 있는 방식들을 접했다. *때로는 협력하고 때로는 싸우는 유전체 내 유전자들의 불편한 혼란은 에그버트 리Egbert Leigh가 '유전자들의 의회Parliament of

Genes'라는 용어로 잘 포착했다. 각 유전자는 "자신의 이익을 위해 행동하지만, 어떤 유전자의 행동이 다른 유전자들에게 피해를 준다면, 그 행동을 억제하기 위해 힘을 모을 것이다."

몸 내에서 일어나는 세포 분열은 이따금 출현하는 '체세포' 돌연변이에 취약하다. 당연히 그렇다. 그렇지 않을 리가 없지 않나? 그런데 우리는 무작위 복제 오류인 돌연변이가 개체 사이 자연선택의 원료를 생산한다는 개념에 친숙하다. 이런 '생식 계통' 돌연변이는 정자와 난자가 형성될 때 나타나며, 그 뒤에 그 자녀를 통해서 대물림된다. 이런 돌연변이는 진화에서 중요한 역할을 한다. 그러나 대부분의 세포 분열은 몸 내에서 일어나며─생식 계통 돌연변이가 아닌 체세포 돌연변이─그때에도 돌연변이가 일어난다. 사실 체세포 분열이 감수분열보다 돌연변이율이 더 높다. 우리는 면역계가 그 위험을 일찍 포착하는 일을 아주 잘한다는 사실에 감사해야 한다. 대다수의 생식 계통 돌연변이처럼 대다수의 체세포 돌연변이도 생물에게 유익하지 않다. 돌연변이 자체에는 이롭지만 생물에게는 해로운 사례도 종종 있다. 악성 종양, 즉 암을 일으킬 수 있는 사례가 그렇다. 그 뒤에 종양 내에서 일어나는 자연선택은 점점 더 불길한 쪽으로 암의 '단계들'을 진행시킬 수 있다. 이 문제는 잠시 뒤에 살펴보기로 하자.

우리는 발생하는 배아의 세포(체세포)가 몇 달 또는 몇 주 전에 수정된 하나의 난자, 즉 원대한 조상에게서 출현한 몸 내의 집안 역사를 지닌다고 생각할 수 있다. 배아에서 출발하여 여생 동안 이어지는 이 가계 역사의 어떤 단계에서든 간에 체세포 돌연변이는 일어날 수 있다. 척추동물의 발생은 무수한 세포 분열의 산물이므로, 발생학자로서는 더 단순한 생물을 대상으로 각 세포의 계통을 추적하는 쪽이 더 편하다. *예쁜꼬마선충 Caenorhabditis elegans*이라는 이 작은 동물은 세포가 959개에 불과하다. 위대한 분자생물학자 시드니 브레너 Sydney Brenner가 선견지명을 갖고 이 동물을 한 연구 분야의 이상적인 대상으로 고른 이래로, 세계의 수많은 실험실에서 이 동물을 기르고 있다. 한 배아 발생 단계에서는 세포 수가 정확히 558개다. 발생하는 배아 내에서 이 558개 세포 하나하나는 나름의 '조상' 서열을 지닌다. 연구자들은 배아 내에 있는 558개 세포 하나하나의 계보를 꼼꼼히 밝혀내 왔다(옆 그림). 당연히 이런 책의 한 쪽에 알아볼 수 있을 만치 상세히 인쇄하기가 불가능하지만, 다음 사이트(https://www.wormatlas.org/celllineages.html)에서는 확대해 볼 수 있으며 배아의 세포 가계도가 어떻게 '가문'과 '하위 가문'으로 갈라져 나가는지 감을 잡을 수 있다. 세포의 가문별로 붙은 이름을 읽을 수 있다면, '창자', '몸 근육', '고리 신경절' 같은 이름들을 볼 것이다. 이제 배아에서 출현하는 세포 가문들이라는 개념을 자세히 살펴보자.

겨우 558개의 선충세포 가계도가 어떤 모습인지 보았으니, 세포 30~40조 개의 가계도는 어떠할지 생각해 보라. 사람 배아의 세포들에도 비슷한 꼬리표—근육, 창자, 신경계 등—를 붙일 수 있다(376쪽). 설령 척추동물 배아에서는 가계도를 그렇게 엄밀하게 파악할 수 없고, 하나하나 다 이름을 붙여 가면서 목록을 작성할 수 없다는 것은 맞다. 여기서 발생하는 배아 내의 다양한 세포 가문들이 뭔가가 잘못되기 전까지는 모두 유전적으로 동일하다는 점을 강조해야겠다. 그렇지 않다면, 협력하지 않을 수도 있다. 뭔가 문제가 생겨서 더 이상 유전적으로 동일하지 않다면, 나쁜 동료가 될 위험이 발생한다. 그리고 몸 내에서 자연선택을 통해 정말로 아주 나쁜 동료로 진화할 위험도 있다. 바로 암이다.

다음 쪽의 그림에서 볼 수 있듯이, 배아 내에서 초기 세포 세대를 몇 차례 거친 뒤 세포들의 가계도는 세 주요 가문으로 갈라진다. 외배엽, 중배엽, 내배엽이다. 세포들의 외배엽 가문은 계보를 따라 계속 나아가면서 피부, 털, 손톱, 우리가 발굽이라고 부르는 엄청나게 커진 발톱을 만들 운명이다. 신경계에도 외배엽에서 파생된 다양한 부위들이 있다. 내배엽 가문은 갈라져서 나중에 위장과 창자를 만들 하위 가문을 낳는다. 또 간, 허파, 췌장 같은 샘을 만드는 하위 가문도 낳는다. 중배엽 왕조는 여러 하위 가문을 낳고, 그 하위 가문들은 갈라지고 또 갈라져서 근육, 콩팥, 뼈, 심장, 지방, 생식 기관을 만든다. 다음 세대로 전달될 생식 계통 자체는 그렇지 않다. 이 계통은 일찌감치 떨어져 나와서 특권적인 운명을 간직한다.

체세포 돌연변이체를 제외하고, 이 확장되는 가계도에 있는 세포 하나하나는 동일한 유전체를 지니지만, 조직마다 켜지는 유전자들

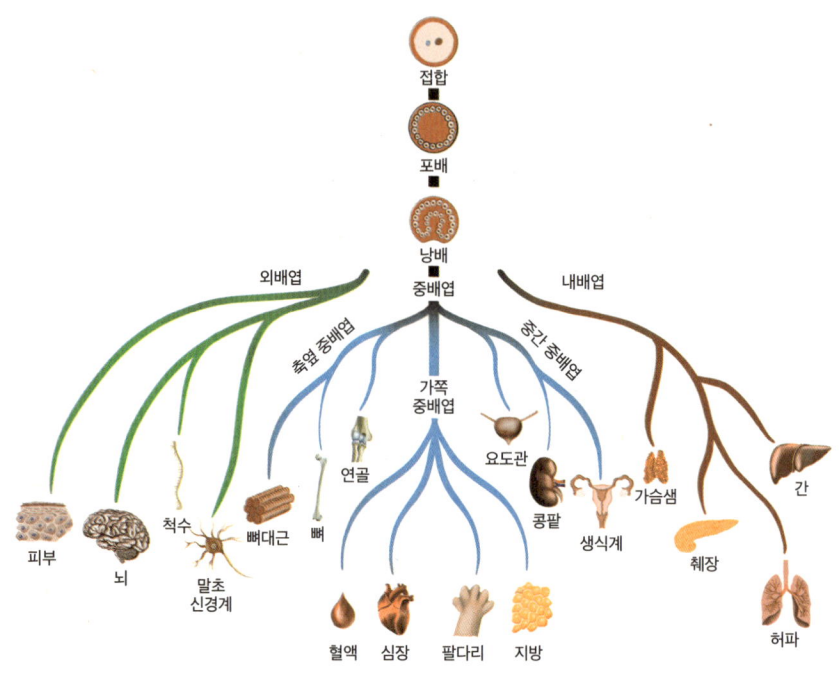

이 서로 다르다. *유전적으로는 동일하지만 후성유전학적으로는 다르다는 말이 바로 그것을 가리킨다(널리 유행하는 과장 광고 때문에 '후성유전학'의 진짜 의미가 무엇인지 헷갈린다면 관련 미주를 읽어 보시라). 간세포는 근육세포와 같은 유전자들을 지니고 있지만, 배아 발생이 특정한 단계를 넘어서면 간 특이성을 띠는 유전자들만이 활성을 띤다. 그리고 가계도에서 간세포 '가문'은 간이 완성될 때까지 분열을 계속한다. 그런 뒤 분열을 멈춘다. 모든 '가문'이 그렇다. 저마다 분열을 멈추는 때가 있다. 세포는 언제 분열을 멈출지 '알아야' 한다. 그리고 바로 거기에서 문제가 생길 수 있다.

한 가지 중요한 단서가 따라붙긴 하지만, 세포 분열이 멈추기까지 이어진 세포의 세대 수는 조직마다 다르며, 대개 40~60세대다. 놀라울 만치 적어 보일 수 있다. 그러나 지수 성장의 힘을 명심하기를. 모든 간세포가 계속 둘로 나뉘면서(다행히 그렇지 않지만) 50세대를 거친다면, 간은 커다란 코끼리만큼 커질 것이다. 각 세포 계통은 저마다 다른 한계에 이른 뒤에 분열을 멈추며, 그 결과 크기가 제각기 다른 기관이 생긴다. 이제 각 세포 계통이 언제 분열을 멈출지 아는 것이 얼마나 중요한지 실감이 갈 것이다.

우리 몸의 30조 개에 이르는 세포 하나하나는 세포 분열을 통해 나왔다. 그리고 이 세포 분열 하나하나는 체세포 돌연변이에 취약하다. 이제 앞서 말한 '중요한 단서'를 살펴보자. 나쁜 동료라는 주제와 관련된 것이다. 한 계보에 있는 세포는 다음 세대로 전달되는 동안 체세포 돌연변이가 전혀 일어나지 않기만 하면, 유전적으로 동일하다. 대부분의 체세포 돌연변이는 무해하다. 그런데 한 세포에서 체세포 돌연변이가 일어나서 세포의 행동을 바꾸고 분열을 멈추라는 지시를 거부한다면 어떻게 될까? '가계도'에서 그 계보는 멈추라는 지시를 따르지 않고 제멋대로 증식을 계속한다. 그 돌연변이 세포의 딸세포들은 모두 그 불량한 돌연변이를 물려받으

체세포 돌연변이를 지닌 선인장

므로, 그것들도 분열을 계속한다. 그 딸세포의 딸세포도…… 앞쪽 그림의 선인장을 장식하는 것 같은 별난 증식물도 그런 식으로 생긴다.

사람에게서 한 불량 세포 후손들의 역사를 따라가 보자. 통제받지 않은 채 분열하면서 세대를 한없이 계속 이어 감에 따라서, 이 세포들은 이제 일종의 자연선택을 받을 것이다. 왜 '일종의'라고 덧붙일까? 이것도 평범하면서 단순한 자연선택이다. 가장 빠른 퓨마나 가지뿔영양, 가장 예쁜 공작이나 피튜니아, 가장 번식력이 왕성한 대구나 민들레를 선택하는 자연선택만큼 모든 면에서 다윈주의적인 자연선택이 불량 세포들에 가해질 것이다. 불량 돌연변이 체세포들은 몸 내에서 자연선택을 통해 몸의 다른 부위들로 위협적으로 퍼지는 암('전이암')으로 진화할 수 있다. 이제 종양 내 세포들의 자연선택은 더 나은 암이 되도록 하는 세포를 선호할 것이다. '더 낫다'는 말이 암에게 무슨 의미일까? 예를 들면, 자신을 부양할 혈액이 대량으로 공급되도록 하는 전문가가 된다는 뜻이다. 이 주제는 그 자체로 흥미롭고 심란하게 만들며, 아테나 악티피스Athena Aktipis의 『속이는 세포 The Cheating Cell』, 이타이 야나이Itai Yanai와 마틴 럴처Martin Lercher의 『유전자 사회The Society of Genes』처럼 다윈주의자가 책을 통해 상세히 다룬 것도 놀랍지 않다.

암이 자연선택을 통해서 진화하므로(몸 내에서), 우리는 가지뿔영양이나 대구의 적응 형질을 다루는 것과 동일한 방식으로 암의 진화적 적응 형질을 다루어야 한다. 바다나 초원이 아니라 (예를 들어) 인체 내부가 생태 환경이라는 점이 다를 뿐이다. 당신은 이 장에서 지금까지 좋은 동료들에 관한 논의를 접했기에, 이제 외부 생태라는 더 전통적인 개념에 상응하는 몸 안에 있는 유전자들의 생태라는 개념을 받아들일 준비가 되었다. 그리고 그 내부 생태는 나쁜 동료가 번성할 수 있는 무대이기도 하다. 한 가지 중요한 차이는 대양이나 초원에서의 자연적인 진화는 무한한 미래까지 이어진다는 것이다. 반면에 암 종양의 진화는 환자의 죽음으로 갑작스럽게 끝난다. 암으로 사망하든 다른 원인으로 사망하든 간에. 암은 개체를 죽이는 일(뜻하지 않은 부산물로서)을 점점 더 잘하는 쪽으로 진화한다. 이 역시 놀랄 일은 아니다. 지금까지 여러 번 말했듯이, 자연선택은 선견지명이 전혀 없다. 종양은 악성 증가가 이윽고 종양 자신을 죽일 것임을 내다보지 못한다. 자연선택은 '눈먼 시계공blind watchmaker'이다. 생물의 죽음으로 끝남에도, 종양에서 세포 분열의 세대 수는 건설적인 진화적 변화를 받아들일 만치 많다. 암의 관점에서 건설적이다. 환자에게는 파괴적이지만. 아테나 악티피스의 책은 우리가 세렝게티에서 물소나 전갈의 진화를 다루는 것과 똑같은 방식으로 몸에서 암세포의 진화를 탁월하게 다루고 있다.

따라서 암세포, 아니 그보다는 세포를 발암성을 띠게 하는 돌연변이 유전자는 일종의 '나쁜 동료'다. 또 다른 유형의 나쁜 동료는 이른바 분리 왜곡 유전자segregation distorter다. 정자와 난자, 즉 배우자는 '반수체haploid' 세포다. 정상적인 체세포가 각 유전자를 쌍으로 지닌 반면, 하나씩만 지닌 세포다. 감수분열이라는 특수한 유형의 세포 분열은 이배체diploid 세포에서 반수체 세포(염색체를 한 벌만 지닌)를 만든다. 이배체 세포는 염색체를 두 벌 지닌다. 엄마에게서 받은 한 벌, 아빠에게서 받은 한 벌이다. 감수분열을 통해 배우자가 만들어질 때만 두 벌의 염색체들은 같은 것끼리 서로 짝을 짓는다. 감수분열은 복잡한 뒤섞기를 한다. 부계 염색체와 모계 염색체의 일부 부위를 잘라서 교환해 붙임으로써 혼합된 염색체들의 새로운 집합을 만든다. 모든 배우자는 독특하다. 감수분열이 일어날 때마다 각 염색체(사람은 23개)에서 부계와 모계 유전자들이 다른 식으로 조합되기 때문이다. 뒤섞기의 결과로 염색체의 이배체 염색체 집합(사람에게서는 46개)에 들어 있는 각 유전자가 각 배우자에게로 들어갈 확률은 평균 50퍼센트가 된다.

한 유전자의 '표현형 효과'는 흔히 몸의 어딘가에서 드러난다. 꼬리 길이나 뇌 크기나 뿔의 날카로움에 영향을 미치거나 할 수 있다. 그런데 어떤 유전자가 배우자 생산 과정 자체에 표현형 효과를 미친다면 어떨까? 또 그 효과가 그 유전자가 각 배우자에 들어갈 확률이 50퍼센트가 넘도록 배우자 생산에 편향을 일으키는 것이라면? 그런 속이는 유전자는 진짜 있다. 바로 '분리 왜곡 유전자'다. 감수분열 뒤섞기는 보통 각 배우자에게 공정한 거래이지만, 분리 왜곡 유전자는 자신에게 유리한 쪽으로 판세를 기울인다. 왜곡 유전자는 균등한 기회가 주어졌을 때보다 배우자에게 들어갈 확률이 더 높다.

불량 분리 왜곡 유전자가 출현한다면, 다른 조건들이 동일할 때 집단 전체로 빠르게 퍼지는 경향을 보이리라고 짐작할 수 있다. 이 과정을 감수분열 부등meiotic drive이라고 한다. 불량 유전자는 개체의 생존이나 번식 성공에 유리하기 때문이 아니라, 즉 상식적인 의미에서의 혜택을 제공하기 때문이 아니라, 단지 배우자에게로 더 잘 들어가는 '불공정한' 성향을 지니기 때문에 퍼질 것이다. 우리는 감수분열 부등을 일종의 집단 수준의 암이라고 볼 수도 있다. '부등 Y 염색체driving Y-chromosome'는 분리 왜곡 유전자의 특수한 사례로서, 수컷에게 영향을 미치는 Y 염색체에 있는 유전자가 Y 정자를 더 많이 생산하는 쪽으로 치우치게 함으로써, 수컷 자식이 더 많이 나오게 하는 사례다. 한 집단에서 부등 Y가 출현하면, 암컷이 부족해져서 멸종으로 나아가는 경향이 있다. 사실상 집단 수준의 암인 셈이다. 빌 해밀턴은 부등 수컷을 의도적으로 집단에 도입함으로써 황열병 모기를 방제할 수 있을 것이라는 주장까지 내놓았다. 이론상 그 집단은 암컷 부족으로 크기가 대폭 줄어들 것이다.

다른 방식으로 '부등 유전자'를 이용해서 해충을 방제하자는 제안들도 나와 있다. 8장에서 11대 베드퍼드 공작이 아메리카 원산인 회색다람쥐를 영국에 들여오는 너무나도 무책임한 짓을 저지른 사례를 언급한 바 있다. 그는 회색다람쥐를 자기 영지인 워번파크에 풀어놓았을 뿐 아니라, 전국의 다른 지주들에게도 선물했다. 당시에는 재미있는 생각이라고 여겼겠지만, 결과는 참혹했다. 영국의 토종 청설모 집단이 전멸했으니까. 현재 연구자들은 부등 유전자를 회색다람쥐 유전자 풀에 풀어놓는 것의 실현 가능성을 살펴보고 있다. Y 염색체에 있는 유전자를 이용하는 것은 아니지만, 약간 다른 방식으로 암컷의 수를 줄일 것이다. 이 착상을 내놓은 이들은 신중할 필요가 있음을 염두에 두고 있다. 우리는 영국의 회색다람쥐를 없애기를 원하지만, 그들이 원래 속해 있었고 베드퍼드 공작이 없었다면 그곳에 계속 살고 있었을 아메리카의 회색다람쥐까지 전멸시키려는 것은 아니기 때문이다.

적어도 암이라는 형태의 나쁜 동료는 우리에게 불길한 예감을 강요한다. 그러나 이 책의 목적상, 우리는 유전자의 좋은 동료로서의 역할을 앞세워야 한다. 이제 정확히 무엇이 그들을 협력하게 만드는지를 살펴볼 마지막 장이 남았다. 근본적으로 보자면 나는 그들이 각 몸에서 다음 세대로 빠져나가는 탈출구를 공유한다는 사실이 바로 그것이라고 생각한다.

*야외 조사를 위해 차려입은 좋은 동료들. R. A. 피셔와 E. B. 포드. 나는 이 역사적 사진에 좀 의구심을 갖고 있는데, 미주를 보라.

13
미래로의 공동 출구

과학적 경이를 대중에게 전하는 사람들은 우리 몸속에 엄청나게 많은 세균이 살고 있음을 알림으로써 우리를 놀라게 하곤 한다. 좀 심란해지는 이들도 있을 것이다. *우리는 으레 세균을 두려워하지만, 대부분의 세균은 제이크 로빈슨Jake Robinson의 책 제목처럼 '보이지 않는 친구들Invisible Friends'이다. 대부분 창자에 들어 있으며, 39조 마리에서 100조 마리에 이르는 것으로 추정된다. 약 40조 개로 추정되는 우리 '자신의' 세포 수와 같은 차수다. 즉, 당신의 몸에 있는 세포의 1/2에서 3/4은 '당신의' 세포가 아니다. 그러나 이 값은 미토콘드리아를 고려하지 않았다. 이 아주 작은 대사 엔진실은 우리 세포 안에 그리고 모든 진핵생물의 세포 안에(즉, 세균과 고세균을 제외한 모든 살아 있는 생물) 우글거린다. *지금은 미토콘드리아가 독립 생활하는 세균에서 기원했다는 사실이 명백히 밝혀졌다. 미토콘드리아는 세균처럼 세포 분열로 증식하며, 마찬가지로 세균처럼 고리 모양의 염색체에 유전자가 들어 있다. 사실 탁 까놓고 말하자면, 미토콘드리아는 세균이다. 동식물 세포의 안에서 대접받으면서 살게 된 공생 세균이다. 더 나아가 우리는 DNA 서열 증거를 토대로, 현재 어느 세균이 미토콘드리아의 가장 가까운 친척인지도 안다. 당신의 몸에는 미토콘드리아가 조 단위로 들어 있다.

미토콘드리아가 된 세균은 많은 중요한 생화학적 전문 지식을 갖추고 있었고, 그 연구 개발은 아마 원시 미토콘드리아로 통합되기 오래전에 이루어졌을 것이다. 우리 세포에서 미토콘드리아가 주로 하는 일은 탄소 기반 연료를 태워서 필요한 에너지를 생성하는 것이다. 물론 불을 붙여서 격렬하고 빠르게 태우는 것이 아니라, 서서히 체계적이고 단계적으로 산화시키는 것을 말한다. 당신은 세균 무리일 뿐 아니라, 선캄브리아대의 바다에서 자연선택이 경쟁하는 세균들 가운데 골라서 엮은 전문 기술들, 즉 세균들의 화학적 비법들이 끊임없이 활성을 띠지 않는다면, 근육을 움직일 수도, 저녁놀을 볼 수도, 사랑에 빠질 수도, 휘파람을 불 수도, 선동가를 조롱할 수도, 골을 넣을 수도, 영리한 착상을 내놓을 수도 없을 것이다.

식물세포 안에는 초록 엽록체가 우글거리며, 엽록체도 세균에서 유래했다(남세균이라는 다른 집단에서). 미토콘드리아처럼 엽록체도 어느 모로 보나 세균이며, 가공할 생화학적 재능을 갖고 들어왔다. 여기서는 광합성이라는 능력이다. 지구의 거의 모든 생명은 궁극적으로 태양이라는 거대한 핵융합로에서 뿜어지는 에너지로 움직인다. 잎 같은 엽록체가 든 태양 전지판은 광합성을 통해 이 에너지를 포획하고, 포획된 에너지는 나중에 우리 모두의 세포에 든 미토콘드리아라는 화학 공장에서 방출된다. 바다에 떨어지는 태양의 광자는 잎이 아니라 단세포 녹조 생물이 포획한다. 육지에서든 바다에서든 간에 태양 에너지는 모든 먹이 사슬의 토대를 이룬다. 나는 온천, 해저 열수 분출구 등을 통해 전달되는 지구 내부의 열을 궁극적인 에너지원으로 삼는 별난 생물 군집만이 예외라고 생각한다.

미토콘드리아는 우리 없이는 그런 일을 할 수 없다. 우리가 그들 없이는 2초도 살 수 없는 것과 마찬가지다. 우리는 깊은 차원에서 상호 친목 관계를 맺고 있다. 우리 유전자와 그들의 유전자는 20억 년이 넘는 세월을 발맞추어 함께 여행한 좋은 동료다. 서로가 있는 환경에서 생존하도록 자연적으로 선택이 이루어지면서다. 세균 선조들에서 기원한 유전자들 대부분은 오래전에 우리의 염색체로 이주했거나, 중복되는 바람에 버려졌다. 그런데 왜 미토콘드리아를 비롯한 일부 세균은 우리에게 유익한 반면, 어떤 세균들은 콜레라, 파상풍, 결핵, 흑사병 등을 안겨 줄까? 내 다윈주의적인 답은 이렇다. 이 답은 이 장 전체를 요약하는 한 방식이기도 하다. 미토콘드리아 유전자와 '자신의' 유전자는 미래로 나아가는 동일한 탈출 경로를 공유한다는 것이 내 대답이다. 이 말은 우리가 여성이라면 글자 그대로 들어맞는다. 즉, 남성의 미토콘드리아에게는 미래가 전혀 없다는 사실을 잠시 무시한다면 그렇다. *나는 동료로서 선행을 할지 그 반대 행동을 할지를 결정하는 것이 유전자가 현재의 몸에서 다음 세대의 몸으로 여행하는 경로가 무엇인지에 달려 있음을 보여 주고자 한다.

미토콘드리아와 엽록체는 동식물에게 흡수된 세균의 가장 초기 사례일 수 있지만, 그들만 그런 것이 아니었다. 이런 고대의 통합을

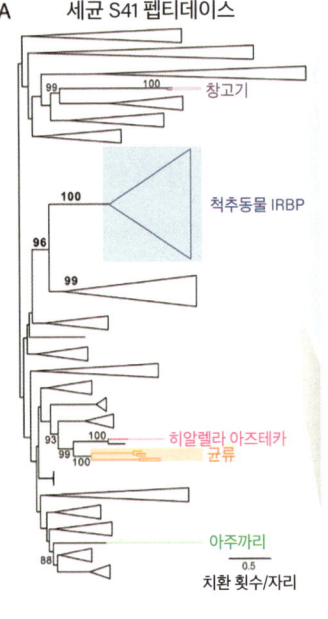

훨씬 더 최근에 재현한 사례들이 있으며, 이런 사례들은 유전자 관점이라는 주제와 아주 딱 들어맞는다. 척추동물 눈의 배아 발생에는 IRBP라는 단백질이 필요하다. 이 단백질은 망막 세포들의 분리를 촉진해서 더 잘 볼 수 있도록 돕는다. *900여 종을 대규모로 조사하니, IRBP가 살펴본 모든 종에 들어 있었고, *등뼈가 없지만 척추동물의 친척인 작은 원시적인 동물인 창고기 Amphioxus도 지니고 있었다. 반면에 무척추동물 685종 중에는 히알렐라 *Hyalella*라는 갑각류의 일종인 단각류만이 IRBP과 비슷한 분자를 지니고 있었다. *식물 중에는 아주까리 *Ricinus communis* 한 종만이 IRBP와 비슷한 분자를 지닌다. 또 균류 중에도 한 소규모 집단이 지니고 있다. 그런데 세균들에게서는 IRBP를 닮은 분자들이 널리 퍼져 있다.

IRBP 유사 분자들의 가계도는 세균들에게서 가지들이 무성하게 갈라지고, 그들이 사는 척추동물에서도 그에 못지않게 갈라져 있음을 보여 준다. 그리고 양쪽 가계도는 한 지점에서 출현한다. 고립되어 출현한 곳들(갑각류, 균류, 식물)도 세균 가계도 내에서 나오지만, 서로 멀리 떨어져 있다. 이는 다양한 세균으로부터 진핵생물 유전체로 수평 유전자 전달이 이루어짐을 보여 주는 좋은 증거다. 이 증거는 척추동물 IRBP가 '단계통군monophyletic'임을 강하게 시사한다. 즉, 모두 단일 조상에서 유래했고, 그 말은 척추동물이 막 진화할 때 한 세균으로부터 한 차례 도약이 일어났다는 의미다. 그 사건 이래로 관련 유전자들은 세대를 거듭하면서 수직으로 죽 전달되었다. 세균이 미토콘드리아가 된 것과 비슷하다. 비록 미토콘드리아의 조상은 어느 한 유전자가 아니라 세균 전체였지만.

나는 숙주 배우자들을 통해 숙주에서 숙주로 전달되는 세균에 일반 명칭을 붙이고 싶다. 수직전달균verticobacter은 어떨까? 다음 세대로 수직으로 전달되니까. 미토콘드리아와 염색체의 조상들은 수직전달균의 대표적인 사례다. 수직전달균은 배우자 안으로 들어가서 다음 세대로 전달됨으로써만 다른 생물을 감염할 수 있다. 대조적으로 전형적인 '수평전달균horizontobacter'는 모든 경로를 통해 숙주에서 숙주로 전달된다. 한 예로, 그 세균이 허파에 산다면, 기침이나 재채기할 때 뿜어지는 침방울을 주변 사람이 들이마심으로써 감염되는 방법을 쓸 것이라고 짐작할 수 있다. 수평전달균은 희생자가 번식하는지 여부에 '관심을 갖지' 않는다. 오로지 희생자가 기침(또는 재채기, 또는 손이나 입술이나 생식기를 통한 신체 접촉)을 하기를 '원한다'. 그리고 그 목적에 맞게 작동한다. 그 유전자들이 숙주의 몸과 행동에 확장된 표현형 효과를 미쳐서 숙주가 다른 숙주를 감염시키도록 내몬다는 의미에서 '작동한다'. 반면에 수직전달균은 '희생자'가 번식에 성공할지 여부에 무척 '관심을 가지'며, 살아남아서 번식하기를 '원한다'. 사실 여기서 '희생자'는 적절한 용어라고 하기 어렵다. 굳이 따옴표로 감싸놓는 이유가 바로 그래서다. 물론 이는 수직전달균이 미래로 전달될 것이라는 '희망'이 숙주의 자식에게 달려 있기에, 숙주 자신의 '희망'과 정확히 일치하기 때문이다. 따라서 수직전달균의 유전자가 숙주에게 확장된 표현형 효과를 미친다면, 그 효과는 숙주 자신의 유전자의 표현형 효과와 일치하는 경향을 보일 것이다. 이론상 수직전달균의 유전자는 모든 세세한 측면에서 숙주 유전자와 같은 것을 '원해야' 한다.

백일해균은 수평전달균의 좋은 사례다. 희생자가 기침하도록 만들며, 기침 때 뿜어지는 침방울로 공기를 통해 다음 희생자에게로 전달된다. 콜레라균도 수평전달균이다. 설사를 통해 몸에서 수계로 빠져나간 뒤, 누군가가 오염된 물을 마실 때 흡수되기를 '바란다'. 희생자가 죽는지 여부에 '관심을 갖지' 않으며, 희생자의 번식 성공 여부에도 전혀 '관심이' 없다.

기생생물이 자기 희생자에게 무언가를 하도록 '원한다'는 개념은 설명을 필요로 하며, 8장의 마지막에 약속했듯이 여기서도 확장된 표현형이 등장한다. *기생충학 문헌은 숙주의 행동을 조작하는 기생생물의 섬뜩한 이야기로 가득하다. 대개 중간 숙주의 행동을 바꾸어서 기생생물의 복잡한 한살이의 다음 단계로 전달될 수 있도록 하는 사례들이다. 이 이야기들 가운데에는 세균보다는 선충과 관련된 것이 많지만, 그들도 내가 이해시키고자 하는 원리를 전달한다. *유선형동물Nematomorpha에 속한 '연가시'는 성체 때에는 물에 살지만, 유생은 기생성이며 대개 곤충의 몸에 산다. 곤충 숙주는 육지에 사니까 연가시 유생은 성체로서 한살이를 완결하려면 어떤 식으로든 물로 들어가야 한다. 그래서 감염된 귀뚜라미가 물로 뛰어들도록, 즉 자살하도록 유도한다. 감염된 꿀벌은 연못으로 뛰어들 것이다. 그 즉시 연가시는 몸을 뚫고 나와 헤엄쳐 사라지고, 무력해진 벌은 그대로 죽는다. 이는 아마도 선충 쪽의 진정한 다윈 적응일 것이다. 즉, ('확장된') 표현형 효과가 곤충의 행동을 바꾸도록 선충 유전자의 자연선택이 이루어져 왔다는 의미다.

사례를 하나 더 들어 보자. 원생동물 기생생물인 톡소포자충 *Toxoplasma gondii*이다. 이 기생생물의 최종 숙주는 고양이며, 중간 숙주는 쥐 같은 설치류다. 쥐는 고양이 배설물을 통해 감염된다. *그런 뒤 톡소포자충은 감염된 쥐가 고양이에게 먹히게 할 필요가 있다. 그래야 한살이가 완결된다. 톡소포자충은 쥐의 뇌로 서서히 스며들어서 다양한 방식으로 그 목적을 위해 쥐의 행동을 조작한다. 감염된 쥐는 고양이를 두려워하지 않게 된다. 특히 고양이 오줌 냄새를 피하지 않게 된다. 실제로 그들은 고양이에게 적극적으로 끌린다. 포식자가 아닌 동물, 아니 쥐를 공격하지 않는 포식자에게는 끌리지 않는 듯하지만. 호르몬인 테스토스테론의 증가 때문에 전반적으로 두려움을 잃는다는 증거가 약간 있다. 세부 사항이 어떻든 간에 쥐 행동의 변화가 기생생물 쪽의 다윈 적응 형질이라고 추측하는 것이 합리적이다. 따라서 톡소포자충 유전자의 확장된 표현형이다. 자연선택은 쥐의 행동 변화라는 확장된 표현형 효과를 일으키는 톡소포자충 유전자를 선호했다.

레우코클로리듐*Leucochloridium*은 조류에 기생하는 흡충(편충)이다. 중간 숙주는 달팽이이며, 따라서 달팽이에서 조류로 옮겨 갈 필요가

감염된 달팽이의 불룩해진 눈은 새가 혹할 만한 표적이다.

있다. 이 흡충이 감염하는 달팽이는 대체로 야행성이며, 그다음 숙주인 새는 대개 낮에 먹이를 먹는다. 흡충은 달팽이의 행동을 조작해서 낮에 돌아다니게 만든다. 그러나 그 행동은 달팽이가 겪을 곤경의 시작에 불과하다. *흡충은 한살이의 한 단계에서 달팽이의 눈자루로 침입한다. 그러면 눈자루는 기괴하게 커지며, 길이 전체를 따라 눈에 띄게 고동치는 듯하다.

  그 결과 눈자루가 기어다니는 작은 모충처럼 보인다고 한다. 실제로 그러한지는 모르겠지만, 눈자루를 눈에 확 띄게 하는 것은 분명하다. 그 결과 새가 쉽사리 쪼아서 뜯어 먹는다. 또 감염된 달팽이는 그렇지 않은 개체보다 더 활발하게 돌아다닌다. 이 달팽이는 죽은 것이 아니라 그저 눈이 멀었을 뿐이다. 눈자루는 다시 재생되어 고동칠 수도 있고, 그러면 다시 뜯겨 나갈 것이다. 흡충은 달팽이 희생자를 거세하며, 거기에는 타당한 이유가 있다. 그 자체도 나름 흥미로운 이야기다. 이 현상은 꽤 흔하기에, '기생 거세parasitic castration'라는 용어까지 있다. 원생동물, 편형동물, 곤충, 그 밖의 다양한 갑각류를 포함해서 동물계의 아주 다양한 기생생물들이 이 방법을 사용한다. 6장에서 소개하면서 뒤에서 다시 말하겠다고 한, 기생성 따개비인 주머니벌레도 그렇다.

주머니벌레는 기생생물에게 전형적인 '퇴행' 진화의 가장 극단적인 사례일 것이다. *다윈은 진화에 관한 책들을 내는 데 썼을 만한 20년의 세월 중 8년을 투자한 따개비를 다룬 부분에서 주머니벌레의 유연관계를 잘못 파악했다. 누가 그를 탓할 수 있겠는가? 그 벌레를 보면 충분히 수긍할 수 있다. 주머니벌레는 게의 밑면에 달라붙은 부드러운 주머니만이 겉으로 드러나 있다. '따개비' 몸의 대부분은 갈라진 뿌리 체계를 써서 운 나쁜 게의 몸속으로 파고든다. 이윽고 주머니벌레는 게의 몸속을 완전히 채운다. 게를 싹 들어내고 주머니벌레만 남긴다면, 이렇게 보일 것이다.

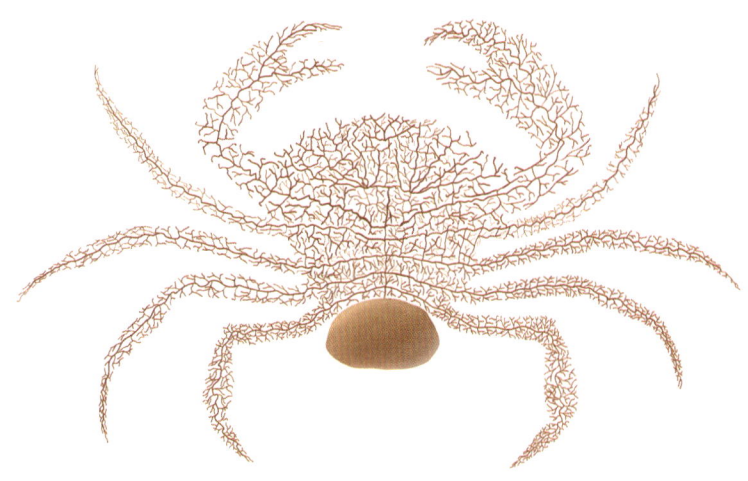

이것은 게가 아니다

이 갈라지고 또 갈라지는 작은 뿌리들의 체계, 식물이나 곰팡이처럼 보이는 이 뻗어 나가는 존재가 정말로 따개비일까? 갑각류라는 것은 어떻게 알까? 한살이의 다양한 유생 단계들이 알려준다. *노플리우스 유생은 사이프리드 유생 단계로 넘어가고, 양쪽 다 갑각류임이 명백하다. 그리고 최종 결론을 내리는 양, *주머니벌레의 유전체 서열도 이제 분석되어 있다. 무슬림의 표현을 빌리자면, "갑각류라고 기록되어 있다".

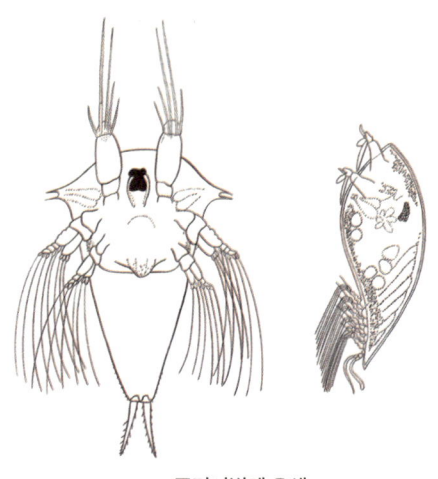

주머니벌레 유생

주머니벌레가 가장 먼저 공격하는 곳은 게의 생식 기관이다. 앞서 말한 '기생 거세'를 일으키면서다. 따개비 자신도 기생성 갑각류에 거세되곤 한다. 쥐며느리의 친척인 해양 등각류에 감염되어서. 그렇다면 기생 거세의 목적은 무엇일까? 기생생물의 머리가 다른 기관을 먹는 대신에 곧바로 숙주의 생식샘으로 향하는 이유가 무엇일까?

모든 동물이 그렇듯이, 숙주의 조상들은 번식 욕구(현재)와 생존 욕구(나중에 번식) 사이에서 섬세한 균형을 잡도록 자연적으로 선택되어 왔다. 그러나 주머니벌레 같은 기생생물은 숙주의 번식을 지원하는 일에 전혀 관심도 없다. 그 유전자가 숙주 유전자와 미래로 나아가는 탈출 경로를 공유하지 않기 때문이다. 주머니벌레 유전자는 숙주의 '균형'을 생존 쪽으로 옮기기를, 따라서 기생생물이 더 많이 먹을 수 있기를 '원한다'. 거세한 온순한 수소가 살이 더 찌는 것처럼, 게도 기생생물의 활동으로 번식이 막히고 먹이 공급원 역할을 유지하게 된다.

　기생생물 ― '수직전달기생생물verticoparasite' ― 이 숙주의 배우자를 통해 다음 숙주 세대로 전달되는 사례에서는 상황이 역전된다. 수직전달기생생물은 잠재적인 숙주들 전체가 아니라 개별 숙주의 자식만을 감염한다. 수직전달기생생물의 유전자는 숙주 유전자의 '탈출 경로'를 공유하므로, 그 확장된 표현형 효과는 숙주 유전자의 표현형 효과와 들어맞을 것이다. 우리가 통상적으로 신중하게 쓰는 의인화를 해서, 수직전달균 같은 수직전달기생생물이 '선호하는 대안'이 무엇인지를 생각해 보자. 숙주의 난자 속에서 곧바로 숙주의 자식으로 여행하는 것이다. 여기서 기생생물과 숙주의 이해관계는 일치하며, 양쪽 유전자는 숙주의 최적 해부 구조와 행동이 무엇인지 '동의한다'. 양쪽 다 숙주가 번식하기를, 그리고 생존해서 번식하기를 '원한다'. 여기서도 수직 전달된 기생생물의 유전자가 숙주에게 확장된 표현형 효과를 미친다면, 그 효과는 숙주 동물 '자신'의 유전자 표현형 효과와 모든 세세한 부분까지 완벽하게 일치해야 한다.

미토콘드리아는 수직전달기생생물의 극단적인 사례다. 오랜 세월 숙주의 난자를 통해 대대로 수직으로 전달되는 동안, 너무나도 우호적으로 협력하게 되었기에, 처음에 기생생물이었음을 알아차리기도 어려울 정도가 되었고, 숙주도 눈감아 준 지 오래다. 주머니벌레 같은 수평전달기생생물은 '선호'가 정반대다. 숙주의 번식 성공에는 전혀 '관심'이 없다. 수평전달기생생물이 숙주의 생존에 '관심을 갖는'지 여부는 주머니벌레의 사례에서처럼 살아 있는 숙주를 먹음으로써 숙주로부터 혜택을 볼 수 있는지 여부에 달려 있다. 거세를 함으로써 숙주의 체내 경제를 번식에서 생존 쪽으로 더 옮김으로써 균형을 기울일 수 있다면, 기생생물에게는 그만큼 더 좋다.

조충인 스피로메트라 만사노이데스 *Spirometra mansanoides*는 생쥐 희생자를 거세하지는 않지만, 비슷한 결과를 빚어낸다. 이 조충은 성장 호르몬을 분비하며, 그 결과 생쥐는 정상 생쥐보다 더 살이 찐다. 성장과 번식 사이의 균형을 추구하는 생쥐 유전자들의 자연선택을 통해 이루어진 최적 수준보다 더 살이 찐다. 거짓쌀도둑거저리 *Tribolium*는 대개 여섯 번 허물벗기를 하면서 점점 커진 뒤 성체가 된다. 기생하는 원생동물인 노세마 휘테이 *Nosema whitei*는 거짓쌀도둑거저리 유생에 감염하면, 성체로의 변화를 억제한다. 대신에 유생은 성장을 계속하며, 허물벗기를 추가로 여섯 번 더 함으로써 감염되지 않은 유생의 최대 체중보다 두 배 이상 나가는 커다란 구더기 같은 모습이 된다. 자연선택은 거저리의 번식을 희생시킴으로써 체중을 무려 두 배까지 대폭 늘리는 확장된 표현형 효과를 일으키는 노세마 유전자를 선호했다.

작은 조충인 아노모타이니아 브레비스*Anomotaenia brevis*는 최종 숙주인 딱따구리의 몸에 들어가야 한다. 이때 중간 숙주인 템노토락스 닐란데리*Temnothorax nylanderi*라는 개미 종을 이용한다. 이 개미는 유충에게 먹이기 위해 딱따구리 배설물을 모으는 습성이 있다. 그 배설물에는 조충 알이 섞여 있곤 하며, 따라서 알은 개미 유충에게 먹힐 수 있다. 먹힌 기생생물은 개미가 성체가 되었을 때 그 행동에 흥미로운 영향을 미친다. 개미는 일을 하지 않은 채, 감염되지 않은 일개미들이 가져오는 먹이를 받아먹는다. *또 감염된 개미는 보통 개미보다 더 오래 산다. 수명이 세 배까지 늘어나기도 한다. 그 결과 딱따구리에게 먹힐 가능성이 높아진다. 조충에게 유익한 효과다.

달팽이 희생자가 감염되지 않은 달팽이보다 더 두꺼운 껍데기를 만들게 하는 기생성 흡충도 있다. 껍데기는 달팽이를 보호해서 수명을 늘리기 위한 적응 형질이다. 그러나 몸의 다른 부위들과 마찬가지로 껍데기도 만드는 데 비용이 많이 든다. 달팽이 개체의 발달 경제학 측면에서 보자면, 껍데기 두께 증가는 아마 번식에 투자될 비용 같은 껍데기 이외의 다른 부문에 들어가야 할 자원을 줄인 대가일 것이다. 달팽이의 자연선택은 생존과 번식 사이에 섬세한 균형을 이루어 왔다. 너무 얇은 껍데기는 생존을 담보하지 못한다. 너무 두꺼운 껍데기는 생존에는 좋겠지만, 번식에 들어갈 경제적 자원을 너무 많이 빼돌린다. 수직으로 전달되는 기생생물이 아닌 흡충은 달팽이의 번식에는 '전혀 관심이 없다'. *달팽이가 개체 생존에 우선순위를 두기를 '원한다'. 그래서 두꺼운 껍데기가 나온다고 나는 주장하련다. 확장된 표현형 언어로 말하자면, 자연선택은 달팽이의 세밀하게 조정된 균형을 무너뜨리는 표현형 효과를 일으키는 흡충 유전자를 선호한다. 껍데기 두께 증가는 달팽이 자신의 유전자가 아니라 흡충 유전자에게 유리하게 만드는 흡충 유전자의 확장된 표현형이다. 이를 확연히—그러나 오로지 겉으로 볼 때만—기생생물이 숙주에게 좋은 일을 하는 경우라고 본다면 흥미로운 사례가 된다. 달팽이의 갑옷을 강화하고 아마 수명도 늘려 주니까. 그러나 껍데기 두께 증가가 달팽이에게 좋다면, 달팽이는 기생생물의 '도움' 없이도 그렇게 할 것이다. 달팽이는 꼼꼼한 평가를 거쳐 내부 경제의 균형을 잡는다. 생존 쪽으로 너무 아낌없이 지출을 하면 번식이 빈약해진다. 기생생물은 번식을 희생시켜서 생존에 더욱더 치중하라고 내몰아서 달팽이 경제의 균형을 무너뜨린다.

내가 옹호하는 생명의 유전자 관점에 따르자면, 유전자는 먼 미래로 자신을 전파하기 위해서 필요한 어떤 조치든 취한다. 수직 전달되는 '자신의' 유전자에게는 '자기' 몸의 형태, 작동 방식, 행동에 표현형 효과를 미치는 것이 바로 그런 조치에 해당한다. 지금의 유전자가 그런 조치를 취하는 이유는 대대로 조상들의 몸에서 동일한 조치를 취한 덕분에 단절되지 않고 수직 여행을 이어 온 조상 유전자들로부터 동일한 특성을 물려받기 때문이다. 그것이 바로 그런 유전자가 지금도 존재하는 이유다. 우리 '자신의' 유전자들은 모두 어떤 조치가 최선인지를 놓고 서로 의견이 일치하는 좋은 동료들이다. 이 유전적 카르텔의 한 구성원이 다음 세대로 전달되도록 돕는 것들은 모두 자동적으로 다른 모든 구성원도 돕는다. 각자가 표현형에 어떤 영향을 미치든 간에, 목표에는 모두 '동의한다'. 그런데 그들은 왜 동의

할까? 바로 모든 세대에서 다음 세대로의 탈출 경로를 서로 공유하기 때문이다. 그 탈출 경로는 현재 세대의 배우자, 즉 정자와 난자다. 이제 다시 수직전달균을 비롯한 수직전달기생생물로 돌아가자. 그들도 숙주 자신의 유전자와 동일한 탈출 경로를 이용하며, 따라서 이해관계가 동일하다.

수직전달균의 유전자는 역사를 돌아볼 때, 숙주 자신의 유전자와 동일한 조상들의 몸으로 이루어진 역사를 본다. 수직전달균 유전자는 우리 자신의 유전자들이 서로에게 좋은 동료로 행동하는 것과 같은 이유로 우리 유전자의 좋은 동료로서 행동한다. 어떤 동물이 빠르게 달리는 다리와 달리기에 효율적인 허파로부터 혜택을 본다면, 그 몸속의 수직전달균도 같은 형질들로부터 혜택을 볼 것이다. 수직전달균이 달리기 속도에 확장된 표현형 효과를 일으킨다면, 그 효과는 숙주 자신의 관점에서도 긍정적으로 보일 때에만 선호될 것이다. 숙주와 세균의 이해관계는 모든 세세한 부분까지 일치한다. 반면에 수평전달균은 희생자가 지쳐 쓰러질 때까지 기침하기를 '원할' 가능성이 더 높을 것이다. 수평전달균이 다른 희생자에게로 전파되기 위해 필요한 것이 바로 그 기침이기 때문이다. 또 다른 수평전달균은 희생자가 숙주 자신의 유전자가 '바라는' 최적 수준보다 더 난잡하게 교미하기를 원할 수도 있다. 그럼으로써 다른 숙주와 접촉하여 감염할 기회를 최대로 늘릴 수 있기 때문이다. 극단적인 수평전달균은 숙주의 조직을 모조리 게걸스럽게 먹어치우고 포자 주머니나 다름없게 만들 수도 있다. 그 주머니가 터질 때 포자들은 바람에 흩날려 퍼져서, 새로운 숙주를 찾는다.

수직전달균은 희생자가 번식에 성공하기를 '원한다'(앞서 말했듯이, 그래서 여기서는 희생자라는 단어가 사실상 부적절하다). 수직전달균의 장래 '희망'은 숙주의 희망과 정확히 일치한다. 그 유전자는 숙주 유전자와 협력해서 번식 연령까지 생존할 강한 몸을 만든다. 또한 숙주가 생존하고 번식하는 데 필요한 능력을 무엇이든 간에 갖추도록 돕는다. 집을 짓는 기술, 새끼를 위해 부지런히 먹이를 모으는 행동, 번식해서 다음 세대를 생산할 준비가 되는 바로 그 시기에 부모를 떠나는 행동 등이 그렇다. 수직전달균이 우연히 숙주 새의 깃털에 확장된 표현형 효과를 미치게 된다면, 자연선택은 깃털을 더 환하게 해서 숙주가 이성에게 더 매력적으로 보이게 하는 수직전달균 유전자를 선호할 수 있다. 수직전달균 유전자와 숙주 유전자는 모든 면에서 서로 '동의할' 것이다.

물론 바이러스에도 똑같은 논리가 적용된다. 이제 이 장과 이 책의 마지막 반전을 접할 때다. 우리 (예를 들어) 정자나 난자를 통해 다음 세대로 전달되는 바이러스는 모두 우리 '자신의' 유전자와 동일한 '이해관계'를 지닐 것이다. 우리 '자신의' 유전자에게 최선인 색깔, 모습, 행동, 생화학이 무엇이든 간에, 수직전달바이러스(그렇게 부르자)에게도 최선일 것이다. 수직전달바이러스는 우리 자신의 유전자의 좋은 동료가 될 것이고, *이는 바이러스가 우리에게 해를 끼칠 뿐 아니라 도움을 줄 수도 있다는 익숙한 사실을 설명한다. 대조적으로 수평전달바이러스 유전자는 자신이 선택한 경로—기침, 재채기, 악수, 입맞춤, 성교 등 무엇이든 간에—를 통해 새 희생자에게로 전파되기만 한다면, 희생자가 죽는지 여부에는 관심이 없다.

광견병바이러스는 수평전달바이러스의 좋은 사례다. 이 바이러스는 희생자의 거품을 내는 침을 통해 전파된다. 희생자가 다른 동물을 물어서 그 피를 감염시키도록 유도한다. 또 희생자인 개를 자신의 행동권 안에 머물거나 졸고 있는 정상적인 모습 대신에 훨씬 더 멀리까지 돌아다니게 하는(그것도 한낮에 뜨겁게 태양이 내리쬘 때) '미친' 개로 만든다. 그럼으로써 증식된 바이러스가 더 넓은 지역으로 퍼지도록 돕는다.

그렇다면 수직전달바이러스의 진정으로 좋은 사례는 어떤 것이 있을까? *사람 유전체의 약 8퍼센트는 사실상 수백만 년에 걸쳐 통합된 바이러스 유전자들이라고 추정된다. 이런 '레트로바이러스retrovirus' 중에는 불활성인 것도 있지만, 이로운 효과를 일으키는 것도 있다. *한 예로, 진화적으로 볼 때 포유류 태반은 '내생endogenous' 레트로바이러스가 핵 DNA에 자신을 복제하는 데 성공함으로써 유익한 협력이 이루어진 결과로 기원했다는 주장이 나와 있다. *탁월한 바이러스학자 L. P. 빌러리얼L.P.Villarreal은 "바이러스는 숙주 생물의 주요 진화적 전이 대부분에 관여했다"는 주장까지 내놓았다. "생명의 기원에서 인류의 진화에 이르기까지, 바이러스는 줄곧 관여해 온 듯하다……. 너무나 강력하고 너무나 오래되었기에, 나는 바이러스가 생명에 한 역할을 '모든 것은 바이러스로부터'라고 요약하고 싶다."

이제 독자는 이 장의 이야기가 어디로 향하는지 짐작할 수 있지 않을까? 어떤 의미에서 우리는 우리 '자신의' 유전자가 이롭고 좋은 동료인 바이러스와 다르다는 걸까? 이 논리를 끝까지 밀고 나가면

안 될 이유가 있을까? 유전체 전체를 공생 수직전달바이러스의 거대한 군집이라고 보면 안 될 이유가 있나? 바이러스학에 실질적인 기여를 하겠다고 하는 말이 아니다. 그렇게 야심적인 주장이 아니다. 그저 우리가 '바이러스'라고 말할 때 염두에 둘 법한 의미를 확장한 것에 가깝다. '확장된 표현형'이 우리가 '표현형'이라고 말할 때 염두에 둘 법한 의미를 확장한 것과 비슷하다. 우리 '자신의' 유전자는 수직전달바이러스, 즉 다음 세대로의 동일한 탈출 경로를 공유하기 때문에 하나로 뭉치고 협력하는 좋은 동료들이다. 그들은 몸을 만드는 공동의 사업을 위해 협력한다. 유전자들을 다음 세대로 전달하는 목적을 지닌 몸 말이다. 우리가 대개 이해하고 있는 의미의 바이러스와 컴퓨터 바이러스는 "나를 복제해"라고 말하는 알고리즘이다. *코끼리 '자신의' 유전자도 내 이전 저서에 썼던 말을 빌리자면, "먼저 코끼리를 만드는 우회 경로를 통해 나를 복제해"라고 말하는 알고리즘이다. 유전자 풀에서 다른 유전자들이 있을 때에만 작동하는 알고리즘이다. 협력하는 바이러스들의 방대한 사회에 해당한다.

　나는 우리 유전체가 예전에 자유롭게 돌아다니다가 우리를 감염한 뒤 우리 염색체에 통합된 '내생 레트로바이러스'로 이루어져 있다고 말하는 것만이 아니다. 실제로 그런 사례들이 있고 중요하지만, 이 마지막 장에서 주장하는 바는 그것이 아니다. 여기서 이 책을 정점까지 밀어 올리고자 루이스 토머스Lewis Thomas의 시적 전망을 빌리고 싶다. 물론 그의 글은 지금 내가 의미하는 바를 뜻한 것은 아니었다.

*우리는 춤추는 바이러스들의 그물망 속에 살고 있다. 그들은 마치 거대한 파티에 와 있는 양 벌처럼 이 생물 저 생물로, 식물에서 곤충과 포유류를 거쳐 내게로 왔다 갔다 하고, 바다로도 가고 하면서, 이 유전체의 조각들 저 유전체의 끈들을 끌고 다니고, DNA의 조각들을 이식하고, 유전 형질을 전달한다.

'도약 유전자jumping gene' 현상도 수직전달바이러스의 협력체로서의 유전체라는 내 관점에 들어맞는다. *바버라 매클린톡Barbara McClintock은 이 '이동성 유전 인자'를 발견한 공로로 노벨상을 받았다. 유전자가 반드시 특정한 염색체에 붙박여 있는 것은 아니다. 유전자는 스스로 떨어져 나와서 유전체의 다른 부위에 끼워질 수 있다. *사람 유전체의 약 44퍼센트는 이런 도약 유전자, 즉 '트랜스포존transposon'으로 이루어진다. 매클린톡의 도약 유전자 발견은 유전체를 개미 군집처럼 하나의 사회라고 상상하게 만든다. 공통의 탈출 경로를 통해서, 따라서 공통의 미래와 그것을 담보하기 위해 계획한 공동의 행동을 통해서만 하나로 뭉쳐 있는 바이러스들의 사회다.

나는 우리가 '자신' 대 '외래'가 아니라 수직 대 수평을 구별하는 것이 더 중요하다고 주장한다. 우리가 평소에 바이러스라고 부르는 것들, 즉 HIV, 코로나바이러스, 독감바이러스, 홍역바이러스, 천연두바이러스, 수두바이러스, 광견병바이러스 등은 모두 수평전달바이러스다. 그것이 바로 그들 중 상당수가 우리에게 피해를 입히는 방향으로 진화한 이유다. 그들은 접촉, 호흡, 생식기 접촉, 침 등 자기 나름의 온갖 경로를 통해서 이 몸에서 저 몸으로 전파된다. 그러나 우리 자신의 유전자가 후대로 전달되는 배우자 경로를 통해서는 전파되지 않는다. 반면에 우리 자신의 유전자와 같은 유전적 운명을 공유하는 바이러스는 좋은 동료 관계를 거부할 이유가 전혀 없다. 정반대다. 우리 자신의 유전자들이 하는 것과 똑같은 식으로, 그들은 자신이 깃든 공통의 몸의 생존과 번식 성공으로부터 혜택을 보는 입장에 있다. 그들은 미토콘드리아보다 더 깊은 의미에서 '우리 자신'이라고 여겨져야 마땅하다. 미토콘드리아는 모계를 통해서만 전달되기 때문이다. 그리고 이 관점에서 볼 때, 우리 염색체에 통합되어 염색체의 다른 유전자들과 동일한 난자나 정자 경로를 통해 다음 세대로 전달되는 레트로바이러스도 우리 '자신의' 유전자 못지않게 우리 '자신'이다.

여기서 내가 우리의 모든 유전자가 한때는 독립적인 바이러스였다가 나중에 '추위를 피해 들어와서' 레트로바이러스로서 우리 자신의 핵 유전체의 '모임에 가입했다'고 주장하는 것이 아님을 아무리 강조해도 지나치지 않다. 우리 유전자 중 약 8퍼센트는 그렇게 유입된 것이라고 알려져 있으며, 아마 그보다 더 많다고 드러날 수도 있고 그 점은 흥미로우면서 중요하지만, 내가 여기서 말하고 있는 것은 그것이 아니다. 내 요지는 '자신'과 '남'을 구별하는 일에 신경을 덜 쓰고 대신에 수직 전달과 수평 전달의 구별을 강조하자는 것이다.

우리 유전체 전체, 더 나아가 어느 동물 종의 유전자 풀 전체는 우글거리는 공생성 수직전달바이러스의 군집이다. 다시 말하지만, 여기서 나는 실제 레트로바이러스들로 이루어진 우리 유전체의 약 8퍼센트만을 이야기하는 것이 아니라, 나머지 92퍼센트까지 함께 말하고 있다. 그들은 수직으로 전달되고, 무수한 세대 동안 그렇게 해 왔기 때문에 좋은 동료다. 이것이 바로 이 장이 지향하는 급진적인 결론이다. 우리 자신을 포함해서 한 종의 유전자 풀은 저마다 미래로 여행하려고 굳게 결심한 바이러스들의 거대한 군집이다. 그들은 몸을 만드는 사업에 서로 협력한다. 번식한 뒤에 죽으며 차례차례 이어지는 일시적인 몸들이 시간을 관통하는 그들의 수직 그레이트 트렉 Great Trek(〈스타 트렉〉을 빗댄 표현 — 옮긴이)에 최고의 탈것임이 입증되어 왔기 때문이다. 당신은 득실거리고 뒤섞이면서 시간 여행을 하는 바이러스들이 빚어낸 위대한 협력의 화신이다.

주

'이왕 나왔으니 말인데' 하는 식으로 여담으로 회고 장면을 넣는 쪽을 좋아하는 독자도 있다. 반면에 틈틈이 끼어들어서 논점을 흐리게 한다고 비난하는 이들도 있다. 이 책에서는 비난하는 독자의 마음을 헤아려서, 여담을 미주로 다 몰아넣었다. 더 나아가 본문에서 주 번호까지 아예 삭제했다. 대신에 쪽 번호와 문장 첫머리를 표시했다. 회고 장면을 즐기는 독자라면 어느 대목에서 내가 곁다리로 빠졌는지에 상관없이, 주 자체를 재미있게 읽을 수도 있다.

1장

10쪽   **'현명한', '영리한'이라는 뜻을 지니고**   성별을 구별하는 대명사에 기분이 상할 독자도 분명히 있다. 나는 굳이 공들여서 이런 식으로 문장을 구성하는 것을 좋아하지 않는다. "그 또는 그녀는 독자를 그나 그녀(또는 그들) 같은 그렇게 고통스러운 언어에 노출시키는 것이 과연 공정한지 그 스스로 또는 그녀 스스로 자문해야 한다." 많은 언어에서는 '독자'라는 단어조차도 이중으로 써야 할 수도 있다. "남성 독자 또는 여성 독자?" 그래서 나는 대안에 해당하는 관습을 선호한다. 손에 입을 맞추는 예절이나 옛날 절하는 몸짓처럼 예의 바르게 저자가 자신의 성별과 반대되는 성별 대명사를 택하는 것이다. 나는 남성이므로, 내 가상의 미래 과학자를 '그녀'라고 부르기로 한다. 내가 여성이었다면, 반대로 했을 것이다.

11쪽 **멋진 색깔의 팰림프세스트일 뿐 아니라** 해밀턴 교수는 당대의 가장 탁월한 다윈주의자로 널리 받아들여져 있다. 자서전인 (3권으로 된)『유전자 땅의 좁은 길들 Narrow Roads of Gene Land』에서 그가 한 실험을 보라. 그는 사적인 회고를 담은 솔직한 글들 사이에 자신의 학술 논문들을 끼워 넣었다. "따라서 마지막으로 고백하련다. 나 역시 누군가가 희망이 있다고 나를 설득할 수 있다면 '불로장생약' 노인학에 자금을 지원할 만큼 겁쟁이일 것이다. 그런 한편으로 나는 그런 것이 아예 없기를 바란다. 그래야 유혹을 받지 않을 테니까. 불로장생약은 내게 최악의 반우생학적 열망이자 우리 후손들이 누릴 세계를 만드는 방법이 결코 아닌 양 보인다. 그렇게 생각하면서 나는 얼굴을 찌푸리고, 다행히도 아직 갖다 댈 수 있는 엄지손가락으로 원하지도 않았는데 덥수룩해진 두 눈썹을 문지르고, 하루하루 지날수록 오래된 에드워드시대 소파의 터진 부위에서 튀어나온 말총과 더 가까워지는 콧구멍으로 코방귀를 뀌고, 거의 땅에 닿을 듯하지만 아직 닿지 않은 손가락 마디를 흔들면서 힘차게 다음 논문을 향해 나아간다."

11쪽 **로버트 트리버스 Robert Trivers는 그의 사망을** Trivers(2000).

12쪽 **'흐릿한 유리를 통해',** 고린도전서 13장 12절. 이 주는 필요 없어져야 한다. 이 구절은 내가 『만들어진 신*The God Delusion*』에서 셰익스피어의 많은 구절처럼 우리 문화의 필수적인 부분, 온전한 교양 있는 삶을 살아가기 위한 필수 장비 중 하나로 여겨지는 것이라고 나열한 129개의 성서 구절 중 하나다. 거기에서 나는 종교 교육을 옹호하는 주장을 펼치고 있었다. 특정한 종교의 교리를 주입하는 것이 아니라 종교에 관한 교육을 뜻한다.

15쪽 **그것이 바로 자연선택이다** 다윈 자연선택은 집단 사이에서가 아니라 집단 내에서 고른다. 다윈은 이 점을 아주 명확히 했다(딱 한 번 예외가 있는데, 『인간의 유래*The Descent of Man*』에서 인간을 이야기할 때다) 공룡은 포유류로 대체되었지만, 그 대체는 다윈 선택 사건이 아니었다. 다윈 선택이었던 것은 각 포유류 종 내에서 포유동물 개체들의 차등 생존이었다. 일부 멸종한 공룡 종이 남긴 빈자리를 채우는 일에서 어느 개체가 성공했는지 여부를 반영한다.

16쪽 **감각 기관은 바깥 세계의 동영상** '데카르트 극장'에는 그 어떤 작은 호문쿨루스도 앉아 있지 않다(Dennett, 1991).

17쪽 **개구리의 눈은 대체로** 레트빈 연구진Lettvin et al.(1959)은 개구리의 눈에 무언가를 보여 주었을 때, 개구리 뇌의 어느 뉴런에 신경 충격이 일어나는지까지 측정했다. 예를 들어, '동일함' 뉴런은 움직이는 작은 물체가 보일 때 처음에는 침묵한다. 그러다가 갑자기 그 대상을 '알아차리'고 발화하기 시작한다. 발화율은 대상이 모퉁이를 도는 것처럼 움직임의 패턴을 바꿀 때마다 증가한다.

17쪽 **이 눈의 회로 배선은** 개구리 시각계 연구를 개척한 생리학자 호레이스 발로Horace Barlow(1961, 1963)는 감각계 전체를 탁월한 관점에서 바라보았고, 그 관점은 이 책과 아주 잘 들어맞는다. 그는 신경 표상을 '현재 환경에 관한 개연성 있는 진실의 근사 추정값'이라고 요약했다. 그는 다음과 같이 말하지는 않았지만, 그의 개념은 이 말에 상응했다. 동물의 감각계가 조율되는 방식은 자기 세계의 통계적 특성을 일종의 음화 처리negative rendering하는 것이다.

17쪽 **모든 복잡한 파형 — 음파든 전파든** 예전에 크루거 국립공원에서 나는 코끼리 수컷이 흙먼지에 남긴 것이 분명한 소변 흔적을 발견했다. 거의 사인 곡선처럼 보였고, 코끼리가 음경을 진자처럼 흔들면서 오줌을 눈 것이 분명했다. 나는 수학자에게 푸리에 분석을 맡기면 음경 길이를 계산할 수 있지 않을까 하는 막연한 생각을 하면서 사진을 찍었다. 내 수많은 계획이 그렇듯이, 그 생각도 결코 실행되지 않았다.

18쪽 **요즘은 조부의 빨랫줄 대신에** 컴퓨터 시뮬레이션은 모델링에 특히 유용한 도구를 제공한다. 컴퓨터 내부에서 실제로 일어나는 일은 0과 1 수십억 개가 극도로 빠르게 오락가락하는 것뿐이다. 그러나 컴퓨터의 출력물은 체스 게임, 세계 날씨, 버밍엄 스파게티 환승역의 교통 패턴, 진자, 영웅 교향곡, 레밍과 북극여우의 개체군 증감 주기, 밴쿠버, 심장의 근섬유 수축 파동을 나타낼 수 있다.

21쪽 **스웨덴 유전학자 스반테 페보** 나는 페보 연구진이 고대 DNA 연구를 수행할 때 써야 하는 방법들을 정연하고 꼼꼼하게 정립했다는 점에서도 존경받아야 한다고 본다. 이 연구에는 깊은 함정들이 많이 숨어 있다. 무엇보다도 현대 DNA에 오염되는 것이 큰 문제다. 이 점을 제대로 이해하지 못할 때, 고대 DNA에 관한 잘못된 성급한 결과로 전 세계 언론의 주목을 받게 된다.

22쪽 **도도새, 여행비둘기** 멸종한 포유동물의 부활은 현생 동물 중에서 대리 자궁을 찾아야 한다는 문제를 안겨 준다. 스텔러바다소의 DNA는 추출해서 서열을 분석한 상태다. 그들을 되살릴 수 있다는 생각만 해도 경이로울 것이다. 그런데 배아를 착상시킬 대리모를 찾는 일은 극복할 수 없는 문제 같다. 그들의 현생 친척인 듀공과 바다소는 너무 작아서 그들을 출산할 수 없다. 이 점에서는 매머드가 좀 더 낫다. 현생 코끼리는 매머드를 임신할 정도로 크다. 흥미롭게도 유대류는 이런 문제가 없다. 새끼가 아주 작게 태어나서 주머니 안으로 기어들어가기 때문이다. 대리 자궁보다 대리 주머니는 훨씬 쉽게 구할 수 있을 것이다. 래브라도만 한 태즈메이니아늑대는 태어날 때에는 쌀알만 해서, 생쥐만 한 현생 친척인 두나트의 갓 태어난 새끼와 그리 다르지 않았을 것이다. 먼 미래의 발생학자는 아마 배아 바깥에서 배아를 키울 수 있을 것이다. 실제 생물체를 보존할 필요가 전혀 없다는 것이 바로 DNA의 디지털 특성이 지닌 아름다움이다. 미래의 발생학자는 도서관에 가서 유전체를 내려받기만 하면 된다.

22쪽 **예를 들어, 서태평양제도의** Cavalli-Sforza & Feldman, 1981.

23쪽 **대단히 박식한 동물학자이자** 이 유려하게 쓰인 걸작에는 라틴어, 그리스어, 프랑스어, 독일어, 이탈리아어, 프로방스어를 비롯한 다양한 언어로 된 인용문이 번역문 없이 실려 있다. 감사하게도 그는 프로방스어만 번역을 해 놓았다(프랑스어로). 고맙게도 데니스 노블은 그 프로방스어 인용문이 어떤 사투리인지 내게 알려주었다. 위대한 자연사학자 장-앙리 파브르Jean-Henri Fabre의 시다. 그 시에 자극을 받아서 톰프슨은 중력에 맞선 노인의 투쟁에 관한 가슴 시린 여담을 곁들인다. "그러나 키가 서서히 줄어드는 것은 어느 정도는 우리 몸의 힘과 불변하는 중력 사이의 불공평한 경쟁의 한 표현이다. 중력은 우리가 애써 오르려 할 때 우리를 끌어내린다. 우리는 심장이 뛸 때마다, 팔다리를 움직일 때마다 온종일 중력에 맞서 싸운다. 중력은 결국 우리를 패퇴시키고, 우리를 죽을 자리에 눕히고, 무덤에 들어가게 하는 불굴의 힘이다." 여기서 '가슴 시린'이라고 한 것은 피터 메더워Peter Medawar의 표현을 인용하자면, 전성기 때 톰프슨이 이런 모습이어서다. "180센티미터가 넘고, 바이킹의 체격과 자세를 지녔고, 자신이 좋은 외모를 지녔음을 알고 있다는 데에서 나오는 자부심이 넘쳤다."

24쪽 **일단 수정이 일어나면, 유전체는** 거의 완전히 고정된다. 몇몇 측면에서는 그 '거의'가 필요하지만, 이 장에서 논의하는 내용에는 중요하지 않다. '체세포' 돌연변이, 즉 몸 구성 세포의 돌연변이는 일어나며, 몸 내에서 진화하는 세포 계통들을 낳을 수도 있다. 이런 세포들은 다시금 체세포 돌연변이가 일어나면서 종양이 될 수 있다. 그 뒤에 이 몸속 반역 세포들이 자연선택을 거치면서 종양은 악성으로 변할 수 있다. 더 뒤에는 악성을 띠는 일을 더 잘하게 될 수 있다. 하지만 몸 전체에는 더욱 안 좋아진다. 이 문제는 12장에서 다시 다룰 것이다. 이 장의 목적상 여기서는 이른바 생식 계통에 일어나는 돌연변이, 즉 다음 세대로 전달될 수 있는 돌연변이만 다룬다.

25쪽 **다윈주의의 끌 아래에서 변하는 것은** 진화를 발생과 혼동하는 일은 으레 일어난다. 발생 때에는 한 개체가 변한다. 진화에서는 영화 필름의 연속되는 프레임들처럼, 바로 앞 세대와 조금 다른 개체가 대대로 이어진다. 천문학자는 "태양의 진화는 적색왜성으로 끝날 것이다"처럼 별이 '주계열'을 따라 '진화한다'는 표현을 쓰는데 잘못된 것이다. 태양들의 세대가 죽 이어지는 것이 아니다. 태양 하나가 변한다. 즉, 태양의 발달이 적색왜성으로 끝날 것이다. 우리는 살아 있는 몸의 형태가 발생 과정을 통해 발달하는 것을 본다. 우리는 세대들을 차례로 죽 배열하고 전형적인 형태가 세대를 거치면서 어떻게 변하는지를 관찰할 때 몸의 형태가 진화하는 것을 본다. 종의 전형적인 구성원의 형태는 유전자 풀이 발달하는 동안 진화한다.

25쪽　**바로 평균 표현형의 점진적인 변화다.**　진보적인 학계의 생물학자들은 진화가 점진적이라는 개념을 미심쩍게 봐야 한다고 여기는 듯하다. 호모 사피엔스라는 이른바 정점을 향해 나아가길 추구한다는 진화의 인기 있는 캐리커처를 접할 때면, 당연히 그래야 한다. 그러나 눈 같은 복잡한 기관의 진화를 이야기할 때는 점진적인 개선이라는 개념을 버릴 수가 없다. 온전히 제 기능을 하는 척추동물의 눈은 덜 효율적인 중간 단계들을 거치면서 점점 개선되었을 것이 틀림없다. 이는 논리적 필연성의 문제다. 마이클 루스Michael Ruse(2010)는 진화에서 진보 개념의 역사를 탁월하게 설명한 바 있다.

2장

27쪽　**위장술이 뛰어난 다른 도마뱀을**　야신 크리슈나파Yathin Krishnappa의 허락을 받아 실은 사진. 이 도마뱀 종은 두 번째 묘수도 숨기고 있다. 이 종은 '날도마뱀'이다. 활공도마뱀이 더 나은 표현이긴 하지만. 포식자가 위장을 간파하면, 날도마뱀은 공중으로 뛰어서 우아하게 활공하여 안전한 거리만큼 떨어진 다른 나무에 착륙한다. 날도마뱀의 '날개'

	는 새나 박쥐의 날개와 달리 팔이 변형된 것이 아니다. 대신에 갈비뼈를 양쪽 옆으로 벌리고, 그 위로 피부막을 펼쳐서 공기를 받는다.
32쪽	**같은 종의 검은 돌연변이 개체** 농촌 지역에서는 검은 형태가 눈에 더 잘 띄고, 옅은 형태는 위장이 잘된다. 같은 종에서 두 형태('다형성')가 유지되는 것은 산업혁명 이래로 두 지역에서 상반되는 선택압이 지속되었기 때문이다. 이 점은 버나드 케틀웰Bernard Kettlewell(1973)이 설득력 있게 보여 주었다. 이 이야기는 흥미롭지만, 너무 멀리 벗어날 테니 이만 줄이자.
33쪽	**이때 바로 '조각상'을 이용한다. 즉, 물고기를 속인다** Barnhart et al. (2008).
34쪽	**이란에 사는 이 고도로 위장된 뱀은** https://www.mirror.co.uk/news/world-news/incredible-snake-us\-es-tail-looks-5971693. https://www.youtube.com/watch?v=XFjoqyVRmOU
36쪽	**"작년의 눈은 어디에 있지?"** 프랑수아 비용François Villon의 유명한 구절.
37쪽	**이 작고 귀여운 베트남이끼개구리도 마찬가지다** 사진은 마이클 스위트Michael Sweet. 다음 쪽의 꽃등에 사진도 그렇다.
41쪽	**붉은부리갈매기는 막대기 끝에** R. F. Mash, Tinbergen(1964)에서 인용.
41쪽	**나는 소 엉덩이에 눈을 그리는 것만으로도** Radford et al.(2020). 사진

은 캐머런 래드퍼드Cameron Radford의 것으로서, 닐 조던Neil Jordan 에게 받았다.

42쪽 우리는 장 드 브루노프Jean de Brunhoff의 동화에 등장하는 De Brunhoff (1935).

43쪽 만일 내가 포식자라면 달아나지 않고는 Crew(2014)

43쪽 왼쪽의 문어와 문어. 마이클 스위트의 동영상에서.

43쪽 오른쪽의 독수리를 놓고 오락가락한다 독수리. 사진은 후세인 라티프 Hussein Latif.

44쪽 일부 나방은 날개 뒤쪽에 가짜 머리가 있다 Hendrik et al.(2022).

3장

49쪽 우리의 허리 통증은 겨우 Lents(2019).

50쪽 우리의 짠맛 나는 혈장이 고생대 바다 Haldane(1940). 그의 일화는 아주 많다. 그는 제1차 세계대전 때 장교로 최전선에서 복무했는데, 한 번은 자신감을 드러내기 위해서 독일군이 뻔히 지켜보는 가운데 양쪽 진영 한가운데로 자전거를 타고 달렸다. 그리고 자신이 옳았음을 증명했다. 독일군이 너무 어안이 벙벙해서 총을 쏠 생각조차 못했기 때문이다. 조금 덜 알려진 자신의 부친처럼, 그도 자기 자신을 대상으로 위험한 실험들을 했다. 한번은 실험의 사소한 결과로 고막에 구멍이 나자, 파이프 담배를 피울 때 귀에서 연기를 뿜어내는 묘기를 선보이며 즐거워했다.

51쪽 **척추동물인 우리에게 특히 관심** 실러캔스는 바다에 남은 육기어류다. 이들은 사실 반대쪽으로, 즉 더 깊은 바다로 나아갔다. 아마 그 덕분에 멸종을 피했던 듯하다. 이들은 공룡과 함께 멸종했다고 여겨졌다가 박물관 학예사인 마저리 코트니 래티머Marjorie Courtenay-Latimer가 1938년 남아프리카의 한 어선에 잡힌 특이한 물고기가 이 어류임을 알아보았다. 도저히 믿을 수 없었던 그녀는 손꼽히는 어류 전문가인 J. L. B. 스미스J. L. B. Smith 교수(1956)를 불렀다. 스미스는 보자마자 등줄기에 전율을 느꼈다고 했다. "거리를 걷고 있는 공룡을 보았다고 해도 이보다 더 놀라지는 않았을 것이다. (…) 보는 순간 백열의 불덩어리에 강타당하고 온몸이 덜덜 떨리는 듯했고, 쩌릿쩌릿했다. 나는 마치 돌처럼 굳은 양 서 있었다. 그러나 비늘 하나하나, 뼈 하나하나, 지느러미 하나하나 진짜 실러캔스라는 데 한 점의 의구심도 없었다. 2억 년 전의 생물 중 하나가 마치 되살아난 것 같았다. 나는 넋이 나간 채 하염없이 물고기를 바라보다가, 이윽고 거의 겁먹은 태도로 조심스럽게 다가가 녀석을 만지고 쓰다듬었다. 아내는 말 없이 지켜보고 있었다." 그는 발견자의 이름을 따서, 그 물고기에게 라티메리아*Latimeria*라는 학명을 붙였다.

52쪽 **학습된 행동이 유전적으로 통합되는 것을** 한 유달리 지적인 개체가 영리한 묘책을 발견하고 다듬어서 완성한다. 아마 다른 개체들도 모방할 것이다. 영국의 푸른박새들이 문간에 놓인 우윳병의 뚜껑을 따는 법을 배우면서 그 습성이 밈 유행처럼 전국으로 퍼져 나간 것이 그렇다. 지금은 더 이상 우유를 문 앞까지 배달하지 않지만, 그 관행이 오랫동안 지속되었다면 볼드윈 효과가 일어났을 수도 있다. 그 습성을 가장 빨리 배우는 능력을 유전적으로 갖춘 박새들은 더 높은 비율로 자신의 유전자를 다음 세대로 전달했을 것이다. 이윽고 아예 배울 필요가 없을 만치 빨리 그 습성을 습득하는 쪽으로 진화할 것이다. 원래 학습된 것이었던 그 습성은 유전적으로 통합될 것이다.

53쪽 나중에 이 증거에 의문이 제기되는 바람에, 나는 그것이 좋은 아이디어라는 생각을 결코 그만둔 적이 없으며, 천문학자 스티븐 밸버스 Steven Balbus가 로머의 이론(그리고 그의 어류)에 새 다리를 안겨 주었을 때 무척 기뻤다. 지구의 유달리 큰 달은 태양과 함께 바다의 수위가 변하는 조석 현상을 일으킨다. 썰물 때 해안에는 조수 웅덩이가 생겨서 마른다. 데본기에는 달이 지금보다 2배 더 가까이 있었고, 조수간만의 차가 더 심했다. 어류가 썰물 때 말라 가는 웅덩이에 갇히는 일이 더 잦았을 것이다. 이웃한 더 깊은 웅덩이로 건너가는 능력을 지닌 어류는 더 유리한 입장에 있었을 것이다. 이런 조건이 육상 생활에 적응한 형질의 진화를 추진하는 초기 동력이 되었을 수 있다는 것은 쉽게 알아차릴 수 있다. 밸버스가 다듬은 로머 이론(내가 여기서 수학을 동원하지 않고 극도로 짧게 요약한 것보다 훨씬 더 많은 내용이 담겨 있다)은 가뭄을 가정할 필요가 없다. 전혀 다른 과학 분야의 전문가가 자기 분야의 전문 지식으로 생물학에 기여할 때면 나는 기쁘기 그지없다. 밸버스(2014)의 이론에 영감을 받은 시도 한 편 있다. 샘 일링워스Sam Illingworth(2020)의 「조석 진화Tidal Evolution」다.

54쪽 **알을 낳을 때 말고는 오로지 바다에서 지낸다** 색줄멸의 일종인 레우레스테스속Leuresthes은 거북과 달리 바다 밖에서 살았던 조상들을 지닌 적이 없지만, 그래도 해변으로 올라가서 밀물 때 잠기는 곳 너머로 가서 알을 파묻음으로써 해양 포식자의 약탈을 막는다. 이들은 대규모로 이런 산란 행동을 하며, 캘리포니아 그러니언 런California Grunion Run이라는 장관을 펼친다. 2주 뒤 부화한 새끼들은 밀물 때 물에 실려서 바다로 돌아온다. Rowland(2010).

60쪽   그래서 나는 '공통의 언어로 분리된' 조지 버나드 쇼George Bernard Shaw가 했다고 한다.

63쪽   앞서 언급한 조이스와 고티에는 오래전에 맞다, 분리 부정사를 썼다 (to quantitatively decipher). 나는 분리 부정사를 좋아하는데, 파울러 Fowler의 『현대 영어 용법Modern English Usage』(1968)이 승인하지 않았다고 해도 쓰고 싶다. 의미를 정확히 전달한다.

69쪽   이 거대한 갈라파고스땅거북이 호머처럼 조상들의 "새의 노래가 들리는 시기에, 우리 땅에서 거북의 목소리도 들리네."(『아가』) 제발 '멧비둘기turtle dove'를 오역한 것이라는 말을 하지 말아 달라.

70쪽   사자의 유전서에서 팰림프세스트의 더 오래된   이것은 『확장된 표현형』의 한 장 제목이며, 이 책의 4장에 그 내용이 짧게 요약되어 있다.

72쪽   이를 설계라고 생각한다면, 너저분한   인체에서 너저분한 설계를 찾아보면 책 한 권을 쓸 수 있을 만큼 흔하다. 실제로 네이선 렌츠Nathan Lents(2019)는 그런 책을 썼다.

72쪽   거대한 공룡 브라키오사우루스의 몸에서 이 신경   Wedel(2012).

73쪽　**그들의 육상 거주 후손들에게서 목이 '한계 비용'은** 경제학자들이 즐겨 쓰는 용어이지만, 진화에서는 어떤 의미일까? 어떤 특정 세대에서 우회로를 늘이는 약간의 비용을 치르는 개체가 발생 과정의 근본적인 변화라는 큰 비용을 치르는 경쟁 개체들보다 더 잘 살아남을 것이라는 의미다.

73쪽　**정소와 음경을 연결하는 관의 경로**　곧바로 뻗어 가는 대신에 콩팥과 방광을 연결하는 관을 돌아간다(Williams, 1996b).

74쪽　**남아메리카의 멸종한 초식동물**　Simpson(1980).

75쪽　**절지동물은 체제Bauplan(몸 구성 기본 계획)가 다르다**　생물학자들은 바우플랜Bauplan이라는 이 독일어 단어를 습관적으로 쓴다. 결국 영어에 외래어로 받아들여질 정도가 되었고, 나는 엄밀하게 따질 때 올바른 독일어인 보플레네Baupläne보다 영어 복수형인 '바우플랜스bauplans'를 즐겨 쓴다.

76쪽　**그들은 고래가 우제류, 즉 발굽이**　Nikaido et al.(1999).

77쪽　**누구도 예상하지 못한 엄청난 발표였다**　놀랍게도 실제로 딱히 그렇다고 할 수 없다. 독일에서 다윈을 적극적으로 옹호한 동물학자 에른스트 헤켈은 1866년 모든 포유동물의 계통수를 발표했는데, '오베사Obesa(하마)'를 모든 고래의 자매 집단으로 넣었다. 나중에(1895) 그는 생각을 바꾸었다. 그런데 처음 생각이 옳았다. 그의 영웅인 찰스 다윈도 몇 번 그랬다. 『종의 기원』은 과학적으로 볼 때 초판이 6판보다 더 정확하다.

77쪽 **때로 '정크junk' 유전자라는 말** 또 '정크'라는 말이 더 잘 들어맞는 DNA 반복 서열도 있다. 단백질 사슬의 암호가 없다는 의미에서 사실상 의미 없는 서열이기 때문이다. 아무튼 간에 이른바 '정크' 유전자는 내 책 제목에 쓰인 의미에서의 이기적 유전자라고 간주할 수도 있다. 『이기적 유전자』 47쪽에 나는 이렇게 썼다. "DNA의 많은 부분은 단백질로 번역되지 않는다. 생물 개체의 관점에서 보면 이는 역설적인 양 보인다. DNA의 '목적'이 몸을 만드는 과정을 지휘하는 것이라면 놀라운 일이다. (…) 그러나 이기적 유전자 자신의 관점에서 보면 역설은 전혀 없다. DNA의 진정한 '목적'은 생존하는 것 그 이상도 이하도 아니다. 여러분의 DNA를 설명하는 가장 단순한 방식은 그것이 기생생물, 또는 다른 DNA가 만든 생존 기계에 편승한 잘해야 무해하지만 쓸모는 없는 승객이라고 보는 것이다."(Dawkins, 1976). 둘리틀과 사피엔자Doolittle & Sapienza(1980), 오겔과 크릭Orgel & Crick(1980)은 이 주장을 더 발전시켰다.

78쪽 **위유전자로 치부되어 밀려나 있다** 나는 이 놀라운 사례를 제리 코인 Jerry Coyne의 책 『지울 수 없는 흔적 Why Evolution Is True』(2009)에서 처음 접했다. 이 문제를 아주 상세히 파고든 책이다.

78쪽 **매우 명확히 읽어 낼 수 있다** 설령 생물 자신이 그 위유전자를 읽는 일을 멈춘 지 오랜 세월이 흐르는 동안 오류 돌연변이들이 쌓여서 읽기가 왜곡된다고 해도 그렇다.

4장

81쪽   **르원틴은 적응주의를 이렇게 정의했다**   Lewontin(1979).

83쪽   **일본 유전학자 모투 기무라Motoo Kimura가**   존 메이너드 스미스는 기무라(1983)의 책에 관해 웃기면서도 슬픈 이야기를 들려주었다. 기무라는 일부 형질이 진정으로 자연적으로 선택된 것이라는, 즉 다윈 적응 형질임을 마지못해 인정했다. 그러나 너무나 마음이 내키지 않았기에, 그는 그 문장을 도저히 직접 쓸 수가 없었다. 그래서 그는 동료인 미국 유전학자 제임스 크로James Crow에게 대신 써 달라고 부탁했다는 것이다. 친애하는 존 메이너드 스미스 특유의 좋은 이야기이지만, 믿기 어렵다. 어떻게 생명체의 명백한 설계적 특징에 깊은 인상을 받지 못한 지적인 사람이 있을 수 있단 말인가?

84쪽   **그녀는 이전에 '장식'이라고 기재된 형질**   케인Cain(1966, 1989년 재간행)의 이 인용문은 다음과 같이 이어진다. "털보노래기는 아주 작은 틈새의 천장에 거꾸로 붙은 채 걸을 수 있고 심지어 허물까지 벗을 수 있는 아주 작은 노래다. 맨턴은 다리에 있는 신기한 Y자 모양의 키틴 막대 덕분에 이 동물이 다리를 앞뒤로 아주 넓게 벌리면서 걸을 수 있고, 다리가 길지 않아도 상당히 빠르게 돌아다닐 수 있음을 보여 준다. 먹이를 찾아 멀리까지 돌아다녀야 한다면 빨리 움직일 수 있어야 하며, 짧은 다리는 틈새에 숨을 때 이점을 준다. 이 동물의 걸음걸이는 기본적으로 느린 패턴이며, 그래서 틈새의 천장에 한꺼번에 많은 다리 끝을 댈 수 있다. 또 다리 끝의 특수한 주름 덕분에 잘 달라붙을 수 있다. 그녀는 더 나아가 Y자 막대가 같은 이유로 일부 아주 빨리 달리는 지네에게서 완전히 독자적으로 생겨났다는 점도 지적한다. 즉, 아주 앞뒤로 넓게 벌어지는 다리 관절을 강화하기 위해서다."

84쪽　　J. B. S. 홀데인은 가상의 사례를 들어 계산해 보았다　Haldane(1932).

85쪽　　내가 모든 진화론자가 동의할 것이라고　Lewontin(1967).

87쪽　　역공학은 고고학자가 안티키테라　Gregory(1981).

88쪽　　1979년 존 크렙스John Krebs와 나는 왕립협회에서　Dawkins & Krebs(1979).

91쪽　　"그렇게 뒤틀린 채 시작하면 그 어떤 멋진 것도　Cecil Day-Lewis, The Unwanted. 'Willy nilly born it was, divinely formed and fair'.

95쪽　　그러나 **브론토사우루스와 더욱 큰**　브론토사우루스. 생물 명명 규약은 더 앞선 이름이 우선권이 있다고 규정한다. 바로 그 이유로 브론토사우루스가 아파토사우루스로 바뀌었다는 것을 아는 독자도 있을 듯하다. 그러다가 사실상 두 속이 있다는 판단이 내려지면서 브론토사우루스라는 이름은 부활했다. 내 어릴 때 좋아한 이름이 돌아와서 무척 기쁘다. Gould(1991), Callaway(2015).

98쪽　　**나는 생쥐에서 코끼리에 이르기까지 다양한**　내가 이 그래프를 그리는 데 쓴 데이터는 폴센 연구진의 것이다. Poulsen et al.(2018). 직선은 단순한 선형 회귀를 통해 나온 것이다. 공정을 기하기 위해서 나는 폴센 연구진의 논문이 앞서 나온 데이터들의 타당성에 의구심을 드리우기 위한 것이라고 덧붙여야겠다. 혈압 측정 조건이 너무나 다양하다는 것이 주된 이유였다. 그러나 측정 방법이 몸 크기에 따라 체계적으로 달라질 때에만 몸 크기에 따른 증가 추세에 그런 의구심을 제기할 수 있는데, 그렇다고 가정할 이유가 전혀 없어 보인다. 그들의 우려에 상관없이 기린의 높은 혈압은 꽤 설득력이 있다.

99쪽 **놀랍게도 다른 증거들은 기린의 심장이** Østergaard et al.(2013).

99쪽 **빻기가 아니라 자르기 용도로 설계된 듯하다** '어금니molar'의 영어 단어는 육식동물에게는 안 맞는다. 맷돌을 뜻하는 라틴어 몰라mola에서 나왔는데, 육식동물의 어금니는 맷돌과는 정반대이기 때문이다. 그 용어는 사람의 해부 구조에서 비롯되었는데, 사람의 어금니는 정말로 모양이나 기능이 맷돌과 비슷하다. 같은 유형의 인간 중심의 명명 오류 중 극단적인 사례는 어류의 턱에 든 터무니없이 긴 이름을 지닌 뼈다. 우리 인간에게는 입천장뼈palatine, 날개뼈pterygoid(나비뼈의 일부), 네모뼈quadrate(모루뼈)가 따로 있다. 그런데 어류의 턱에서는 이 세 뼈가 합쳐져서 하나의 뼈를 이루고 있는데, 이 뼈의 이름이 입천장날개네모뼈palatopterygoquadrate다. '본말 전도'에 생생한 새로운 의미를 부여하는 듯하다.

100쪽 **셀룰로스와 규산염으로 보강한 두꺼운** 미국의 위대한 고생물학자 G.G. 심프슨G.G. Simpson(1953)은 초기 말이 나뭇잎 섭식자(이 계통의 말은 현재 멸종했다)와 풀 섭식자로 나뉘었다고 주장했다. 풀 섭식자는 대개 치관이 더 높고 이가 복잡하다. 아마 규산염이 많이 든 풀의 세포에 대응하기 위해서일 것이다. 말의 치관이 높은 갈아 대는 이빨이 풀의 진화와 발맞추어 진화했다는 주장이 나와 있다. 그러나 풀이 치관이 높은 말의 이빨보다 훨씬 전에 출현했다는 증거가 있으므

101쪽 **고양이의 송곳니가 더 긴 것을 설득력 있게 설명하는** 더블린 출신의 젊은 동물학자이자 저술가인 게리 미니Gary Meaney(2022)가 내게 제시했다.

102쪽 **길고 날카로운 단검 같은 이빨은** "쫓기느라 더워진/수사슴이 시원한 개울을 갈망하듯이". 찬송가(1696), 시편 42 "수사슴이 시냇물을 갈망하듯이"를 토대로 했다.

107쪽 **이들의 먹이는 통째로 삼킬 수 있을 만치 작다** 돌고래는 대개 물고기를 통째로 삼키지만, 일부 돌고래가 복어를 기분 전환용 약물로 삼아서 씹기만 할 뿐 삼키지는 않는다는 흥미로운 이야기가 있다. 복어는 공격받을 때 방어 수단으로서 신경독소를 분비한다. 이 독소는 고용량일 때 치명적이지만 저용량일 때 약한 마약 효과를 일으키며, 그래서 일본의 회 요리에도 오르곤 한다. 치명적인 부위를 제거하는 기술을 엄격하게 배운 조리사가 요리한다. 한 BBC 다큐멘터리에는 사람들이 마리화나 담배를 돌려 피듯이, 돌고래들이 복어 한 마리를 돌아가며 씹는 모습이 나온다. 그 결과 돌고래들은 황홀경에 빠져드는 듯하다. 나중에 복어는 헤엄쳐 사라진다. 좀 다치긴 했지만, 삼켜지지는 않았으니까. BBC1, Dolphins — Spy in the Pod, Episode 2. CliP 'Pass the Puffer', at www.youtube.com/watch?v=msx3BAhIeQg.

108쪽 **당신은 개미를 먹는 쪽으로 분화한** 마찬가지로 '식육목'(고기를 먹는 다른 포유동물들)과 '곤충목'(곤충을 먹는 다른 포유동물들. 곤충목이라는 명칭은 최근에 공식적으로 폐지되었다는 소식을 전할 수 있어서

111쪽　이 혀에 엄청나게 많은 곤충이 달라붙으면 입안으로 당겨 넣어서 훑은 뒤,　Van der Linden(2016).

116쪽　영장류학자 리처드 랭엄Richard Wrangham은　Wrangham(2009).

119쪽　그런 차이의 진화는 갈라파고스제도 중 한 작은 섬에　Grant & Grant(2014), Weiner(1994).

120쪽　하와이 꿀빨기새들(오른쪽)의 진화적 분기는　Pratt(2005).

120쪽　그렇게 짧은 기간에 걸쳐 진화했음에도　공정하게 말하자면, 가용 시간은 사실 가장 오래된 섬인 카우아이의 나이인 500만 년보다 더 길다. 제도 자체가 더 오래되었기 때문이다. 예전에 새들이 살았지만 지금은 수면 아래로 가라앉은 섬들도 있다. 갈라파고스도 마찬가지다.

5장

125쪽　매트 리들리Matt Ridley는 『혁신에 대한 모든 것』　Ridley(2020).

127쪽　벤저민이라는 생포된 개체는 1936년에　우리에 갇힌 모습을 찍은 서글픈 동영상이 있다(원래의 흑백 영상에 색을 입힌 것이다. 유튜브에서 타일라신Thylacine으로 검색하라).

127쪽 **꽤 인상적인 장식을 지닌 사슴벌레** 동물의 체중은 크기의 세제곱에 비례한다. 반면에 근육의 세기는 크기의 제곱에 비례하는 경향을 보일 것이다. 나란히 뻗어서 작용하는 근섬유의 수는 근육의 단면적에 비례하기 때문이다. 수사슴은 사슴벌레보다 훨씬 크므로, 땅에서 몸을 들어 올리는 데 사슴벌레보다 훨씬 더 많은 근력이 든다. 크기에 따라 다른 것들이 어떻게 증감하는가라는 주제 전체를 포괄적으로 살펴본 사람은 제프리 웨스트Geoffrey West(2017)로서, 명석한 물리학자가 생물학에 기여한 탁월한 사례다. 웨스트의 통찰은 아주 범위가 넓어서, 세균에서 도시에 이르기까지 모든 것을 동일한 수학으로 포괄한다.

131쪽 **인도네시아 시베루트섬의 한 생** Tenaza(1975).

133쪽 **눈은 수십 차례 독자적으로 진화했으며** Land(1980).

135쪽 **신대륙 호저의 가시에는 역방향의 미늘까지** Perkins(2012).

135쪽 **구대륙 호저의 수렴 진화는** 일벌의 침에 난 미늘은 일벌 자신에게 치명적이다. 침을 그토록 효과적인 무기로 만드는 그 특성 자체는 꿀벌이 침을 빼는 것을 거의 불가능하게 만든다. 꿀벌은 희생자에게 들러붙게 되고, 희생자가 벌을 문질러 떼어 낼 때 침은 그대로 박혀 있고 거기에 몇몇 주요 내장이 달라붙은 채 남고, 나머지 몸은 찢겨 나간다. 몸에서 분리된 독액 주입기는 벌 자신이 찢겨 나간 뒤에도 희생자에게 독을 계속 주입한다. 이는 자연선택의 유전자 관점에 탁월하게 들어맞는 자살 공격이다. 일벌은 불임이다. 선택은 벌집의 번식 가능한 구성원인 여왕과 수벌을 통해서 동일한 유전자의 사본이 전달되는 데 도움이 되도록 일벌이 자살하도록 프로그램을 짜는 유전자를 선호한다. 시간이 충분하다면, 이론상 벌은 원을 그리면서 빙빙 돌아 '돌려 뽑기'를 함으로써 목숨을 구할 수도 있다. 어릴 때 내 손에 침을 쏜 벌이 빙빙 돌면서 침을 뽑는 모습을 본 적도 있다. 어릴 때 이타심을 발휘해서 꾹 참고 기다렸던 내 자신에게 뿌듯해하면서 적은 이 일화(Dawkins, 2013)는 한 양봉가의 반박을 받았다(Garvey, 2014). 그는 벌이 스스로 돌려 뽑기를 할 수 없다고 주장했다. 다행이 내 편을 드는 동영상이 있었다. 동영상은 톱니가 난 두 칼날이 교대로 톱질하는 애니메이션까지 곁들여서 그런 행동을 잘 설명한다(www.youtube.com/watch?v=nTVsqc2CCGo).

136쪽 **해파리의 침을 쏘는 세포, 즉 '자세포'는** 해파리, 히드라, 산호, 말미잘로 이루어진 집단은 자세포를 지니고 있기에 '자포동물문Cnidaria'이라고 한다. '니드Cnide'는 그리스어로 '쐐기풀nettle'을 뜻한다. 말미잘도 자세포를 지니며, 작살로 작은 먹이를 잡는다. 말미잘의 촉수를 건드리면, 촉수가 달라붙는 양 느껴진다. 수백 개의 작은 작살이 우리 손가락에 박히고, 각 작살은 아직 자세포에 붙어 있다. 해파리와 달리, 대다수의 말미잘은 자세포에 독이 적어서 우리에게 피해를 주지 않는다. 하지만 발진을 일으킬 수는 있다.

138쪽 **아시아의 두더지쥐도 설치류 중에서** 사이먼 콘웨이 모리스(2003)는 전 세계에서 수렴 진화한 '두더지'가 13종류라고 본다.

145쪽 **박쥐가 나름의 '반향 정위'를 써서 밤에** 도널드 그리핀Donald Griffin(1959)은 박쥐 반향 정위의 주된 발견자였고, 그 용어도 그가 창안했다. 또 그는 철새가 어떻게 항로를 찾는가라는 수수께끼에도 관심이 많았다. 그가 온갖 장비들을 다 갖춘 밴을 갖고 있어서 새의 자기 방향 탐지를 연구하는 실험실들을 불시에 방문하곤 했다는 출처가 의심스러운 이야기도 있다.

146쪽   큰박쥐아목의 한 속은 작은박쥐아목처럼   Boonman et al.(2014).

146쪽   흥미롭게도 분자 증거는 작은박쥐아목의   Teeling et al.(2000).

147쪽   현대 철학에서 가장 많이 인용된   Nagel(1974).

149쪽   돌고래가 주변에서 헤엄치는   Gallagher(2020).

150쪽   그러나 프레스틴 유전자 이외의 모든 유전자를   Li et al.(2010).

151쪽   포유류의 비행 표면도 그런 사례다   Feigin et al.(2023).

151쪽   수생동물의 생리와 유전체 깊숙한 곳에는   Huelsmann et al.(2019).

152쪽   전장 유전체 연관 분석을 하려면   Francis Collins, 사적인 대화.

155쪽   그들이 연구한 것은 수생성이 아니라 포유류   Kowalczyk et al.(2022).

158쪽   오래전에 멸종한 삼엽충 중에도   S. Turvey, quoted in Dawkins & Wong(2016). 이 책에서는 오리너구리와 주걱철갑상어의 전기 감각도 다루었다.

162쪽   심지어 징거미새우과Palaemonidae라는 한 과 내   Horka et al.(2018).

164쪽   케임브리지의 고생물학자인 사이먼 콘웨이 모리스Simon Conway Morris
는   Conway Morris(2003, 2015).

6장

169쪽   **부레에 든 기체의 양을 조절함으로써,** 부레를 지닌 어류는 데카르트 잠수부Cartesian Diver의 정교한 형태다. 데카르트 잠수부는 공기가 들어 있는 단순한 장난감이다. 이 잠수부를 물병에 넣자. 물병을 눌러서 수압을 증가시키면, 잠수부 안의 공기는 쪼그라들며, 그러면 잠수부의 부력 평형 위치가 달라진다. 적절히 조정하면(어렵지 않다) 병 한가운데에 떠 있도록 평형을 맞출 수 있다. 그런 뒤 병을 부드럽게 누르거나 당겨서 원하는 위치로 잠수부의 높이를 민감하게 높이거나 낮출 수 있다. 돌려서 끼우는 마개(영국에서는 커다란 사과주 병이 떠오른다)를 쓰면 더욱 정밀하게 조정할 수 있다. 그럴 때 잠수부의 공기는 물고기의 부레처럼 수축하거나 팽창한다. 어류는 자신의 부레를 제어한다. 데카르트 잠수부는 바깥에서 조작한다는 점만 다를 뿐, 부레와 다르지 않다. 플로리다에서 바다소를 보았을 때, 나는 그들이 물고기처럼 둥둥 떠다니는 모습에 깊은 인상을 받았다. 그러나 바다소는 부레가 없다. 그들의 중력 중심은 머리가 위쪽으로 향하는 자연스러운 경향─바다에서 식물을 뜯어 먹는 동물에게는 불리하다─을 보완하기 위해 앞쪽으로 옮겨져 있음이 드러났다. 그리고 평소에 수면으로 떠오르는 경향을 보완하기 위해 뼈가 무겁다. 그런데 수면으로 올라가야 할 때는 어떻게 할까? 허파의 부피를 조절함으로써 정역학적 평형을 조절한다는 것이 드러났다. 옥시토에Oxythoe라는 원양(수면 근처에서 헤엄치는) 문어는 부레를 갖는 쪽으로 수렴 진화했다. Packard & Wurtz(1994).

174쪽 **빅토리아호의 시클리드Cichlid 어류는 약 400종** 종수의 추정값은 범위가 아주 넓다. 나는 조지 발로George Barlow의 책을 참고했다(2000).

175쪽 **이 사냥 기술은 동물계에서 독특하다고 여겨졌다** Barlow(2000). 공격을 피하기 위한 '죽은 척하기'는 더 흔하다.

175쪽 **내 오랜 친구이자 고인이 된 조지 발로George Barlow는** Barlow(2000).

179쪽 **선택압은 실제로 야생에서 측정되어 왔다** Ford(1975).

182쪽 **줄리언 헉슬리Julian Huxley는 다시 톰프슨의 방법을** 헉슬리의 책(1932)은 다양한 신체 부위의 상대 성장률을 살펴보는 주요 연구 분야를 창시했다. 동물이 성장할 때, 다양한 부위들은 대개 같은 속도로 성장―등성장isometry―하지 않는다. 이 상대성장allometry은 대개 한 부위의 성장률이 다른 부위 성장률의 거듭제곱에 비례하는 수학 법칙적 관계를 따른다. 진화적 변화는 거듭제곱이나 비례 상수, 또는 양쪽에서 유전적으로 생기는 변화로서 표출될 수도 있다. 따라서 다시 톰프슨이 다이어그램으로 표시한 성체 형태들 사이의 수학 법칙적 차이는 신체 부위별 성장률의 수학 법칙적 변화로서 진화적으로 설명된다. 그런 변화는 유전적 통제를 받는다. 배아의 다양한 부위에 있는 세포들에서 저마다 다른 유전자들이 켜지기 때문이다. 방정식의 거듭

제곱항이 한 동물 집단, 예를 들어 포유류에서 고정되어 있다면, 두 신체 부위의 크기를 로그 그래프에 산포도 형식으로 표시함으로써 수학적 결과를 파악할 수 있다. 각 점들은 직선을 따라 놓일 것이다. 그런 뒤 왜 어떤 점은 직선보다 위에 있고, 어떤 점은 아래 있는지 물을 수 있다. 예를 들어, 원숭이는 같은 크기의 다른 포유동물들보다 뇌가 더 크다.

184쪽　**이때 방출되는 에너지가 워낙 커서**　망치질 직후에 아주 짧은 시간 동안 생기는 공동 현상 때문이다. Patek (2015).

184쪽　**갯가재를 (말 그대로) 멋진 '딱총새우'(딱총새우과)**　Kaji et al.(2018).

184쪽　**이들은 한쪽 집게발이 좀 더 크다**　이 점에서 이들은 훨씬 더 비대칭적인 농게를 닮았다. 농게는 한쪽 집게발만 아주 크게 자라며—왼쪽 발이 큰 개체와 오른쪽 발이 큰 개체의 비율이 거의 같다—이 집게발을 치켜들어서 서로 신호를 보낸다. 종마다 독특한 리듬으로 집게발을 흔든다.

186쪽　**몸마디들이 열차처럼 앞뒤로 죽 이어져**　Deutsch & Mouchel-Vielh (2003).

187쪽　**나는 우리 농장에서 부모님이**　마이크로소프트 워드 맞춤법 검사기는 내가 이 문장에 쓴 '~할 때'라는 영어 어구 'in the course of'를 'during'으로 바꾸려 했다. 당신이라면 그렇게 바꿀지도 모르겠다. 그러나 나는 여기서 이 어구를 비유적인 의미가 아니라 글자 그대로의 의미로 쓸 수 있는 아주 드문 기회를 엿보았다. 그런 기회를 놓칠 수는 없었다. 물론 비유적인 의미로 워낙 널리 쓰이는 바람에 원래의 의미는 거의 지웠다는 점을 인정한다. C. S. 루이스C. S. Lewis(1939) 같은 학자들은 우리가 쓰는 많은, 더 나아가 대다수의 단어가 더 이전의 의미에서 비유적인 의미로 변형된 것이라고 언급한 바 있다. '영감inspiration'은 원래 '들숨'이라는 뜻이었다. '경로course'는 달리다라는 뜻의 라틴어에서 나왔고, 그로부터 강이 달리는 경로, 논쟁이 달리는 경로라는 의미가 나왔다.

188쪽 **파텔 연구진은 다른 몸마디들도 조작하여** 파텔 연구진은 여러 논문을 통해 연구 결과를 발표했는데, 슈빈Shubin(2020)이 잘 요약해 놓았다.

194쪽 **아마 기생생물인 듯하다. 그러나** Glenner et al. (2008).

195쪽 **또는 다윈이 직접 그린 그림을 보라.** Deutsch (2010). 자신의 위대한 진화론을 발표했을 수도 있는 기간인 약 8년 동안, 다윈은 따개비를 다룬 몇 권의 종속지를 쓰는 일에 몰두했다. 다윈의 한 아이는 친구 집에 갔다가 이렇게 물었다고 한다. "그런데 너네 아빠는 어디서 따개비 만져?" '따개비 만지기'가 모든 아빠가 시간을 보내는 방법이라고 여긴 모양이다.

197쪽 **더 잘 모르는 이들은 고래, 코끼리** Thomas Browne (Religio Medici, 1643).

7장

200쪽 '조각하기'는 여기서 그다지 적절한 단어가 아닌 양 내가 『네이처』(Dawkins, 1971)에 처음 발표한 논문에서 반쯤 농담 삼아 제안했듯이, 무작위적이지 않으며 기억의 메커니즘인 뇌 세포가 매일 대량으로 죽는다는 관찰된(그리고 좀 걱정스러운) 현상은 예외다. 내 생각이 옳다면, 우리는 정말로 뇌가 조각된다고, 다윈 자연선택을 언뜻 상기시키는 건설적인 방식으로 깎인다고 말할 수 있을 것이다.

201쪽 나는 당신이 행동 '조형'과 다윈 선택 사이의 유사성은 Skinner(1984), Pringle(1951).

202쪽 다윈 자신은 비둘기 애호가였고, Darwin(1868). 휘트웰 엘빈Whitwell Elvin 신부는 1859년 다윈의 책을 출판한 존 머리John Murray에게 다윈이 『종의 기원』이 아니라 비둘기만을 다룬 책을 썼어야 한다고 투덜거렸다.

204쪽 이런 추측들이나 비버가 댐 건설에 알맞은 한 구조된 어린 비버가 크리스마스 장식과 장난감을 써서 댐을 만드는 광경을 담은 놀라운 동영상은 내 추측에 설득력을 더한다. https://laughingsquid.com/rescued-beaver-builds-indoor-dam/. 나는 아무것도 없는 방에서 비버가 가상으로 존재하지 않는 댐을 짓는 모습을 담은 독일의 동영상도 본 적이 있다. 동물행동학자들이 '진공 활동vacuum activity'이라고 부르는 것의 좋은 사례다.

206쪽 쥐는 레버 누르기에 중독되는 양 보였다 Kringelbach &

206쪽   그녀는 이 자극에 뭔가 에로틱한 부분이 있다는 것을   Frank(2018).

212쪽   존경받는 조류학자이자 철학자인 찰스 하츠혼   Hartshorne(1958). 또 Hall-Craggs(1969). 로저 페인Roger Payne(1972), 페인과 맥베이 Payne & McVay(1971)는 고래의 노래가 고래 자신과 사람이 감상하는 음악이라는 강력한 논거를 제시했다. 혹등고래의 노래는 아주 길고 시끄럽고 복잡하다. 페인이 공들여서 녹음한 자료가 있기에 안다. 이 노래는 주디 콜린스Judy Collins를 비롯한 많은 음악가들에게 영감을 주었다. 안타깝게도 로저는 이 책의 출간이 얼마 안 남았을 때 세상을 떠났다. 고래가 애도할 수 있고(아마 그럴 수 있을 것이다) 많은 부고 기사를 읽을 수 있다면, 자기 종족을 인간의 탐욕 아래 멸종을 맞지 하지 않도록 많은 노력을 기울인 사람을 위해 그들이 작곡했을 진혼곡을 들을 수도 있지 않을까 상상해 본다. 옥스퍼드 베일리얼 칼리지가 2007년 그에게 도킨스 동물 보전 및 복지상을 수여했다는 사실에 나는 그나마 위안을 삼는다.

212쪽   새의 노래 발전에 학습과 유전자가 어떤 역할을   Thorpe(1961), Marler & Slabbekoorn(2004), Catchpole & Slater(2008), Kroodsma & Miller(1982).

213쪽   존 크렙스John Krebs가 제시한   Wren(1924), Krebs(1977).

214쪽   금조, 구관조, 앵무, 찌르레기 같은 흉내의 대가들은   나는 그가 여기에서 착상을 얻었는지는 알지 못하지만, 존 크렙스는 옥스퍼드의 자기 방에서 찌르레기를 한 마리 키웠다. 찌르레기는 그가 지도하는 학생의 말이 끊길 때마다 존의 목소리를 완벽하게 흉내 내어 "그래…… 그래…… 그래……"라고 말함으로써 학생을 당황하게 만들곤 했다. 또 병에서 물을 따르는 소리, 모차르트 아리아의 첫 대목도 흉내 냈다. 찌르레기는 전화 벨소리도 잘 모방하며, 많은 정원사를 일하다 말고 실내로 달려가게 만든다. 그런 일화들은 보 제스트 가설에 설득력을 더하는 듯하다. 찌르레기가 명금류 중에서도 비정상적으로 복잡한 노래를 부르는 예외적인 존재라는 점도 중요할 수 있다. 각 수컷은 약 60~80가지의 '동기'를 지니는데, 대부분 모방을 통해 학습한 것이다. 이것들을 엮어서 매우 복잡한 노래를 부른다.

214쪽 **J. A. 멀리건J. A. Mulligan은 방음이 된 방에서** Konishi & Nottebohm (1969).

215쪽 **양쪽 종 모두 성체 때 귀가 멀면, 거의 정상적으로 노래를 계속한다** Konishi & Nottebohm(1969).

216쪽 **학생 때 나는 쥐와 관련한 심리학 문헌을** 쥐 때문만은 아니었다. 그러나 쥐 때문이었을 수도 있다. 굳이 이름을 언급하지는 않겠지만, 한 학술지는 늘 연구 대상인 동물을 'Ss'('실험 대상subjects'의 줄임말)라고 적었다. 모든 논문에서 '실험 방법' 절의 첫머리는 이런 식으로 적혔다. "Ss는 쥐였고……", "Ss는 비둘기였고……." 요점은 실질적인 편의성을 논외로 할 때, 연구 대상이 어떤 종인지는 중요하지 않다는 것이다. Ss는 Ss였다. 종에 상관없이 모두 학습 법칙을 쏟아붓는 텅 빈 그릇이었다.

217쪽 **다음 내용은 내가 몇 년 전 존 크렙스와 공동으로** Dawkins & Krebs (1978), Krebs & Dawkins (1984).

218쪽 **그는 앉아서 노래를 부르며,** Dawkins & Krebs(1978). 멀린 셸드레이크Merlin Sheldrake(2020)는 개미의 몸에 침입하는 균류인 동충하초 *Ophiocordyceps*를 이야기하면서 비슷한 점을 지적했다(Hughes et al., 2012). 동충하초는 어떤 식으로든 간에 개미에게 마약 효과를 일으킨다. 개미는 가장 가까이 있는 식물의 끝으로 기어 올라가서 주된 잎맥을 턱으로 꽉 물고 달라붙는다. 이른바 '죽음의 움켜쥐기'다. 동충하초는 개미를 빨아 먹으면서 개미의 머리 밖으로 작은 버섯을 내민다. 버섯에 맺힌 포자는 빗물을 타고 떨어져서 지나가는 개미에게 달라붙는다. 셸드레이크는 이렇게 썼다. "균류는 중추신경계나 걷거나 물거나 나는 능력을 갖춘 씰룩거리는 근육질 동물 몸을 지니고 있지 않다. 그래서 몸을 징발한다. 이 전략이 너무나 잘 먹히기에, 동충하초는 곤충 없이 살아가는 능력을 아예 잃어버렸다. 삶의 어느 단계에서 동충하초는 동물의 몸을 입어야 한다."

218쪽 **우리가 '마음 읽기'라고 부른 것이다** Krebs and Dawkins(1984).

219쪽 **궁극적으로 정자가 난자보다 더 작고** Trivers(1972), Symons(1979), Low(2000), Miller(2000).

220쪽 **논문 두 편을 네 단락으로 압축하느라** 내 이전 책 『확장된 표현형』의 '군비 경쟁과 조작', '원격 작용'이라는 절은 말할 것도 없다.

222쪽 **수컷의 보쿠 행동에 일주일 동안 노출되면 암컷은** Lehrman(1964). 러먼이 세상을 뜬 뒤 같은 학과의 메이팡 쳉Mei-Fang Cheng이 한 실험은 상황을 더 복잡하게 만드는 흥미로운 결과를 내놓았다. 수컷이 암컷에게 미치는 영향이 간접적임을 시사하는 결과였다. 수컷의 보쿠 행동을 접한 암컷은 자신도 구구 소리를 내는데, 바로 암컷 자신의 구구 소리가 자신의 난소 성장을 자극한다는 것이다. 나는 이 연구 결과로 상황이 복잡하지 않는 것은 분명하지만, 내 논증에는 영향이 없을 것이라고 본다(Cheng, 1986).

222쪽 **카나리아 암컷의 둥지 짓기 행동을 조사한** Hinde & Steel(1976).

225쪽 **동물행동학의 아버지 중 한 명인 콘라트 로렌츠** Lorenz(1966b).

225쪽 **조앤 스티븐슨Joan Stevenson은 푸른머리되새가** Stevenson(1969).

225쪽 **브라텐Braaten과 레이놀즈Reynolds는 그녀의** Braaten & Reynolds (1999).

226쪽 **사람은 유소성 종이다** 이 말은 저명한 네덜란드 동물행동학자이자 인류학자인 아드리안 코르틀란트Adriaan Kortlandt의 논문에 실렸다. 그런데 유감스럽게도 그는 타자를 칠 때 'nidiculous'라고 틀리게 적었다. 학술지 편집진(영어로 출간되긴 했지만, 마찬가지로 네덜란드인들인)은 코르틀란트에게 연락을 시도했지만 그가 아프리카 숲 깊숙한 곳에서 침팬지를 연구하고 있었기에 불가능했다. 그래서 편집진은 결정을 내려야 했다. 'nidiculous'는 'nidicolous(유소성의)'와 'ridiculous(터무니없는)' 양쪽 단어에서 글자 하나에 돌연변이가 일어난 것과 같았다. 그런데 영어에서 'ridiculous'가 'nidicolous'보다 훨씬 더 많이 쓰이므로, 그들은 '확률 법칙'에 기댔고 코르틀란트의 문장을 "인간은 어리석은 종이다"라고 인쇄했다. 물론 그들은 그가 무슨 의미로 썼는지 완벽하게 알고 있었다. 코르틀란트를 놀리는 익살스러운 장난이었다. 아마 그런 일이 한 번만 있지는 않았을 것이다.

230쪽 **크리스퍼CRISPR라는 회문 서열이** 회문은 바로 읽어도 거꾸로 읽어도 똑같은 문장을 말한다. 출처가 의심스러운 나폴레옹의 묘비명 "엘바를 보기 전에 나는 유능했다Able was I ere I saw Elba"이나 이브Eve(이름 자체도 회문이다)에게 아담이 처음 했다는 말도 그렇다. "마담 나는 아담이야Madam I'm Adam."

230쪽 **크리스퍼는 과학자들이 이 세균의 재능을** 크리스퍼의 발견자 중 한 명인 제니퍼 다우드나Jennifer Doudna는 공동 저술한 책에 자신의 이야기를 담았다(Doudna & Sternberg, 2017).

233쪽 **흥미롭게도 안데스인과 히말라야인은 세부적으로** Beall(2007).

234쪽 **가자미류도 문어를 비롯한 두족류에 비하면** Hanlon(2007).

241쪽 **통에 담긴 뇌('내가 어디 있는 거지?'),** Hofstadter & Dennett(1981). 대니얼 데닛Daniel Dennett은 자신의 뇌를 떼어내 통에 담아서 무선으로 몸과 연결한다고 상상했다. 이런 유형의 사고 실험을 접하면서 나는 가치 있는 일을 하는 철학자들도 있다고 확신하게 되었다. 데닛처럼 철학자가 과학을 공부하는 수고를 한다면 더욱 그렇다.

8장

243쪽 **이 관점은 야생에서 동물의 행동과** 오그렌Ågren(2021)은 유전자 관점의 역사를 해박하고 균형 잡힌 어조로 설명한다. 스터렐리와 키처Sterelny&Kitcher(1988)도 철학적 관점에서 같은 시도를 했다.

243쪽 **명확히 표현된 반론은 명확한 답변을 받아 마땅하다** 틀린 과학자도 자신의 오류를 뻔히 보이도록 드러낼 때, 특히 그 오류가 널리 알려져 있지만 아무도 대놓고 말하지 않았던 것일 때 유용한 기여를 한다. 스코틀랜드 동물학자 V. C. 윈-에드워즈V. C. Wynne-Edwards(1962)는 한 중요한 오류를 공개함으로써 정당하게 찬사를 받았다. 그전까지 암묵적이고 모호하게 통탄스러울 만치 널리 퍼져 있던 오류였다. 미국 생태학자 W. C. 앨리W. C. Allee와 오스트리아 동물행동학자 콘라트 로렌츠(1966a)의 저술에서도 찾아볼 수 있는 것이다. 바로 '집단 선택' 오류인데, 많은 선배 학자가 오류임을 알아차리지 못하고 받아들인 것이다. 그들은 자연선택이 동물들의 집단들 사이에서 작동한다고 암묵적으로 가정했고, 윈-에드워즈는 그 오류를 명시적으로 드러냈다. 일부에서는 개체가 무엇이든 간에 종의 보존에 최선이 되는 일을 한다고 가정하기까지 했다. 특히 윈-에드워즈는 인구 과잉이 집단에 안 좋기 때문에 개인이 자신의 번식을 억제하는 조치를 취한다고 주장했다. 이 주장은 틀렸지만, 나는 실수가 건설적인 용도로 쓰일 수 있다는 점을 지적하기 위해서 오로지 유추로 든 것일 뿐이다.

244쪽 **이 책은 무언가를 '담당하는' 유전자 같은** Noble(2017), page x.

244쪽 **유전자가 진화에서 능동적인 원인이 아니라면,** Alcock(1979)...

Workman & Reader(2004).

245쪽 **기능의 상대성 원리는 몸의 모든 기관에 참인** Singer(1931), p. 568.

246쪽 **생물학적 상대성 원리는 그저 생물학에서의** Noble(2017), p. 160.

249쪽 **인쇄술이 발명되기 전에는 종이가 썩기 전에** Tov(undated).

250쪽 **돌연변이는 결코 개선 쪽에 치우쳐 있지 않다** 다른 유전자들보다 더 돌연변이가 자주 일어나는 유전자들도 있다. 유전체의 일부 영역은 돌연변이율이 유달리 높은, 이른바 열점이다. 또 다른 유전자들의 돌연변이율을 증가시키는 표현형 효과를 일으키는 '돌연변이 유발' 유전자도 있다. 대다수의 돌연변이는 해롭기 때문에 이런 유전자는 대개 선택을 통해 제거될 것이다. 기존에 잘 작동하고 있는 시스템에 무작위 변화를 일으키면 상황이 안 좋아질 가능성이 높다. "고장 나지 않는다면, 고치지 말라." 위대한 진화학자 조지 C. 윌리엄스가 주장했듯이, 다윈 선택은 돌연변이율을 0으로 밀어붙이는 경향을 보이겠지만, 다행히도 그 결과는 결코 달성되지 않는다. 그랬다가는 진화가 멈출 것이기 때문에 다행스러운 일이다. 생물의 안녕에 특히 중요한 유전자들이 있는 유전체 영역에서는 돌연변이율의 감소가 더욱 바람직하다. 우리는 자연선택이 그런 영역을 (무작위) 돌연변이로부터 '보호하기' 위해서 특히 애쓸 것이라고 예상할 수 있다. 따라서 유전체의 그런 대단히 중요한 영역에는 '반열점'(돌연변이 '냉점')이 있을 것이라고도 예상할지 모른다. 식물학자의 초파리에 해당하는 애기장대는 그렇다는 증거를 보여 준다(Monroe et al., 2022).

250쪽 **돌연변이는 어느 방향이 개선인지 판단할 방법이 아예 없다.** 2022년 헤이온와이에서 공개 토론을 할 때, 데니스 노블은 언젠가는 돌연변이가 이로운 방향으로 인도를 받는다는 것을 보여 주는 증거가 나올 수도 있다는 희망을 다시 피력했다(Noble, 2017). 나는 그런 증거가 과연 나올지 회의적이며, 유성생식하는 진핵생물의 신체 적응 형질이라면 더욱더 회의적이다. 2022년 헤이온와이 논쟁에서 노블은 다윈, 말년의 다윈이 '범생설'이라는 나름의 라마르크 이론을 고안했다고 말했다. 그 말은 옳다. 그런데 기이하게도 노블은 바로 그것이 진짜 다윈이며, 그 다윈이라면 신다윈주의를 받아들이지 않았을 것이고, 지질 시대를 강처럼 관통하여 흐르면서 곁가지로서 유한한 생명을 지닌 몸들을 차례로 만드는 독립적인 생식 계통 개념을 내놓은 독일 동물학자 아우구스트 바이스만August Weismann에게 찬사를 보내지 않았을 것이라고 믿는다. 나는 대다수의 생물학자와 마찬가지로 다윈의 '제뮬gemmule'이 비판으로부터 자기 이론을 구하기 위해 애쓰던 다윈이 잘못 구상한 일탈 사례라고 본다. 게다가 오늘날 우리는 멘델 유전학의 관점에서 그런 비판 자체가 잘못되었음을 알 수 있다. 다윈이 멘델의 논문을 읽기만 했다면, 그는 받고 있던 엄청난 부담을 떨쳐낼 수 있었을 것이고, 범생설과 제뮬은 쓸모를 잃었을 것이다. 그리고 나는 다윈이 바이즈만의 생명관을 무척 마음에 들어 했을 것이라고 추측한다. 내가 노블이 전적으로 틀렸다고 생각하는 측면이 하나 더 있다. 나는 다윈이 피셔를 비롯한 이들이 다윈의 탁월한 연구를 멘델 유전학에 통합함으로써 일으킨 신다윈주의 혁명에 무척 기뻐했을 것이라고 믿는다.

250쪽 **대다수 동물은 수명이 몇 달 또는 몇 주** Williams(1966a).

251쪽　Y 염색체 같은 미미한 예외가 있긴 하지만　J. B. S. 홀데인은 자신의 부친(따라서 자기 자신)을 이렇게 썼다. "그는 역사적 꼬리표가 붙은 Y 염색체를 지니고 태어났다. 다시 말해, 그의 직계라고 추정되는 부계에 속한 조상들은 1250년경부터 알려져 있다. 나는 영국에 비슷하게 꼬리표가 붙은 Y 염색체 집합이 약 15가지일 것이라고 믿는다." 이론상 남성의 성은 Y 염색체의 역사적 꼬리표이지만, 1250년 이래로 모든 세대가 합법적인 부자 관계라고 가정하는 것은 온건하게 표현할 때 너무 야심적이다. 유전학자 브라이언 사이키스Bryan Sykes는 요크셔와 그 주변 지역에 사는 사이키스 집안 남성들을 대규모 표본 조사했는데, 그들 중 약 50퍼센트만이 자신과 같은 Y 염색체를 지닌다고 드러났다. 그는 같은 Y 염색체를 지닌 이들 모두가 15세기에 살았던 한 조상 사이키스의 후손임을 밝혀냈다(공교롭게도 홀데인의 알려진 조상과 거의 연대가 일치한다). 그는 같은 Y 염색체를 지니지 않은 50퍼센트를 세대가 이어지는 어느 시점에서 불륜 행위(또는 그에 상응하는 비부자 관계)가 출현했다고 가정함으로써 설명했다. 데이터를 활용해서 그는 그런 사건의 빈도를 계산할 수 있었고, 세대 당 1~2퍼센트임이 드러났다. 낮은 값이다. 그러나 홀데인 집안이 한 세기에 4세대로 이루어진다면, 1250년 이래로 홀데인 계보에 적어도 한 차례 불륜 행위(또는 그에 상응하는)가 일어났을 확률이 약 40퍼센트에 달할 것이다. http://cafamilies.org/sikes/bbc/surnames_prog1.html

251쪽　**이 논의의 목적에 비추어볼 때,**　정자와 난자는 특수한 유형의 세포 분열인 감수분열을 통해 만들어진다. 감수분열의 최종 결과물은 염색체를 한 벌—사람은 23개—만 지닌 배우자다. 반면에 정상적인 체세포에는 염색체가 두 벌—사람은 총 46개—들어 있다. 엄마에게서 물려받은 23개와 아빠에게서 받은 23개가 더해져서 46개가 된다. 23개씩으로 이루어진 이 두 벌의 염색체는 몸을 이루는 모든 세포에서 계속 서로 독립적으로 존재한다. 그런데 감수분열 때에는 양쪽의 염색체들이 같은 것끼리 짝을 지어서 나란히 늘어선다. 그런 뒤 놀라운 일이 벌어진다. 짝지은 두 염색체의 상당히 많은 부위가 서로 교환된다. 이것이 교차crossing-over다. 교차가 일어나기 때문에, 염색체 전체는 복제자가 아님을 알 수 있다. 염색체의 한 짧은 부위도 여러 세대 동안 복제되다가 교차로 끊길 수 있다.

252쪽 **그리고 12장에서 살펴보겠지만,** 그러니 데이비드 헤이그David Haig(2002)의 제안처럼, 『전략적 유전자*The Strategic Gene*』도 괜찮을 것이다.

256쪽 **모든 다윈 진화 과정은 우주의 어디에서 일어나든** 나는 케임브리지에서 열린 다윈 100주년 학술 대회 때 발표한 '보편적 다윈주의'에서 그 주장을 펼쳤다(Dawkins, 1983).

256쪽 **우연히도 이 행성에서 복제된 정보** 여기서는 상세히 다루지 않겠지만, 문화적 유전이 유전적 유전을 모방할 수 있고, 심지어 해부학적 표현형에까지 영향을 미칠 수 있다고 주장할 수 있다. 밈meme은 다른 유형의 복제자다. 좀 기이한 의미에서 할례 표현형은 대대로 전해지는 통계적 경향을 보인다. 종교도 동일하게 대물림되는 경향이 있고, 그 종교가 할례를 권할 수 있어서다. 여기서 무작위로 이루어지는 할례도 다음 세대로 복제될까 하는 궁금증이 생긴다. 나는 그럴 수도 있다고 본다. 부친이 아들에게 '나를 닮기'를 원한다면 그렇다. 이 사례는 유전적 전달의 유추로서 약간 흥미롭긴 하지만, 너무 사소해서 내가 전개하려는 논점에는 별 영향을 미치지 못할 뿐 아니라, 미주에서 길게 다룰 만한 내용도 아니다.

256쪽 **스티븐 제이 굴드(자신의 오류를 늘 아주 우아하고 유창한 표현으로 잘 가렸다** 굴드Gould(1992)가 헬레나 크로닌Helena Cronin의 걸작 『개미와 공작*The Ant and the Peacock*』(1991)의 서평에 적었다.

257쪽 **회계 담당자가 장부에 기입을 할 때,** 희극적으로 규칙을 증명하는 예외 사례가 있다. 예전에 옥스퍼드대학교의 교무과장(강력한 권한을 지닌 고위 행정직)이 옥스퍼드 뉴 칼리지의 동료와 옆 자리에서 점심 식사를 하며 나누는 대화를 들은 적이 있다. "어제 주례 평의원회에서 무슨 일 있었어?" "나도 몰라. 아직 의사록을 작성하지 않았거든." 물론 실제로 일이 그런 식으로 진행된다는 뜻은 아니고, 서기가 그런 식으로 일을 하는 것도 아니며, 유전자는 서기가 아니라 능동적인 행위자다. 당연히 그는 농담을 하고 있었다.

259쪽 **조지 C. 윌리엄스George C. Williams가 창안한 '계통군 선택'** Williams(1992). 가능한 계통군 선택의 유형이 하나 더 있다. 대다수 동물은 유성생식을 하지만, 무성생식(암컷이 수컷이 전혀 관여하지 않은 상태에서 번식을 하는 것)도 산발적으로 출현하곤 한다(Maynard Smith, 1978). 그리고 바로 '산발적'이라는 점 때문에 상황은 흥미로워진다. 모든 생물의 계통수를 그린 다음 무성생식 가지들을 따로 색칠한다면, 굵은 가지가 아니라 잔가지의 끝만 칠해진다는 사실을 알게 될 것이다. 마치 무성생식이 시시때때로 출현했다가 큰 계통군으로 미처 진화하기 전에 사라지는 양 보인다. 내가 아는 한 무성생식하는 암컷만으로 이루어진 주요 계통군은 하나뿐이다. 윤형동물문에 속한 질형강Bdelloidea class이다. 나는 메이너드 스미스로부터 그 이야기를 들였는데, 그는 질형류가 하나의 추문이며, 그들을 막는 법칙이 있어야 한다고 특유의 어조로 말했다.

260쪽 **유전자의 영역들은 그런 식으로 지도를 그릴 수가 없다** 흥미롭게도 피부에 있는 촉각 신경들을 담당하는 영역의 지도를 그런 식으로 그려 볼 수도 있겠지만, 다른 이야기다. 유전자는 그런 식으로 존재하지 않는다.

261쪽 **천장에서 늘어뜨린 커다란 천이다** 내 매달린 천 모형은 와딩턴 Waddington(e.g. 1977)의 '후성유전적 경관epigenetic landscape'과 언뜻 비슷해 보인다. 그러나 둘은 전혀 다른 용도이므로, 혼동하지 말자.

265쪽 **포괄 적응도는 개체가 성체 자식의 생산이라는** Hamilton(1964).

265쪽 **임시로 유전자, 지성과 어느 정도의 선택의 자유를** Hamilton(1972).

267쪽 **내 용어에 따르자면, 생물 개체는** Hull(1981).

267쪽 **유전자 관점에서 보면, 탈것의 존재 자체는** Dawkins(1982)에서 '생물의 재발견' 장 참조.

267쪽 **복제자(우리 행성에서는 DNA 가닥)와 탈것** 그리고 아마 밈도. 다른 세계들에는 어떤 별난 복제자가 있을지 모르겠지만, 이 자리에서 깊이 살펴볼 일은 아니다.

9장

272쪽　**이들의 놀라운 건축 기술은 현재**　Hansell(1968).

273쪽　**이 유충은 돌쌓기의 대가다**　Hansell(1984, 2007).

274쪽　**아마 울음의 공명기 역할을**　여섯 살인 내 손자가 좋아하는 공룡은 파라사우롤로푸스인데, 그 공룡과 놀라운 볏에 내가 처음 관심을 갖게 된 것은 손자 덕분이었다. 다른 하드로사우루스 공룡들은 머리 꼭대기가 돔 모양이며, 그 안에 일종의 공명기도 들어 있었던 듯하다. 누처럼 생긴 멸종한 한 포유류 집단에서도 비슷한 수렴이 일어났음을 볼 수 있는데, 그들의 돔 모양 코안nasal cavity은 아마 같은 용도로 쓰였을 것이다. O'Brien et al.(2016).

278쪽　**헨리 베넷클라크Henry Bennet-Clark는 이 이중 나팔이**　Bennet-Clark(1970).

280쪽　**기이하게도 행동 유전학은**　명료하게 생각을 하지 않는 사람들이 그것이 인종차별주의와 관련이 있다고 어떤 딱지를 붙이기 때문일 수도 있다.

280쪽　**귀뚜라미의 노래(땅강아지의 노래는 아니지만)는**　Bentley & Hoy(1974).

283쪽　**그것은 인위선택이겠지만, 자연선택을 통해서도**　나는 여기서 우리가 자연선택에 도움을 줄 수도 있지 않을까 추측해 본다. 모든 땅강아지 암컷을 어느 정도 방음이 된 커다란 통에 넣음으로써, 수컷에게 더 크게 노래하도록 선택압을 높일 수 있을 것이다. 땅강아지의 귀는 다리에 있으며, 사람이 귀지가 너무 많이 쌓이면 귀가 잘 안 들리듯이 암컷의 다리에 밀랍을 칠해서 귀가 잘 들리지 않게 만들 수도 있다. 나는 충분히 많은 세대에 걸쳐서 암컷들의 다리에 밀랍을 계속 칠하면서 장기 실험을 진행한다면, 확성기를 더 깊게 파서 소리를 더욱 증폭시키는 수컷을 자연선택이 선호할 것이라고 본다. 그런데 그런 추가 증폭이 가능하다면, 암컷에게 밀랍이 칠해지지 않은 상태에서도 수컷이 그렇게 하면 되지 않나? 답(그리고 여기에는 일반적인 교훈도 하나 있다)은 아마 경제적 타협이라는 어디에서나 볼 수 있는 중요한 개념에 담겨 있을 것이다. 확성기를 더 크게 파려면 에너지가 추가로 들 것이다. 모든 다윈 적응의 정확한 범위는 혜택과 비용 사이의 섬세한 균형의 산물이다. 암컷의 귀를 인위적으로 멀게 하면 이 균형점이 옮겨질 것이다.

286쪽 많은 조류 종 수컷은 화려한 색깔을 뽐낸다   Cronin(1991), Andersson(1994).

287쪽 바우어새bower bird는 뉴기니와 오스트레일리아의 숲에   Gilliard(1969).

292쪽 그 특집호는 2004년에 나왔다.   Laland(2004), Turner(2004), Jablonka(2004), Dawkins(2004).

10장

295쪽　그곳의 뻐꾸기는 '무턱대고 온종일 소리 지른다'　A.E. Housman, Last Poems, XL.

295쪽　내가 주로 의지하는 뻐꾸기 권위자　Davies(2015).

296쪽　물론 새끼가 자신이 무슨 짓을 하는지　우리는 그들이 무엇을 생각하거나 느끼는지, 아니 과연 생각이나 감정을 지니는지 여부도 알지 못한다. 우리는 그렇다는 것을 부정하지 않는다(Griffin, 1976). 동물행동학자는 그들이 그렇게 한다, 안 한다 가정하는 대신에, 잠시 그 질문을 무시하고 우리가 관찰하고 측정할 수 있는 것에 집중한다. 자연선택도 우리의 행동만 본다. 감정들 사이에서 선택이 이루어진다면, 그 감정들이 빚어내는 행동들을 통해서 간접적으로만 이루어질 수 있다. 벌꿀길잡이새는 탁란을 하며, 아프리카와 아시아의 집단 사이에는 유연관계가 없다. 이들은 다른, 더 섬뜩한 쪽에 가까운 살해 방법을 쓴다. 이들의 부리에는 날카로운 갈고리가 달려 있는데, 이 갈고리로 둥지에 있는 다른 새끼들을 베고 잘라서 죽인다. 물론 그전에 그 갈고리로 숙주의 알에 구멍을 뚫어 죽이지만, 그럼에도 부화하는 새끼가 있으면 그런다. 그런데 이들에게는 탁란과 무관하지만 그럼에도 너무나 흥미로워서 그냥 넘기기 아까운 습성이 있다. 이들은 사람을 벌집으로 인도하는 놀라운 습성을 지니기 때문에 그 이름을 얻게 되었다. 사람이 벌집을 부수어 꿀을 채집하면, 새는 남겨진 밀랍과 유충을 먹을 수 있다. 이들은 사실상 "따라와, 꿀 있어"라는 의미의 독특한 소리를 낸다. 나는 이 상리공생에 흥미가 있으며, 이 공생이 언제부터 진화했는지 궁금하다. 이 새가 플라이오세 아프리카에서 우리의 오스트랄로피테쿠스 조상들과 그 이전의 조상들도 안내했을까? 그럴듯하게 여겨질 수도 있다. 자연에서 벌집은 나무에 만들어지기도 하는데, 초기 인류는 우리보다 더 능숙하게 나무를 탔을 테니까. 그런데 벌꿀길잡이새가 벌집을 습격하는 사람의 도움을 필요로 하는 이유 중 하나는 사람이 연기를 피워서 벌을 진정시키기 때문이다. 그런데 오스트랄로피테쿠스가 불을 길들였다는 증거는 전혀 없다. 호모 에렉투스는 아마 불을 사용했을 것이므로, 인간/벌꿀길잡이새 협력 관계는 적어도 호모사피엔스가 출현하기 100만 년 전에 시작되었을 법하다. 100만 년은 자연선택이 벌꿀길잡이새의 행동 목록에 그 행동을 집어넣기에 충분한 시간일 것이다. 말이 나온 김에 덧붙이자면(Yong, 2011), 벌꿀길잡이새가 벌꿀오소리도 벌집으로 안내한다는 널리 퍼진 믿음을 뒷받침하는 증거는 전혀 없어 보인다.

297쪽 **명왕성을 왜소행성으로 격하시키는** Tyson(2014).

297쪽 **베토벤도 그렇게 생각했다고 기꺼이 인용하련다** 그 소리가 장3도라고 들은 내가 맞는다고 베토벤이라는 권위자를 인용할 수 있어서 무척 기쁘다. 그러나 작곡가들의 의견이 모두 일치하는 것은 아니다. 말러는 처음 작곡한 교향곡에서 완전 4도로 적었고, 헨델은 오르간 협주곡 '뻐꾸기와 나이팅게일'에서 단3도로 표현했다. 몇몇 묘사에 따르면, 뻐꾸기는 봄에는 단3도로 울다가 여름에는 장3도로 더 늘려서 운다고 한다. 분명히 델리우스Delius는 「봄에 첫 뻐꾸기 소리를 들으며On hearing the first cuckoo in spring」에서 단3도로 표현했는데, 내가 아는 한 그는 여름 편은 작곡하지 않았다. 그렇다면 우리는 베토벤의 전원 교향곡이 여름의 풍경이라고 결론지을 수도 있지 않을까? 옛 시에 적혀 있는 것처럼 말이다. "뻐꾸기는 4월에 와서, / 5월 동안 노래를 하네. / 6월 중순에는 / 곡조를 바꾸고 / 7월에 날아가네."

299쪽 **실제 크기는 숙주의 알을 모방하도록** 타협을 어디에서나 찾아볼 수 있다는 또 한 가지 사례는 더 가까운 곳에 있는데, 바로 사람의 골반과 아기의 머리 크기다. 우리 오스트랄로피테쿠스 조상은 다른 모든 영장류의 네발로 걷는 걸음걸이를 포기했다. 그것이 무엇이었든 간에 (Kingdon, 2003 참조) 직립보행을 향한 선택압은 두 발로 빨리 달리기에 좋은 방향으로 골반을 변형시켜서, 다른 영장류에게서 볼 수 있고 개코원숭이가 특히 잘 보여 주는 네발로 굼뜨게 걷는 걸음걸이를 대체했다. 그와 동시에 직립보행은 도구를 만들고 물건을 들고 조작할 수 있도록 손을 해방시켰다. 그 결과 지능과 큰 뇌의 진화를 선호하는 조건이 조성되었다. 그러나 아기의 뇌가 커지자 출산이 힘들어졌고, 그 결과 여성의 골반이 더욱 커지도록 선택압이 가해졌다(또 아기가 더 일찍 무력할 때 태어나게 하는 압력도 가해졌다). 출산에 가장 좋은 골반은 빨리 달리기에 적합한 골반이 아니다. 그래서 불가피하게 여성의 골반은 이 상반되는 선택압들 사이의 타협의 산물이 되었다. 이동에 최적인 크기보다는 너무 크고, 출산에 최적인 크기보다는 너무 작다. 헬렌 조이스Helen Joyce(2021)는 이 진화적 논증을 토대로 생물학적 여성을 위한 별도의 스포츠 경기가 있어야 한다는 기존의 강력한 주장을 더욱 뒷받침한다.

304쪽 **W 염색체 유전자를 제외하고서, 뻐꾸기 암컷의 모든 유전자는** 그리고 미토콘드리아 유전자도 그렇지만, 아마 관련성이 없을 것이다.

306쪽 **제2차 세계대전 때 스피트파이어와** 더욱 생생한 상응하는 사례는 밤나방과 레이더를 써서 그들을 사냥하는 박쥐 사이의 야간 군비 경쟁이다. 물론 박쥐의 '레이더'는 사실 음파 탐지기이며, 나방은 박쥐가 내는 초음파를 듣는 귀를 갖는 쪽으로 진화했다. 나방은 초음파가 들리면 박쥐라고 가정할 수 있고, 공중전을 펼치는 인간 조종사가 하듯이 급격히 하강하고 빙빙 돌고 갑자기 방향을 바꾸고 회전하는 일련의 기동 비행이 촉발된다(Roeder & Treat, 1961).

308쪽 **그러니 나는 초서가 'heysugge'를** A. S. 클라인A.S.Kline은 현대 영어로 번역할 때 'heysugge'를 '참새sparrow'로 옮겼다. 아마 '울타리참새 hedge sparrow'라고 하면 운율이 깨져서 그랬을 것이다.

310쪽 **반성 유전자는 실제로 성염색체에 들어 있는** 우리 Y 염색체는 작으며, 반성 Y 유전자임이 밝혀진 사례는 거의 없다. 털이 나는 귀는 교과서에 으레 등장하는 사례이지만, 이 사례조차도 의문이 제기되어 왔다. 남성 반성 형질의 사례가 설령 전혀 없다고 해도, 남성 한성 형질의 사례는 아주 많다. 음경 같은 명백한 사례뿐 아니라, 몸 크기, 근육 발달, 달리기 속도, 수영 속도, 테니스 서브 강도 등 많은 형질이 여기에 포함된다.

320쪽 **형제자매와 충분히 경쟁할 수 있지만** 이스라엘 동물학자 아모츠 자하비Amotz Zahavi(1997)는 이 게임의 이름이 사실상 포식자 끌어들이기라는 흥미로운 주장을 내놓았다. 새끼는 자신이 크게 짹짹거리는 소리가 포식자를 끌어들이지 않도록 빨리 먹이를 주어서 입을 다물게 하는 편이 좋다고 부모에게 협박을 하고 있다는 것이다! 새끼가 짹짹거리는 소리는 번역하면 이렇다. "고양아, 고양아, 와서 나를 먹어! 나 여기 있어. 누가 듣든 말든 신경 안 써. 부모가 먹이를 줄 때까지 계속 소리 지를래." 나는 처음에는 회의적이었지만, 지금은 그 이론을 좋아한다. 하지만 내 뻐꾸기 논의와 아무 차이가 없다.

321쪽 니코 틴베르헌Niko Tinbergen은 검은머리물떼새에게 선택을　Tinbergen (1951).

325쪽 노랗게 쩍 벌린 입뿐 아니라, 쩍 벌린 듯한　Tanaka et al.(2005).

325쪽 매사촌처럼 작은매사촌의 새끼도　Li et al.(2010).

11장

327쪽 현재 하버드대학교에 있는 데이비드 헤이그　Haig(1993, 2002, 2020).

328쪽 유전체 각인은 개체가 지닌 유전자들이 온갖 방식으로　버트와 트리버스Burt and Trivers(2006)는 『갈등하는 유전자』라는 책에서 그 주제 전체를 폭넓게 다루었다. 로버트 트리버스는 데이비드 헤이그(그리고 나)를 비롯한 한 세대의 진화생물학자들 전체에 영감을 준 선구적인 사상가다.

329쪽 당신의 조상 역사 중 2/3는 암컷의 몸에서　Shaffner(2004).

330쪽 르 뵈프가 캘리포니아의 북방코끼리물범을　Le Boeuf(1974), Le Boeuf & Reiter(1988).

334쪽 상황을 더 복잡하게 만드는 다른 요인들도 있으며,　Charnov(1982).

335쪽　**암컷은 한 해에 새끼를 한 마리만 낳으므로**　인간 종을 최우선적으로 생각하는 독자(나와 달리 많은 이들이 그럴 것이다)는 여기서 한 가지 비정상적인 점을 알아차릴 것이다. 남성은 여성보다 더 나이가 들어서도 번식을 계속할 수 있다. 여성은 중년에 갱년기에 이르면서 가임 연령을 벗어난다. 자연 상태에서 이 명백해 보이는 이점을 이용할 수 있을 만치 오래 사는 남성이 유의미한 수준에 이를지는 의심스럽다. 그리고 갱년기도 나름의 이점을 지닐 것이다. 여성이 자식보다 손주를 돌봄으로써 자신의 유전자에 더 혜택을 제공할 수 있는 시점에 찾아오기 때문이다.

335쪽　**그들은 '은밀한 수컷sneaky male' 전략이라고 하는**　이 말은 그 학술 용어를 점잖게 표현한 것이다. 존 크렙스와 나는 과학 문헌에 그 용어의 덜 점잖은 표현을 도입하면서 좀 뿌듯해했다. 아마 당시 우리 중 한 명이 출판물의 편집자였기 때문에 쉽게 통과되었을 것이다. 너무 쉽게 해낸 것을 속죄하는 차원에서, 나는 여기서는 점잖은 표현을 고수하련다.

337쪽　**나는 1989년에 벌거숭이두더지쥐에 관한**　Dawkins(1989).

339쪽　**게다가 나는 날개 달린 설치류를 예측할 만치 무모하지 않다**　그러나 박쥐가 먼저 날지 않았다면, 아마 날개를 지닌 설치류가 날았을 것이다.

339쪽　**이미 알려진 어떤 털 난 설치류,**　Dawkins(1989).

340쪽　**충분히 변화할, 그리고 무시무시한 아름다움이 탄생한다**　W. B. Yeats, 'Easter, 1916'. 'Oh, in a moment'도 예이츠의 것이지만, 다른 시다.

341쪽   **이를 시각적으로 보여 주는 가장 좋은 방법은**   제임스 로진델James Rosindell이 옌 웡과 함께 작성한 탁월한 줌패스트Zoompast 프로그램으로 확대해 보라고 강력히 추천한다.

341쪽   **왕가 혈우병 유전자는 특정한 조상에게까지**   Bodmer & McKie(1994).

342쪽   **이레네는 사촌 헨리와 혼인했는데,**   누구나 치사 또는 준치사 열성 유전자를 몇 개는 지닌다. 그러나 아주 드물기에, 우리가 무작위로 짝짓기를 한다면 아이는 열성 유전자를 쌍으로 지닐 가능성이 낮다. 그러나 형제자매끼리 혼인한다면, 아이가 그 유전자를 쌍으로 물려받을 확률은 25퍼센트이며, 그 말은 치사 또는 준치사 유전자 하나하나에 다 적용된다. 사촌과 혼인한다면, 각각의 유전자 당 확률이 1/16인데, 혼인을 하지 말라고 권할 만치 여전히 높다. 파키스탄에서는 사촌간 혼인의 비율이 거의 50퍼센트에 달한다. 이 풍습은 파키스탄계 영국인들 사이에서도 이어지고 있으며, 그들의 유아 사망률은 영국 평균의 2배다. 실제로 우리를 죽이는 치사 열성 유전자뿐 아니라, 더 흔한 준치사 열성도 신체적 및 정신적으로 쇠약하게 만드는 효과를 일으킨다. 찰스 다윈은 비록 당시에는 원인이 밝혀져 있지 않았지만 근교 약세를 알고 있었고, 사촌인 엠마 웨지우드Emma Wedgwood와 혼인하는 것이 현명하지 못한 행동이 아닐까 고심했다. 실험실의 흰쥐는 많은 세대에 걸쳐서 형제자매끼리 교배시켜 나온 산물인데, 놀랍게도 근교 약세를 보이지 않는다. 역설이 아니다. 이전 세대들에서 강한 자연선택이 일어나면서 치사 및 준치사 열성 유전자들이 제거되었기 때문이다. 물론 그 점을 생각하면, 규칙을 증명하는 진정으로 드문 사례임이 명백하다!

344쪽 **좀 별난 이유로 나는 영국에서**   2012년 나는 영국의 4번 채널에서 〈성, 죽음, 삶의 의미 Sex, Death and the Meaning of Life〉라는 3부작 TV 다큐멘터리의 진행자를 맡았다. 원래 계획에는 한 회에서 내 유전체 전체의 서열을 해독한 데이터 디스크를 치핑노턴 성당의 도킨스 집안 납골당에 1,000년 동안 묻어 놓는 장면을 넣기로 했다. 나는 천 년 뒤에 디스크가 꺼내지고 나의 클론이 탄생하는 광경을 상상할 예정이었다. 나는 그런 미래를 떠올리면서 곰곰이 생각한다. 내 젊은 쌍둥이(쌍둥이가 아니면 무엇이겠는가?)에게 나는 어떤 조언을 해 줄까? "내가 한 실수들을 똑같이 하지 마! 우리 공통의 유전체를 나보다 더 잘 활용해." 클론이라는 개념의 신비를 벗겨 내고 개인의 정체성이라는 문제를 생각할 수 있는 기회였다. 내 클론은 내가 아닐 것이고, 일란성 쌍둥이처럼 그도 자신의 정체성을 지닐 것이다. 나는 그 점을 보여 주기 위해서 현재의 일란성 쌍둥이들도 인터뷰할 예정이었다. 미래의 젊은 리처드는 근본적으로 다른 세계에서 자랄 것이고, 우리 사이의 1천 년 동안 세계에 어떤 놀라운 변화들이 일어났는지 내게 들려줄 수 있을 것이다. 그리고 그는 늙은 리처드가 살았던 놀라울 만치 원시적인 세계를 돌아보면서 도덕, 풍습, 기술, 언어가 어떻게 달라졌는지를 상상할 것이다. 다큐멘터리의 제작 방향이 달라지는 바람에 그 구상은 실현되지 못했지만, 제작사가 이미 내 유전체 서열 해독 비용을 지불했기에, 나는 데이터 디스크를 선물로 받게 되었다.

345쪽 **웡이 내 유전체로 그렇게 했을 때,**   Dawkins & Wong(2016), p. 68.

347쪽 **나는 한 책의 두 공저자 중 한 명이**   웡은 이렇게 덧붙인다. "언뜻 보면 당신의 진과 존 염색체들이 당신 및 당신의 가까운 친족의 구체적인 역사가 아니라, 인류 역사의 전반적인 특징을 드러낸다는 것이 놀라울 수 있다. 우리는 그것을 진과 존의 유전적 공통 계보라는 깊은 세월의 한 특징이라고 생각할 수 있다. 수천 년, 수만 년, 아니 더 나아가 수십만 년이나 수백만 년으로 측정되는 세월이다. 1,000년만 거슬러 올라가도, 당신은 당시 대다수 유럽인들에게서 무작위로 뽑은 표본 집단이라고 생각할 수 있는 수많은 증-고-현 등으로 이어지는 조상들을 지니게 된다. 더욱 멀리까지 나아가면, 당신의 조상들은 모든 비아프리카인(아니 적어도 오랫동안 번식적으로 격리되지 않았던 모든 이들)에게서 본질적으로 무작위로 추출한 표본 집단과 같아진다."

348쪽 **사람 유전체의 15퍼센트는 침팬지보다** Scally(2012).

349쪽 **존의 모든 유전자가 두 조부모에게서** 스반테 페보는 심심풀이 삼아 네안데르탈인이 자기 사무실로 들어올 확률을 계산해 보았다. 유럽인들은 대개 네안데르탈인 유전자를 약 2퍼센트 지니고 있지만, 그 2퍼센트는 각자마다 다르다. 따라서 이론상 그 2퍼센트들이 어느 한 사람에게로 다 모일 가능성도 있다. 실제로 일어나지는 않겠지만!

350쪽 **영국인은 정복자 윌리엄의 후손일 가능성이** 충분히 멀리까지 거슬러 올라가서 누군가를 찾아낸다면, 그 사람은 현재 사는 모든 사람의 조상이거나 현재 사는 누구의 조상도 아니다. 그 절반에 해당하는 사람은 전혀 없다. 이 놀라운 결론의 근거는 『조상 이야기*The Ancestor's Tale*』의 '랑데뷰 0'에서 제시했다. 여기서 유일한 문제는 정복자 윌리엄이 과연 충분히 멀리까지 올라갔다고 할 수 있느냐다.

12장

353쪽   **어느 한 유전자 풀의 유전자들**   Yanai & Lercher(2015).

355쪽   **진화 역사 전체에 걸쳐서 태어난 모든 동물은**   나는 이 논증을 Dawkins(2011)에서 전개한 바 있다. 예외 사례가 있긴 하며, 특히 식물에서 나타나는데, 여기서는 굳이 거기까지 다루지는 않으련다.

356쪽   **아마 산맥이나 강, 바다 같은 지리적 장벽**   초기 장벽이 반드시 지리적인 것은 아니며, 곤충들에게서 특히 그렇다. '동소적sympatric' 종 분화라는 과정을 거쳐서 갈라질 때도 있다. 동소적 종 분화는 6장에서 다른 주제로 언급한 바 있는 아프리카 거대 호수들에 사는 시클리드 어류를 비롯해서 호수 어류의 적응 방산에도 중요한 역할을 하는 듯하다(Schluter & McPhail, 1992).

362쪽   **사실 내 친구이자 예전 제자였던 마크 리들리는**   미국판(2001)에서다. 종종 그렇듯이, 영국판인 『멘델의 악마Mendel's Demon』(2000)와 제목이 다르다. 마크를 가까운 친구이자 탁월한 책들을 쓴 저자인 매트 리들리Matt Ridley(서로 혈연관계가 전혀 없다)와 혼동하지 말기를(혼동하는 일이 흔하지만). 한 학술지 편집자는 두 사람에게 서로 모르게 한 채로 상대의 책을 평해 달라고 요청해서 같은 호에 실었다. 둘 다 찬사를 보냈고, 마크는 매트의 책이 '우리 공동의 이력서에 추가된 또 하나의 탁월한 항목'이 될 것이라는 말로 서평을 마무리했다.

367쪽   **유전학을 가르친 괴팍할 만치 까다로운 탐미주의자**   Ford(1975). 그리고 속물이었음도 인정해야 한다. 남들은 쉬운 수학을 언급할 때 "우리가 유치원 때 배웠듯이"라고 말하곤 하는데, 포드는 "우리가 유모의 무릎에서 배웠듯이"라고 굳이 남다른 표현을 썼다.

367쪽 **나비와 나방의 권위자인 그는 포충망을 들고** 젊은 빌 해밀턴이 유전학을 처음 접한 것은 포드의 인기 있는 나비 책(1945)을 통해서였다. 앨런 그래펀Alan Grafen(2005)은 해밀턴의 3권짜리 회고록에 전기적인 내용을 덧붙이면서 이렇게 썼다. "이 젊은 생물학자에게 영감을 주었다는 사실 그 자체로 나비에 관한 책을 쓰는 데 몰두한 포드의 노력은 정당성을 얻을 것이다."

367쪽 **곤충학자이자 화가인 존 커티스**John Curtis, 영국의 곤충을 다룬 8권짜리 논문(1832)에서 커티스가 그린 그림에는 트리파이나 콘세쿠아 *Triphaena consequa*라고 적혀 있었다. 그는 그 표본을 스코틀랜드 서쪽 연안의 뷰트섬에서 발견했다. 분류학은 더 이전에 붙인 이름이 발견되면, 종의 공식 학명을 바꾼다. 1832년에는 트리파이나 콘세쿠아였던 종이 지금은 다른 이름으로 불릴 수도 있다. 커티스의 책을 지금 다시 낸다면, 그가 트리파이나 콘세쿠아라고 부른 종의 이명이 녹투아 코메스 ab. 쿠르티시이Noctua comes ab. curtisii라는 해설이 붙을 것이다. 녹투아는 분류학의 아버지인 린네가 더 이전에 그 속에 붙인 이름인데, 지금은 공식 속명으로 복원되었다. 여기서 'ab.'는 '이상 개체aberrant form'의 줄임말이며, 흔한 옅은 형태에 비해 짙은 날개를 지닌 모습은 분명히 이상 개체라고 묘사할 수 있을 것이다. 나는 커티스가 트리파이나 콘세쿠아라고 적은 그림의 검은 나방이 포드가 트리파이나 (녹투아) 코메스의 '쿠르티시이' 형태라고 알고 있던 것과 동일하다고 결론짓는다.

372쪽 **때로는 협력하고 때로는 싸우는 유전체 내 유전자들** Leigh(1971).

374쪽 **예쁜꼬마선충Caenorhabditis elegans이라는** 분자유전학자들은 예쁜꼬마선충을 그냥 '그' 선충, 또는 '그' 벌레라고 부르곤 한다. 다른 선충은 아예 없다는 양 말이다. 사실은 5만 종이 넘는 벌레와 3만 종이 넘는 선충 중 하나일 뿐이다. 랠프 벅스봄Ralph Buchsbaum의 무척추동물학 교과서(1971)에는 다음과 같은 기억에 남을 대목이 인용되어 있다. "선충을 제외한 우주의 모든 물질이 싹 사라진다고 해도, 우리 세계는 여전히 어렴풋이 알아볼 수 있을 것이다. 그리고 육체 없는 영혼으로서의 우리가 세상을 조사할 수 있다면, 선충들의 얇은 막을 보고서 산, 언덕, 골짜기, 강, 호수, 바다를 알아볼 수 있을 것이다. 도시가 있던 곳도 알아볼 수 있을 것이다. 사람들이 몰려 있는 곳마다 특정한 선충들도 몰려 있을 테니까. 나무들도 아직 유령처럼 줄줄이 늘어서서 어디가 거리와 고속도로인지 알려 줄 것이다. 다양한 동식물이 있던 곳도 여전히 알아볼 수 있을 것이고, 충분한 지식을 갖추고 있다면 그들에게 여태껏 기생했던 선충을 조사해서 그들이 어떤 종이었는지까지 파악할 수 있는 경우도 많을 것이다." 게다가 선충을 뺀다고 해도, '벌레'의 문이 적어도 네 가지 더 있다.

376쪽 **유전적으로는 동일하지만 후성유전학적으로는** 에든버러의 유전학자이자 발생학자이며, 이론생물학자인 C. H. 와딩턴C. H. Waddington은 1942년 '후성유전학epigenetics'이라는 용어를 창안했다. 유전학이 아니라 발생학 측면에서 유전자의 차등 발현을 연구하는 학문이다. 다양한 세포에서 유전자가 어떻게 발현되거나 발현되지 않는지다. 반면에 유전학은 각 세대에 유전자 자체가 있는지 없는지를 연구한다. 최근 들어서 과장된 표현을 쓰는 대중 과학 저자들이 '후성유전학'을 유전자의 후성유전학적 켜짐 또는 꺼짐 양상이 다음 세대로 전달되는 아주 드문 그리고 내가 볼 때 중요하지도 않은 특수한 사례들에 주로, 더 나아가 배타적으로 씀으로써 지겨울 만치 물을 흐려 놓고 있다. 와딩턴의 '후성유전학'은 '후성설epigenesis'에서 유래했다. 후성설은 전성설preformationism(난자, 또는 다른 판본에서는 정자에 나중에 부풀어서 온전한 몸이 되는 축소판 배아가 이미 들어 있다는 지금은 죽은 이론)에 반대되며, 현대의 모든 발생학자들이 이어받은 발생학의 역사적 학파가 주창한 것이다. 지금 우리가 알고 있듯이, 다양한 조직의 세포들이 동일한 유전자를 지니지만 서로 너무나도 다르다는 점을 고려할 때, 유전자들을 서로 다르게 켜고 끄는 것 외에 논리적으로 다른 대안은 전혀 없어 보일 것이다. 그것이 와딩턴이 말한 의미의 후성유전학이다.

382쪽 **야외 조사를 위해 차려입은 좋은 동료들** 옥스퍼드 동물학자들은 초원갈색나비 *Maniola jurtina*의 기이한 경계 현상에 관한 E. B. 포드의 강의를 결코 잊지 못할 것이다. 포드 연구진은 잉글랜드 남서부를 가로지르는 한 선을 중심으로 갑작스럽게 단절이 일어나면서 두 안정적인 다형성이 나타난다는 것을 발견했다(Ford, 1975). 내 관점에서 보자면, 이는 바라/오크니 분리와 비슷하게 두 가지 '좋은 동료' 유전자 집합이 있다고 할 수 있을 것이다. 이 사례에서는 수수께끼처럼 가르는 선을 지리적으로는 결코 설명하지 못한다는 점만 다르다. 사실 이 선은 해마다 옮겨진다. 연구진은 어느 해에 걸쳐서 그 선을 추적하다가, 경계를 나타내는 듯한 산울타리를 만났다. 나는 이때 포드 교수가 피리를 부는 듯한 아주 정확한 발음으로 했던 말을 생생하게 기억하고 있다. "바로 이 지점에서 상황이 중대해지고 있다는 것이 명확했지요. 그래서 우리는 울타리 옆에 앉아서 샌드위치를 먹었어요." 나는 이 사진의 울타리가 바로 그 울타리가 아닐까 하는 생각이 강하게 든다. 포드는 직접 보시라고 자신의 영웅 R. A. 피셔를 데려갈 기회가 왔을 때 결코 놓치지 않았을 것이다. 내 생각이 옳다면, 이 사진은 역사적인 것이다.

13장

383쪽   우리는 으레 세균을 두려워하곤 하지만,   Robinson(2023).

383쪽   지금은 미토콘드리아가 독립 생활하는 세균에서 기원했다는   Margulis (1998).

385쪽   나는 동료로서 선행을 할지 그 반대 행동을 할지를   Fine(1975), Ewald (1987, 1994).

386쪽   900여 종을 대규모로 조사하니   Kalluraya et al.(2023). 이 연구는 매튜 도허티Matthew Daugherty의 연구실에서 이루어졌다.

386쪽   등뼈가 없지만 척추동물의 친척인 작은   '원시적'은 생물학에서 정확한 의미를 지닌 단어다. 조상을 의미하는 것도 아니고, 경멸적인 의미를 지니고 있지도 않다. 그저 조상을 닮았다는 뜻이다. 창고기는 살아 있는 현생 동물이므로, 같은 현생 척추동물보다 더 조상일 리가 없다. 그러나 이들은 공통 조상 이래로 진화하는 동안 다른 현생 척추동물보다 덜 변했다. 그래서 창고기를 원시적이라고 정의한다.

386쪽 **식물 중에는 아주까리Ricinus communis 한 종만이** Kalluraya et al. (2023).

388쪽 **기생충학 문헌은 숙주의 행동을 조작하는** Hughes et al.(2012). Dawkins(1990).

388쪽 **유선형동물문에 속한 '연가시'는** 선충류nematode도 유형류nemertine도 아니다. 이 세 문은 실이라는 뜻의 그리스어 네마nema에서 나온 비슷한 영어 이름을 지니고 있어서 쉽게 혼동한다.

389쪽 **그런 뒤 톡소포자충은 감염된 쥐가 고양이에게** 기생생물, 특히 선형동물과 편형동물 같은 실 같은 동물들이 왜 때로 5단계까지도 이르는 중간 숙주들을 거쳐서 이른바 최종 숙주에 이르는 이렇게 복잡한 한살이를 지니는 경향이 있는지 궁금할지도 모른다. 나는 그것이 식물이 동물을 빌려서 씨나 꽃가루를 옮기는 이유와 비슷하다고 생각한다. 세균이나 바이러스는 기침이나 재채기를 통해 나온 침방울을 통해 잘 퍼질 수 있지만, 선충은 동물 같은 큰 매개체가 필요하다. 고양이는 고양이를 먹지 않지만, 쥐를 먹으며, 쥐는 선충에게 편리한 이동 매개체다.

390쪽 **흡충은 한살이의 한 단계에서 달팽이의 눈자루로** Simon(2014).

391쪽　다윈은 진화에 관한 책들을 내는 데 썼을　Deutsch(2009).

392쪽　노플리우스 유생은 사이프리드　Calman(1911).

392쪽　주머니벌레의 유전체 서열도 이제 분석되어 있다　Blaxter et al.(2023).

395쪽　또 감염된 개미는 보통 개미보다 더 오래 산다　LePage(2023).

395쪽　달팽이가 개체 생존에 우선순위를 두기를 '원한다　Dawkins(1982, pp. 210~212).

398쪽　이는 바이러스가 우리에게 해를 끼칠 뿐 아니라　Pride(2020). 우리 각자의 몸에는 약 380조 개의 바이러스가 살며, 그중 상당수는 세균을 먹음으로써 우리에게 혜택을 주는 박테리오파지(파지)다. 파지를 이용해서 항생제 내성 세균을 막으려는 의학 연구도 유망하다.

399쪽　사람 유전체의 약 8퍼센트는 사실상 수백만 년에　Arnold(2020).

399쪽　한 예로, 진화적으로 볼 때 포유류 태반　Haig(2012), Villafrreal(2016), Chuong(2018).

399쪽　탁월한 바이러스학자 L. P. 빌리리얼　Villarreal(2016).

400쪽　코끼리 '자신의' 유전자도 내 이전 저서에 썼던 말　Dawkins(1996)에서 인용.

401쪽   우리는 춤추는 바이러스들의 그물망 속에 살고 있다   Thomas(1974).

401쪽   바버라 매클린톡Barbara McClintock은 이 '이동성 유전 인자'를   Pray & Zhaurova(2008).

401쪽   사람 유전체의 약44퍼센트는 이런 도약 유전자   Mills et al.(2007).

감사의 말

원고를 전부 또는 일부 읽고 도움이 되는 말을 해 준 분들이 있다. 존 크렙스, 닉 데이비스, 제인 셰프스, 마이클 로저스, 얀 윙, 조앤 스티븐슨-하인드, 데이비드 헤이그, 그리고 유달리 꼼꼼하게 살펴본 케런 오웬스께 감사드린다.

특정 주제에 친절하게 조언을 해 준 분들에게도 감사드린다. 헨리 베넷-클라크, 마이클 핸셀, 폴라 커비, 클레어 스포티스우드, 벤 샌드컴, 스티븐 심프슨, 피터 슬레이터, 마이클 워드, 라사 메논, 빅터 플린, 마이클 케틀웰, 스티븐 볼버스, 니콜러스 케틀웰, 론 호이. 특히 13장을 읽고 조언과 응원을 해 준 에드워드 홈즈에게 고마움을 전한다.

여러 사진을 구해 준 출판사뿐 아니라 흔쾌히 사진을 제공해 준 다음 분들께도 인사드린다. 게이타 다나카, 캐서린 마가이, 다니엘 커카신, 마이클 스윗, 안빌 쿠마르 베르마, 후세인 라티프, 야신 크리슈나파, 팀 콜슨, 크리스토퍼 반하트.

　필자와 화가는 앤서니 치텀으로부터 초기에 격려를 받은 뒤 헤드 오브제우스 출판사로부터 많은 지원을 받았다. 보이지 않은 곳에서 많은 지원을 해 준 분들뿐 아니라, 특히 닐 벨턴, 클레망스 자키네, 제시 프라이스께 고맙다는 말을 전한다. 미국판 출간을 위해 애써 준 진 톰슨 블랙과 직원들께도 감사드린다.

저자 및 일러스트레이터 소개

저자 | 리처드 도킨스(Richard Dawkins)

리처드 도킨스는 세계에서 가장 저명한 저술가이자 사상가에 속한다. 『이기적 유전자』, 『눈먼 시계공』, 『만들어진 신』 등 여러 상을 받은 저서들뿐 아니라, 다수의 베스트셀러 과학 교양서를 썼다. 왕립협회와 왕립문학협회의 회원이기도 하다. 옥스퍼드에 산다.

일러스트레이터 | 야나 렌조바(Jana Lenzová)

야나 렌조바는 슬로바키아 브라티슬라바에서 태어나고 자란 일러스트레이터이자 번역가이며 통역사다. 리처드 도킨스의 『만들어진 신』을 슬로바키아어로 번역한 일을 계기로 도킨스의 책에 일러스트레이터로 참여하고 있다.

옮긴이의 말

 도킨스의 새 책을 접하면, 또 무슨 새로운 내용이 담겨 있을까, 하는 궁금증이 먼저 생긴다. 물론 저자가 앞서 나온 저서들에서 이미 제시한 개념과 관점도 담겨 있고, 익히 알려진 과학적 사실들도 들어 있으리라고 짐작할 수 있다. 하지만 도킨스의 책을 넘기다 보면 가장 먼저 저절로 깨닫는 것이 하나 있다. 아하, 이렇게도 볼 수 있구나.
 이 책에서도 마찬가지다. 책을 펼치면 동식물에 관심을 가진 사람이라면 누구나 접했을 위장, 의태, 수렴 진화 같은 평범한 사례들이 먼저 등장한다. 저자는 이런 잘 알려진 모습들에 얼마나 많은 의미가 담겨 있는지를 층층이 파헤친다. 무엇보다도 생물의 이런 모습이 일종의 예측이라는 것, 즉 사막이든 초원이든 숲이든 해안이든 간에 자신이 어떤 환경에서 태어날 것임을 예측하고서 거기에 적합한 모습을 취하는 것이라고 말한다. 그리고 그 예측은 대대로 조상들이 그 환경에서 살아왔고, 자연 선택을 거쳐 그 환경이 유전자에 적힌 결과라는 것도 알려준다.

이어서 저자는 이런 과정이 어떻게 일어나며, 생물이 환경 변화에 어떻게 적응하고, 그런 변화가 어떻게 유전자에 적히는지를 차근차근 설명한다. 그러면서 『이기적 유전자』, 『확장된 표현형』 등 이전 저서들에서 상세히 논의했던 개념들을 그물 짜듯 촘촘하게 하나로 엮어 나간다.

이런 논의를 전개하면서 저자는 예전 서양에서 버리기가 아까워 계속 글을 적고 또 적었던 양피지를 떠올린다. 오래전에 적었던 글은 지워지고, 새로운 글이 적히고 또 적히겠지만, 예전에 눌린 자국은 남아 있을 것이다. 저자는 우리 유전체가 바로 그렇다고 본다. 예전의 글은 얼마나 남아 있고, 얼마나 복원이 가능하고, 얼마나 현재의 생물에게 영향을 미칠까? 미래의 후손에게는? 저자는 이런 궁금증들을 하나하나 살펴보면서 논의의 깊이를 더해 간다.

저자가 지금까지 여러 저서를 통해 펼친 이야기들을 종합한 책이라는 생각이 절로 든다. 새로운 시각과 비유까지 덧붙여서다. 읽다 보면 생물을 이해하는 기쁨을 느끼게 된다.

참고 문헌

Adams, D (1980) *The Restaurant at the End of the Universe*. Picador, London.

Ågren, JA (2021) *The Gene's-Eye View of Evolution*. Oxford University Press, Oxford.

Aktipis, A (2020) *The Cheating Cell – how evolution helps us understand and treat cancer*. Princeton University Press, Princeton, NJ.

Alcock, J (1979) *Animal Behavior*. Sinauer, Sunderland, MA.

Andersson M (1994) *Sexual Selection*. Princeton University Press, Princeton, NJ.

Arnold, C (2020) The non-human living inside of you. *Nautilus*. Coldspring Harbor Laboratory, NY.

Balbus, SA (2014) Dynamical, biological and anthropic consequences of equal lunar and solar angular radii. *Proc. Roy. Soc. A*, 470.

Barash, DP (1982) *Sociobiology and Behavior*. Hodder & Stoughton, London.

Barkow, JH, Cosmides, L & Tooby, J (1992) *The Adapted Mind*. Oxford University Press, New York.

Barlow, GW (2000) *The Cichlid Fishes: nature's grand experiment in evolution*. Perseus, New York.

Barlow, HB (1961) Possible principles underlying the transformations of sensory messages. In WA Rosenblish (ed.), *Sensory Communication*. MIT Press, Cambridge, MA.

Barlow, HB (1963) The coding of sensory messages. In WH Thorpe & OL Zangwill (eds), *Current Problems in Animal Behaviour*. Cambridge University Press, Cambridge.

Barnhart, MC et al. (2008) Adaptations to host infection and larval parasitism in Unionoidea – *J.N. Am. Benthol. Soc.*, 27, 370–394.

Bateson, PPG & Hinde, RA (1982) *Current Problems in Sociobiology*. Cambridge University Press, Cambridge.

Beall, CM (2007) Two routes to functional adaptation: Tibetan and Andean high-altitude natives. *Proceedings of the National Academy of Sciences*, 104 (suppl. 1), 8655–8660.

Bennet-Clark, HC (1970) The mechanism and efficiency of sound production in mole crickets. *Journal of Experimental Biology*, 52, 619–652.

Bentley, D and Hoy, R (1974) The neurobiology of cricket song. *Scientific American*, 231, 34–44.

Blaxter, M et al. (2023) The genome sequence of the crab hacker barnacle, *Sacculina carcini* (Thompson, 1836). *Wellcome Open Research*, 8, 91.

Bodmer, WF & McKie, R (1994) *The Book of Man*. Little Brown, London.

Boonman, A et al. (2014) Nonecholocating fruit bats produce biosonar clicks with their wings. *Current Biology*, 24, 2962–2967.

Braaten, RF & Reynolds, K (1999) Auditory preference for conspecific song in isolation-reared zebra finches. *Animal Behaviour*, 58, 105–111.

Brenner, S (1974) The genetics of *Caenorhabditis elegans*. *Genetics*, 77, 71–94.

Brenner, S (2002) Nature's gift to science. *Nobel Lecture*, 8 Dec., reprinted (2003) in ChemBioChem 4, 683–687.

Brunhoff, J de (1935) *Babar's Travels*. Methuen, London.

Buchsbaum, R. (1971) Animals Without Backbones, Volume 1. Pelican, London.

Burt, A & Trivers, RL (2006) *Genes in Conflict*. Harvard University Press, Cambridge, MA.

Buss, DM (ed., 2005) *The Handbook of Evolutionary Psychology*. Wiley, New Jersey.

Cain, AJ (1989) The perfection of animals. *Biological Journal of the Linnean Society*, 36, 3–29. Reprinted from JD Carthy & CL Duddington (eds) (1966), *Viewpoints in Biology*, 4. Butterworth, Oxford.

Caldwell, RL & Dingle, H (1976) Stomatopods. *Scientific American*, Jan., 80–89.

Callaway, E (2015) Beloved *Brontosaurus* makes a comeback. *Nature Communications*, 7 April.

Calman, WT (1911) *Life of Crustacea*. Macmillan, New York.

Catchpole, CK & Slater, PJB (2008) *Bird Song*. Cambridge University Press, Cambridge.

Cavalli-Sforza, LL (2000) *Genes, Peoples and Languages*. Allen Lane, London.

Cavalli-Sforza, LL & Feldman, MW (1981) *Cultural Transmission and Evolution*. Princeton University Press, Princeton, NJ.

Chagnon, NA & Irons, W (eds, 1979) *Evolutionary Biology and Human Social Behavior: an anthropological perspective*. Duxbury Press, North Scituate, MA.

Charnov, EL (1982) *The Theory of Sex Allocation*. Princeton University Press, Princeton, NJ.

Chaucer, G (1382) *The Parlement of Foules*. Librarius.

Cheng, M-F (1986) Female cooing promotes ovarian development in Ring Doves. *Physiology and Behavior*, 37, 371–374.

Chun, Li (2020) Amazing reptile fossils from the marine Triassic of China. *Bulletin of the Chinese Academy of Sciences*, 24, 80–82.

Chuong, EB (2018) The placenta goes viral. Retroviruses control gene expression in pregnancy. *PLos Biol.*, 16, October.

Clutton-Brock, TH et al. (1982) *Red Deer: behavior and ecology of two sexes*. Chicago University Press, Chicago.

Conway Morris, S (2003) *Life's Solution: inevitable humans in a lonely universe*. Cambridge University Press, Cambridge.

Conway Morris, S (2015) *The Runes of Evolution*. Templeton Press, Pennsylvania.

Cott, HB (1940) *Adaptive Coloration in Animals*. Methuen, London.

Coyne, JA (2009) *Why Evolution Is True*. Oxford University Press, Oxford.

Craik, KJW (1943) *The Nature of Explanation*. Cambridge University Press, Cambridge.

Crew, B (2014) Caterpillar an expert in mimicry. *Australian Geographic*, 17 April.

Cronin, H (1991) *The Ant and the Peacock*. Cambridge University Press, Cambridge.

Curtis, J (1832) British Entomology. J Pigott, London.

Daly, M & Wilson, M (1983) *Sex, Evolution and Behavior*. Willard Grant, Boston.

Darwin, C (1859) *On the Origin of Species*. Murray, London.

Darwin, C (1868) *The Variation of Animals and Plants under Domestication*. John Murray, London.

Darwin, C (1871) *The Descent of Man*. Appleton, New York.

Davies, NB (2015) *Cuckoo: cheating by nature*. Bloomsbury, London.

Dawkins, R (1971) Selective neurone death as a possible memory mechanism. *Nature*, 229, 118–119.

Dawkins, R (1976, 1989) *The Selfish Gene*. Oxford University Press, Oxford.

Dawkins, R (1982) *The Extended Phenotype*. Oxford University Press, Oxford.

Dawkins, R (1983) Universal Darwinism. In DS Bendall (ed.), *Evolution from Molecules to Man*. Cambridge University Press, Cambridge.

Dawkins, R (1988) The evolution of evolvability. In C Langton (ed.), *Artificial Life* Addison Wesley, Boston.

Dawkins, R (1990) Parasites, desiderata lists, and the paradox of the organism. In AE Keymer and AF Read (eds), *The Evolutionary Biology of Parasitism. Supplement to Parasitology*, 100, S63–S73.

Dawkins, R (1996) *Climbing Mount Improbable*. Viking, London.

Dawkins, R. (2004) Extended phenotype – but not too extended. Biology & Philosophy, 19, 377–396.

Dawkins, R (2009) *The Greatest Show on Earth*. Free Press, London.

Dawkins, R (2011) *The Magic of Reality*. Transworld, London.

Dawkins, R (2013) *An Appetite for Wonder*. Bantam, London.

Dawkins, R & Krebs, JR (1978) Animal signals: information or manipulation. In JR Krebs & NB Davies (eds), *Behavioural Ecology*, 282–309.

Dawkins, R & Krebs, JR (1979) Arms races between and within species. *Proc. Roy. Soc. Lond. B*, 205, 489–511.

Dawkins, R & Wong, Y. (2016) *The Ancestor's Tale: a pilgrimage to the dawn of life*. Second Edition, Weidenfeld & Nicolson, London.

Dennett, D (1991) *Consciousness Explained*. Little Brown, Boston.

Deutsch, J (2009) Darwin and the Cirripedes: insights and dreadful blunders. *Integrative Zoology*, 4, 316–322.

Deutsch J (2010) Darwin and barnacles. *Comptes Rendus Biologies*, 333, 99–106.

Deutsch, JS & Mouchel-Vielh, E (2003) Hox genes and the crustacean body plan. *BioEssays*, 25, 878–887.

Diamond, J & Bond, AB (2013) *Concealing Coloration in Animals*. Harvard University Press, Cambridge, MA.

Doolittle, WF & Sapienza, C (1980) Selfish genes, the phenotype paradigm and genome evolution. *Nature*, 284, 601–603.

Doudna, JA & Sternberg, SH (2017) *A Crack in Creation: gene editing and the unthinkable power to control evolution*. Houghton Mifflin Harcourt, Boston.

Ewald, PW (1987) Transmission modes and evolution of the parasitism–mutualism continuum. *Annals of the New York Academy of Sciences*, 503, 295–306.

Ewald, PW (1994) *Evolution of Infectious Disease*. Oxford University Press, New York.

Feigin, CY et al. (2023) Convergent deployment of ancestral functions during the evolution of mammalian flight membranes. *Science Advances*, 9.

Fine, PEF (1975) Vectors and vertical transmission: an epidemiological perspective. *Annals of the New York Academy of Sciences*, 266, 173–194.

Fisher, RA (1930, 1958) *The Genetical Theory of Natural Selection*. Dover, New York.

Ford, EB (1945) *Butterflies*. Collins, London.

Ford, EB (1975) *Ecological Genetics*. Chapman and Hall, London.

Fowler, HW (1968) *Modern English Usage*. Oxford University Press, Oxford.

Framond, L de et al. (2022) The broken-wing display across birds and the conditions for its evolution. *Proceedings of the Royal Society* B, 289.

Frank, L (2018) Can electrically stimulating your brain make you too happy? *Atlantic*, 21 March.

Frisch, K von (1950) *Bees – their vision, chemical senses, and language*. Cornell University Press, Ithaca, NY.

Gadagkar, R (1997) *Survival Strategies*. Harvard University Press, Cambridge, MA.

Gallagher, P (2020) Be still my heart: dolphins can detect babies in the womb. *Evie Magazine*, 1 Oct.

Garvey, KK (2014) Can a bee unscrew the sting? *Bug Squad*, 24 Feb.

Gilliard, ET (1969) *Birds of Paradise and Bower Birds*. Weidenfeld & Nicolson, London.

Gissler, CF (1884) The crab parasite, *Sacculina*. *American Naturalist*, 18, 225–229.

Glenner, H et al. (2008) Induced metamorphosis in crustacean y-larvae: towards a solution to a 100-year-old riddle. *BMC Biology*, 6, 21.

Gould, SJ (1991) *Bully for Brontosaurus*. Hutchinson, London.

Gould, SJ (1992) The confusion over evolution. *New York Review of Books*, 39 (19), 47–54.

Grafen, A (2005) William Donald Hamilton. In Mark Ridley (ed.), *Last Words*. Volume 3 of WD Hamilton (2005), *Narrow Roads of Gene Land*. Oxford University Press, Oxford.

Grafen, A & Ridley, Mark (2006) *Richard Dawkins: how a scientist changed the way we think*. Oxford University Press, Oxford.

Grant, P & Grant, R (2014) *Forty Years of Evolution*. Princeton University Press, Princeton, NJ.

Gregory, R (1981) *Mind in Science*. Weidenfeld & Nicolson, London.

Gregory, R (1998) *Eye and Brain*. Oxford University Press, Oxford.

Griffin, DR (1959) *Echoes of Bats and Men*. Anchor, New York.

Griffin, DR (1976) *The Question of Animal Awareness*. Rockefeller University Press, New York.

Haeckel, E (2017) *The Art and Science of Ernst Haeckel*. Taschen, Cologne.

Haig, D (1993) Genetic conflicts in human pregnancy. *Quarterly Review of Biology*, 68, 495–532.

Haig, D (2002) *Genomic Imprinting and Kinship*. Rutgers University Press, New Brunswick, NJ.

Haig, D (2012) Retroviruses and the placenta. *Current Biology*, 22, R609 – R613.

Haig, D (2020) *From Darwin to Derrida: selfish genes, social selves, and the meanings of life*. MIT Press, Cambridge, MA.

Haldane, JBS (1932) *The Causes of Evolution*. Longmans, Green, London.

Haldane, JBS (1940) Man as a sea beast. In *Possible Worlds*. Evergreen Books, London.

Halliday, TR & Slater, PJB (eds, 1983) Animal Behaviour. Blackwell Scientific Publications, Oxford.

Hall-Craggs, J (1969) The aesthetic content of bird song. In RA Hinde (ed.), *Bird Vocalizations*. Cambridge University Press, Cambridge.

Hamilton, WD (1964) The genetical evolution of social behaviour, I. *Journal of Theoretical Biology*, 7, 1 – 16.

Hamilton, WD (1972) Altruism and related phenomena, mainly in social insects. *Annual Review of Ecology and Systematics*, 3, 193 – 232.

Hamilton, WD (1996, 2001, 2005) *Narrow Roads of Gene Land*. Oxford University Press, Oxford. Three volumes.

Hamilton, WD & May, RM (1977) Dispersal in stable habitats. *Nature*, 269, 578 – 581.

Hanlon, R (2007) Cephalopod dynamic camouflage. *Current Biology*, 17, R400 – R404.

Hansell, MH (1968) The house building behaviour of the caddis-fly larva *Silo pallipes* fabricius: I. The structure of the house and method of house extension. *Animal Behaviour*, 16, 558 – 561.

Hansell, MH (1984) *Animal Architecture and Building Behaviour*. Longman, London.

Hansell, MH (2007) *Built by Animals: the natural history of animal architecture*. Oxford University Press, Oxford.

Hartshorne, C (1958) The relation of bird song to music. *Ibis*, 100, 421 – 445.

Hendrik, LK et al. (2022) A review of false heads in Lycaenid butterflies. *Journal of the Lepidopterists' Society*, 76, 140 – 148.

Hinde, RA (ed., 1969) *Bird Vocalizations*. Cambridge University Press, Cambridge.

Hinde, RA (1982) *Ethology*. Fontana, London.

Hinde, RA & Steel, E (1976) The effect of male song on an estrogen-dependent behavior pattern in the female canary (*Serinus canarius*). *Hormones and Behavior*, 7, 293–304.

Hofstadter, DR & Dennett, DC (1981) *The Mind's I*. Harvester Press, Brighton.

Horka, I et al. (2018) Multiple origins and strong phenotypic convergence in fish-cleaning palaemonid shrimp lineages. *Molecular Phylogenetics and Evolution*, 124, 71–81.

Hughes, DP et al. (2012) *Host Manipulation by Parasites*. Oxford University Press, Oxford.

Hull, DL (1981) The units of evolution: a metaphysical essay. In UJ Jensen & R Harré (eds), *The Philosophy of Evolution*. Harvester, London.

Huelsmann, M et al. (2019) Genes lost during the transition from land to water in cetaceans highlight genomic changes associated with aquatic adaptations. *Science Advances*, 5.

Huxley, JS (1923) *Essays of a Biologist*. Chatto & Windus, London.

Huxley, JS (1932) *Problems of Relative Growth*. Dial Press, New York.

Illingworth, S (2020) Tidal evolution. *The Poetry of Science*.

Jablonka, E (2004) From replicators to heritably varying phenotypic traits: the extended phenotype revisited. *Biology and Philosophy*, 19, 353–375.

Joyce, WG & Gauthier, JA (2003) Palaeoecology of Triassic stem turtles sheds new light on turtle origins. *Proc. Roy. Soc. Lond., B*, 271, 1–5.

Joyce, H (2021) *Trans: when ideology meets reality*. Oneworld, London.

Kaji, T et al. (2018) Parallel saltational evolution of ultrafast movements in snapping shrimp claws. *Current Biology*, 28, 106–113.

Kalluraya, CA et al. (2023) Bacterial origin of a key innovation in the evolution of the vertebrate eye. *Proc. Nat. Acad. Sci.*, 120.

Kettlewell, HBD (1973). *The Evolution of Melanism*. Oxford University Press, Oxford.

Kimura, M (1983) *The Neutral Theory of Molecular Evolution*. Cambridge University Press, Cambridge.

Kingdon, J (2003) *Lowly Origin*. Princeton University Press, Princeton, NJ.

King's College Sociobiology Group (1982). *Current Problems in Sociobiology*. Cambridge University Press, Cambridge.

Konishi, M & Nottebohm, F (1969) Experimental studies in the ontogeny of avian vocalizations. In RA Hinde (ed.), *Bird Vocalizations*. Cambridge University Press, Cambridge.

Kowalczyk, A et al. (2022) Complementary evolution of coding and noncoding sequence underlies mammalian hairlessness, *eLife*, 11, 7 Nov.

Krebs, JR (1977) The significance of song repertoires: the Beau Geste hypothesis. *Animal Behaviour*, 25, 475-478.

Krebs, JR & Davies, NB (eds, 1978, 1984, 1991) *Behavioural Ecology: an evolutionary approach*. Blackwell Scientific Publications, Oxford.

Krebs, JR & Davies, NB (1987) *An Introduction to Behavioural Ecology*. Blackwell Scientific Publications, Oxford.

Krebs, JR & Dawkins, R (1984) Animal signals: mindreading and manipulation. In JR Krebs & NB Davies (eds), *Behavioural Ecology* (Second Edition), Blackwell Scientific Publications, Oxford, 380-402.

Kringelbach, ML & Berridge, KC (2010) The functional anatomy of pleasure and happiness. *Discov. Med.*, 9, 579-587.

Kroodsma, DH & Miller, EH (eds, 1982) *Acoustic Communication in Birds*. Volume 2. Academic Press, New York.

Laland, K (2004) Extending the extended phenotype. *Biology and Philosophy*, 19, 313-325.

Land, MF (1980) Optics and vision in invertebrates. In H Autrum (ed.), *Handbook of Sensory Physiology*, 7, 471-592. Springer-Verlag, Berlin.

Le Boeuf, BJ (1974) Male-male competition and reproductive success in elephant seals. *American Zoologist*, 14, 163-176.

Le Boeuf, B & Reiter, J (1988) Lifetime reproductive success in northern elephant seals. In TH Clutton-Brock (ed.), *Reproductive Success*. Chicago University Press, Chicago, 344-362.

Le Duc, D et al. (2022) Genomic basis for skin phenotype and cold adaptation in the extinct Steller's sea cow. *Science Advances*, 8.

Lehrman, DS (1964) The reproductive behavior of ring doves. *Scientific*

American, 211, 48–55.

Leigh, EG (1971) *Adaptation and Diversity*. Freeman, Cooper, San Francisco.

Lents, NH (2019) *Human Errors*. Houghton Mifflin, Boston/New York.

LePage, M (2023) Life-extending parasite makes ants live at least three times longer. *New Scientist*, 12 June.

Lettvin, JY et al. (1959) What the frog's eye tells the frog's brain. *Proceedings of the I.R.E.*, 47, 1940–1951.

Lettvin, JY et al. (1961) Two remarks on the visual system of the frog. In WA Rosenblith (ed.), *Sensory Communication*, MIT Press, Cambridge, MA.

Lewis, CS (1939) Bluspels and flalansferes: a semantic nightmare. In *Rehabilitations and Other Essays*. Oxford University Press, Oxford.

Lewontin, RC (1967) Spoken remark in *Mathematical Challenges to the Neo-Darwinian Interpretation of Evolution*. In PS Morgan & M Kaplan (eds), *Wistar Institute Symposium Monograph*, 5, 79.

Lewontin, RC (1979). Sociobiology as an adaptationist program. *Behavioral Science*, 24, 5–14.

Li, Y et al. (2010) The hearing gene *Prestin* unites echolocating bats and whales. *Current Biology*, 20, 55–56.

Lorenz, K (1966a) *On Aggression*. Methuen, London.

Lorenz, K (1966b) *Evolution and Modification of Behavior*. Methuen, London.

Low, B (2000) *Why Sex Matters*. Princeton University Press, Princeton, NJ.

Luo, K et al. (2019) Novel instance of brood parasitic cuckoo nestlings using bright yellow patches to mimic gapes of host nestlings. *Wilson Journal of Ornithology*, 131, 686–693.

McFarland, D (1985) *Animal Behaviour*. Pitman, London.

Manning, A & Stamp Dawkins, M (1998) *An Introduction to Animal Behaviour*. Cambridge University Press, Cambridge.

Margulis, L (1998). *The Symbiotic Planet*. Weidenfeld & Nicolson, London.

Marler, P & Slabbekoorn, H (eds, 2004) *Nature's Music: the science of birdsong*. Elsevier, Amsterdam.

Martin, JW et al. (eds), (2014) *Atlas of Crustacean Larvae*. Johns Hopkins University Press, Baltimore.

Maynard Smith, J (1978) *The Evolution of Sex*. Cambridge University Press.

Mayr, E (1963) *Animal Species and Evolution*. Harvard University Press, Cambridge, MA.

Meaney, G (2022) *Zoology's Greatest Mystery*. ISBN 9798424725319.

Miller, G (2000) *The Mating Mind*. Heinemann, London.

Mills, RE et al. (2007) Which transposable elements are active in the human genome? *Trends in Genetics*, 23, No 4.

Monroe, JG et al. (2022) Mutation bias reflects natural selection in *Arabidopsis thaliana*. *Nature*, 602, 101–105.

Nagel, T (1974) What is it like to be a bat? *Philosophical Review*, 83, 435–450.

Nikaido, M et al. (1999) Phylogenetic relationships among cetartiodactyls based on insertions of short and long interspersed elements: hippopotamuses are the closest extant relatives of whales. *Proceedings of the National Academy of Sciences*, 96, 10261–10266.

Noble, D (2017) *Dance to the Tune of Life: biological relativity*. Cambridge University Press, Cambridge.

O'Brien, HD et al. (2016) Unexpected convergent evolution of nasal domes between Pleistocene bovids and Cretaceous Hadrosaur dinosaurs. *Current Biology*, 26, 503–508.

Orgel, LE & Crick, FHC (1980) Selfish DNA: the ultimate parasite. *Nature*, 284, 604–607.

Østergaard, KH et al. (2013) Left ventricular morphology of the giraffe heart examined by stereological methods. *Anatomical Record*, 296, 611–621.

Owen, D (1980) *Camouflage and Mimicry*. Oxford University Press, Oxford.

Pääbo, S (2014) *Neanderthal Man: in search of lost genomes*. Basic Books, New York.

Packard, A & Wurtz, M (1994) An octopus, *Ocythoe*, with a swimbladder and triple jets. *Philosophical Transactions of the Royal Society B*, 344, 261–275.

Patek, SN (2015) The most powerful movements in biology. *American Scientist*, 103, 330–337.

Payne, RS (1972) The song of the whale. In P. Marler (ed.), *Marvels of Animal Behavior*, 144–167. National Geographic Society, Washington, D.C.

Payne, RS & McVay, S (1971) Songs of humpback whales. *Science*, 173, 585–597.

Perkins, S (2012) Porcupine quills reveal their prickly secrets. Science.org, 10 Dec.

Poulsen, CB et al. (2018) Does mean arterial blood pressure scale with body mass in mammals? Effects of measurement of blood pressure. *Acta Physiologica*, 222, e13010.

Pratt, HD (2005) *The Hawaiian Honeycreepers*. Oxford University Press, Oxford.

Pray, L & Zhaurova, K (2008) Barbara McClintock and the discovery of jumping genes (transposons). *Nature Education*, 1, 169.

Pride, D (2020) Viruses can help us as well as harm us. *Scientific American*, 323, 6, 46 – 53.,

Pringle, JWS (1951) On the parallel between learning and evolution. *Behaviour*, 3, 174 – 214.

Quackenbush, EM (1968) From Sonsorol to Truk: a dialect chain. PhD thesis, University of Michigan.

Radford, C et al. (2020) Artificial eyespots on cattle reduce predation by large carnivores. *Communications Biology*, 3, 430.

Reich, D (2018) *Who We Are and How We Got Here*. Oxford University Press, Oxford.

Ridley, Mark (2001) *The Cooperative Gene* (previously published (2000) in Britain as *Mendel's Demon*). Free Press, New York.

Ridley, Matt (2020) *How Innovation Works*. Fourth Estate, London.

Robinson, JM (2023) *Invisible Friends*. Pelagic, London.

Roeder, KD & Treat, A (1961) The detection and evasion of bats by moths. *American Scientist*, 49, 135 – 148.

Romer, AS (1933) *Man and the Vertebrates*. Volume 1. Reprinted by Penguin, London, 1954.

Rowland, T (2010) Running with the grunion. Santa Barbara Independent, 9 April.

Ruse, M (2010) Evolution and the idea of social progress. In DR Alexander & RL Numbers (eds), *Biology and Ideology from Descartes to Dawkins*. Chicago University Press, Chicago.

Sandkam, BA (2021) Extreme Y chromosome polymorphism corresponds to five male reproductive morphs of a freshwater fish. *Nature, Ecology and Evolution*, 5, 939–948.

Scally, A (2012) What have we got in common with a gorilla? *Sanger Institute Press Release*, 7 March.

Schluter, D & McPhail, JD (1992) Ecological character displacement and speciation in sticklebacks. *American Naturalist*, 140, 85–108.

Shaffner, SF (2004) The X chromosome in population genetics. *Nature Reviews (Genetics)*, 5, 43–51.

Sheldrake, M (2020) *Entangled Life*. Penguin, London.

Sheppard, PM (1975) *Natural Selection and Heredity*. Hutchinson, London.

Shubin, N (2020) *Some Assembly Required*. Pantheon, New York.

Simon, M (2014) Absurd creature of the week: the parasitic worm that turns snails into disco zombies. *Wired*, 18 Sept.

Simpson, GG (1953) *The Major Features of Evolution*. Simon & Schuster, New York.

Simpson, GG (1980) *Splendid Isolation*. Yale University Press, New Haven, CT.

Singer, C (1931) *A Short History of Biology*. Oxford University Press, Oxford.

Skelhorn, J. et al. (2010) Masquerade: camouflage without crypsis. *Science*, 327, 51.

Skinner, BF (1984) The phylogeny and ontogeny of behavior. *Behavioral and Brain Sciences*, 7, 669–677.

Smith, JLB (1956) *Old Fourlegs*. Longmans, Green, London.

Sober, E & Wilson, DS (1998) *Unto Others: the evolution and psychology of unselfish behavior*. Harvard University Press, Cambridge, MA.

Spottiswoode, C et al. (2011) Ancient host specificity within a single species of brood parasitic bird. *Proceedings of the National Academy of Sciences*, 108, 17738–17742.

Spottiswoode, C et al. (2022) Genetic architecture facilitates then constrains adaptation in a host–parasite coevolutionary arms race. *Proceedings of the National Academy of Sciences*, 119.

Sterelny, K (2001) *Dawkins vs. Gould: survival of the fittest*. Icon, Cambridge.

Sterelny, K & Kitcher, P (1988) The return of the gene. *The Journal of*

Philosophy, 85, 339 – 361.

Stevenson, J (1969) Song as a reinforcer. In RA Hinde (ed.), *Bird Vocalizations*. Cambridge University Press, Cambridge.

Strömberg, CAE (2006) Evolution of hypsodonty in equids: testing a hypothesis of adaptation. *Paleobiology*, 32, 236 – 258.

Sykes, B (2001) *The Seven Daughters of Eve*. Bantam Press, London.

Symons, D (1979) *The Evolution of Human Sexuality*. Oxford University Press, New York.

Taborsky, M et al. (2021) The Evolution of Social Behaviour. Cambridge University Press, Cambridge.

Tanaka, KD et al. (2005) Yellow wing-patch of a nestling Horsfield's hawk cuckoo *Cuculus fugax* induces miscognition by host: mimicking a gape? *Journal of Avian Biology*, 36, 461 – 464.

Teeling, EC et al. (2000) Molecular evidence regarding the origin of echolocation and flight in bats. *Nature*, 403, 188 – 192.

Tenaza, RR (1975) Pangolins rolling away from predation risks. *Journal of Mammalogy*, 56, 257.

Thomas, L (1974) *The Lives of a Cell*. Futura, London.

Thompson, D'Arcy W (1942) *On Growth and Form*. Cambridge University Press, Cambridge.

Thorpe, WH (1961) *Bird Song*. Cambridge University Press, Cambridge.

Tinbergen, N (1951) *The Study of Instinct*. Oxford University Press, Oxford.

Tinbergen, N (1964) On adaptive radiation in gulls. *Zoologische Mededelingen*, 39, 209 – 223.

Tinbergen, N (1966) *Animal Behavior*. Time, New York.

Tov, E (undated) The Torah Scroll: how the copying process became sacred. TheTorah.com.

Trivers, RL (1972) Parental investment and sexual selection. In B Campbell (ed.), *Sexual Selection and the Descent of Man*. Aldine, Chicago.

Trivers, RL (1985) *Social Evolution*. Benjamin/Cummings, Menlo Park, CA.

Trivers, RL (2000) In memory of Bill Hamilton. *Nature*, 404, 828.

Trivers, RL (2011) *The Folly of Fools*. Basic Books, New York.

Turner, JS (2004) Extended phenotypes and extended organisms. *Biology and*

Philosophy, 19, 327–352.

Tyson, N deGrasse (2014) *The Pluto Files*. WW Norton, New York.

Van der Linden, A (2016) No teeth, long tongue, no problem: adaptations for ant-eating. *That's Life*. thatslifesci.com.

Villarreal, LP (2016) Viruses and the placenta: the essential virus first view. *APMIS*, 124, 20–39.

Von Holst, E & von Saint Paul, U (1962) Electrically controlled behavior. *Scientific American*, 236, 50–59.

Waddington, CH (1942) The epigenotype. *Endeavour*, 1, 18–20.

Waddington, CH (1977) *Tools for Thought*. Jonathan Cape, London.

Wedel, MJ (2012) A monument of inefficiency: the presumed course of the recurrent laryngeal nerve in Sauropod dinosaurs. *Acta Palaeontologica Polonica*, 57, 251–256.

Weiner, J (1994) *The Beak of the Finch*. Jonathan Cape, London.

West, G (2017) *Scale*. Penguin, London.

Wickler, W (1968) *Mimicry in Plants and Animals*. Weidenfeld & Nicolson, London.

Williams, GC (1992) *Natural Selection: domains, levels and challenges*. Oxford University Press, New York.

Williams, GC (1966, reprinted 1996a) *Adaptation and Natural Selection*. Princeton University Press, Princeton, NJ.

Williams, GC (1996b) *Plan and Purpose in Nature*. Weidenfeld & Nicolson, London.

Wilson, EO (1975) *Sociobiology: the new synthesis*. Harvard University Press, Cambridge, MA.

Workman, L & Reader, L (2004) *Evolutionary Psychology: an introduction*. Cambridge University Press, Cambridge.

Wrangham, R (2009) *Catching Fire: how cooking made us human*. Profile Books, London.

Wren, PC (1924) *Beau Geste*. Murray, London.

Wynne-Edwards, VC (1962) *Animal Dispersion in Relation to Social Behaviour*. Oliver and Boyd, Edinburgh.

Yanai, I. & Lercher, M (2015) *The Society of Genes*. Harvard University Press,

Cambridge, MA.

Yong, E. (2011) Lies, damned lies and honey badgers. *Discover*, 19 Sept.

Zahavi, A & Zahavi, A (1997) *The Handicap Principle: a missing piece of Darwin's puzzle*. Oxford University Press, Oxford.

Zimmer, C (2021) A new company with a wild mission: bring back the woolly mammoth. *New York Times*, 13 Sept.

그림 출처

P 11. Bill Hamilton, reproduced with permission of Dr Mary Bliss
P 13. Minden Pictures / Alamy Stock Photo
P 19. Richard Dawkins
P 20. Richard Dawkins
P 27. Yathin Krishnappa
P 28. Max Allen / Alamy Stock Photo
P 30. Photographer – Michael Carroll / Media Drum World / Alamy Stock Photo
P 31. blickwinkel / Alamy Stock Photo
P 31. (top) Bill Coster IN / Alamy Stock Photo
P 32. (bottom) Anil Kumar Verma
P 34. Brett Billing and Ryan Hagerty USFWS
P 35. reptiles4all / Shutterstock
P 36. (top) yod 67 / Shutterstock
P 36. (bottom) André Gilden / Alamy Stock Photo
P 37. (top) Jiri Balek / Shutterstock
P 37. (bottom left) Professor Michael Sweet
P 37. (bottom right) Minden Pictures / Alamy Stock Photo

P 38. HWall / Shutterstock
P 39. (top right) Professor Michael Sweet
P 40. (bottom) Minden Pictures / Alamy Stock Photo
P 40. (top) Super Prin / Shutterstock
P 41. (bottom) Azura Ahmad / Alamy Stock Photo
P 42. Cameron Radfords
P 43. (top) Alexis Srsa / Shutterstock
P 43. (bottom left) Professor Michael Sweet
P 43. (bottom right) Husein Latif
P 44. (top) 3ffi / Shutterstock
P 45. (bottom right) Jamikorn Sooktaramorn / Shutterstock
P 64. Richard Dawkins after Joyce & Gauthier (2003)
P 86. Redrawn from Gregory, RL, 'Mind in Science. A History of Explanations in Psychology and Physics', Group Analysis: The International Journal of Group-Analytic Psychotherapy (SAGE Publications, 1983)/© 1983, © SAGE Publications
P 98. Richard Dawkins
P 149. GagliardiPhotography / Shutterstock
P 156. Redrawn from Kowalczyk, A., Chikina, M. and Clark, N. (2022) 'Complementary Evolution of Coding and Noncoding Sequence Underlies Mammalian Hairlessness', eLife 11:e76911
P 159. Cavalli-Sforza, LL and Feldman, MW, Cultural Transmission and Evolution (Princeton University Press, 1981)
P 163. Redrawn from Figure 2 in Frolová, P., Horká, I. and Ďuriš, Z. (2022), 'Molecular Phylogeny and Historical Biogeography of Marine Palaemonid Shrimps (Palaemonidae: Palaemonella – Cuapetes group)', Scientific Reports, 12, 15237.
P 181. Redrawn from On Growth and Form by D'Arcy Wentworth Thompson (Cambridge University Press, 1917)
P 183. akg-images / Science Source
P 188. Redrawn from Kalliopi Monoyios in Neil Shubin, Some Assembly Required: Decoding Four Billion Years of Life, from Ancient Fossils to DNA (Pantheon, 2020)

P 192.	Redrawn from Joel W. Martin, Jørgen Olesen, Jens T. Høeg (eds), Atlas of Crustacean Larvae (John Hopkins University, 2014)
P 194.	Redrawn from Joel W. Martin, Jørgen Olesen, Jens T. Høeg (eds), Atlas of Crustacean Larvae (John Hopkins University, 2014)
P 195.	(top) Library Book Collection / Alamy Stock Photo
P 196.	(bottom left) Redrawn from Joel W. Martin, Jørgen Olesen, Jens T. Høeg (eds), Atlas of Crustacean Larvae (John Hopkins University, 2014)
P 196.	(bottom right) Redrawn from Joel W. Martin, Jørgen Olesen, Jens T. Høeg (eds), Atlas of Crustacean Larvae (John Hopkins University, 2014), modified after Dahms et al. 2006
P 221.	Science History Images / Alamy Stock Photo
P 234.	Zoonar GmbH / Alamy Stock Photo
P 235.	(top) Roger Hanlon
P 235.	(bottom left) Helmut Corneli / Alamy Stock Photo
P 235.	(bottom right) FtLaud / Shutterstock
P 239.	Bill Waterson / Alamy Stock Photo
P 281.	Bentley, D. and Hoy, R. 'The Neurobiology of Cricket Song' (Scientific American, 1974)
P 298.	Bård G. Stokke, NINA
P 298.	Charles Tyler
P 301.	Photo by Nick Davies
P 305.	(left) Photo by W.B. Carr
P 305.	(right) Rose Thorogood
P 346.	Richard Dawkins and Yan Wong, The Ancestor's Tale: A Pilgrimage to the Dawn of Life (W&N, 2016)
P 360.	Zlir'a / Wikimedia Commons
P 374.	Sulston et al. (1983) 'The Embryonic Cell Lineage of the Nematode Caenorhabditis Elegans', Developmental Biology (Elsevier)
P 376.	Redrawn from Athena Aktipis, The Cheating Cell (Princeton University Press, 2020)
P 382.	Wikimedia Commons
P 386.	Kalluraya, CA, Weitzel, AJ, Tsu, BV and Daugherty, MD, 'Bacterial

Origin of a Key Innovation in the Evolution of the Vertebrate Eye'
(PNAS, Vol. 120 | No. 16, Figure 2, A)

P 392. The Reading Room / Alamy Stock Photo

찾아보기

ㄱ

가계도 61, 340~343, 345, 347, 348, 350, 374~376, 386
가마우지 293
가비알 106, 107
가시두더지 110~112, 136, 153
가족 농장 336, 337
각인 226~229, 303, 327, 328, 450
『갈등하는 유전자』 328, 450
갈라파고스 바다이구아나 60, 142
갈라파고스핀치 120
갈라파고스땅거북 69, 416
갈라파고스제도 119, 423
감수 분열 356, 366, 373, 379, 380, 440, 441
감수분열 부등 380
갑각류 51, 108, 117, 129~131, 133, 164, 180, 182, 184~187, 189~197, 361, 386, 390, 392
『갑각류 유생 도감』 197
강화 학습 200, 202, 228
개미 105, 108, 109, 111, 112, 197, 337, 338, 395, 401, 422, 434, 461
개미핥기 108, 109, 111, 138
개체군 병목 현상 346
갯과 101
검은해오라기 121
겹눈 133
계통군 선택 259, 442
계획 경제 유전자 332
고리 종 358
고양잇과 101
고티에, 자크 61, 63, 66, 416
공노래기 129~131, 164
공룡 57, 63, 72, 95~98, 104, 107, 142, 150, 172, 274, 407, 414, 416, 444
공벌레 129, 130, 164
광합성 384
구름표범 102, 112
구슬노래기목 130
구피 311
군비 경쟁 88, 132, 218, 219, 306~308, 317,

318, 320~322, 434, 448
굴드, 스티븐 제이 81, 256, 257, 442
귀뚜라미 215, 217, 274, 277, 280~282, 389
글로메리스 129, 130
기생 거세 390, 392
기생생물 89, 160, 194, 195, 197, 292, 294, 353, 362, 388, 389~396, 430, 460
김나르쿠스과 157
김노투스과 157
꼬리뼈 71, 190
꿀벌 389, 424

ㄴ

나뭇잎꼬리도마뱀붙이 36
나뭇잎해룡 33, 169, 171
난청 223
날다람쥐 136~139
날도래 272, 273, 275, 279, 283~285
날여우원숭이 137
남유럽땅강아지 277, 278
내생 레트로바이러스 400
네안데르탈인 21, 454
넬슨, 키스 216
눈먼 시계공 251, 379

ㄷ

다윈 핀치 119
다윈 선택 201, 246, 274, 286, 407, 431, 438
다윈 이론 284
다윈 적응 283, 389, 419, 445
다윈 진화 119, 256, 273, 441
다윈, 찰스 202, 431, 439
다윈주의 10, 11, 25, 29, 36, 40, 46, 81, 94, 204, 208, 231, 242, 258, 265, 269, 274, 294, 317,
320, 329, 350, 364, 378, 385, 406, 410, 441
다형질 발현 효과 85
단각류 187, 386
달팽이관 150
대뇌 겉질 220
대륙검은지빠귀 321
대립유전자 260, 3278, 44
대왕고래 57, 168
대장균 359
데니소바인 21, 22
데본기 50, 52, 53, 61, 69, 115, 415
데이비스, 닉 295, 296, 306, 308, 318, 321, 322, 463
도롱이벌레 273~275, 279
도약 유전자 401, 462
독수리 43, 117, 118, 134, 413
돌고래 53, 57, 58, 76, 105~108, 142, 146, 149, 150, 156, 255, 422, 426,
동굴칼새 146
동료 유전자 359, 360, 458
『동물 채색』 88
동형접합자 369
되새김동물 114
두견과 294
두껍질조개류 133
두족류 133, 234, 236, 436
듀공 55, 57, 60~62 136, 151, 154, 168, 409
등딱지 66, 180, 182
디나스토르 다리우스 39
디지털 유전체학 247
따개비 195~197, 391, 392, 430
땅강아지 277~280, 283~286, 444, 445
땅늑대 111
땅돼지 109, 111, 136, 138, 156, 255

ㄹ

람프롤로구스 레마이리 174, 175
람프실리스 카르디움(민물 조개류) 33
러먼, 대니얼 S. 222
레오폴드 왕자 341
레우코클로리듐 389
레트로바이러스 399, 400, 402
로라시아테리아상목 138
로머, A. S. 52, 53, 415
로빈슨, 제이크 383
르 뵈프, 버니 329, 330, 450,
르원틴, 리처드 81, 83, 85, 419
리 춘 66
리, 에그버트 372
리들리, 마크 267, 362, 455
리들리, 매트 125, 423, 455
『리처드 도킨스의 진화론 강의』 155

ㅁ

마다가스카르 36, 136, 137
마우이앵무부리꿀빨기새 121
마음 읽기 218, 219, 434
마이어, 에른스트 354
말라위호 174~177
말러, 피터 212, 447
말레이어 131
매사촌 323, 325, 326, 450
매클린톡, 바버라 401, 462
메이, 로버트 182, 337
메이너드 스미스, 존 9, 419, 442
메소히푸스 143
멘델, 그레고어 262, 370
멘델 유전학 439
『멘델의 악마』 455
멸종 57, 74, 76, 99, 101, 104, 107, 115, 120, 121, 126, 138, 143, 144, 158, 258, 381, 407, 409, 414, 417, 421, 426, 432, 444
모래주머니 116, 117
모충 31, 47, 273, 300, 390,
목생성 154
목숨 식사 원리 317, 318
미토콘드리아 383~385, 387, 394, 402, 448
밀너, 피터 205~207

ㅂ

바라(아우터헤브리디스 제도) 370
바르보우펠리스과 144
바바 효과 42
바우어새 287~291, 445
바우플랜 417
바위종다리 299, 303, 305, 307~309, 319
바이소락스 187
박쥐 17, 105, 138, 145~151, 155, 156, 256, 412, 425, 448, 449
박테리오파지 230, 461
반성 유전자 310, 449,
반향 정위 145, 146, 149, 150, 155, 425
발로, 조지 175, 428, 448
발생학자 373, 409, 457, 458
배티, 월프 126
베넷클라크, 헨리 278, 444
베이 버그 186, 187, 191
베토벤, 루트비히 판 241, 297, 447
벤틀리, 데이비드 280
보노보 347~349, 356, 357
보 제스트 가설(아름다운 몸짓 가설) 213, 433
보쿠 구애 행동 222, 434, 435
볼드윈 효과 52, 415
부등 유전자 381
부러진 날개 과시 행동 159

분산자 336, 337, 339
불활성 399
붉은부리갈매기 287, 412
브라운, 토머스 197
브라키오사우루스 72, 416
브레너, 시드니 374
브론토사우루스 95, 99, 420
브룩, 마이클 306, 318
블리스, 메리 11
비늘꼬리청서 136, 137
비대칭 318, 319, 329, 429
비버 54, 204, 291, 431
빈도 의존적 선택 314
뻐꾸기 82, 89, 292~297, 299~311, 313, 315, 316, 318~323, 325, 446~448, 450

ㅅ

사이프리드 유생 193, 392, 461
삶아지는 개구리 우화 319
상염색체 302, 309, 310, 314, 315, 329, 344
『새들의 의회』 308
새의 노래 212, 214, 215, 220, 223~225, 290, 320, 416, 432
『생명의 해결책』 164
『생물학과 철학』 292
생태유전학 367
선인장 377, 378
선택압 28, 73, 84, 179, 180, 252, 300, 308, 317~319, 351, 412, 428, 445, 448
선택적 싹쓸이 350, 351
성비 330, 332~334
성선택 25
성적 재조합 25, 26, 254, 365
성적 쾌락 210
세포 분열 366, 373, 376, 377, 379, 383

『속이는 세포』 378
솔잣새 118, 119
수렴 진화 107, 111, 112, 114, 126, 129, 130, 133~138, 142, 144, 146, 157~160, 162, 164, 170, 175, 309, 371, 424, 425, 428, 467
수생성 154, 155, 426
수직전달균 387, 388, 393, 397, 398,
수직전달기생생물 393, 394, 397
수직전달바이러스 398~402
수평전달기생생물 394
수평전달바이러스 399
수평전달균 387, 388, 397
슈가글라이더 137~139, 151
스키너 상자 200, 201, 203, 204, 225
스터렐니, 킴 292
스테빈스, 레드야드 179, 180
스텔러바다소 56, 57, 409
스티븐슨, 조앤 225, 435
스틸, 엘리자베스 222
스파이로테리움목 130
스포티스우드, 클레어 309, 463
스피로메트라 만사노이데스 394
시각 절벽 실험 238
시조새 114
시클리드 53, 174, 175, 176, 178, 179, 294, 428, 455
『시클리드 어류』 175
식육목 143, 144, 422
신다윈주의 439
십각류 191
쌍시목 38

ㅇ

아귀 170, 172
아노모타이니아 브레비스 395

아르마딜로 110, 128, 129, 131, 132, 156, 273
아르마딜리디움 129
아르테미아 75
아미노산 150, 284
아인슈타인, 알베르트 241, 245
아키아폴라우 121
아프로테리아 138
악티피스, 아테나 378, 379
안키클로메네스속 162
안티키테라 87, 420
암수한몸 171
애덤스, 더글러스 211
애튼버러, 데이비드 212, 295
양서류 194
엔사티나속 358
연가시 388, 389, 460
열성 84, 369, 452
엽록체 384, 385
예쁜꼬마선충 374, 457
오돈토켈리스 65~68
오리너구리 54, 111, 136, 153, 156, 158, 426
요각류 182, 183
우성 84, 369~372
우제류 76, 77, 128, 167, 168, 417
『우주의 끝에 있는 레스토랑』 211
우회 문제 240
원격 작용 291, 292, 434
위돌 116, 117
위유전자 77~79, 418
유대 검치류 144
유대류 109, 112, 126, 138~140, 144, 409
유선형동물문 460
유소성 226, 227, 435
유전자 가계도 341, 345
유전자 식별자 154
유전자들의 의회 372

육기어류 52, 355, 414
육식동물 99, 100, 101, 104, 105, 113, 114, 116, 144, 361, 362, 372, 421,
융합 이론 342, 343, 345
은밀한 수컷 전략 335~336, 451
이기적 유전자 251, 418
『이기적 유전자』 252, 255, 267, 268, 293, 362, 418, 465, 468
이배체 세포 379
이빨고래 146
이소성 종 227
이종 교배 21, 22, 177, 179, 280
이타주의 328
익티오사우루스 57~61, 107, 142
인간 유전체 계획 152, 363
인위선택 202, 210, 211, 283, 444
일본원숭이 228
임피던스 정합 274

ㅈ

자벌레 31, 32, 35, 45, 46
자세포 136, 425
『자연의 예술적 형상』 183
자이언트모아 117
작은매사촌 325, 450
적응 방산 170, 172~175, 455
적응 형질 233, 259, 283, 378, 389, 395, 439
적응주의 81, 82, 85, 419
전기장 157, 158
전원 교향곡 297, 447
정주자 336, 337
정크 유전자 77, 418
제임스 웹 우주 망원경 148
조갑아강 193
조개물벼룩 193

『조상 이야기』 344, 454
조이스, 월터 61, 63, 66, 416
존스, 스티브 341
종 분화 177~179, 355, 357, 365, 455
종간 GWAS 152
『종의 기원』 88, 202, 431
주머니하늘다람쥐 138, 151
중심오목 148
쥐라기 63, 114
〈쥐라기 공원〉 95
쥐며느리 392
쥐사슴 77, 128
지네 51, 130, 136, 185, 188, 419
지렁이 75, 105, 111, 170, 194, 256, 359
지생성 154
진핵생물 383, 386, 439
진화 가능성의 진화 258
진화론 336, 420, 430
집단유전학 343

ㅊ

창고기 386, 459, 460
창자 89, 99, 100, 101, 113~116, 273, 359, 361, 366, 372, 374, 375, 383
청소새우과 162
체온 112, 153
체제 75, 184~186, 188, 189, 191, 258, 259, 361, 417
초서, 제프리 308, 309, 449
초유전자 371, 372
초정상 자극 321
초파리 187, 367, 438
총배설강 57
침팬지 228, 271, 272, 347~350, 356, 357, 435, 454

ㅋ

카나리아 214, 222, 223, 286, 435
카네기멜론대학교 155
카메라 눈 133
카멜레온 233, 256
캘리포니아 센트럴밸리 358
캥거루 140, 141
커티스, 존 369, 456
컴퓨터 디스크 77, 78, 249
케라틴 108, 131
케인, 아서 83, 419
코끼리 42, 98, 104, 136, 138, 140, 156, 179, 180, 197, 228, 377, 408, 409, 420, 430, 461
코끼리물범 329, 330, 334, 335, 450
코트, 휴 88
콘웨이 모리스, 사이먼 164, 425, 427
콜레라 385, 388
콜린스, 프랜시스 152
쿠르티시이 367, 369~372, 456
크렙스, 존 88, 213, 217, 218, 317, 320, 420, 432, 434, 451, 463
크리스퍼 230, 436
크릴(갑각류) 108, 117, 169
키다리게 189, 190
키츠, 존 223, 224, 242

ㅌ

타일라신(태즈메이니아늑대) 22, 126, 423
탁란 294, 299, 306, 308, 319, 325, 446
태양새 120
텐렉 54, 136, 153, 156
템노토락스 닐란데리 395
토머스, 루이스 400
토아테리움 75
톡소포자충 389, 460

톰프슨, 다시 23, 180, 182, 410, 428
퇴행 진화 195, 391
트라이아스기 63
트랜스포존 401
트리버스, 로버트 11, 328, 406, 450
티아라주덴스 104
틱타알릭 67, 115
틴베르헌, 니코 321, 450
틸라코스밀루스 144

ㅍ

파란트로푸스(오스트랄로피테쿠스) 로부스투스 115
파란트로푸스(오스트랄로피테쿠스) 보이세이 115
파라사우롤로푸스 274, 277, 444
파텔, 니팜 187, 188, 430
파포켈리스 67~69
팔라이오케르시스 63, 64, 65, 68
팰림프세스트 7, 11, 12, 15, 20, 38, 49~51, 53, 55, 60~62, 68, 70, 71, 73~75, 78, 80, 90, 111, 130, 133, 138, 165, 169, 189, 193, 195, 199, 227, 236, 406, 416
페름기 69
펜필드, 와일더 220
편향 가설 44
평행 진화 175
평형 빈도 314
포괄 적응도 264~266, 443
포드 E. B. 212, 367, 369~372, 382, 456, 458
푸리에 분석 18, 408
피셔, R. A. 334, 369, 370, 372, 382, 439, 459

ㅎ

하버드대학교 327, 450,
하와이꿀빨기새 121
하이에나과 111
하인드, 로버트 222
하츠혼, 찰스 212, 217, 432
하플로크로미스족 176
한성 유전자 310
해밀턴, W. D. 11, 264~266, 334, 336, 406, 456
해양 동물로서의 인간 50
핸런, 로저 234, 235
핸셀, 마이클 272, 283, 463
헉슬리, 올더스 194
헉슬리, 줄리언 182, 194, 428
헐, 데이비드 267
헤이그, 데이비드 114, 327, 328, 441, 450, 463
헤켈, 에른스트 182, 184, 417
혈압 98, 99, 153, 420, 421
혈연 이타주의 328
혈우병 260, 341~344, 452
호모 사피엔스 354, 355, 357, 411
호모 에렉투스 354, 355, 447
호바트 동물원 127
호아친 114
호이, 로널드 280, 463
홀데인, J. B. S. 50, 51, 84, 420, 440
홀스트, 에리히 폰 221, 222
홍관조 323, 324
확장된 표현형 269, 273, 274, 276, 283~286, 291, 292, 387~389, 393~397, 400
『확장된 표현형』 82, 267, 293, 434, 468
환형동물 75, 133, 186, 258
회색다람쥐 258, 381
후두 72, 73
후두 신경 70, 72, 82, 92
후성유전학 376, 457, 458

흄, 데이비드 89
홍내문어 235
흡충 389, 390, 395, 396, 460
희귀한 적 효과 319
흰개미 105, 108, 111, 337, 338
히알렐라 아즈테카 386

기타

DNA 21~24, 69, 76, 78, 79, 150, 199, 230, 231, 242, 245, 247~250, 256, 267, 284, 384, 386, 399, 401, 408, 409, 418, 436, 443
IRBP 386, 387
mRNA 백신 231
RNA 230, 231, 248